BIBLIOTHÈQUE DE L'ENSEIGNEMENT AGRICOLE

PUBLIÉE SOUS LA DIRECTION DE

M. A. MÜNTZ

Professeur à l'Institut National Agronomique

LES ENGRAIS

TOME III

ENGRAIS POTASSIQUES — ENGRAIS CALCAIRES

ENGRAIS DIVERS — ENGRAIS COMPOSÉS

ACHAT — TRANSPORT — CONTRÔLE

EXPÉRIMENTATION DES ENGRAIS

PAR

A. MÜNTZ | A.-CH. GIRARD

Professeur-directeur des Laboratoires | Chef des Travaux chimiques

à l'Institut National Agronomique

PARIS

LIBRAIRIE DE FIRMIN-DIDOT ET Cie

IMPRIMEURS DE L'INSTITUT

56, RUE JACOB, 56

LES ENGRAIS

TYPOGRAPHIE FIRMIN-DIDOT ET Cie. — MESNIL (EURE).

BIBLIOTHÈQUE DE L'ENSEIGNEMENT AGRICOLE

PUBLIÉE SOUS LA DIRECTION DE

M. A. MÜNTZ

Professeur à l'Institut National Agronomique

LES ENGRAIS

TOME III

ENGRAIS POTASSIQUES — ENGRAIS CALCAIRES

ENGRAIS DIVERS — ENGRAIS COMPOSÉS

ACHAT — TRANSPORT — CONTRÔLE

EXPÉRIMENTATION DES ENGRAIS

PAR

A. MÜNTZ
Professeur-directeur des Laboratoires

A.-CH. GIRARD
Chef des Travaux chimiques

à l'Institut National Agronomique

PARIS

LIBRAIRIE DE FIRMIN-DIDOT ET CIE

IMPRIMEURS DE L'INSTITUT

56, RUE JACOB, 56

1891

LES ENGRAIS

PREMIÈRE PARTIE.

ENGRAIS POTASSIQUES.

Si nous désignons par le nom d'engrais les matières fertilisantes qui sont indispensables à la production végétale et qu'on ne trouve pas ordinairement dans le sol en quantité suffisante pour les cultures, nous devons classer la potasse immédiatement après l'azote et l'acide phosphorique. Ces trois éléments, dont la nature semble avoir été avare, sont regardés à juste titre comme les principes essentiels des engrais.

Le rôle de la potasse offre cependant quelques différences, au point de vue de sa circulation au sein des êtres organisés ; tandis que l'animal concentre dans ses tissus des proportions très élevées d'azote et d'acide phosphorique, empruntés aux végétaux qui le nourrissent, la potasse ne s'y fixe qu'en très minime quantité et ne fait, pour ainsi dire, que traverser les organes, se retrouvant presque en entier dans les produits d'excrétion. Au point de vue de la nutrition animale, la potasse est donc un élément d'ordre secondaire. Mais il n'en est pas ainsi au point de vue de la nutrition des végétaux; pour ceux-ci la présence de la potasse est un véritable besoin, et leur développement est impossible en l'absence de cet élément, qui entre dans leur constitution en proportion notablement supérieure, pour beaucoup d'entre eux, au taux d'acide phosphorique et d'azote, à tel point que leurs cendres sont une source importante de sels potassiques. Il est du reste bien démontré que cette potasse n'est pas là comme un corps accidentel, mais que, faisant partie de la constitution de la plante, elle est indispensable à son développement.

D'autre part, le sol n'est pas abondamment fourni de potasse, et dans certaines terres cet élément fait presque entièrement défaut. Pour augmenter sa fertilité, il faut donc avoir recours aux engrais potassiques; de nombreuses expériences directes, entreprises dans les laboratoires et en plein champ, ont démontré l'efficacité de ce principe, dont l'étude doit nous préoccuper au même titre que celle des engrais azotés et phosphatés.

C'est dans le sol presque exclusivement que nous trouvons l'origine de la potasse contenue dans les végétaux. Certains terrains, ceux qui sont d'origine granitique et volcanique, par exemple, contiennent cet élément en proportion assez élevée pour pouvoir se suffire sans le secours des engrais potassiques; mais, par contre, de vastes étendues de terres, particulièrement les étages calcaires, qui occupent une très grande surface de notre territoire, sont moins bien partagés et exigent un apport de potasse pour fournir aux exigences d'abondantes récoltes. Nous devons donc connaître les sources auxquelles nous pouvons emprunter cet élément, pour le donner aux sols qui en ont besoin.

Sources d'engrais potassiques. — Les eaux naturelles et les eaux d'irrigation apportent au sol de très petites quantités de potasse, et l'on ne peut compter sur leur concours que si on les fait intervenir en masses considérables et si l'origine géologique des terrains qu'elles traversent a permis leur enrichissement. Les fumiers naturels, et en particulier les déjections liquides des herbivores, rendent au sol une forte partie de la potasse qui lui avait été enlevée; les résidus du corps des animaux en contiennent seulement de faibles proportions et ne constituent pas, à proprement parler, des engrais potassiques.

C'est au règne minéral qu'il faut s'adresser pour l'enrichissement des terres pauvres en potasse; cet élément y est abondamment répandu. Jetons un coup d'œil sur sa répartition, sur sa circulation et sur sa localisation. La potasse existe en grande quantité dans les roches éruptives : granits, gneiss, roches volcaniques; mais, malgré leur richesse, ces roches ne peuvent donner lieu à une extraction économique. Très résistantes par leur nature même, elles offrent peu de prise aux agents chimiques qu'on a cherché à employer pour en dégager la potasse. Ces roches doivent donc être considérées comme ne pouvant pas, à l'heure actuelle, servir à l'extraction de la potasse nécessaire à nos cultures. Mais les eaux qui lavent les débris de ces roches dissolvent incessamment de la potasse et la mettent à la disposition des racines des plantes, tandis que l'excédent se déverse ensuite dans les rivières et de là dans la mer. Nous assistons ainsi à un déplacement constant de l'alcali, qui, enlevé aux continents, par petites quantités, mais sans discontinuité, se concentre dans la mer, collecteur naturel des sels potassiques.

Voilà, en quelques mots, les causes de la diffusion de

la potasse à la surface du globe. Une fois dégagée de la combinaison silicatée qu'elle affecte dans les roches, elle devient soluble dans les eaux; elle n'a donc pas la même tendance à se localiser que l'acide phosphorique qui affecte des formes insolubles. C'est de l'eau de mer qu'elle s'extrait par une concentration et une séparation d'avec les sels de soude et de magnésie. Les eaux mères des marais salants en contiennent de grandes quantités et sont traitées au point de vue de son extraction. Dans des cas très rares, la nature a fait la même opération que, dans des proportions plus modestes, on voit s'effectuer dans les marais salants; il existe des gisements où les sels de potasse, après s'être déposés en masses cristallines par suite de la concentration d'eaux marines, ont été soustraits ultérieurement à l'action dissolvante des eaux. Mais les gîtes naturels forment des cas tout à fait exceptionnels, et à l'heure qu'il est, on ne connaît guère que ceux de Stassfurt d'où on retire, au profit de l'agriculture, de grandes quantités de potasse.

Le végétal peut, de son côté, être considéré comme un collecteur de potasse; pour concentrer cette potasse diffusée dans les tissus végétaux, il suffit de soumettre ceux-ci à la calcination. Les cendres végétales sont riches en alcali et constituent un engrais puissant dont l'emploi est depuis longtemps connu.

Le plus souvent ce ne sont pas les cendres en nature qu'on emploie, mais les résidus des différentes industries travaillant les matières végétales. La fabrication du sucre, de l'alcool, de la fécule, laisse comme déchets des solutions riches en sels potassiques, qu'on peut extraire par des traitements appropriés.

Les plantes marines fournissent également des cendres où la potasse est abondante; tantôt on les emploie directement, souvent aussi on en extrait les sels potassiques à l'état concentré.

Enfin certaines matières animales, telles que les suints, accumulent de la potasse que les traitements industriels de la laine permettent de recueillir.

En résumé, une partie de la potasse dégagée des roches se rend, dans la mer, d'où on peut l'extraire pour la remettre en circulation; une autre partie s'accumule dans le végétal, d'où on peut encore l'extraire par des traitements ayant pour but de la concentrer. L'agriculteur trouve, en outre, des produits naturels dans les gisements que nous avons signalés.

Nous étudierons la manière d'extraire et d'utiliser la potasse contenue dans les divers produits que nous venons d'énumérer.

CHAPITRE PREMIER.

GÉNÉRALITÉS SUR L'EMPLOI DES ENGRAIS POTASSIQUES.

§ I. — Rapport de la potasse avec le sol.

Origine de la potasse des sols. — Le sol provenant de la décomposition des roches, sa composition est essentiellement liée à celle de la roche qui lui a donné naissance. Nous examinerons successivement chacune d'elles.

Roches primitives. — Les roches éruptives : granits, gneiss, schistes, micaschistes, porphyres, formées par des mélanges variés de silice, de feldspath et de mica, contiennent toutes, sans exception, de la potasse en proportion élevée, allant de 3,5 à 6 pour 100 et au delà, comme l'indiquent les chiffres moyens suivants :

Granits	4 à 6 %
Gneiss	3.5 —
Schistes	5.0 —
Micaschistes	6.0 —
Porphyres	5.0 —

Il faut donc s'attendre à trouver les terres qui en dérivent abondamment pourvues de cet élément.

Il en est bien ainsi en réalité, et l'analyse chimique des terrains granitiques de la Bretagne, de la Vendée, du Plateau central, du Morvan, etc., nous apprend que dans ces régions, occupant environ le 1/5 de notre territoire (10 millions d'hectares), à peu près toutes les terres contiennent en abondance l'élément potassique. Voici quelques exemples :

	Potasse p. 1000.	
Terre granitique de l'Ardèche.....	2.50	(P. de Gasparin.)
— — du Puy-de-Dôme..	3.45	(Truchot.)
— — des Vosges.......	3.10	(Grandeau.)
— gneissique de la Haute-Loire.	6.93	(P. de Gasparin.)
— — du Puy-de-Dôme..	1 à 4	(Truchot.)
— porphyrique des Vosges.....	2.00	(Grandeau.)

La nature géologique d'un terrain peut donc fournir des données utiles sur l'abondance de la potasse dans le sol.

En étudiant la décomposition des roches granitiques (t. I, p. 67), nous avons vu que les feldspaths donnent naissance à l'argile, essentiellement formée de silicate d'alumine, auquel est combiné du silicate de potasse en forte proportion.

Les analyses de M. Schlœsing ont prouvé que le taux de cet élément dépasse souvent la proportion de 4 pour 100. M. Perrey a extrait l'argile pure d'un grand nombre de terres très différentes, et a montré que, quelle que soit sa provenance, qu'elle vienne de terres calcaires, de terres argileuses ou de terres siliceuses, cette argile contient de 2 à 5 pour 100 de potasse, parfois de 1,8 à 7,3 p. 100. Ces recherches sont très intéressantes au point de vue pratique, car elles nous permettent de conclure que les terres sont en général d'autant plus riches en potasse, que la proportion d'argile y est plus élevée. La constatation de l'argile donne donc un renseignement précieux ;

il est bon, toutefois, de savoir que cette règle présente quelques exceptions; en voici deux exemples :

	Potasse p. 1000.	
Terre d'argile glaciaire (Calèves)......	0.66	(Risler.)
— d'argile plastique du grès vert (Orange)............................	0.29	(P. de Gasparin.)

Roches volcaniques. — Si nous examinons au même point de vue les roches volcaniques (basaltes, trachytes, laves), nous voyons que la proportion de potasse, quoique moins élevée en moyenne que dans les roches primitives, y atteint cependant le chiffre de 2 à 5 pour 100 comme le montre le tableau ci-dessous :

	Potasse p. 100.
Domites..............................	3
Trachytes............................	3 à 5
Basaltes.............................	1 à 3
Laves................................	3 à 6

Les terrains auxquels elles donnent naissance sont donc riches en potasse; en voici quelques exemples :

	Potasse p. 1000.	
Terre basaltique de l'Auvergne..	2.8	(P. de Gasparin.)
— dolérique................	36.6	(de Babo.)
— volcanique de l'Auvergne.	1.6 à 3.4	(Truchot.)
— — du Vésuve....	34.7	(P. de Gasparin.)
— — de l'Etna......	5.7	—

Mais les surfaces occupées en France par la formation volcanique sont très restreintes et dépassent à peine 500.000 hectares.

Grès. — Les grès sont le plus souvent constitués uniquement par des grains de quartz presque pur. Ils sont aussi pauvres en potasse qu'en acide phosphorique et donnent des terres peu fertiles. C'est ainsi que M. Grandeau a trouvé dans les sables vosgiens le chiffre de 0,24 pour 1000 de potasse. Cependant certains grès (grès verts, molasses) sont cimentés par de l'argile qui y apporte en petite quantité l'élément potassique.

Roches calcaires. — Pendant la décomposition des roches primitives, les eaux chargées d'acide carbonique dissolvent et emportent l'acide phosphorique et la chaux; elles laissent sur place les sables et les argiles, c'est-à-dire les parties les moins attaquables de la roche. Peu à peu le liquide dépose du carbonate de chaux, par suite du dégagement de l'acide carbonique; c'est ainsi que se sont formées les roches calcaires. D'après ce mode de formation, on doit s'attendre à les voir presque dépourvues de potasse. Voici du reste, à ce sujet, quelques chiffres destinés à mettre ce fait en évidence.

	Potasse p. 100.
Calcaire de l'oolithe moyenne	0.02
— — supérieure	0.01
— du jurassique	0.05
Craie	0.03

Les terres dérivées des calcaires seront donc en général pauvres en potasse; l'exemple des causses de l'Aveyron, des craies de la Champagne Pouilleuse, etc., sont là pour montrer quelle influence peut avoir l'engrais potassique dans l'amélioration de ces terres, qui occupent de si vastes étendues. Si l'on examine les analyses de terres faites par MM. Risler et Colomb-Pradel, on voit venir en dernière ligne, comme teneur en potasse, les sols crayeux de Champagne, avec des taux allant de 0,29 à 0,67 pour 1.000; et, comme moyenne de cinq analyses, on arrive au chiffre de 0,59 pour 1.000.

Mais on ne saurait cependant généraliser ce fait; si la potasse augmente avec la proportion d'argile, elle ne diminue pas toujours à mesure que s'élève la proportion de calcaire; c'est-à-dire qu'on ne doit pas toujours établir, à ce point de vue, un antagonisme absolu entre ces deux roches. M. P. de Gasparin, en rapprochant dans ses analyses le dosage du carbonate de chaux de celui de la potasse, a montré la parfaite indépendance de ces deux éléments. Les analyses de terres de MM. Risler et Colomb-Pradel montrent également que des roches et des terres calcaires contiennent quelquefois de notables quantités de potasse, amenée par des causes multiples à se joindre au dépôt calcaire.

En résumé, l'examen géologique d'un terrain peut rendre de très grands services en faisant prévoir dans une certaine mesure l'absence ou l'abondance probables d'un élément. Mais la grande généralité des terres de culture étant formées par le mélange des éléments sableux, argileux et calcaires, dans les proportions les plus diverses, nous nous trouvons en présence d'une incertitude sur les éléments dominants, et nous devons alors recourir à des moyens précis pour déterminer si elles contiennent assez de potasse.

Moyens de déterminer les besoins du sol en potasse. — C'est en premier lieu à l'analyse chimique que nous aurons recours.

Analyse chimique. — Nous avons, à propos de l'acide phosphorique, jugé nécessaire de critiquer le mode opératoire adopté pour attaquer la terre et dissoudre le phosphate qu'elle renferme, et nous avons montré combien il est regrettable qu'on n'ait pas à sa disposition des procédés se rapprochant davantage des moyens de solubilisation entrant en jeu dans le sol. Nous avons aussi consigné les différences dans les modes opératoires, qui empêchent d'avoir des résultats comparables. Nous en dirons autant du dosage de la potasse. Quelquefois on attaque la terre par l'eau régale après porphyrisation; d'autres fois on fait agir l'acide nitrique bouillant sur la partie passant au tamis à mailles de 1 millimètre. Les résultats obtenus par des procédés différents ne sont pas concordants, comme le montrent les chiffres obtenus par MM. Risler et Colomb-Pradel, indiquant la quantité de potasse pour 1000 :

	Terre porphyrisée attaquée par l'eau régale.	Terre non porphyrisée attaquée par l'eau régale.	Terre non porphyrisée attaquée par l'acide nitrique.
	—	—	—
Argile glaciaire......	1.377	0.986	0.833
Limon des plateaux..	2.210	2.040	1.581

Il y a plus : les procédés d'attaque mis en œuvre pour l'acide phosphorique avaient du moins l'avantage de donner la presque totalité de ce principe; tandis que les procédés usités pour la potasse ne donnent qu'une fraction tout à fait arbitraire de cet élément, et qui ne peut avoir la prétention de représenter ni la partie réellement assimilable, ni le stock tout entier.

Quoi qu'il en soit, les chimistes, dans ces dernières années, semblent s'être mis tacitement d'accord sur l'attaque de la terre, passant au tamis de 1mm, au moyen de l'acide nitrique bouillant, et les chiffres qu'on donne aux agriculteurs se rapportent généralement à ce dernier procédé.

M. Risler admet que « quand l'attaque de la terre par l'acide nitrique fournit 1 pour 1000 de potasse, il suffit, dans un assolement où les fourrages s'équilibrent bien avec les céréales et les racines, de rendre au champ tout le fumier produit par les fourrages et les pailles... Si l'analyse indique dans la terre moins de 1 pour mille de potasse attaquable par l'acide nitrique, il y a lieu d'employer, en sus du fumier de ferme, des sels de potasse... Plus le dosage de la potasse attaquable par l'acide nitrique dépasse 1 pour 1000, moins il est nécessaire d'en donner par des engrais chimiques. »

Le chiffre de 1 pour 1.000 s'applique à la terre brute et non pas à la terre fine; c'est-à-dire que les résultats de l'analyse effectuée sur la terre fine, doivent être par le calcul ramenés à la terre normale, avec ses cailloux et ses pierres. M. Joulie, en fixant le taux nécessaire de la potasse dans le sol à 2, 5 pour 1.000, envisage la terre fine, tandis que M. Risler, en fixant le taux de 1 pour 1000, envisage la terre brute. C'est à cette dernière manière de voir qu'il faut se ranger, car elle est plus rationnelle et correspond mieux à la réalité des faits.

Aspect des récoltes. — L'apect de la végétation va-t-il, dans une certaine mesure, nous donner des indications sur l'abondance de la potasse dans le sol ? Nous ne le pensons pas, en ce qui concerne les céréales et les plantes à racines, qui peuvent se montrer chétives, sans qu'il soit permis d'attribuer leur manque de vigueur à l'absence de la potasse, plutôt qu'à l'absence de tel autre élément. Où nous trouverons l'indication la plus précise, c'est dans l'examen des prairies naturelles ou artificielles. Si dans les premières nous constatons l'abondance des légumineuses, nous pouvons en conclure que la potasse existe dans le sol à un taux satisfaisant. Si, au contraire, les graminées l'emportent de beaucoup sur les légumineuses, étant donné que la proportion de calcaire est convenable, il est permis, dans la plupart des cas, de conclure à l'insuffisance de la potasse.

Quant aux prairies artificielles, trèfle, luzerne, sainfoin, elles ne sauraient donner de bons résultats que dans les sols à la fois profonds, calcaires et riches en potasse; l'insuccès de leur culture peut, si les deux premières conditions sont remplies, être attribué à l'absence de potasse.

Essais par la culture. — Mais le meilleur moyen de savoir si le sol a besoin d'engrais potassiques, c'est d'avoir recours à l'expérience directe, lorsque leur nécessité n'est pas fixée d'une façon suffisamment précise par l'analyse des sols. Les observations de M. Risler et de M. P. de Gasparin ont, il est vrai, montré que, dans la plupart des cas, le taux de 1 pour 1000 de potasse dans la terre brute dispense de l'emploi des engrais potassiques. Cette règle a en outre reçu une confirmation des expériences de M. Garola en Beauce. Ce savant tire de ses nombreux essais cette conclusion générale que la potasse est utile à tous les sols dosant par kilog. moins de 1 gr., en chiffres ronds, de potasse soluble dans l'acide azotique, surtout pour les légumineuses, quand on n'a pas recours au fumier appliqué régulièrement et abondamment; si on emploie ce dernier, il est rare, même dans les sols dosant seulement 0,8 pour 1000, qu'on observe une surproduction sensible et économique en recourant au chlorure de potassium.

Mais il y a à cette règle des exceptions, peut-être plus nombreuses que pour l'acide phosphorique.

M. Lechartier cite en effet des expériences où, dans un sol dosant 3 à 4 pour 1.000 de potasse, le chlorure de potassium a donné des augmentations de rendement importantes, comme le montrent les chiffres ci-dessous :

	ANNÉE 1883.		ANNÉE 1884.	
	Sarrasin.		Blé.	
	Grain.	Paille.	Grain.	Paille.
	kil.	kil.	kil.	kil.
Phosphate	550	550	1.374	1.910
— et potasse	950	2.300	1.811	1.826
— et azote	300	400	1.488	2.416
— azote et potasse	1.400	4.900	2.246	3.477
— et azote	600	1.200	1.448	2.281
— azote et potasse	1.300	2.300	2.367	3.279

M. Lechartier remarque que les sels potassiques ont des effets notables sur la lande défrichée, et merveilleux sur les terres de culture.

M. Thomas obtient dans une terre granitique du Lézardeau, contenant 2,7 pour 1.000 de potasse, des résultats analogues :

	Betteraves.	
	Feuilles.	Racines.
	—	—
	kil.	kil
Engrais complet....................	17.400	74.300
— sans potasse..............	13.000	58.300

Nous citerons, en opposition avec ces résultats, les expériences de M. Petermann, qui constate que dans un sol sablo-argileux, contenant seulement 0,78 pour 1000 de potasse, l'addition de sels potassiques a produit sur des betteraves à sucre des surcroîts de rendement très peu importants. Voici les augmentations obtenues pour des récoltes allant de 50.000 à 70.000 kilog. de betteraves à l'hectare, par rapport à des parcelles sans potasse :

	1883.	1884.	1887.
	—	—	—
	kil.	kil.	kil.
Engrais avec 75 kilog. de potasse.	1.864	1.710	1.000
— 150 —	2.360	3.261	»

Ces surcroîts de 2 à 5 pour 100 du rendement total, ne suffisent pas à compenser les frais du supplément de fumure.

M. Hérisson a observé que dans des terres très sableuses provenant d'alluvions récentes (Gard) et contenant moins de 1 pour 1000 de potasse, les engrais potassiques (chlorure, sulfate ou salins du Midi) n'ont donné aucun résultat appréciable pour la production du raisin.

M. Garola constate également l'inutilité de la potasse

sur la plupart des cultures dans un sol moyen de Beauce, contenant un peu moins de 1 pour 1000 de potasse.

Nous pourrions multiplier ces exemples, mais ceux qui précèdent suffisent pour démontrer qu'il y a, pour la potasse comme pour l'acide phosphorique, des incertitudes très grandes dans l'interprétation des résultats de l'analyse; si la limite de 1 pour 1.000 se trouve dans bien des cas vérifiée, il est à cette règle des exceptions assez nombreuses pour que l'expérimentation directe soit toujours recommandable.

Le point faible de l'analyse, c'est qu'elle n'est pas poussée assez loin pour permettre de distinguer les différentes formes qu'affecte l'alcali dans le sol et de discerner la partie réellement assimilable de celle qui le devient seulement à la longue. Par exemple, une terre riche en potasse, mais dépourvue de chaux, comme le sont en général les terres granitiques, pourra céder beaucoup de potasse aux acides et très peu aux végétaux; les engrais potassiques y produiront de bons résultats, alors même que leur richesse semble très élevée.

Par contre, un sol à faible dosage peut, grâce à une assimilabilité très grande de ses éléments, se montrer insensible à l'addition de matières fertilisantes. C'est ainsi qu'on doit expliquer les contradictions apparentes révélées par les expériences précédentes. Nous aurons donc à insister plus loin sur les formes qu'affecte la potasse dans le sol.

Il ne faut pas non plus oublier que la potasse ne joue un rôle utile que si tous les autres éléments fertilisants sont présents dans la terre ou dans l'engrais; l'un d'eux fait-il défaut, son absence suffit pour annihiler l'effet des autres. L'insuccès des sels potassiques est souvent attribuable à leur emploi exclusif. On les voit parfois produire de très beaux résultats lorsqu'on les associe à l'acide phosphorique ou à l'azote, ou à ces deux éléments à la fois, alors qu'ils restent inactifs à l'état isolé. Voici à ce sujet une expérience de M. Wagner :

	kil.	
Terrain non fumé......................	100	de récolte.
Engrais potassique	100	—
— phosphaté.....................	126	—
— — et potassique.........	147	—

En voici une autre de Vœlcker sur les mangolds :

	kil.
Sans engrais..................................	35.780
Avec sels potassiques	40.170
— superphosphate	65.280
— superphosphate et sels potassiques.......	80.350

L'emploi exclusif de la potasse dans ces deux cas est resté sans résultats, et on aurait pu conclure à la richesse du sol en potasse, si l'expérience avait été moins complète.

Comme nous l'avons fait pour l'azote et pour l'acide phosphorique, nous admettrons donc, en parlant des effets de la potasse, que les autres principes de fertilité existent en proportion suffisante.

Richesse des sols en potasse. — Quoique les expériences concluantes sur l'emploi des sels potassiques soient assez rares, on peut, en examinant les analyses de terre faites jusqu'à ce jour, constater que l'absence de la potasse est beaucoup moins générale que celle de l'acide phosphorique.

Ainsi, sur 62 terres analysées par M. de Gasparin, on en trouve 6 avec plus de 5 p. 1.000 de potasse, 9 avec 2,5 à 5 pour 1.000; 21 avec 1,25 à 2, 5 pour 1.000; 12 avec 0, 5 à 1,25 pour 1.000 et 14 seulement avec moins de 0,5 pour 1.000.

Sur 29 terres très diverses analysées par MM. Risler et Colomb-Pradel, on constate que 9 sont au-dessus de 2 pour 1.000; 14 au-dessus de 1 pour 1.000; 4 au-dessus de 0,5; 2 au-dessous de 0,5 pour 1.000.

Épuisement par la culture. — On voit qu'un petit nombre de sols manquent réellement de potasse. Cela tient surtout à la diffusion, dans presque tous les sols, des produits de la désagrégation des roches primitives; cela peut tenir également à ce que la restitution de la potasse est bien plus parfaite que celle de l'acide phosphorique. En effet, parmi les plantes qui exportent le plus de potasse se placent en première ligne les herbes des prairies naturelles et artificielles et les racines, c'est-à-dire les récoltes servant surtout à l'alimentation du bétail de la ferme et par suite à la production du fumier; tandis que l'acide phosphorique se concentre surtout dans les produits qui sont exportés, tels que les graines et les animaux. Il en résulte ce fait que la potasse retourne au sol presque intégralement, tandis que l'acide phosphorique est incessamment enlevé par les produits d'exportation. La potasse, traversant seulement le corps des animaux, se concentre donc dans le fumier, qui en contient une proportion supérieure d'un tiers à celle de l'acide phosphorique.

Wolff, dans un calcul théorique, évalue les éléments qui peuvent être soustraits à une ferme de 75 hectares, sans prairies, par les produits exportés de toute nature; il constate que la quantité de potasse enlevée annuellement à ce domaine est de 5 k., o5 et celle de l'acide phosphorique de 8 kilog. 6 hectares de prairies annexées à cette ferme suffiraient pour combler l'exportation de potasse, et il en faudrait 34 pour compenser les pertes d'acide phosphorique.

Si l'on calcule, d'un côté, la quantité de potasse enlevée par les produits allant au marché et, de l'autre, celle qui rentre à la ferme avec les fourrages, on constate que cette dernière est plus grande; par suite, les terres cultivées qui reçoivent le fumier vont en s'enrichissant.

Crusius a calculé qu'une ferme qui avait, en 16 années, exporté 675 quintaux de potasse, en avait, dans le même temps, importé 1.120 quintaux; d'où un gain de 445 quintaux.

Nous réunissons dans un tableau les statistiques établies pour différentes fermes de l'Allemagne :

	Académie de Holdena.		Valdau.	Poméranie.	
	I.	II.	III.	IV.	V.
	livres.	livres.	livres.	livres.	livres.
Exportations de potasse..	393	333	260	112	208
Importations............	494	700	686	549	686
Gain..........	101	367	426	437	478

Les gains varient beaucoup, suivant la répartition des cultures et surtout suivant l'étendue des prairies, mais ils sont toujours élevés.

En résumé, la disparition de la potasse du sol n'est pas à redouter comme celle de l'acide phosphorique, et moins encore que celle de l'azote; car, comme nous le verrons plus loin, la potasse reste acquise au sol et ne se perd pas dans les eaux de drainage.

Examen des sols des principales régions. — L'ensemble des observations pratiques faites en France a conduit à considérer l'apport des engrais potassiques comme d'une importance secondaire, et beaucoup d'agronomes pensent qu'il y a lieu d'être assez réservé dans leur emploi.

M. Grandeau déclare que leur application aux sols de la Lorraine est peu avantageuse.

M. Garola constate que dans la plupart des terres de Beauce qu'il a examinées et qui appartiennent au limon des plateaux et au conglomérat ou argile à silex, l'addition des sels potassiques est rarement utile. M. Colomb-Pradel, dans une autre partie de la Beauce, arrive à une conclusion analogue et conseille de renoncer à l'emploi des engrais potassiques, parce que le rendement ne semble pas en rapport avec le surcroît de dépense. Les formations tertiaires occupent en France une vaste étendue de terrains : le pays de Caux, le Vexin normand, le Perche, une partie de la Touraine, de la Picardie et de l'Artois, la Beauce, la Brie, etc., appartiennent aux argiles à silex, et l'emploi des sels potassiques y est rarement avantageux; c'est ce qui résulte encore des observations de M. Pagnoul pour le Pas-de-Calais, de M. Gatellier pour Seine-et-Marne, de M. Dehérain pour le Nord et Seine-et-Oise.

Il en est de même de la plupart des terres d'alluvions quaternaires.

Nous parlons ici d'une façon générale; mais nous devons faire remarquer que parfois, même dans les argiles à silex, la potasse peut n'exister qu'en faibles proportions, et que dans les sables alluviens ou diluviens il n'est pas rare de constater l'insuffisance de cet alcali. Il y a donc des exceptions à signaler.

Tous les terrains dérivés des roches primitives (Morvan, Plateau central, Bretagne, Vendée), qui couvrent le 1/5 du territoire français, sont très richement pourvus de potasse. Il en est de même des terrains volcaniques. Les schistes appartenant aux terrains de transition (cambrien, silurien, dévonien), donnent en Bretagne, dans l'Anjou, le Maine, la Sarthe, la Mayenne et Maine-et-Loire, dans une grande partie du Cotentin et du Bocage normand, des sols où l'emploi de la potasse est très rarement avantageux.

Les marnes du lias, qui couvrent plus de 2 millions d'hectares, produisent dans le Nivernais, le Bessin, l'Allier, sans le concours des sels potassiques, de magnifiques herbages où les légumineuses abondent.

Par contre, l'absence de la potasse est à signaler dans les terres siliceuses provenant du grès; dans les Vosges, par exemple, la rareté de cet élément est une des causes d'infertilité, et l'on est assuré de retirer de bons résultats de l'emploi des sels potassiques dans de pareils terrains.

Mais ce sont surtout les sols calcaires, appartenant à l'étage crétacé, qui sont, en France, les principaux consommateurs des engrais potassiques. La restitution de potasse par le fumier y est insuffisante ; car le fumier est pauvre en potasse, comme le sol qui lui a donné naissance. M. Joulie a trouvé dans un fumier provenant d'une ferme située dans la craie de Champagne, 0,29 pour 100 de potasse seulement, alors que le fumier d'une ferme du Vallage (Aisne), en contient 0,62 pour 100.

M. Risler a fait ressortir tous les avantages qu'on peut retirer de l'emploi des sels potassiques dans de pareils sols, en s'appuyant sur les expériences de M. Ponsard à Châlons-sur-Marne et de M. de Rohans près de Reims. Le premier a reconnu qu'avec 200 kilog. de sulfate de potasse ou 200 kilog. de chlorure de potassium, le rendement de la luzerne est augmenté d'un tiers. M. de Rohans a obtenu les résultats suivants pour le blé :

	Blé.	
	Grains.	Paille.
	—	—
	kil.	kil.
Engrais complet	2.785	7.000
— sans azote	2.670	5.430
— sans phosphate	2.000	6.320
— sans potasse	1.015	4.025

Dans les craies de Champagne, il faut compléter l'action du fumier par l'addition de sels potassiques : 100 kilog. pour le blé, 200 kilog. pour les betteraves; 300 kilog. pour les luzernes.

Les terrains provenant de la décomposition des calcaires jurassiques et qui, dans une certaine mesure, se rapprochent des terrains crétacés, se montrent souvent favorablement impressionnés par l'application des engrais potassiques, comme le prouvent les expériences suivantes de M. Colin :

	Foin par hectare.
	—
	kil.
Sans engrais	2.183
Engrais complet sans potasse	3.028
— avec potasse	3.333

Parmi les terrains particulièrement sensibles à l'action des engrais potassiques, nous parlerons encore des terrains sableux, dont le type le plus accentué nous sera fourni par les Landes de Gascogne. La proportion de potasse y dépasse rarement le chiffre de 0,5 pour 1.000, et souvent même on n'y trouve que des traces de cet élément.

M. Gayon a vu dans de pareils sols le rendement en sarments de vignes passer, en deux années totalisées, de 3.700 grammes pour la parcelle témoin, à 5.200 grammes pour la moyenne des parcelles fumées aux engrais potassiques.

On peut comprendre parmi les sols pauvres en potasse les parties sableuses de la Sologne; quand la couche sous-jacente d'argile est à une faible profondeur, les plantes peuvent y trouver leur alimentation en alcali; mais là où la couche sableuse est épaisse, il n'y a que des quantités très faibles de potasse. En général, dans la Sologne, d'après les observations de M. Colomb-Pradel, les terres retenant l'eau à leur surface n'ont pas besoin de potasse; les parties sèches, au contraire, doivent être sensibles aux fumures potassiques.

Les terres sableuses, lorsqu'elles ne sont pas d'origine manifestement granitique, réclament des engrais potassiques; abandonnées à elles mêmes, elles sont propres seulement à la production forestière, très peu exigeante en potasse (7 à 15 kilog. par hectare et par an). Si l'on veut obtenir des cultures plus intensives, l'emploi de la potasse est obligatoire. Nous aurons, du reste, l'occasion d'insister sur le parti qu'on a su tirer en Allemagne des sols sablonneux à l'aide des fumures potassiques.

Enfin nous ajouterons à la nomenclature des terrains souvent pauvres en potasse, les terrains tourbeux, qui proviennent de la décomposition lente des matières organiques en l'absence de l'air et du calcaire. C'est surtout lorsque la tourbe s'est formée sur un sol pauvre en potasse ou qu'elle a pu être davantage lavée par les eaux, qu'on y rencontre moins d'alcali. Ce cas est fréquent, et si l'on sait alors combiner l'emploi des engrais potassiques et calcaires avec les travaux d'assainissement et de dessèchement, on peut retirer d'excellentes récoltes de semblables terrains. La culture des terrains tourbeux qui, en Allemagne, occupent de vastes surfaces, a été dans ce pays l'objet de recherches spéciales ; l'exploitation de M. Rimpau à Cunrau offre un exemple remarquable des bons effets qu'on peut attendre de l'emploi simultané des sels potassiques et des engrais phosphatés. Ainsi pour le colza la récolte est de :

Sans fumure	7
Avec acide phosphorique seul	12
Avec potasse seule	13
Avec acide phosphorique et potasse	43

Sur les 1.200.000 hectares des sols tourbeux de France, il en existe un grand nombre où des procédés analogues à ceux mis en œuvre par le système Cunrau produiraient d'excellents résultats.

Pour résumer ce qui précède, nous pouvons dire d'une façon très générale que, si dans des terrains extrêmes, craies, sables ou tourbe, la potasse est indispensable, dans un plus grand nombre de cas, représentés par les terres cultivées de longue date, recevant du fumier d'une façon régulière et constituées par un mélange de sable, de calcaire et d'argile, son avantage est très problématique et son emploi ne peut être conseillé qu'à la suite d'expériences démonstratives, dans lesquelles on tiendra compte non seulement du surcroît de récolte, mais aussi du bénéfice net.

M. Dehérain a fait observer depuis plusieurs années déjà « qu'il ne s'est pas créé un marché des sels potassiques, comparable à celui qui s'est établi sur les phosphates; il est donc vraisemblable qu'habituellement les sols cultivés renferment une quantité suffisante de potasse pour qu'il soit inutile d'en ajouter ».

En examinant les opérations effectuées dans ces dernières années par différents syndicats agricoles, nous constatons, de notre côté, que la tendance des agriculteurs n'est pas vers les achats de sels potassiques.

Dès 1875, en Angleterre, l'importation des engrais à base de potasse s'était ralentie, et Vœlcker attribue ce fait à ce que ces sels n'ont pas répondu à l'attente qu'on avait d'abord conçue. Les expériences de ce savant ont en effet démontré que, « dans la plupart des terres en bonne condition agricole, le mélange des sels de potasse avec d'autres engrais, ne produit pas un effet sensible sur les récoltes auxquelles on applique le mélange. Mais sur les sols maigres, sablonneux, sur les prairies épuisées et sur les tourbes, les sels potassiques mélangés avec des os dissous, du superphosphate et du guano, ont produit un excellent effet. »

En Allemagne, au contraire, si l'on fait exception pour quelques régions à sols très riches, telles que la Saxe, on attache à l'application des sels potassiques une importance capitale; on les voit figurer dans presque toutes les formules de fumure. Cela paraît tenir surtout à ce que de grandes étendues de terrains sont constituées par des sols auxquels manque l'élément potassique (sables et tourbes). Peut être aussi est-ce une tradition scientifique remontant à Liebig, qui croyait que la potasse disparaissait rapidement du sol et, voyant là une cause de stérilité, s'alarmait à ce sujet? Peut-être encore l'Allemagne, qui a le monopole des gisements de potasse, a-t-elle une tendance à exagérer l'importance de l'emploi de cet élément, qui est pour elle une source de richesse? Toujours est-il que les agronomes et les savants les plus autorisés de ce pays cherchent à faire entrer cet engrais en plus large proportion dans la pratique agricole, et qu'on est allé jusqu'à demander d'interdire l'exportation des produits potassiques. La même crainte que nous avons manifestée pour notre pays, en ce qui concerne l'exportation incessante de nos produits phosphatés en faveur de l'étranger, semble se manifester chez nos voisins en ce qui concerne les sels potassiques. L'Allemagne, il est vrai, possède d'immenses étendues de terres sableuses et de terres tourbeuses, où l'emploi de la potasse donne les meilleurs résultats.

On voit, en résumé, que si, dans le plus grand nombre des cas, il est inutile de se préoccuper de l'apport d'engrais potassiques, il y a cependant des conditions spéciales où leur emploi est nécessaire.

Formes de la potasse dans le sol. — La potasse affecte dans le sol des formes diverses, que nos méthodes analytiques ne nous permettent pas de différencier suffisamment : c'est là une lacune regrettable, parce que ces diverses formes ne se prêtent pas également à la nutrition des plantes. Les unes sont au plus haut degré d'assimilabilité, les autres, au contraire, sont totalement réfractaires. Il y a un grand intérêt à déterminer la partie qui est actuellement utilisable, et qui seule doit entrer en ligne de compte pour l'évaluation de la fertilité présente. La réserve lentement assimilable n'intéresse que l'avenir.

C'est à l'état de silicate double d'alumine et de potasse qu'on rencontre la plus grande partie de cet élément, et c'est de cette forme primordiale que dérivent toutes les combinaisons plus assimilables. La potasse de ce silicate peu attaquable, constituant la réserve du sol, ne peut être dosée que si l'on fait agir des agents très énergiques.

Comment la nature procède-t-elle pour mettre lentement cette potasse en liberté et la présenter aux racines sous une forme assimilable?

La chaux certainement joue un rôle important dans cette action; elle se subsitue à la potasse dans le silicate et peut, comme l'a montré M. Risler, mettre lentement en liberté cet alcali. L'absence de la chaux doit certainement rendre inerte la potasse contenue dans le sol; et cette considération explique cette anomalie, signalée précédemment, de l'effet de la potasse sur des sols granitiques riches en potasse, mais pauvres en calcaire.

L'eau chargée d'acide carbonique agit de son côté, mais dans une mesure assez faible. Si cette action était très énergique, nous verrions la potasse apparaître en abondance dans les eaux de drainage. La matière organique aussi se charge de solubiliser la potasse par un mécanisme encore mal connu.

Comme pour le phosphate, on peut diviser par la pensée la potasse en deux parties : celle qui se trouve pour ainsi dire à l'état nu, dégagée de sa combinaison avec les éléments rocheux, et celle qui fait partie intégrante de la roche elle-même. La première forme est la plus immédiatement utile aux végétaux, la seconde ne le devient que par une lente décomposition des éléments rocheux.

Quoi qu'il en soit, si nous examinons la terre à l'aide de réactifs variés, comme l'ont fait MM. Berthelot et André, nous pouvons, dans une certaine mesure, nous rendre compte de l'état dans lequel se trouve la potasse.

Potasse soluble dans l'eau. — En lavant la terre par de l'eau, on dissout de petites quantités de potasse, combinée soit à des acides minéraux tels que les acides sulfurique, chlorhydrique, azotique, soit encore alliée aux matières organiques du sol. Ce lavage ne se fait pas rapidement, ni par de petites quantités d'eau; pour épuiser l'action de ce dissolvant sur la terre, il faut en faire passer de très grandes quantités. Il semblerait donc que la potasse du sol soluble dans l'eau se trouve en réalité être très peu soluble, ce qui est en contradiction apparente avec ce que nous savons des sels potassiques. Cette faible solubilité ne tient pas cependant aux combinaisons potassiques elles-mêmes, mais à une action particulière des éléments du sol, qui les fixent par un véritable pouvoir absorbant.

Dans le premier volume de cet ouvrage (t. I, p. 104), nous avons insisté sur cette faculté de la terre végétale, et nous avons montré qu'elle est due à l'argile et à l'humus qui y sont contenus. Cette faculté de retenir les sels de potasse est précieuse; c'est elle qui empêche les eaux pluviales d'éliminer du sol ce principe fertilisant; aussi les eaux de drainage en contiennent-elles seulement de petites quantités, même alors que le sol en est abondamment pourvu. Cette potasse, que des lavages prolongés finissent par dissoudre, doit être considérée comme celle qui est au plus haut degré d'assimilabilité, immédiatement accessible aux racines des plantes.

On peut la mettre en évidence et la déterminer plus facilement, en détruisant dans le sol le pouvoir absorbant des matières qui la retiennent. M. Schlœsing a proposé de traiter la terre à froid par une quantité d'acide, juste suffisante pour décomposer l'humate de chaux et coaguler l'argile, afin de leur enlever la faculté de retenir les sels solubles. On obtient alors immédiatement en dissolution cette potasse qui existe dans le sol sous une forme soluble et qui doit être regardée comme étant la plus efficace. Il est regrettable que ce procédé n'ait pas encore été adopté par tous les chimistes.

Potasse soluble dans les acides concentrés. — Si au lieu d'opérer comme nous venons de le dire, on attaque la terre par des acides concentrés et bouillants ou même par l'eau régale, suivant les procédés le plus souvent adoptés, on obtient alors simultanément la potasse qui est soluble dans l'eau et une partie de celle qui, se trouvant engagée dans différentes combinaisons insolubles, est forcément beaucoup moins apte à être utilisée par les plantes. La fraction de potasse ainsi obtenue est variable avec la concentration des acides et avec la durée du traitement. Pour obtenir des résultats comparatifs, il est donc indispensable de déterminer exactement les conditions dans lesquelles on opère, la nature et la concentration de l'acide employé et la température de la réaction. Cependant, même alors qu'on se place dans des conditions identiques, il est impossible d'attribuer une valeur absolue aux résultats des analyses, puisqu'on obtient simultanément la potasse susceptible d'être absorbée immédiatement et une fraction de celle qui constitue la réserve lentement utilisable. Les chiffres que donnent les chimistes pour exprimer la potasse du sol se rapportent généralement à ce dernier procédé.

Potasse totale. — Il existe un autre moyen, rarement employé, qui consiste à déterminer la totalité de la potasse contenue dans la terre, sans s'inquiéter de son état de combinaison, en dégageant la potasse de ses combinaisons silicatées, soit par l'acide fluorhydrique, soit par la chaux aidée d'une haute température. Ce procédé a tout au moins l'avantage de fournir des résultats absolus et de donner dans son entier la réserve de la potasse existant dans le sol.

Nous citerons quelques chiffres montrant les variations qu'on peut obtenir, suivant le procédé adopté.

D'après M. P. de Gasparin, on obtient pour les mêmes terres :

	Potasse pour 100 :		
	I.	II.	III.
Attaquable par l'eau régale.........	0.246	0.250	0.250
— par l'acide fluorhydrique.	1.550	1.070	3.350

D'après MM. Risler et Colomb-Pradel :

	Potasse attaquable par l'acide nitrique.	Potasse soluble à froid dans les acides faibles.
	—	—
Terre n° 1	1.077 ‰	0.364 ‰
— 2	1.327	0.465
— 3	1.120	0.375
— 4	1.031	0.479
— 5	1.587	1.360
— 6	2.273	1.121
	etc.	etc.
Moyenne de 21 analyses	1.30	0.74

Les expériences culturales n'ayant établi jusqu'ici aucune relation entre les résultats de la pratique et les chiffres obtenus au laboratoire, suivant qu'on a adopté tel ou tel mode d'attaque, nous resterons sur la réserve et nous dirons simplement que le moyen le plus judicieux, à notre avis, pour apprécier la richesse d'une terre en potasse, serait d'employer simultanément le procédé de M. Schlœsing, qui donne la forme soluble de la potasse, utilisable dans le présent, et les procédés donnant la potasse totale, c'est-à-dire la réserve de l'avenir. Il y aurait grand intérêt à reprendre les observations agricoles en prenant pour base ces deux données.

Déperditions de la potasse. — La potasse dégagée de sa forme rocheuse se dissout dans l'eau; l'humus et l'argile ne la retiennent pas entièrement. Aussi existe-t-elle dans les eaux de drainage et en général dans toutes les eaux qui courent à la surface de la terre. Nous devons nous préoccuper, au point de vue pratique, de savoir si cet entraînement par les eaux pluviales est de nature à appauvrir sensiblement les terres de culture.

M. Way, en analysant les eaux de drainage provenant de terres très différentes, constate que dans la plupart des cas il y a seulement des traces de potasse; le chiffre le plus élevé n'a été que de 0 gr., 003 par litre.

M. Schlœsing, en déplaçant les liquides renfermés dans le sol, arrive à des résultats qui confirment les précédents.

En adoptant le chiffre de 0 gr., 003 par litre, et en admettant que, sous nos climats, un volume de 1500^{mc} s'écoule annuellement d'un hectare, on voit que la proportion de potasse enlevée ne dépasse guère 4 à 5 kilog. C'est en effet ce chiffre qu'ont obtenu MM. Lawes, Gilbert et Warington. Dans une parcelle de terre n'ayant pas reçu de fumures potassiques, la perte par hectare et par année a été de 5 kilog., et de 10 kilog. 5 pour les parcelles fumées aux sels de potasse.

En résumé, il est acquis qu'une terre arable, remplissant les conditions ordinaires, n'est pas sujette à s'appauvrir sensiblement en potasse par l'action des eaux pluviales. Mais lorsque la terre est dépourvue d'éléments humiques ou argileux, elle n'a pas de pouvoir absorbant, et toutes les matières solubles la traversent à l'état de dissolution, sans y être retenues; aussi les sables et les craies sont-ils pauvres en potasse.

En général, ce n'est pas par les causes naturelles qu'une notable quantité de potasse est enlevée du sol, et nous n'avons pas à son sujet à entrer dans les mêmes développements que pour l'azote, qui subit si énergiquement l'action dissolvante des eaux pluviales. C'est du fait de nos récoltes, qui absorbent de grandes quantités de potasse, que nos terres s'appauvrissent. Nous avons donc à étudier les principales espèces cultivées, au point de vue de leurs exigences en potasse.

§ II. — Rapport de la potasse avec les cultures.

La potasse se rencontre dans tous les tissus végétaux ; tantôt elle entre dans la constitution du tissu lui-même, en combinaisons complexes et mal définies ; tantôt elle paraît à l'état pour ainsi dire isolé, comme un corps étranger ou accidentel, unie alors à des acides minéraux, tel que l'acide azotique, ou organiques, tels que les acides tartrique et oxalique. Lorsqu'elle est unie intimement au tissu végétal, elle affecte des formes à peu près insolubles dans l'eau ; les combinaisons plus simples sont solubles. C'est sous le premier état qu'elle doit être considérée comme faisant réellement partie intégrante du végétal.

Teneur en potasse des principales plantes cultivées. — Les principaux produits des récoltes contiennent les quantités suivantes de potasse, rapportées à 100 :

	Céréales.	
	Grain.	Paille.
	—	—
Blé	0.55	0.49
Seigle	0.54	0.80
Orge	0.48	0.93
Avoine	0.42	0.97
Maïs	0.33	0.24
Sarrasin	0.45	1.23

Nous observons, pour la potasse, un fait inverse de celui que nous avons signalé pour l'acide phosphorique : ce dernier élément domine dans les grains ; la potasse, au contraire, est en quantité presque toujours supérieure dans les pailles ; comme les pailles restent à la ferme et que le grain va au marché, on s'explique qu'il n'y ait pas pour la potasse un mouvement d'exportation aussi accentué que pour l'acide phosphorique.

Plantes légumineuses cultivées pour leurs graines.

	Grain.	Paille.
	—	—
Haricot	1.40	1.07
Pois	0.98	1.07
Féverole	1.20	2.00

La même observation s'applique aux légumineuses cultivées pour leurs grains.

Plantes industrielles.

	Grain.	Paille.
	—	—
Colza	0.88	0.97
Pavot	0.71	2.00
Lin	1.04	1.00
Chanvre	0.97	
	Feuilles.	
Tabac	1.80	

Plantes à racines et à tubercules.

	Racines ou tubercules.	Feuilles.
	—	—
Carotte	0.32	0.37
Turneps	0.25	0.32
Rutabaga	0.40	0.36
Betterave fourragère	0.43	0.43
Betterave à sucre	0.40	0.40
Pomme de terre	0.56	0.30
Topinambour	0.85	0.41

Dans cette catégorie de plantes, la potasse se répartit assez uniformément entre les racines et les feuilles; ce qui nous frappe surtout, si nous nous reportons aux chiffres antérieurement donnés, c'est l'abondance de la potasse par rapport à l'acide phosphorique; aussi classe-t-on les graines et les tubercules parmi les végétaux à potasse.

Plantes fourragères.

Ray-grass en vert		0.53
Herbe de prairie	en vert	0.60
	en foin	1.60
Maïs fourrage		0.32
Seigle vert		0.63
Choux	feuilles	0.40
	tiges	0.35
Trèfle en foin		1.95
Luzerne —		1.52
Sainfoin —		1.79
Vesce —		2.00

Plus encore que pour les plantes racines, nous pouvons constater que la teneur des fourrages en potasse est beaucoup plus élevée que la teneur en acide phosphorique.

Cultures arbustives.

Vigne	Vin	0.10
	Marc	0.50
	Feuilles vertes	0.28
	Sarments	0.30
Pommier	Pommes	0.14
	Feuilles	0.38
	Cidre	0.20
Olivier	Feuilles	0.74
	Fruits	0.36

Dans la composition des produits provenant des cultures arbustives, c'est encore la potasse qui domine.

Exigences des récoltes en potasse. — Pour rendre ces chiffres plus intéressants au point de vue pratique, nous établissons un tableau comprenant, pour les différentes cultures, les exportations moyennes de potasse, opérées sur un hectare de terre par l'ensemble de la récolte :

Plantes céréales.

	kil.
Blé (15 hectol.)	20.1
— (40 —)	33.5
Orge	33.8
Seigle	36.7
Avoine	25.4
Maïs	40.3
Sarrasin	31.3

Graines légumineuses.

	kil.
Haricot	30.3
Pois	52.2
Féverole	73.1

Plantes industrielles.

	kil.
Colza	58.0
Œillette	68.5
Lin	40.2
Chanvre	65.0
Houblon	24.0
Tabac	98.0

Racines et tubercules.

	kil.
Carotte	133
Navet, rave ou turneps	110
Rutabaga	252
Betterave fourragère	258
— à sucre	168
Pomme de terre	113
Topinambour	241

Plantes fourragères

	kil.
Foin de prairie	96
Seigle vert	126
Maïs fourrage	192
Choux	215
Trèfle rouge	156
Luzerne	152
Sainfoin	80
Gesse ou vesce	80

Cultures arbustives.

	kil.
Vigne	26.0
Pommier	21.3
Olivier	9.7

Ce tableau sera pour nous l'occasion d'une observation concernant le mouvement d'absorption comparée de la potasse et de l'acide phosphorique ; le fait se présente d'une façon saisissante, si nous mettons en regard les quantités moyennes de ces deux éléments fertilisants nécessaires aux principales cultures :

NATURE DE LA RÉCOLTE.	Exportation pour un hectare.	
	Acide phosphorique.	Potasse.
	kil.	kil.
Plantes céréales	20.3	31.6
— légumineuses cultivées pour leurs grains	24.6	51.1
— industrielles	30.6	58.9
— à racines et à tubercules	53.3	182.0
— fourragères	80.0	166.0

On voit que la potasse est toujours absorbée en plus forte proportion que l'acide phosphorique; il semblerait, d'après ces chiffres, qu'on dût s'inquiéter plus de la restitution de cet élément que de la restitution de l'acide phosphorique. Mais nous avons déjà constaté, d'une part, que dans une culture normale l'appauvrissement en potasse est moins à redouter, et, d'autre part, que le sol est généralement plus riche en potasse qu'en acide phosphorique; il s'ensuit donc que nous n'avons pas à nous préoccuper au même degré de l'épuisement de la terre en potasse.

C'est ici le cas de rappeler que la méthode analytique

employée pour évaluer les éléments de fertilité du sol comprend à peu près l'ensemble de l'acide phosphorique contenu dans la terre, et laisse de côté la majeure partie de la potasse, celle qui est plus lentement assimilable. Si, par exemple, nous considérons un sol ayant fourni à l'analyse, par les procédés usuels, les chiffres de 1 pour 1.000 d'acide phosphorique et de 1 pour 1.000 de potasse, nous pourrions croire que l'épuisement en potasse sera plus rapide, puisque les végétaux en absorbent davantage. S'il n'en est pas ainsi, c'est que le sol contient, outre ce taux de 1 pour 1.000 d'alcali, une proportion beaucoup plus élevée (3, 4 et souvent plus de 5 pour 1.000) de potasse difficilement attaquable, que l'analyse laisse de côté, mais que les réactions du sol sauront mettre graduellement en liberté, pour remplacer la partie absorbée et compenser les exportations.

Nous savons, d'autre part que l'insuffisance d'acide phosphorique constitue un empêchement absolu au développement d'abondantes récoltes, et que si cet élément est absorbé en forte proportion, c'est que la plante en a réellement besoin pour son développement et n'en prend pas une quantité supérieure à celle qui lui est nécessaire. Pour la potasse, il n'en est pas tout à fait ainsi; et s'il est bien démontré qu'elle est réellement indispensable au développement des récoltes, il n'est pas toujours sûr que toute la potasse absorbée ait été utile et nécessaire au développement végétal. Nous voyons souvent, en effet, les sels potassiques s'accumuler en grande quantité dans certains organes végétaux, sans paraître y jouer un rôle prédominant au point de vue physiologique.

Il ne paraît donc pas absolument indispensable de donner à toutes les plantes toute la quantité de potasse qu'elles sont susceptibles de condenser dans leurs tissus, puisqu'elles ont quelquefois pour cette base une avidité hors de proportion avec leurs besoins réels; ainsi voyons-nous, d'après M. Schlœsing, dans certains terrains, le tabac prendre jusqu'à 4 à 5 p. 100 de potasse, alors que dans d'autres il n'en trouve pas assez pour en prendre 0,25 p. 100. Dans les deux cas, cependant, il aura acquis son développement complet et présentera toutes les apparences d'une bonne végétation.

La betterave et les racines en général donnent lieu à des observations analogues.

En examinant la composition des cendres végétales, nous constatons qu'il y a une grande élasticité dans la teneur en potasse de la même plante; suivant qu'elle a végété dans telle ou telle condition, elle contiendra des proportions très différentes de potasse. Ceci conduirait à admettre une pénétration plus facile de la potasse dans la circulation végétale, mais sans impliquer une nécessité plus grande, un besoin plus impérieux de cet élément.

Avant de passer en revue les différentes cultures, au point de vue de l'action des sels potassiques, nous devons poser en principe que l'action de l'engrais est surtout subordonnée à la composition du sol. En examinant les diverses expériences qui ont été faites, on arrive aux conclusions les plus opposées, les plus disparates : tantôt la potasse se montre très utile à une culture déterminée, tantôt elle est tout à fait inutile; de sorte qu'en faisant le triage des expériences favorables ou défavorables, on pourrait soutenir deux opinions très opposées, avec des apparences de vérité des deux côtés.

Un exemple fera mieux saisir notre pensée à cet égard.

Voici une expérience de Vœlcker où l'action de la

potasse sur les pommes de terre est très remarquable (moyenne de 7 séries d'essais) :

	Tubercules par hectare.
	kil.
Parcelle avec superphosphate seul (500 kil.)....	30.546
— — (500 kil.) + sels de Stassfurt (500 kil.)........................	36.088
L'action de la potasse se traduit par un surcroît de	5.542

Voici, par contre, une expérience de MM. St-André et Boursier sur la même plante :

	Tubercules par hectare.
Parcelle sans engrais potassique................	19.191
— avec engrais potassique...............	18.583

En réalité, on ne sait pas quel est le véritable rôle de la potasse dans l'alimentation végétale, et les expériences pratiques laissent en général beaucoup à désirer.

Sans méconnaître l'appétit particulier des plantes pour tel ou tel élément, nous pouvons cependant dire qu'il faut, avant tout, tenir compte de la composition du sol. Si la terre est pauvre en potasse, comme le sont les terres calcaires, par exemple, toutes les récoltes indifférem-ment seront sensibles à l'action des sels potassiques, et l'on peut toujours y conseiller l'emploi de cet engrais.

C'est à l'abri de ces observations d'ordre général que nous allons passer en revue les principales cultures et, sans multiplier les citations d'expériences d'une interprétation souvent difficile, nous chercherons seulement à mettre en relief les points qui sont le mieux établis.

Céréales. — Les céréales semblent, d'après les chiffres précédents, être de toutes les plantes de grande culture celles qui exigent le moins de potasse; si donc nous devions trouver dans la composition des cendres végétales la mesure exacte des besoins de la plante, nous pourrions conclure au peu d'importance des engrais potassiques dans la culture des céréales.

Mais cela n'est pas vrai d'une façon absolue; il semble établi par des études physiologiques récentes (Wagner, Liebscher, Drechsler, etc.), que les plantes culturales doivent surtout recevoir comme engrais les matières qu'elles contiennent en moins grande proportion, parce qu'elles ont une plus grande difficulté à les assimiler. Les racines des différentes plantes paraissent avoir un pouvoir spécifique d'absorption; les unes ont une grande facilité à retirer du sol la potasse que d'autres absorbent avec peine.

Les céréales paraissent être dans ce dernier cas; si elles sont pauvres en potasse, c'est qu'elles ont de la peine à absorber celle qui se trouve dans le sol; aussi, dans bien des sols, se montreront-elles très sensibles à l'action des engrais potassiques directement solubles.

Il résulte en effet des expériences faites par M. Dehérain à Grignon que, pendant les deux saisons de 1865 à 1866, et de 1866 à 1867, l'application des sels de potasse sur la culture du froment a donné, dans dix essais sur onze, des bénéfices qu'on n'a obtenus ni avec les betteraves, ni avec les pommes de terre.

M. Wagner cite une expérience où l'engrais potassique seul ou associé à l'azote ne produit aucun excédent de récolte pour les pois et augmente, au contraire, sur le même sol la récolte d'orge de 7 et 8 p. 100.

M. Schultz, qui a fait à Lupitz en Allemagne une très longue série de recherches sur l'application des sels potassiques aux sols sablonneux, recommande vivement pour les céréales leur emploi, qu'il croit être toujours rémunérateur.

Suivant M. Märcker, l'avoine est une des plantes sur lesquelles les sels de potasse exercent le plus d'influence, même dans les meilleures terres. M. Wagner considère l'orge comme la plus exigeante de toutes les céréales en potasse et comme une des cultures le plus favorablement impressionnées par les engrais potassiques.

L'action de la potasse ne se manifeste pas extérieurement d'une façon aussi frappante que celle de l'azote; elle se traduit surtout par une augmentation de poids du grain.

Ainsi, d'après M. Wagner :

	Blé.	Seigle.
	—	—
	gr.	gr.
1000 grains avec potasse pesaient secs...	25	21
— sans. — ..	19	15

M. Schribaux et d'autres expérimentateurs ont également observé que l'engrais potassique détermine chez les céréales une floraison meilleure et une maturité plus hâtive. La potasse paraît indispensable à la production de l'amidon du grain. Opérant à l'aide de solutions nutritives, MM. Nobbe, Schrœder et Erdmann ont constaté que le sarrasin ne pouvait former ses grains en l'absence de cet alcali; en sa présence, au contraire, on voyait apparaître l'amidon et se produire le développement normal du grain.

Se basant sur la faible teneur des céréales en potasse, il ne faudrait donc pas négliger, dans les formules d'engrais, l'addition de potasse qui, dans le cas de sols pauvres ou épuisés, peut se montrer rémunératrice.

Plantes à racines et à tubercules. — Ces cultures se caractérisent par la forte proportion de potasse qu'elles contiennent; en retournant le raisonnement que nous avons fait pour les céréales, nous dirons que si leurs cendres sont aussi riches en potasse, c'est par suite de la grande faculté d'absorption de leurs racines vis-à-vis de la potasse, et non par suite d'un besoin exagéré de cet élément. Plus aptes à trouver dans le sol leur nourriture potassique, elles pourront, par suite, se passer plus facilement de cette nature d'engrais et végéter normalement dans les sols où les céréales souffriraient du manque de potasse. La pratique, du reste, a maintes fois permis de vérifier ces idées, et de nombreuses expériences faites en Allemagne ont conduit les agronomes les plus autorisés de ce pays à ne pas conseiller aux agriculteurs la fumure directe des betteraves et des pommes de terre à l'aide des engrais potassiques. Dans les essais de Vœlcker sur les navets, de MM. Lawes et Gilbert sur les turneps et les betteraves, il est très rare que les sels alcalins aient produit des résultats rémunérateurs, ni même sensibles, au point de vue de l'augmentation de la récolte.

M. Dehérain, qui a fait de nombreux essais d'engrais potassiques sur les champs d'expériences de Grignon, résume ainsi ses recherches :

« 1° On a fait sur la culture des betteraves treize essais à l'aide des sels potassiques, dans trois terres différentes et pendant deux saisons, *et sur les treize expériences, l'emploi des sels de potasse a été désavantageux.*

2° On a encore fait treize essais d'emploi des sels de potasse sur la culture des pommes de terre pendant deux saisons, et sur trois terres différentes, et *onze fois sur treize on a été constitué en perte.* »

La règle que nous avons posée précédemment s'applique aux sols non épuisés et dont la richesse première est entretenue par des fumures fréquentes et par une surface de prairies assez importante. Il n'est pas douteux qu'une ferme exportant de longue date et sans restitution, des betteraves et des pommes de terre, et en général des récoltes riches en potasse, verra cet élément s'épuiser plus vite que si les exportations portaient sur les céréales.

Voici à ce sujet un calcul établi par Karmrodt pour un domaine produisant depuis longtemps la betterave à sucre et n'ayant pas de prairies :

	Livres.
Exportations en potasse....................	104.000
Importations par les fumiers de la ferme....	75.000

L'appauvrissement de 29.000 livres de potasse s'est traduit par des diminutions notables de récolte. Il convient d'appeler l'attention des agriculteurs, exportateurs de betteraves ou de pommes de terre, sur des chiffres si démonstratifs; l'apport d'engrais potassiques est nécessaire pour leurs terres, lorsqu'il n'y a pas une grande surface de bonnes prairies annexées au domaine ou bien une restitution des sous-produits de l'industrie. Nous verrons en effet que les résidus des sucreries, des distilleries de pommes de terre et de topinambours, contiennent la potasse en grande quantité.

S'il est vrai que les betteraves et les pommes de terre savent en général tirer d'un sol des quantités de potasse assez grandes pour rendre inutile l'apport d'engrais potassiques immédiatement assimilables, il est aussi démontré que dans un sol pauvre en cet élément, l'apport de ce dernier est appelé à produire les meilleurs effets. En voici deux exemples empruntés aux travaux de Voelcker :

	Mangolds.				Pommes de terre.
	I.	II.	III.	IV.	—
Sans engrais........	35.800	56.500	35.800	47.000	8.800
Engrais sans potasse.	65.280	59.000	42.700	50.400	11.600
— avec — .	80.350	73.400	49.600	67.000	13.500

Nous n'avons envisagé la question qu'au point de vue pratique de l'application des engrais potassiques. Nous devons ajouter ici qu'on a discuté souvent pour savoir quel rôle jouait la potasse dans la formation du sucre et de la fécule; certains savants admettent son rôle prépondérant, d'autres nient son efficacité et croient, au contraire, que sa présence est plutôt nuisible qu'utile. Ces divergences tiennent à ce que la question est mal posée.

La betterave est incapable, comme tout autre végétal, du reste, de prospérer sans le concours de la potasse. C'est là un principe qui est surabondamment démontré par les expériences physiologiques, et si, comme M. Petermann, on fait végéter une betterave dans un sol artificiel privé de potasse, on observe que la formation du sucre est nulle, et qu'elle croît avec la quantité de potasse ajoutée. Au point de vue théorique, la question nous semble hors de contestation.

Les inconvénients des sels potassiques au point de vue pratique de la production du sucre, ne sont pas à mettre en doute. On a fréquemment observé leur effet fâcheux sur la production du sucre dans les betteraves et de la fécule dans les pommes de terre. Nous empruntons à M. Petermann l'exemple suivant :

	Richesse saccharine de la betterave.		
	1883.	1884.	1887.
Sans engrais	11.47	11.68	14.53
Avec superphosphate et nitrate..	12.59	12.41	15.00
— et 75 kil. de potasse	11.69	11.86	14.03
Avec superphosphate et 150 kil. de potasse	10.51	11.47	

On sait d'ailleurs que ces sels sont mélassigènes, c'est-à-dire qu'ils entravent la cristallisation du sucre; et comme la betterave se montre très avide de potasse, on doit être réservé dans l'application des fumures potassiques et particulièrement du chlorure.

On peut, dans une certaine mesure, atténuer la mauvaise influence des engrais potassiques en les appliquant avant l'hiver ou à la récolte précédente; leur emploi immédiat n'est pas avantageux, dans la plupart des cas, pour les plantes à racines et à tubercules.

Le topinambour se rapproche tellement de la pomme de terre, qu'on lui applique les mêmes considérations. Il absorbe beaucoup de potasse, et nous le voyons prospérer surtout dans les sols granitiques. Si on veut introduire sa culture, ou celle des pommes de terre, dans les sols siliceux ou calcaires, il est indispensable d'avoir recours aux engrais potassiques; sous leur influence, on peut obtenir, dans les coteaux calcaires du terrain crétacé, une culture rémunératrice qui est impossible dans les conditions naturelles.

Tabac. — Parmi les cultures industrielles, l'une surtout mérite de fixer notre attention; c'est celle du tabac, qui enlève au sol de grandes quantités de potasse. Une des qualités requises pour le tabac à fumer, c'est de brûler facilement; or il résulte des recherches de M. Schlœsing, que la combustibilité est en relation très directe avec la présence du carbonate de potasse dans les cendres; en comparant, par l'analyse, les tabacs combustibles et incombustibles, M. Schlœsing a reconnu que les cendres des premiers contiennent beaucoup de carbonate de potasse, tandis que celles des autres en contiennent très peu. Sans que l'on puisse en déduire que le degré de combustibilité dépend exclusivement du taux de ce sel et se mesure rigousement d'après ce taux, il est du moins certain que la présence de la potasse, combinée dans le végétal aux acides organiques, a une grande influence sur la combustibilité.

M. Schlœsing a étudié en outre, dans des essais de culture, l'influence des différents sels potassiques sur le tabac ; tandis que le tabac venu en l'absence d'engrais potassique donne des cigares presque incombustibles, celui qui a reçu des fumures potassiques donne des cigares combustibles.

	Potasse 0/0.	Nicotine 0/0.	Combustibilité.
Sans engrais	1.04	8.27	presque nulle.
Avec sulfate de potasse	2.66	8.05	très grande.
Avec chlorure de potassium	1.74	7.95	faible.
Avec nitrate de potasse	2.13	7.65	très grande.
Avec carbonate de potasse	1.65 à 2.50	8.27 à 8.78	grande.

Les sols sans potasse donnent donc des tabacs incombustibles ; les engrais potassiques ont pour effet immédiat d'augmenter la combustibilité ; il faut en excepter le chlorure de potassium qui, pour le tabac comme pour la betterave, joue un rôle nuisible dont nous parlerons en faisant la comparaison des différents sels potassiques.

Le tabac prend sous l'influence de l'engrais potassique une finesse et une souplesse plus grandes ; ces qualités extérieures augmentent évidemment sa valeur ; mais c'est plutôt le poids que la finesse qu'on paye aux agriculteurs ; pour encourager l'emploi des sels potassiques, il serait à désirer de voir l'Administration donner une sorte de prime aux cultivateurs qui en font usage.

Lin. — Il résulte des expériences de M. Nobbe que la

potasse augmente notablement le rendement de cette culture en fibres et influe heureusement sur la qualité de ces dernières. Lehmann obtient les résultats suivants :

Sans engrais..	100
Avec potasse	123
— + acide phosphorique	125
— + azote	127
— + azote et acide phosphorique.	142

En Belgique et en Allemagne, on applique avec succès les engrais potassiques aux cultures de lin.

Prairies artificielles. — C'est surtout sur les plantes fourragères de la famille des légumineuses que s'exercent d'une façon nette et incontestable les bons effets des sels potassiques. Il y a sur ce point une concordance heureuse dans les résultats de différents expérimentateurs.

Nous citerons en première ligne les expériences si dignes de foi de MM. Lawes et Gilbert.

Voici des chiffres se rapportant à la culture du trèfle (1849) :

	Produit à l'hectare (3 coupes)	
	à l'état vert.	à l'état de foin.
	—	—
	kil.	kil.
Sans engrais	35.377	9.431
Superphosphate	38.371	9.956
Sulfate de potasse	45.151	12.249
Superphosphate et sulfate de potasse.	42.658	11.258

L'influence des sels potassiques est évidente.

Dans le tableau suivant, emprunté à M. Ronna, se trouvent résumées les moyennes d'augmentation de produits par hectare, dues aux engrais types employés à Rothamsted pour les différentes cultures.

	Blé.	Orge.	Turneps.	Fèves.	Trèfle.
	kil.	kil.	kil.	kil.	kil.
Potasse	»	»	»	1.051.4	1.139.9
Superphosphate	504.4	271.2	19.332	nulle.	126.6
Potasse et superphosphate	108.7	»	13.558	566.0	1.771.0
Sels ammoniacaux et superphosph^{te}	2.814.5	3.169.8	22.063	196.1	nulle.
Potasse, sels ammoniacaux et superphosphate	3.313.3	»	25.637	952.7	1.217.3

On voit d'une façon très nette combien est considérable l'action de la potasse sur les légumineuses et particulièrement sur les légumineuses fourragères, à feuillage abondant; aussi l'engrais potassique est-il considéré comme éminemment favorable à leur production, dans des sols épuisés par des cultures antérieures.

L'épuisement des terres à trèfle est quelquefois même attribuable au manque de potasse dans le sous-sol.

Il est d'usage de faire figurer, dans toutes les formules d'engrais pour prairies artificielles, les sels potassiques. Il convient cependant de faire observer que dans les sols déjà riches en potasse, cette addition est inutile, tout aussi bien pour les légumineuses que pour les autres cultures; c'est ainsi que Vœlcker, opérant sur des terres argileuses, riches en potasse, n'a pu obtenir sur le trèfle aucun résultat avantageux. Il ne faut donc pas tomber dans l'exagération et donner sans discernement la potasse aux légumineuses, sans tenir compte du sol.

Mais dans les sols où cet élément fait défaut, les résultats qu'on obtient sont surprenants; nous devons ici parler d'un système de culture qui a eu un très grand retentissement en Allemagne : c'est le système dit de Schultz-Lupitz.

Il existe dans ce pays de très vastes étendues de sols sableux, très légers, tombant en poussière lorsque l'humidité devient insuffisante; ces sols sont comparables aux grès, ou mieux encore aux sables de la Sologne et aux landes de Gascogne.

L'enrichissement de pareils sols par les procédés artificiels, c'est-à-dire par l'apport d'engrais complémentaires, serait ruineux, parce que tous les éléments y font défaut; plus particulièrement l'azote et la potasse. Or M. Schultz, dans sa propriété de Lupitz, observant l'action que les sels potassiques produisaient sur les légumineuses, et se basant, d'autre part, sur cette particularité si bien démontrée qu'ont ces mêmes légumineuses de laisser après leur culture la terre enrichie en azote, imagina un système de culture offrant beaucoup d'analogie avec le système dit de la sidération; mais tandis que ce dernier a la réputation de s'appliquer à tous les sols et à tous les cas, le premier ne vise que certaines catégories de terres et particulièrement les terres sablonneuses. L'engrais potassique provoque la végétation abondante des légumineuses fourragères; et, puisqu'il est aujourd'hui acquis que ces plantes fixent l'azote, on peut dire avec M. Schultz que dans les sols sablonneux, la potasse stimule la puissance d'absorption des légumineuses pour l'azote, et permèt d'enrichir les terres plus économiquement que ne pourrait le faire tout autre système de culture.

Parmi les végétaux de la famille des légumineuses qui réussissent le mieux à Lupitz, se placent en première ligne les lupins, en seconde ligne l'anthyllis vulnéraire ou trèfle jaune des sables, puis viennent le trèfle blanc, les pois, les serradelles, les vesces et les lentilles.

Le système de Schultz-Lupitz consiste, en résumé, à fournir aux légumineuses les engrais minéraux, et particulièrement la potasse, et à leur refuser l'azote pour les forcer à absorber celui qui est mis gratuitement à leur disposition dans le sol ou dans l'atmosphère. On considère ces plantes comme des collecteurs d'azote; les céréales et les racines sont, au contraire, des plantes destructives, et elles doivent vivre aux dépens des premières. M. Schultz a cultivé pendant une période ininterrompue de 15 années du lupin, « la plante d'or des sols sablonneux»; après cette période, l'analyse du sol et du sous-sol, exécutée comparativement avec celle d'une parcelle livrée au pâturage, montrait un enrichissement de 1850 kilog. d'azote, soit de 120 kilog. par année. Si on ajoute à ce gain du sol le gain fait par l'exploitation sous forme de graines et de paille de lupin, on arrive à des résultats vraiment surprenants et bien dignes de fixer l'attention.

Le système de Schultz-Lupitz doit s'appliquer également avec grand succès aux terres calcaires; on peut en effet, dans ces terrains, obtenir, à l'aide des engrais potassiques seuls, des cultures de légumineuses satisfaisantes (sainfoin et trèfle) et enrichir lentement, mais économiquement, le sol en azote et en matières organiques.

Nous voyons par ce qui précède tout le parti qu'on peut tirer des sels potassiques, pour la production des légumineuses, dans les sols sablonneux ou calcaires manquant de potasse.

Prairies naturelles. — Après avoir montré l'action de la potasse sur les légumineuses cultivées à l'état isolé il nous est facile de prévoir que son application sur les prairies naturelles aura pour résultat de favoriser le développement des légumineuses (luzernes, trèfles, lotiers, etc.) et par là même d'augmenter la qualité du foin. C'est bien ainsi en effet que les choses se passent, particulièrement dans les sols marécageux et riches en humus, où la potasse fait souvent défaut et où l'on voit presque immédiatement, sous l'influence de l'engrais potassique, la flore se modifier d'une façon très heureuse, sans toutefois que le rendement en soit sensiblement affecté. L'application de la potasse doit être répétée. La première application modifie simplement la flore, en faisant pousser les légumineuses; les applications suivantes, sur un sol couvert de ces plantes, auront des effets bien plus marqués au point de vue du rendement.

C'est aux plantes fourragères qu'il convient de donner la potasse, de manière à enrichir par cet élément le fumier qui, appliqué ensuite aux plantes sarclées, leur apportera l'alcali sous la forme la plus avantageuse.

Vigne. — Une opinion répandue chez les praticiens et professée par des viticulteurs autorisés, est que de tous les engrais destinés aux vignobles, l'engrais potassique est le plus utile; cette généralisation est dangereuse. Dans toutes les formules d'engrais pour la vigne, nous voyons figurer la potasse, et cela quel que soit le sol; il convient de combattre une habitude qui repose sur une théorie erronée ou trop absolue.

Si, en faisant abstraction du sol, on considère uniquement la composition des produits de la vigne, on constate que l'absorption de potasse par cette culture est peu importante; les nombreuses analyses, effectuées dans des conditions différentes, sont venues confirmer l'idée émise depuis longtemps par Boussingault; contrairement à l'opinion reçue, ses recherches établissent que la culture de la vigne n'exige pas plus de potasse que les autres cultures. Si de la quantité totale d'alcali absorbée par la vigne (26 kilog. pour une récolte de 50 hectolitres) on retranche encore les quantités de potasse qui, dans une culture bien entendue, font retour au sol par les feuilles, les sarments et les marcs, on constate que l'épuisement du sol en potasse est très faible (à peine 10 kilog.).

M. Joulie fait judicieusement observer que si le préjugé qui consiste à regarder la potasse comme la dominante de la vigne s'est autant répandu, c'est que beaucoup de vignobles se trouvent en sols calcaires, pauvres en potasse, où l'on a eu l'occasion de constater les bons effets des sels potassiques.

Mais pour la vigne comme pour tout autre végétal, on doit tenir grand compte de la composition du sol; dans les vignobles du Beaujolais, d'une partie des côtes du Rhône (terrains primitifs), de l'Anjou (terrains de transition) la potasse sera le plus souvent sans effet. M. Sabatier a, pendant six années consécutives, essayé vainement l'emploi des sels potassiques dans un des étages de la formation tertiaire, très répandu dans le département de l'Aude.

Cependant on est à peu près certain d'en obtenir des résultats rémunérateurs, si on les applique sur les vignobles crayeux de la Champagne, des Charentes, de la Dordogne, etc.; sur les terrains graveleux du Médoc, sur les terrains sableux des Landes ou des bords de la Méditerranée.

Si dans les sols de cette catégorie, on applique des insecticides à base de potasse, tels que les sulfocarbonates, on voit s'ajouter à l'action toxique l'action fertilisante, et ce double résultat amène une régénération rapide de la vigne.

Il convient aussi de faire observer que dans les expériences d'engrais appliqués à la vigne, il est important d'attendre la seconde année; les résultats de la première année sont souvent peu nets; et c'est seulement lorsque, sous l'influence des pluies, les phénomènes de diffusion ont fait pénétrer l'engrais dans les couches plus profondes occupées par les racines, qu'il est permis de se prononcer sur la valeur d'une fumure.

CHAPITRE II.

EXTRACTION ET FABRICATION DES SELS POTASSIQUES.

La potasse est classée par les chimistes parmi les bases alcalines; c'est une combinaison d'oxygène et de potassium. Le potassium, pas plus que la potasse, ne se rencontre jamais dans la nature à l'état isolé, mais à l'état de sels généralement très solubles dans l'eau.

Dans les roches, nous trouvons la potasse unie à la silice et formant des silicates insolubles; c'est la forme la plus répandue.

Dans l'eau de la mer, elle existe à plusieurs états de combinaison, principalement à celui de chlorure et de sulfate.

Les plantes contiennent la potasse en grande partie combinée à des acides organiques, tartrique, oxalique, malique, etc., qui se transforment en carbonate par la calcination. Il y existe en outre de petites quantités de sulfate, de chlorure et de nitrate. Les cendres végétales renfermeront donc la potasse sous la triple forme de chlorure, de sulfate et de carbonate; nous verrons comment on les sépare sous les différents états.

Dans les produits animaux, la potasse est peu abondante; elle s'y trouve cependant quelquefois concentrée, dans le suint, par exemple, où elle est unie à des acides organiques qui, par la calcination, donnent des carbonates.

Nous étudierons l'extraction et la fabrication des composés potassiques, en prenant une à une les matières premières : eaux marines, végétaux, résidus animaux, substances minérales. Nous passerons ensuite en revue les différents produits de fabrication, leur emploi agricole, et nous comparerons entre elles les diverses formes au point de vue de leur efficacité.

§ I. — Extraction de la potasse de la mer.

Quoique fixée par le pouvoir absorbant de la terre, la potasse est cependant enlevée en faible quantité par les pluies. Les eaux de drainage la conduisent aux cours d'eau et de là dans la mer, qui est le grand collecteur des matériaux solubles soustraits aux continents. Il y a, au point de vue agricole, le plus haut intérêt à pouvoir récupérer cette potasse, la ressaisir, sous forme concentrée, pour la restituer à nos récoltes. On y arrive soit en traitant les eaux mères des marais salants, soit en exploitant les plantes marines.

Extraction de la potasse des eaux marines. — L'eau de la mer a une composition assez uniforme; le chlorure de sodium y domine; ceux de magnésium et de potassium y existent dans des proportions sensiblement constantes; on y trouve en outre des sulfates, des bromures, des iodures des mêmes bases.

Composition de l'eau de mer. — Voici la composition moyenne de quelques eaux marines :

PAR LITRE.	Océan Atlantique.	Méditerranée.	Océan Pacifique.
	gr.	gr.	gr.
Matières solides...	35 à 38	30 à 40	34 à 35
Sodium...........	10 à 11	9 à 11	10

PAR LITRE.	Océan Atlantique.	Méditerranée.	Océan Pacifique.
	gr.	gr.	gr.
Chlore	19 à 20	16 à 21	19
Magnésium	1 à 1.3	1 à 3	1.47
Calcium	0.5 à 0.6	0.05 à 0.2	0.47
Potassium	0.6 à 0.8	0.4	0.63
Acide sulfurique	2.3 à 3.0	2.7 à 5.7	2.87
Brome	0.3 à 0.4	0.4	0.24

En ne nous occupant que de la potasse, nous trouvons les quantités moyennes suivantes par litre :

	Potasse.
Océan Atlantique	0.90
Océan (Cap Horn)	0.75
Mer du Nord	0.80
Méditerranée	0.05 à 0.60
Océan Pacifique	0.15 à 0.80
Mer Noire et mer d'Azof	0.15 à 0.20
Mer Caspienne	0.20

Ces quantités sont très variables, suivant qu'on est plus ou moins éloigné de l'embouchure des fleuves et que l'eau salée est mélangée de plus ou moins d'eau douce.

On voit que la teneur en potasse est peu élevée; aussi ne cherche-t-on pas à l'extraire directement de l'eau de mer et s'adresse-t-on à des liquides déjà concentrés.

Traitement des eaux mères de marais salants. — Les marais salants servent à la concentration de l'eau de mer, en vue de l'extraction du chlorure de sodium ou sel marin. Lorsque la plus grande partie du sel s'est déposée par l'évaporation, il reste un liquide constituant les eaux mères et renfermant, outre une certaine quantité de chlorure de sodium, la presque totalité des autres sels, concentrés sous un faible volume.

Ce liquide est traité pour l'extraction du sulfate de

soude, du brome, du chlorure de potassium et quelquefois des sels de magnésie.

Balard, qui est le véritable créateur de l'industrie des eaux mères, concentrait ces dernières au soleil jusqu'à 35° Bé; il se dépose alors un mélange de sulfate de magnésie et de chlorure de sodium; le liquide surnageant est conservé dans des citernes et pendant l'hiver soumis à l'action d'une température de 6°; il se dépose encore du sulfate de magnésie qu'on enlève. On conserve les eaux jusqu'à l'été suivant et on les soumet à une nouvelle concentration, par laquelle on obtient un composé nommé carnallite et qui est formé de chlorure double de magnésium et de potassium.

M. Merle a modifié ce procédé intermittent en le rendant continu. L'eau mère, concentrée à 28° Bé, est additionnée de 10 p. 100 d'eau et refroidie jusqu'à 18° dans un appareil Carré; cette basse température produit une double décomposition entre le sulfate de magnésie et le chlorure de sodium; il se forme du sulfate de soude qui se dépose d'une manière continue et qu'on enlève à mesure.

Les eaux passent ensuite du congélateur dans des chaudières où, par ébullition, on les concentre jusqu'à 36° Bé. Du sel marin se dépose par la concentration; le liquide restant, séparé du sel, est abandonné dans des cristallisoirs à refroidissement. Comme dans le procédé précédent, il se précipite du chlorure double de magnésium et de potassium ou carnallite.

Une fois ce chlorure double séparé par l'un ou l'autre procédé, on le traite par la moitié de son poids d'eau froide qui dissout tout le chlorure de magnésium et seulement un quart du chlorure de potassium. Les trois autres quarts de ce dernier sel restent à l'état insoluble et sont desséchés. Les eaux mères de la fin des opérations sont renvoyées aux chaudières d'évaporation.

Par ce procédé, 1 mètre cube d'eau mère à 38° B^{é} peut donner 10 kilog. de chlorure de potassium.

Extraction de la potasse des plantes marines. — On doit considérer les plantes marines comme les collecteurs directs de la potasse contenue dans l'eau de la mer; elles opèrent physiologiquement une concentration de l'alcali, ayant le même résultat que l'évaporation des eaux mères des marais salants.

Dans le premier volume de cet ouvrage, nous avons parlé de la richesse des goëmons et varechs en principes minéraux et de leur emploi direct, sur lequel nous n'avons donc pas à revenir. Souvent, et pour rendre le transport plus facile et moins onéreux, on incinère la récolte et on emploie les cendres à la fumure des terres.

L'industrie tire un certain parti des plantes marines, principalement pour l'extraction de l'iode; la potasse devient alors un sous-produit qu'on traite pour les usages agricoles. C'est sur les côtes de France, d'Écosse et d'Irlande qu'existent quelques exploitations de cette nature.

Les plantes marines sont tantôt recueillies sur les rochers à la marée basse, tantôt sur les côtes, où elles sont rejetées par le flot.

On les sèche sur la grève et on les incinère; 100 kilog. de la matière ainsi desséchée donnent environ 15 kilog. de cendres qui contiennent en moyenne pour 100 :

Sulfate de potasse	10.2
Chlorure de potassium	13.5
— de sodium	16.0
Carbonate de chaux et matières insolubles	57.0
Iodures alcalins	0.6

On soumet ces cendres à un lavage méthodique et la dissolution est évaporée et concentrée; il se dépose d'abord un mélange de chlorure de sodium et de sulfate de potasse. En laissant refroidir, le chlorure de potassium cristallise à son tour, on l'enlève et on concentre à nouveau; il se dépose encore un mélange de chlorure de sodium et de sulfate de potasse, et puis, par le refroidissement, une nouvelle quantité de chlorure de potassium; ces traitements successifs permettent d'extraire tous ces sels; l'iode reste dans les dernières eaux mères.

Le chlorure de potassium est souillé de chlorure de sodium, qu'on enlève par des lavages à l'eau froide; le sulfate de potasse est purifié d'une manière analogue.

Cette industrie avait dans ces dernières années une importance assez grande, et les quantités fabriquées annuellement en France atteignaient 1.500.000 kilog. de chlorure de potassium et près de 700.000 kilog. de sulfate de potasse, provenant de plus de 30.000 tonnes de varechs desséchés. En Angleterre, on a traité jusqu'à 12 millions de tonnes de varechs par an. Mais aujourd'hui cette industrie est moins prospère; l'extraction de l'iode du salpêtre du Chili, d'un côté, et d'un autre côté l'énorme développement qu'a pris en Allemagne l'exploitation des gisements des sels de potasse, ont fait une concurrence considérable à l'exploitation des plantes marines; néanmoins les varechs fournissent encore à l'agriculture un certain appoint de sels potassiques.

§ II. — Extraction de la potasse des produits végétaux.

La potasse se trouve à l'état de diffusion dans le sol; mais elle se concentre dans le végétal qui, sous un volume relativement faible, nous présente l'alcali auparavant disséminé dans un poids considérable de terre.

Extraction de la potasse des cendres de bois. — Nous avons constaté, dans le chapitre précédent. que la potasse était abondante dans les produits végétaux cultivés; mais il est rare que les récoltes soient destinées à l'incinération; leur potasse fait retour indirectement au sol par le fumier; quelquefois aussi par les sous-produits des industries qui traitent les matières végétales.

La destination du bois, au contraire, est de nous servir de combustible; après avoir été brûlé, il laisse comme résidu des cendres riches en potasse, que depuis longtemps on a utilisées pour l'industrie ou pour l'agriculture.

La teneur des cendres de bois en potasse varie dans de très larges limites; elle est comprise entre 10 et 25 pour 100 de cendres pures.

C'est en majeure partie à l'état de carbonate qu'on rencontre cette base, qui était unie aux acides organiques de la plante. Le carbonate de potasse a beaucoup d'usages industriels, et son prix est relativement élevé. Aussi son emploi en agriculture est-il restreint.

Mais le carbonate de potasse des cendres ayant été pendant de longues années la principale source de la potasse, nous ne pouvons pas omettre d'en parler, en même temps que des autres sels potassiques.

Combustion du bois. — Les bois brûlés dans les foyers domestiques ne servent pas en général à l'extraction de la potasse; leurs cendres sont employées directement pour l'agriculture ou pour les lessives destinées au blanchissage. Ce n'est que dans des conditions spéciales qu'on a pensé à utiliser le bois pour la production de la potasse. Lorsque, par exemple, le bois a une valeur trop faible pour être transporté, comme dans les régions montagneuses, on le brûle et on extrait l'alcali sous une forme réduite, dont l'exportation devient possible. On connaît dans le commerce les potasses d'Amérique, de Russie, des Vosges, de la Bohême, des Carpathes, etc.

La combustion du bois se fait de diverses manières. Pour donner aux cendres obtenues une forme plus réduite, on les introduit dans un tronc de sapin creusé, qu'on allume et qui sert en même temps de combustible et de réceptacle; les cendres ainsi chauffées diminuent notablement de volume et se transforment en une masse fritée.

La combustion du bois se fait tantôt en facilitant l'accès de l'air, pour obtenir des cendres moins charbonneuses et d'un faible volume; tantôt on limite l'accès de l'air en faisant brûler dans des fosses ou dans des endroits abrités; dans ce cas, les cendres renferment plus de charbon et sont plus volumineuses que dans le premier cas, mais on évite la déperdition par entraînement. On mouille les cendres avec de l'eau ou avec une lessive de cendres, et on les calcine à nouveau pour diminuer leur volume; mais ces procédés grossiers sont aujourd'hui en grande partie abandonnés.

Les méthodes employées actuellement consistent à produire l'incinération avec un accès d'air modéré, de manière à éviter les déperditions par entraînement et à laisser aux cendres leur forme pulvérulente pour pouvoir les tamiser.

Lessivage et concentration. — Le lessivage s'opère d'une façon méthodique dans des cuves à double fond, ou par siphonnage. Le carbonate de potasse est extrêmement soluble, mais le sulfate de potasse et le chlorure de potassium qui l'accompagnent le sont moins;

pour extraire ces derniers, il faut prolonger le lavage.

Les lessives concentrées, marquant au maximum 12° à 15° Bé, sont évaporées dans des chaudières, où elles finissent par devenir sirupeuses.

Le sulfate et le chlorure se déposent les premiers à l'état de cristaux; le carbonate ne cristallise qu'à la fin.

Ordinairement on concentre jusqu'à ce que la masse devienne pâteuse; on mélange au moyen d'un ringard, en modérant le feu, et on obtient ainsi un produit mixte, qui contient environ 10 p. 100 d'eau et de matières organiques et qu'on soumet à une calcination au contact de l'air, pour lui donner une forme granulée; d'où le nom de *potasse perlasse*.

Composition des produits. — Voici la composition de quelques-uns de ces produits :

			Amérique.	
	Vosges.	Russie.	Qualités ordinaires.	Qualités inférieures.
	—	—	—	—
Carbonate de potasse..	38.6	50 à 70	71.5	24.5
— de soude....	4.2	3 à 12	2.5	4.3
Sulfate de potasse......	39.0	14 à 17	14.5	16.2
Chlorure de potassium.	9.2	2 à 6	3.6	»
Terre.................	5.0	8 à 10	6.0	»
Matières insolubles....	4.0	2 à 4	3.0	6.0

Ces produits sont sujets à de grandes différences de composition; ordinairement on les vend au degré alcalimétrique qui détermine leur usage industriel. Si on voulait les employer en agriculture, il conviendrait d'y doser la potasse totale.

Potasse extraite des mélasses et vinasses de betteraves. — La betterave à sucre contient 10 à 12 pour 100 de son poids sec de matières minérales, dont la potasse forme souvent près de la moitié.

1° *Mélasses.* — Pendant les diverses opérations du travail des sucreries, les alcalis se concentrent dans les eaux mères d'où le sucre s'est déposé et qui portent le nom de mélasses. Pour utiliser les matières sucrées que renferment encore ces produits, on les soumet à la fermentation.

Lorsque celle-ci est terminée, on sépare l'alcool par la distillation; le liquide aqueux qui reste, connu sous le nom de vinasse, est utilisé pour l'extraction de la potasse. Sa densité est d'environ 4° Bé. On neutralise l'acide par le carbonate de chaux, on évapore à sec et on carbonise le résidu qui porte alors le nom de salins.

Les chaudières d'évaporation sont chauffées à feu nu ou à la vapeur; en agitant la masse au moyen de palettes, comme dans le four Porion, on active beaucoup l'évaporation.

La potasse se trouve principalement à l'état de nitrate; pendant la calcination, celui-ci se transforme en carbonate.

Cette fabrication offre, au point de vue agricole, le très grave inconvénient de faire perdre la totalité de l'azote renfermé dans le jus des betteraves.

Les salins plus ou moins calcinés se présentent sous la forme d'une matière poreuse, de composition très variable et contenant en moyenne 35 pour 100 de carbonate de potasse; à l'état brut, ils peuvent être directement employés comme engrais.

Raffinage. — Souvent aussi on en extrait le carbonate de potasse pour les usages industriels et on obtient, comme sous-produits utilisés par l'agriculture, du chlorure de potassium et du sulfate de potasse.

Le résidu insoluble est formé principalement de carbonate de chaux.

La dissolution évaporée jusqu'à 30° Bé, laisse déposer

la majeure partie du sulfate de potasse qui, après égouttage et dessication, renferme 80 pour 100 de sulfate réel. En continuant l'évaporation jusqu'à 42° Bé, on sépare encore de petites quantités de sulfate, et ensuite, par le refroidissement, on obtient du chlorure de potassium d'une richesse moyenne de 80 pour 100.

Des eaux mères on retire un produit destiné à l'industrie et qui contient près de 92 pour 100 de carbonate de potasse, avec 5 pour 100 environ de carbonate de soude et de petites quantités de chlorure et de sulfate.

2° *Eaux d'osmose.* — Les mélasses, résidus de la fabrication du sucre de betteraves, ne sont pas toujours mises en fermentation ; souvent on en retire le sucre par le procédé de l'osmose, qui consiste à séparer par la dialyse le sucre des matières minérales. Dans cette opération on obtient, d'un côté, des mélasses dont les sels ont été en majeure partie enlevés et qui fournissent du sucre cristallisé, de l'autre des liquides d'exosmose qui contiennent les parties salines avec de petites quantités seulement de matières sucrées.

Les eaux d'osmose ou d'exosmose, termes qu'on applique indifféremment aux liquides chargés de sels, sont quelquefois employées à l'irrigation où à l'arrosage des fumiers. Leur richesse est variable, suivant les quantités d'eau employées pour opérer la dialyse. Le plus souvent elles servent à l'extraction des sels potassiques. Quelquefois on les traite de la même manière que les vinasses et on obtient des salins peu différents des salins de mélasses. Mais c'est là un procédé de fabrication peu recommandable au point de vue des intérêts agricoles. Les eaux d'osmose contiennent, en effet, beaucoup de nitrates dont l'azote est perdu par la calcination. Il est préférable de les soumettre à une simple évaporation ; elles donnent comme résidu un mélange de sels, connu sous le nom de sels d'osmose. Ce mélange, formé en majeure partie de nitrate de potasse, est accompagné de plus ou moins grandes quantités de chlorures de potassium et de sodium et de sulfate de potasse. On peut, par des cristallisations successives, en extraire le nitrate de potasse à un état de grande pureté.

Potasse extraite des résidus de la fabrication du vin. — Le vin contient de notables proportions de potasse à l'état de bitartrate.

Vinasse. — A l'époque peu éloignée où l'on distillait beaucoup de vin pour la fabrication des eaux-de-vie, on obtenait en abondance des vinasses, contenant environ 1 p. 100 de bitartrate de potasse, qui, par l'évaporation et la calcination subséquentes, donnaient un salin très riche en carbonate de potasse, et qu'on appelait *potasse granulée.* Mais on a trouvé plus avantageux d'employer le bitartrate de potasse à la fabrication simultanée de l'acide tartrique et du chlorure de potassium. Dans ce but, on extrait le tartre, on le traite par le carbonate de chaux et par le chlorure de calcium ; l'acide tartrique se précipite en combinaison avec la chaux et peut être isolé.

Quant à la potasse, elle reste dans les eaux mères à l'état de chlorure qui s'obtient par l'évaporation.

A l'heure actuelle, cette source de potasse est moins importante, car on ne distille plus autant de vins qu'autrefois.

Lies, marcs, etc. — Les cendres de levures de vin, les lies, les marcs, les sarments de vignes sont riches en potasse; leurs cendres en contiennent de notables quantités et peuvent servir directement comme engrais potassique, ou être traitées industriellement pour la fabrication du carbonate de potasse.

§ III. — EXTRACTION DE LA POTASSE DES PRODUITS ANIMAUX.

Le règne animal n'offre pas généralement la potasse à l'état condensé et ne doit pas être considéré comme une source importante d'engrais potassiques ; il y a cependant une exception où l'on voit l'alcali se concentrer dans un produit d'excrétion et devenir exploitable : c'est le cas de la laine des moutons.

Potasse du suint. — Les glandes de la peau sécrètent une substance grasse, onctueuse et très odorante, qui se dépose sur la toison et porte le nom de suint. C'est un savon à base potassique qui, calciné, donne du carbonate de potasse presque pur.

La proportion de suint brut est très variable; elle augmente avec la finesse de la laine et surtout avec son état de propreté.

Le mélange des sels potassiques qui constitue la partie soluble du suint est appelé suintate brut. D'après MM. Maumené et Rogelet, les meilleures laines de mérinos donnent au maximum 20 p. 100 de suintate sec ; le maximum courant est seulement de 17, 5 à 18 p. 100; les laines les moins riches ne contiennent que 10 à 12 p. 100.

Le suintate donne d'une façon à peu près constante la moitié de son poids d'un salin dont la composition moyenne est la suivante :

Carbonate de potasse	86.8 %
Chlorure de potassium	6.2 —
Sulfate de potasse	2.8 —
Silice, chaux, magnésie, etc	4.2 —

Les eaux de suint sont obtenues de deux manières différentes : 1° par le lavage de la laine à dos, c'est-à-dire sur les animaux vivants ; dans ce cas, les quantités d'eau à employer sont généralement trop grandes pour qu'on puisse les concentrer; ces eaux sont alors perdues, à moins qu'on ne les emploie à l'irrigation; 2° plus souvent par le lavage de la laine après la tonte, et dans ce cas les liquides sont riches, surtout si on fait une sorte de lavage méthodique permettant d'obtenir des solutions assez concentrées pour avoir une densité de 1,25. De pareils liquides sont avantageusement employés à la fabrication des potasses de suint; à 12 ou 15° Bé, ils contiennent environ 200 gr. d'extrait sec par litre, soit 100 gr. de matières organiques dosant 2,2 p. 100 d'azote et 100 gr. de sels potassiques donnant 75 p. 100 de carbonate de potasse. On les évapore à sec et on chauffe les résidus dans des cornues; on obtient du gaz pouvant servir à l'éclairage, des eaux ammoniacales et un résidu charbonneux qui, lessivé, donne une solution de carbonate de potasse qu'on préfère aux salins de mélasses pour les usages industriels. L'emploi de ces produits en agriculture doit être subordonné au prix du kilog. de potasse qui y est contenue; mais ces salins sont achetés presque exclusivement par les savonneries ou livrés aux raffineurs de potasse. Les quantités de potasse fixées par le suint sont considérables; pour la France seulement, on a calculé que l'on pourrait extraire 3 millions de kilogrammes de carbonate de potasse de la laine que l'industrie met en œuvre; la plus grande partie de cette potasse est perdue avec les eaux de lavage; une fraction seulement en est extraite.

§ IV. — EXTRACTION DE LA POTASSE DES ROCHES.

Extraction de la potasse des feldspaths. — La réserve la plus abondante de potasse dans la nature se trouve dans les roches silicatées, formant une grande partie de l'écorce terrestre. Les roches qui contiennent la potasse sont nombreuses; par leur désagrégation, l'alcali devient en partie soluble, sous l'influence des agents atmosphériques et entre alors en circulation. Les roches les plus riches en potasse sont les feldspaths, et particulièrement le feldspath orthose qui en renferme ordinairement de 12 à 14 centièmes, combinés à 64 à 65 de silice et à 18 à 20 d'alumine; ce minerai est une des parties constituantes des granits, des gneiss, des trachites et d'une foule d'autres roches. Son abondance et sa richesse en potasse ont, depuis de longues années, fait penser qu'on pouvait en extraire cet alcali pour les besoins de l'industrie et de l'agriculture. De nombreuses tentatives ont été faites, plus ou moins couronnées de succès; cependant, à l'heure qu'il est, aucun de ces procédés n'est appliqué sur une grande échelle. Bien des difficultés viennent augmenter les frais d'extraction ; la plus grande tient à la nécessité de réduire le feldspath en une poudre assez fine pour permettre aux réactifs chimiques d'avoir prise sur lui. A cet effet, on chauffe fortement la matière et on la projette dans l'eau froide, elle devient alors plus friable et plus facile à pulvériser.

Pour mettre la potasse en liberté, on a principalement employé l'acide sulfurique, qui donne, après un long contact, du sulfate de potasse et du sulfate d'alumine, dont la combinaison forme l'alun.

La chaux caustique a été également employée. En calcinant un mélange de feldspath et de chaux, cette dernière s'empare de la silice et met la potasse en liberté. Enfin on a utilisé l'acide fluorhydrique qui, comme on sait, attaque très énergiquement les silicates, en éliminant la silice à l'état gazeux, sous forme de fluorure de silicium; on obtient la potasse à l'état de fluorure de potassium.

Un autre procédé, basé également sur l'action des

fluorures, consiste à chauffer un mélange de feldspath, de spath fluor, de chaux éteinte et de craie, dont on peut alors extraire de la potasse caustique et du carbonate de potasse.

Le prix minime auquel se trouvent aujourd'hui les sels potassiques n'a pas permis à cette industrie de se développer; mais il y a lieu de croire que dans un avenir peu éloigné de nouveaux efforts seront tentés pour extraire la potasse si abondamment répandue dans les roches cristallines.

§ V. — SELS POTASSIQUES DES MINES DE STASSFURT.

Description générale des gisements. — A l'heure actuelle, ce sont les gisements de Stassfurt, près de Magdebourg, dans la Thuringe, qui fournissent la plus grande partie de la potasse. Il existe là, à une profondeur variable, voisine de 300 mètres, un immense dépôt de sel gemme, dont la puissance paraît comprise entre 300 et 400 mètres. Le sel gemme ou chlorure de sodium en occupe la base et en forme la masse la plus considérable. A la partie supérieure se trouvent des couches d'une constitution chimique différente, d'une épaisseur d'environ 60 à 70 mètres; c'est dans cette couche supérieure que se trouvent les sels de potasse.

Primitivement exploités pour la production du sel de cuisine, ces gisements n'avaient de valeur que par le sel gemme qu'ils renferment; pour atteindre celui-ci, il fallait traverser les couches salines supérieures, qu'on enlevait sous le nom de *sels de déblai,* et qui n'avaient aucun usage.

C'est seulement depuis 20 ou 25 ans qu'on les reconnut aptes à entrer dans la pratique agricole, en raison des sels de potasse qu'ils renferment; et ces couches, constituant autrefois un produit inutile et encombrant, sont devenues l'objet principal de l'exploitation.

La couche de sel gemme est inclinée, les puits d'exploitation traversent une série de divers terrains (diluvium, schiste, argile), puis une couche de gypse et d'anhydrite, c'est-à-dire de gypse déshydraté, caractéristique des dépôts de sel gemme; enfin un banc de marne argileuse qui recouvre le gisement salin. Celui-ci se présente à la partie supérieure avec une série de couches alternativement jaunes, grises et rouges, constituant ce qu'on appelle les sels de déblai. Au dessous, vient l'énorme couche de sel gemme proprement dit.

Le gisement peut être divisé en 4 étages :

1er étage (étage inférieur). Épaisseur explorée, 214 mètres.
Composé de sel gemme et de sulfate de chaux anhydre, en couches alternées de 15 à 20 millim. pour le sel gemme; de 3 à 6 millim. pour le sulfate de chaux.

2e étage. Épaisseur, 63 mètres.
Sel gemme contenant 6 à 8 p. 100 de polyhalite.
Polyhalite (sulfate triple de chaux, de magnésie et de potasse) en couches alternées.

3e étage. Épaisseur, 46 mètres.
Sel gemme.
Kiésérite (sulfate de magnésie) en couches alternées.

4e étage. Épaisseur, 42 mètres.
Carnallite (chlorure de magnésium et de potassium).
Sel gemme.
Kiésérite (sulfate de magnésie).
Chlorure de magnésium.

Origine des dépôts salins. — Nous devons dire quelques mots sur la manière dont ces gisements ont pris naissance. Leur origine marine est hors de doute; les éléments essentiels de l'eau de mer s'y rencontrent : chlorure de sodium, sulfate de chaux, sels de potasse et de magnésie.

C'est par la concentration de l'eau de mer que ces dépôts se sont formés. Qu'on suppose une baie ou un golfe en communication avec la mer par un canal étroit; l'évaporation qui se produit à la surface de ce golfe appellera incessamment de nouvelles quantités d'eau de mer, sans que les eaux concentrées s'écoulent ; il se produira donc une concentration incessante donnant naissance à un véritable marais salant, dans lequel le sel le plus abondant, le chlorure de sodium, se déposera d'abord et à un certain degré de pureté, les autres sels restant en dissolution; mais il s'y joindra un sel peu soluble, le sulfate de chaux, qui n'est plus maintenu en dissolution par une quantité d'eau suffisante. On verra là ce qu'on voit dans les mines de Stassfurt, des couches de sel marin et de sulfate de chaux occupant le fond des bassins.

A mesure que la concentration du liquide avance, d'autres sels peu solubles viennent se joindre au chlorure de sodium et au sulfate de chaux. Plus tard et dans les parties supérieures, se déposeront successivement les derniers produits de concentration des eaux mères, tels que les sels de potasse et de magnésie. Mais ils sont accompagnés de tous les éléments qui se trouvaient en même temps qu'eux en dissolution.

De là la complexité des diverses couches de la partie supérieure.

Composition générale des différentes couches. — Sans nous occuper davantage des parties inférieures constituant le sel gemme proprement dit, examinons les sels dits de déblai, exploités pour la potasse.

Au-dessus du sel gemme se trouve la région de la *polyhalite* formée d'environ :

90 % de sel gemme.
1 — de sulfate de chaux.
7 — de polyhalite (sulfate triple de chaux, magnésie et potasse).
1.5 — de kiésérite (sulfate de magnésie).

La région dite de la *kiésérite* qui vient au-dessus renferme :

65 % de sel gemme.
2 — de sulfate de chaux.
17 — de kiésérite (sulfate de magnésie).
13 — de carnallite (chlorure double de magnésium et de potassium).
3 — de chlorure de magnésium.

Enfin la région supérieure, celle de la *carnallite,* peut être regardée comme composée de :

25 % de sel gemme.
16 — de kiésérite.
55 — de carnallite.
4 — de chlorure de magnésium.

En considérant la coupe verticale du gisement de Stassfurt sur une épaisseur de 377 mètres, et en additionnant les épaisseurs de couches salines de même nature, on obtient les hauteurs suivantes :

	mètres
Sel gemme	310.6
Sulfate de chaux	11.3
Polyhalite	4.2
Kiésérite	16.0
Carnallite	30.8
Chlorure de magnésium	4.1

En envisageant seulement les couches supérieures des sels de déblai sur une épaisseur de 50 mètres, on peut admettre, avec M. Peters, que leur composition moyenne est la suivante :

Chlorure de sodium	32.8 %
— de potassium	19.2 —
— de magnésium	17.1 —
Sulfate de magnésie	15.1 —
Sulfate de chaux	2.0 —
Matières insolubles	2.7 —
Eau	11.1 —.

et que la proportion de potasse qui y est contenue se trouve être de 12 à 13 p. 100.

Les diverses couches formant les terres de déblai ne sont pas nettement séparées, et leur composition est très variable ; le sel gemme et la carnallite en sont les éléments dominants. La potasse se trouve presque entièrement à l'état de chlorure.

Composition des différents minerais potassiques. — Examinons les minerais que nous avons signalés et les différents sels potassiques qu'on en retire.

Carnallite. — La carnallite est plus ou moins colorée; sa cassure est conchoïde ; sa texture a une apparence peu cristalline; elle attire l'humidité atmosphérique et se liquéfie. A l'état pur, elle est constituée par un chlorure double de potassium et de magnésium, avec de l'eau, et contient pour 100 :

Chlorure de potassium	27.0
— de magnésium	34.0
Eau	39.0

Mais, telle qu'on la trouve dans les gisements, à l'état

brut, sa composition est différente; elle contient alors en moyenne :

Chlorure de potassium	15.0 %
— de magnésium	20.0 —
— de sodium	25.0 —
Sulfate de magnésie	16.0 —
Eau	24.0 —

Si l'on traite la carnallite par de l'eau bouillante, les deux chlorures se dissocient et, par le refroidissement, une partie du chlorure de potassium se sépare en cristallisant. Quand on la traite par une petite quantité d'eau, le chlorure de magnésium se dissout d'abord et peut être enlevé.

Pour extraire le sel marin, on se base sur la solubilité du chlorure de potassium, qui croît avec la température, alors que celle du chlorure de sodium reste invariable.

A	0°, 100 parties d'eau dissolvent		19	parties de chlorure de potassium.
—	18°	—	34	—
—	100°	—	59	—

Ces propriétés sont mises à profit pour l'obtention du chlorure de potassium.

Polyhalite. — La polyhalite se trouve en couches peu abondantes de 20 à 30 millim. dans le sel gemme; elle est ordinairement amorphe, à cassure conchoïde. Ce minerai, formé par un sulfate triple de potasse, de magnésie et de chaux, a la composition suivante :

Sulfate de potasse	27 %
— de magnésie	20 —
— de chaux	43 —
Eau	7 —

En le traitant par l'eau, on dissout surtout du sulfate de potasse.

A côté des minerais dont nous venons de parler et qui sont les plus importants, il y en a d'autres qui apparaissent d'une façon moins régulière ou en moindre quantité, mais que nous devons également signaler.

Sylvine. — La sylvine est constituée par du chlorure de potassium pur, à l'état cristallisé; elle n'existe qu'en très petite quantité.

Kaynite. — Le kaynite est formé de sulfate de potasse et de sulfate de magnésie, avec des quantités variables de chlorures de magnésium et de sodium. La composition moyenne de ce produit brut est la suivante :

Sulfate de potasse	24.0 %
— de magnésie	16.5 —
Chlorure de magnésium	13.0 —
— de sodium	31.0 —
Sulfate de chaux	1.5 —
Eau	14.0 —

Ce minerai paraît dériver de la carnallite, dont les eaux d'infiltration ont éliminé le chlorure de magnésium et dans laquelle le sulfate de magnésie, réagissant sur le chlorure de potassium, a donné naissance à du sulfate de potasse, avec élimination de chlorure de magnésium. Aussi le kaynite n'apparaît-il pas comme matière intégrante de ce gisement; c'est un produit formé accidentellement, mais qui en certains points se rencontre en grande abondance. Les gisements de Stassfurt n'en renferment pas en quantité sensible; mais dans d'autres gisements, notamment à Léopoldshall et à Neu-Stassfurt, le kaynite apparaît en grandes masses. A Kalusz, dans les Carpathes orientales, on a également trouvé un gisement de kaynite, d'une épaisseur de plus de 25 mètres.

Ce minerai se présente sous forme de masses à cassure

schisteuse et cristalline. Il fait l'objet d'une exploitation importante et se trouve en grande quantité sur le marché. En parlant du commerce et de l'emploi des sels de potasse, nous aurons à insister sur ce produit.

Krugite. — Le krugite ou grugite est, comme le kaynite, le produit d'une réaction secondaire; il est composé de sulfates de potasse, de magnésie et de chaux, et contient :

Sulfate de potasse	18.00 %
— de magnésie	13.50 —
— de chaux	63.50 —

Ce minerai forme, dans les mines de Neu-Stassfurt, des amas peu importants, souvent souillés de matières bitumineuses.

Fabrication du chlorure de potassium. — Dans les sels bruts de Stassfurt, la potasse est en mélange avec beaucoup d'autres substances inertes. On l'isole pour en faire un produit uniforme et concentré, pouvant supporter des frais de transport et débarrassé de substances encombrantes et souvent nuisibles. Les sels de magnésie, le chlorure en particulier, exercent souvent sur la végétation une action funeste et opèrent un véritable grillage des jeunes plantes.

Il existe au voisinage des gisements de Stassfurt des usines qui font l'extraction de la potasse.

Préparation des sels de déblai. — Les minerais de potasse se présentent en masses de compositions différentes, par morceaux séparés ou enchevêtrés; il y a intérêt à séparer les plus riches pour les traiter à part. On a essayé de faire cette séparation en se basant sur les différences de densité des divers minerais.

On casse en morceaux et on immerge dans une solution concentrée de chlorure de sodium. La carnallite. plus légère, surnage et peut être enlevée à la pelle; mais ce procédé ne paraît plus être appliqué aujourd'hui.

On se borne, dans la plupart des usines, à traiter les sels tels qu'ils sortent de la mine, contenant ordinairement :

50 à 55 % de carnallite.
25 à 30 — de sel gemme.
10 à 15 — de sulfate de magnésie.

Préparation du chlorure de potassium. — Pour extraire le chlorure de potassium, on se base sur sa propriété d'être beaucoup plus soluble à chaud qu'à froid, alors que le chlorure de sodium a le même degré de solubilité aux diverses températures; et sur cette autre propriété, qu'une solution saturée à chaud de chlorure de magnésium le précipite par le refroidissement, en constituant un chlorure double qui correspond à la carnallite chimiquement pure; l'eau mère ne retient que peu de chlorure de potassium.

Voici comment on opère : les sels de déblai, réduits en poudre, sont soumis à l'action de la vapeur et d'une quantité d'eau insuffisante pour les dissoudre. La chaudière est munie d'un double fond percé de trous. On laisse écouler la dissolution qui marque 32°,5 B^{é}; le résidu renferme la plus grande partie du sel gemme et du sulfate de magnésie, tandis que la totalité des chlorures de magnésium et de potassium et une petite quantité de sulfate de magnésie et de chlorure de sodium se trouvent dans les liquides.

Par le refroidissement, la dissolution dépose principalement du chlorure de potassium. Les eaux mères, évaporées jusqu'à 32°,5, et refroidies, donnent encore un dépôt du même sel.

Les liquides ainsi privés de la plus grande partie du chlorure de potassium, sont à nouveau concentrés à 35° B^{é}.; pendant la concentration, il se précipite du sulfate de magnésie, ainsi qu'un sulfate double de magnésie et de potasse qu'on enlève. Par le refroidissement du liquide surnageant, presque toute la potasse qui reste en dissolution se dépose à l'état de carnallite. Les dernières eaux mères dans lesquelles ce dépôt s'est effectué, trop pauvres pour être utilisées, sont évacuées.

Le dépôt de chlorure de potassium est débarrassé de chlorure de sodium par un claircissage avec de l'eau ou avec une dissolution de chlorure de potassium.

La carnallite est traitée d'un autre côté.

Ce procédé a été rendu plus économique par une modification consistant à ne concentrer la dissolution primitive qu'une seule fois, mais à un point tel que presque tout le chlorure de potassium cristallise sous forme de carnallite. Les eaux mères ne contiennent plus qu'environ 1 pour 100 de chlorure de potassium et ne sont pas utilisées.

Dans une autre méthode d'application plus récente, on traite les sels réduits en poudre par une solution concentrée et chaude de chlorure de magnésium. Dans ce liquide le chlorure de potassium se dissout à l'état de carnallite, tandis que le chlorure de sodium et le sulfate de magnésie y sont presque insolubles. Cette solution, décantée à chaud, laisse déposer des cristaux de carnallite. Après ce dépôt, la solution de chlorure de magnésium peut reservir aux mêmes opérations, pour ainsi dire indéfiniment.

La carnallite ainsi obtenue est dissoute à chaud, et de cette solution se dépose du chlorure de potassium qui, après claircissage, peut arriver à un titre très élevé.

Quelle que soit la manière d'opérer, le chlorure de

potassium a besoin de ce claircissage, si l'on veut obtenir un sel d'une certaine pureté. Suivant le degré de lavage, on obtient des produits contenant depuis 80 jusqu'à 95 p. 100 de chlorure de potassium, qu'on sèche avant de les livrer au commerce.

Les sous-produits de cette fabrication sont le sulfate de soude (sel de Glauber), et le sel marin destiné aux salaisons. Les boues, résidus des premières dissolutions, contiennent environ 12 pour 100 de potasse et sont quelquefois employées en agriculture, malgré leur richesse en sels magnésiens et en sel marin.

Fabrication du sulfate de potasse. — Dans ce qui précède, nous n'avons parlé que de l'extraction de la potasse à l'état de chlorure; mais certains minerais, tels que le kaynite, contiennent de notables quantités de sulfate de potasse. Le kaynite est soumis à l'action de l'humidité atmosphérique; le chlorure de magnésium qui s'y trouve se liquéfie et s'écoule; le sulfate de potasse se concentre donc dans le résidu, mais cette action est lente et superficielle, par suite très incomplète. On peut extraire du sulfate de potasse par cristallisation et même par l'addition de chlorure de potassium à la solution du sulfate double, obtenant ainsi du chlorure de magnésium qui reste dissous et du sulfate de potasse qui cristallise.

Mais on emploie plus souvent le kaynite en nature, soit tel quel, soit après lui avoir fait subir une calcination qui détruit le chlorure de magnésium. Ce produit moulu est appelé ***kaynite préparé*** et renferme en moyenne 30 à 33 pour 100 de potasse à l'état de sulfate.

On prépare encore une grande quantité de sulfate en traitant la kiésérite (sulfate de magnésie) par la carnallite; on obtient des sulfates de potasse et de magnésie qui se séparent aisément par le lavage.

CHAPITRE III.

LES DIFFÉRENTS ENGRAIS POTASSIQUES.

Nous venons de passer en revue les matières premières qui servent à la préparation des différents sels potassiques et le mode d'extraction de ces derniers; nous devons examiner à présent chacun de ces sels, au point de vue de sa composition, de son prix, de son emploi. Les diverses industries, dont nous avons exposé les méthodes, conduisent à la production des sels simples suivants : carbonate, azotate, chlorure, sulfate; elles laissent aussi comme déchets ou sous-produits un mélange plus ou moins complexe de ces différents sels. Nous examinerons d'abord les sels concentrés, puis les mélanges.

Chlorure de potassium.

Le chlorure de potassium pur se présente en cristaux blancs, ayant la forme de cubes, inaltérables à l'air, d'une saveur salée; chauffé, il décrépite; il fond au rouge sombre et commence à se volatiliser au rouge vif; il est très soluble dans l'eau, qui, à 0°, en dissout 290 grammes par litre.

Il est essentiellement formé de chlore et de potassium et contient pour 100 parties :

Chlore.....	47.58		
Potassium.	52.42	correspondant à potasse.	63.14

Mais ce n'est pas à l'état pur que le chlorure de potassium ou muriate de potasse est offert à l'agriculture. Qu'il provienne du traitement des cendres, des eaux mères de marais salants ou des mines de Stassfurt, les impuretés qui l'accompagnent abaissent son titre.

Chlorures de potassium français. — Nous rencontrons dans le commerce plusieurs types : d'abord les chlorures fabriqués en France, provenant du raffinage des salins de betteraves, des cendres de varechs ou des eaux mères de marais salants. Dans cette catégorie on trouve des produits dont le titre s'élève souvent jusqu'à 90 pour 100 de chlorure pur, correspondant à 56 ou 57 de potasse. Les chlorures riches proviennent surtout du raffinage des salins de betteraves; on a souvent avantage à les acheter, parce que les frais de transport de l'élément utile sont moins élevés et parce qu'ils contiennent de moindres quantités de sels étrangers nuisibles.

Depuis quelques années, à cause de la concurrence des sels allemands, le raffinage est poussé moins loin, et on obtient les produits moyens suivants :

Carbonate de potasse..............	1.3 à 2.5 %
— de soude................	0.9 à 1.5 —
Sulfate de potasse.................	9.0 à 12.0 —
Chlorure de potassium............	82.5 à 78.0 —
Eau et matières insolubles.........	6.3 à 10.0 —

Quant aux chlorures provenant des eaux marines, le salin de Giraud, dans la Camargue, en produit annuellement, suivant que l'été est plus ou moins favorable, de 800 à 1.200 tonnes, ayant la composition moyenne suivante :

Chlorure de potassium	75 %
Sulfate de magnésie	15 —
Chlorure de sodium	2 —
Eau	8 —

M. de Laroque estime que la production des salins de la Méditerranée pourrait s'élever à 8 ou 10.000 tonnes par an ; et une semblable production ne tarderait pas à entrer en ligne si les prix des sels de Stassfurt venaient à s'élever. L'agriculture trouvera dans cette source un régulateur du prix de la potasse.

Chlorures de potassium allemands. — Les chlorures d'origine allemande se présentent sous deux formes principales, correspondant aux compositions centésimales suivantes :

	Chlorure de potassium.	Sulfate de magnésie.	Sel marin.	Potasse totale.
	—	—	—	—
1° Chlorure 3 fois concentré	50 à 55	5 à 10	25 à 40	30 à 33
2° Chlorure 5 fois concentré	80 à 85	»	10 à 20	50 à 53

Le second produit arrive seul en France ; le premier, d'un prix relatif moins élevé au sortir de l'usine, serait grevé des frais de transport des matières inertes ; aussi est-il surtout employé dans les régions peu éloignées des gisements.

Le chlorure de potassium se vend suivant la proportion de chlorure chimiquement pur qu'il renferme et qu'il faut multiplier par 0,63, pour avoir la teneur en potasse. On voit ainsi que le chlorure à 90 p. 100 contient 56 à 57 p. 100 de potasse, que le chlorure à 80 en contient 50,5 pour 100. On trouve des variations de 75 à 90 de chlorure réel; mais le titre de 80 est le plus courant. M. Petermann trouve dans ses nombreuses analyses les écarts suivants, dans la composition des chlorures de Stassfurt :

Minimum	47.39	% de potasse.
Maximum	58.94	—
Moyenne	52.78	—

Prix. — Le prix des chlorures de potassium est établi à Stassfurt. L'exploitation est faite actuellement par six sociétés qui sont syndiquées pour la vente et fixent des prix invariables pour chaque semestre. Ces prix s'appliquent aux produits pulvérulents, mis en sacs perdus, sur wagon en gare de Stassfurt.

Pour les régions de Bordeaux et de la Méditerranée, les expéditions se font plus économiquement par voie maritime; le fret varie suivant l'importance et l'époque du chargement. Pour les régions du nord et de l'est de la France, les expéditions se font le plus souvent par chemin de fer.

Le transport par chargement complet de 10.000 kilog., coûte :

De Stassfurt à Lille	2f.65	par 100 kilog.
— à Laon	3.00	—
— à Belfort	2.45	—
— à Paris (La Villette)	3.35	—

Le prix des 100 kilog., à Stassfurt, est d'environ 17 fr., ce qui fait ressortir le kilog. de potasse, rendu à Paris, à environ 0 fr., 40.

Il est bon de faire remarquer ici que, quoique l'Allemagne détienne de grandes quantités de potasse, la production indigène n'est pas à ce point limitée que l'agriculture soit obligée de subir les exigences des industriels exploitant les sels de Stassfurt. Si les sels potassiques sont employés judicieusement, et si l'on évite de les appliquer aux sols qui n'en ont aucun besoin, l'industrie française nous semble pouvoir fournir aux exigences de nos récoltes.

La vente des chlorures se fait toujours sur garantie d'analyse; les bases de 90 et de 80 sont généralement adoptées, avec réfaction ou majoration de prix proportionnelle à l'écart.

Les sels sortant des grandes usines correspondent généralement aux garanties données; mais en passant en secondes mains, il n'est pas rare d'y constater l'introduction de matières étrangères, particulièrement du sel marin, dans des proportions souvent élevées.

Le chlorure de potassium peut, sans inconvénient, être manié par les ouvriers et entrer sans précautions spéciales dans tous les mélanges d'engrais.

Toujours plus ou moins accompagné de sels magnésiens, il est hygroscopique, c'est-à-dire qu'il absorbe l'humidité de l'air et se met en blocs; il suinte à travers les sacs si l'on n'a pas soin de le conserver en lieu sec.

Sulfate de potasse.

Le sulfate de potasse se présente en cristaux ayant la forme de prismes orthorhombiques, durs, inaltérables à l'air, d'une saveur à la fois salée et amère.

Il est moins soluble dans l'eau que le chlorure de potassium :

100.^{cc}. d'eau dissolvent 8^{gr} à 0°; 10^{gr},5 à 12° et 17^{gr} à 49°.

Il contient à l'état pur :

Potasse	54.07
Acide sulfurique	45.93

Origine. — Nous avons vu que le sulfate de potasse du commerce est extrait des salins, des cendres, des sels de Stassfurt et plus particulièrement du kaynite. On le prépare aussi par la décomposition du chlorure de potassium par l'acide sulfurique, qui dégage l'acide chlorhydrique. Ce procédé ne peut avantageusement s'employer que dans des conditions économiques spéciales, lorsque l'acide sulfurique est à très bas prix ou lorsqu'on a l'emploi de l'acide chlorhydrique.

La réaction s'opère dans des fours munis d'appareils permettant de condenser l'acide chlorhydrique.

On peut encore produire le sulfate de potasse en opérant une double décomposition entre le chlorure de potassium et le sulfate de soude, auquel cas il se forme du sulfate de potasse et du chlorure de sodium, sels qu'on peut séparer par leur différence de solubilité à chaud; mais cette séparation n'est pas complète et on n'obtient ainsi que des sulfates de potasse à bas titre, souillés de sel marin. Enfin, au voisinage des usines de Stassfurt, on prépare de notables quantités de sulfate de potasse par double décomposition entre le chlorure de potassium et le sulfate de magnésie.

Composition. — Les sulfates de potasse provenant du raffinage des salins de betteraves sont ordinairement très riches; voici la composition moyenne de ces produits, d'après M. Grenet :

Carbonate de potasse	0.5	à	1.0	%
— de soude	0.5			—
Chlorure de potassium	0.2	à	1.0	—
Sulfate de potasse	95.0	à	96.0	—
Eau	2.5			—

Le sulfate de potasse n'est jamais pur; il titre ordinairement de 80 à 90 p. 100 de sulfate réel; les mines de Stassfurt livrent deux produits : le sulfate n° 1 et le sulfate n° 2. Leur composition moyenne est la suivante :

	N° 1.	N° 2.
	—	—
Potasse totale	50 à 52 %	38 %
Sulfate de potasse	90 à 95 —	70 —
— de magnésie	— —	5 à 10 —
Chlorure de sodium	1 à 4 —	2 à 8 —

Voici l'analyse plus complète d'un produit de vente très courante :

Eau	0.17 %
Sulfate de potasse	85.81 —
Chlorure de potassium	13.50 —
— de sodium	0.39 —
Carbonate de soude	0.10 —

Les ventes s'effectuent en prenant pour base le taux de sulfate réel, soit ordinairement 90 pour 100; pour avoir le titre en potasse, il suffit de multiplier par le coefficient 0,54. Ainsi un produit à 85 p. 100 de sulfate donnera $85 \times 0,54 = 46$ p. 100 de potasse.

Pour les produits d'une composition si variable et qui, comme tous les sels, peuvent être fraudés par addition de chlorure de sodium, de sulfate de soude, etc., il est indispensable de faire intervenir l'analyse, pour déterminer non seulement la potasse totale, mais encore l'acide sulfurique et le chlore. Si l'on achète, en effet, de la potasse à l'état de sulfate, il faut prendre garde qu'on ne livre pas à sa place de la potasse à l'état de chlorure d'un prix moins élevé. Le dosage de la potasse seul ne donne pas à ce sujet une indication suffisante.

Quant aux produits de richesse moindre appelés *sulfates bruts,* ils sont en réalité constitués par un mélange de chlorure et de sulfate avec la composition suivante :

Potasse totale	9 à 12 %
Sulfate de potasse	8 à 12 —
Chlorure de potassium	6 à 11 —
— de sodium	35 à 55 —
Sulfate de magnésie	15 à 20 —

Prix. — Les sulfates obtenus à l'aide du chlorure de potassium contiendront forcément la potasse à un prix plus élevé que dans ce dernier sel, puisqu'il y a des traitements supplémentaires pour opérer cette transformation.

Le sulfate ne peut faire concurrence au chlorure, pour les usages agricoles, que dans les cas où il est obtenu directement, comme dans le traitement des salins et des cendres de varech, dont nous avons parlé plus haut ; et encore l'agriculteur se trouvera-t-il en concurrence, pour l'achat du sulfate, avec l'industrie qui en consomme une grande quantité pour la production de la potasse par le procédé Leblanc.

Quoi qu'il en soit, c'est encore le syndicat de Stassfurt qui fixe les prix ; ceux que nous relevons pour la vente de ces produits dans les dernières années, font toujours ressortir le kilog. de potasse à un prix supérieur ordinairement d'un cinquième à celui de la potasse dans le chlorure.

En raison de ses usages industriels, le sulfate de potasse est donc coté à un prix plus élevé que le chlorure de potassium, à égalité de matière fertilisante; nous aurons à examiner si cette supériorité de prix est compensée par une supériorité de valeur agricole.

Le sulfate de potasse, peu hygroscopique, est d'une conservation plus facile que le chlorure.

Nitrate de potasse.

Nous avons longuement parlé de ce produit en traitant des nitrates (tome II, p. 106); ce sel en effet appartient également à la catégorie des engrais azotés.

Il contient à l'état pur, pour 100 parties :

Potasse........	46.54	
Acide azotique.	53.46 correspondant à azote.	13.86

Composition. — Les nitrates provenant soit du raffinage des sels d'osmose ou des salpêtres bruts de l'Inde, soit de la double décomposition entre le chlorure de potassium et le nitrate de soude, contiennent ordinairement 95 p. 100 de nitrate pur, avec des oscillations allant de 92 à 99. Voici la composition moyenne des nitrates provenant des sels d'osmose :

Nitrate de potasse..........................	95.00
Chlorure de sodium..........................	2.50
Sulfate de potasse..........................	0.10
Eau et matières insolubles..................	2.40

Les nitrates de l'Inde raffinés se rapprochent beaucoup de cette composition.

La moyenne d'un grand nombre d'analyses assigne la richesse suivante en principes utiles aux nitrates du commerce :

Azote	13 %
Potasse..	44.5 —

Nous avons fait ressortir les avantages de cet engrais concentré, présentant à la fois la potasse et l'azote, mais aussi ses inconvénients, puisqu'il oblige à employer à la fois l'azote et la potasse dans des proportions qu'on n'est pas maître de faire varier.

Mais ce n'est pas seulement cette considération qui limite son emploi : c'est surtout celle du prix. Le nitrate de potasse à 95 pour 100, qui se paye par exemple 46 francs les 100 kilog., contient 13 d'azote et 44 de potasse. En attribuant à l'azote du nitrate de soude une valeur de 1 fr. 50 le kilog., le prix du kilog. de potasse s'élève à 0 fr. 60.

Le chlorure et même le sulfate offrent leur potasse à un prix inférieur.

L'agriculteur a donc peu d'avantage à s'adresser aux nitrates de potasse recherchés par l'industrie, surtout pour la fabrication de la poudre, et il n'a intérêt à les employer aux usages agricoles que dans le cas où ils sont à un prix relativement peu élevé, comme dans des produits à un moindre état de pureté, tels que les sels d'osmose bruts, mélangés de chlorures.

Carbonate de potasse.

Le carbonate de potasse pur est un sel blanc, très caustique, offrant la composition suivante à l'état pur :

Potasse..	68.11
Acide carbonique....................................	31.89

Ce sel, appelé souvent potasse, est très recherché par l'industrie qui, notamment pour la fabrication des savons et des verres, en fait une consommation très grande.

Composition. — Le carbonate de potasse provient en grande partie de la décomposition du sulfate de potasse par le procédé Leblanc.

Les cendres de bois, les suints et surtout les salins de betteraves en fournissent aussi de grandes quantités, que le commerce désigne sous le nom de *potasse épurée.*

Nous donnons, d'après les analyses de M. Joulie, la composition moyenne du carbonate de potasse provenant du raffinage des salins de betteraves :

	Minimum.	Maximum.	Moyenne de 6 analyses.
Carbonate de potasse...	78.10 %	92.87 %	87.14 %
Chlorure de potassium.	2.61 —	3.41 —	3.20 —
Sulfate de potasse......	0.80 —	4.62 —	1.97 —
Carbonate de soude....	1.93 —	13.33 —	6.30 —
Eau et matières insolubles.......	0.38 —	3.05 —	1.39 —

Voici, d'après M. Busine, la composition d'une potasse provenant des salins de suint :

Carbonate de potasse....................	76.45 %
— de soude......................	4.59 —
Sulfate de potasse.........................	4.24 —
Chlorure de potassium.................	7.28 —
Eau et matières insolubles...............	7.44 —

Le taux de potasse à l'état de carbonate dans les potasses épurées varie donc de 52 à 63 pour 100. Le kilog. de cet élément revient toujours à un prix trop élevé pour que nous puissions recommander son emploi aux agriculteurs. Ce prix est, en effet, presque double de celui de la potasse dans le chlorure de potassium.

La causticité du carbonate est très grande et rendrait son maniement extrêmement désagréable.

Insecticides à base de potasse.

Sulfure de potassium. — On a recommandé de traiter les vignes phylloxérées par le sulfure de potassium, utilisant ainsi sa double propriété d'insecticide et de matière fertilisante ; par l'hydrogène sulfuré qu'il dégage, il peut avoir une action destructive sur les insectes ; sa potasse se transforme en carbonate dans le sol et prend ainsi la forme sous laquelle elle paraît être à son maximum de valeur fertilisante.

Le sulfure de potassium se prépare en réduisant le sulfate de potasse par le charbon, à une température élevée. On obtient ainsi une masse compacte rougeâtre, qui absorbe rapidement l'oxygène et l'acide carbonique de l'air en donnant principalement du sulfate et du carbonate. Le produit doit donc être conservé à l'abri de l'air. Ordinairement on le réduit en poudre grossière pour l'emploi. Sous cette forme, offrant une plus grande surface, il est encore plus altérable.

Lorsqu'il est pur, le sulfure de potassium contient :

Potassium.......	70.8 %	équivalant à 85.3 de potasse.
Soufre...........	29.2 —	

mais celui du commerce est souillé de charbon, de cendres, de matières siliceuses diverses ; il ne contient alors que 60 pour 100 de potasse, dont une partie est à l'état de sulfate, et une autre à celui de carbonate.

Pour les usages agricoles, on l'emploie à l'état brut, tel qu'il sort des fours de réduction.

Le sulfure de potassium doit se vendre suivant sa

teneur en potasse et suivant sa teneur en sulfure. Dans cet engrais, le prix de la potasse est relativement élevé, puisque cet élément a dû subir plusieurs opérations pour être amené sous cette forme ; à l'heure actuelle, la consommation en est extrêmement limitée.

Sulfocarbonate de potasse. — Le sulfocarbonate de potasse est devenu d'un usage courant pour le traitement des vignes phylloxérées. Il agit à la fois comme engrais et comme insecticide, et à ce dernier titre, son action est très grande, en raison du sulfure de carbone qu'il renferme.

Le sulfocarbonate de potasse est une combinaison du sulfure de carbone avec le sulfure de potassium ; il se présente à l'état dissous sous la forme d'un liquide dense, d'apparence huileuse, d'une couleur jaune rougeâtre plus ou moins foncée, d'une odeur sulfureuse, et communique à l'eau une coloration très intense.

Ce produit se prépare en faisant réagir le sulfure de carbone sur le sulfure de potassium à l'état de dissolution concentrée ; par l'effet de la combinaison, la température s'élève et le sulfure de carbone est rapidement absorbé.

Quant au sulfure de potassium qui sert de base à sa fabrication, il est généralement obtenu par la réduction du sulfate de potasse par le charbon.

Dans le commerce, le sulfocarbonate se présente avec une densité de 35 à 45 B^{é} ; il contient ordinairement entre 18 et 22 pour 100 de potasse et entre 16 et 18 de sulfure de carbone.

On fabrique également des sulfocarbonates dans lesquels une partie de la potasse est remplacée par de la soude et qui ont l'avantage d'être plus économiques, tout en ayant une valeur insecticide plus grande ; ils contiennent ordinairement de 8 à 12 pour 100 de potasse et de 17 à 19 pour 100 de sulfure de carbone. Le prix du sulfocarbonate de potasse est variable; il y a peu d'années encore, ces produits se vendaient jusqu'à 60 francs les 100 kilog.; mais les perfectionnements apportés à la fabrication, ainsi que la concurrence qui s'est établie, en ont fait baisser le prix dans une forte proportion. A l'heure actuelle ils se vendent, sur garantie d'analyse, à un prix presque moitié moindre.

Sels potassiques complexes.

Après les sels de potasse isolés : chlorure, sulfate, carbonate, etc., qui certainement ont la plus grande importance commerciale et agricole, nous devons étudier les produits complexes formés par un mélange en proportions très diverses des différentes combinaisons potassiques. Ce sont, pour la plupart, des déchets industriels qui, non susceptibles d'être transportés à de longues distances, constituent cependant pour l'agriculture locale une source précieuse d'engrais alcalin. L'agriculteur qui achète ces sels bruts bénéficie de tous les frais que l'industriel aurait à faire pour obtenir le sel concentré; il a donc avantage à les employer, puisqu'ils peuvent lui être livrés à bas prix, sous réserve des produits nuisibles qui peuvent les accompagner.

Nous suivrons dans cet exposé le même ordre que pour les matières premières de la fabrication des sels potassiques.

Salins du Midi. — Les fabriques du Midi livrent à l'agriculture un sel brut, connu sous le nom de *salin* ou de *sel d'été Balard,* ou *d'engrais alcalin brut,* présentant la composition moyenne suivante :

Sulfate de potasse	18.1 %
— de magnésie	19.8 —
Chlorure de magnésium	14.0 —
— de sodium	20.7 —
Eau	26.6 —
Matières insolubles	0.8 —

la teneur en potasse varie de 9 à 11 pour 100. Le kilog. de potasse ressort ordinairement à un prix voisin de celui de la potasse dans le chlorure de potassium.

L'on doit se demander si la forte proportion de sels étrangers ne peut pas porter préjudice aux récoltes et à l'utilisation de la potasse. Dans le mélange précédent, les sels magnésiens représentent plus du tiers du produit brut et près de la moitié du produit sec. Leur action, et particulièrement celle du chlorure de magnésium, est quelquefois nuisible aux récoltes; ce n'est pas sans réserve que nous conseillerons leur emploi, surtout leur emploi direct sur les plantes en végétation ou sur des terres qui vont être ensemencées. Il est toujours prudent de les enfouir dans le sol longtemps à l'avance, avant l'hiver pour les semis de printemps; ou de les incorporer au fumier de ferme afin de les diluer. L'industrie des salins devrait suivre l'exemple de l'industrie de Stassfurt et faire subir à ces produits bruts un grillage ayant le double avantage de concentrer le produit par le départ de l'eau, et de le débarrasser du chlorure de magnésium que la chaleur décompose en magnésie et en acide chlorhydrique.

Cendres. — Nous n'envisageons ici les cendres qu'en tant qu'engrais potassique; à ce point de vue, les produits de la combustion des différents végétaux sont plus ou moins riches. Il en est beaucoup dont la valeur principale est constituée par le carbonate de chaux et qui, par conséquent, doivent figurer parmi les engrais ou amendements calcaires, dont il sera question plus loin.

Produits végétaux divers. — Tous les produits végétaux contiennent des proportions notables de potasse, et fournissent par la combustion des cendres contenant cet acali. Mais on n'a pas en général intérêt à les incinérer; leur emploi direct permet, en effet, d'utiliser en même temps la matière organique qu'ils renferment et d'éviter la déperdition de l'azote que la combustion élimine. Les pailles, quelle que soit leur nature, pailles de céréales, balles et siliques, fanes de pois, de colza, de pomme de terre, de topinambour, etc., rendent des services comme litière ou comme nourriture du bétail, et la pratique qui consiste à les brûler n'est pas à recommander. Dans certains pays pourtant, les fanes de sarrasin et de topinambour, de colza, de pavot, les menues pailles, sont constamment brûlées et même vendues à vil prix; c'est une dilapidation de matière azotée et d'humus contre laquelle le praticien doit être mis en garde.

Dans le Bocage vendéen et en Bretagne, la dilapidation va plus loin encore; on fabrique ce qu'on appelle les cendres de marais. Le fumier mis en pâte est moulé dans des cuvettes en terre, puis étendu sur les prés, où on le fait sécher, pour le brûler pendant l'hiver. Les cendres, qui sont généralement exposées à la pluie, contiennent environ :

4 % de potasse.
5 — d'acide phosphorique.
8 — de chaux.

Nous ne citons cette pratique que pour la condamner.

Nous ferons les mêmes observations à propos des végétaux des forêts : bruyères, fougères, genêts, ajoncs, etc., dont les cendres sont très riches en potasse, mais qui peuvent jouer un rôle plus utile en servant de litière. C'est seulement dans le cas où les transports sont difficiles ou coûteux, qu'on peut, à la rigueur, conseiller de concentrer par la combustion les matières minérales que renferment les produits végétaux.

Voici, d'après M. Petermann, la composition centésimale des cendres de quelques végétaux des forêts; les cendres sont encore charbonneuses, telles qu'on les obtient en brûlant les plantes sur place :

	Fougère.	Bruyère.	Genêt.
Potasse	28.90	16.50	31.35
Soude	2.48	3.11	3.03
Chaux	8.77	10.28	13.45
Magnésie	5.20	6.90	7.28
Oxyde de fer	0.68	1.59	0.81
Acide sulfurique	5.95	4.23	3.34
— phosphorique	3.45	1.42	10.19
— silicique	13.12	7.00	0.80
Chlore	8.32	1.22	2.82
Charbon	17.06	30.90	11.15
Sable	6.59	11.50	4.70
Acide carbonique	1.47	4.35	10.98

On voit combien la proportion de potasse est élevée; ces cendres constituent donc un véritable engrais potassique, à l'action duquel viendra se joindre l'action de l'acide phosphorique et de la chaux.

Cendres de varech. — Les plantes marines, varechs, goëmons, servent directement à la fumure des terres, et constituent un engrais vert précieux pour certaines régions. Mais dans quelques localités on a l'habitude de les brûler sur place, après les avoir exposées à l'action de la pluie, qui enlève l'excès de sel marin; quand le soleil les a séchées, on les réunit en tas, on y met le feu; on obtient des cendres plus ou moins charbonneuses, renfermant encore un peu d'azote, et contenant de la potasse en proportion assez élevée.

Voici quelques analyses de cendres de varech, d'après M. Marchand :

	Fucus siliquosus.	Fucus vesiculosus.	Fucus serratus.	Fucus saccharinus.	Fucus digitatus.
Potasse	15.15	6.07	7.54	7.93	6.62
Soude	15.23	19.94	27.99	23.76	25.82
Chaux	9.95	14.20	9.21	10.76	9.74
Magnésie	7.42	6.25	4.18	5.14	5.85
Chlore	32.62	25.39	26.05	28.13	32.37
Acide phosphorique	2.90	2.17	2.32	4.20	3.05
— sulfurique	17.59	25.58	18.24	19.01	12.35

Cendres de bois. — Les bois de forêts fournissent à l'agriculture des quantités importantes de cendres, après avoir été brûlés dans les foyers industriels ou domestiques. Ces cendres sont généralement très riches en potasse, mais leur teneur en alcali diffère beaucoup suivant les essences et aussi suivant le sol où celles-ci ont végété.

Nous donnons quelques chiffres pour montrer entre quelles limites varie la proportion de potasse. Il ne faut cependant pas attacher à ces chiffres une trop grande valeur, à cause des variations considérables auxquelles la composition des cendres est sujette.

Outre la potasse, les cendres contiennent des quantités assez notables d'acide phosphorique et de chaux, et se trouvent ainsi constituer un engrais phosphaté et calcaire autant que potassique. Ici nous n'avons à nous préoccuper que de la potasse.

Les bois donnent des proportions de cendres relativement peu élevées et généralement comprises entre 0,5 et 1,5 p. 100 du bois sec. Lorsque le bois est accompagné d'écorces ou de feuilles, la proportion de cendres augmente notablement, mais non leur richesse en potasse, cet élément se trouvant principalement dans le bois. En effet, les écorces contiennent en moyenne 6 p. 100 de cendres et les feuilles 5 p. 100.

Voici, d'après différents auteurs, de Saussure, Berthier, Malaguti et Durocher, la teneur centésimale en principes fertilisants des cendres de différents bois, ainsi que celle des écorces et des feuilles :

	Potasse.	Chaux.	Magnésie.	Acide phosphorique.	Acide sulfurique.
Bois de chêne	8 à 16	30 à 50	3 à 6	6 à 8	1 à 2
— de hêtre	8 à 12	30 à 50	3 à 6	5 à 7	1 à 2
— d'ormeau	20 à 25	20 à 40	8 à 10	8 à 10	4 à 6
— de peuplier	10 à 15	30 à 50	8 à 10	10 à 13	1 à 2
— de pin	10 à 15	30 à 50	3 à 5	3 à 4	1 à 2
Ecorces de chêne	2 à 3	40 à 50		1.5 à 3	1
Feuilles —	3 à 4	45 à 50	3 à 4	8 à 10	4 a 5
Aiguilles de pin	2 à 4	20 à 30	3 à 4	4 à 6	3 à 3

Dans les cendres, la potasse se trouve en majeure partie à l'état de carbonate, en moindre quantité à l'état de sulfate et de silicate, en faible proportion à l'état de chlorure. C'est au carbonate de potasse que les cendres doivent leurs propriétés alcalines.

On voit que les cendres sont d'autant plus riches en éléments fertilisants, qu'elles proviennent de bois mieux débarrassés d'écorces et de feuilles. Le plus souvent, on ne recueille pas les cendres isolément; on les jette avec les ordures ménagères; celles qui sont produites dans les villes s'en vont avec les gâdoues, souvent après avoir subi l'action des eaux pluviales, qui en éliminent la potasse; dans les campagnes, on les porte généralement au fumier. Mais quelquefois on les recueille sans mélange pour les vendre aux blanchisseurs qui font le lessivage du linge, et dans ces conditions la potasse en est totalement enlevée et se trouve perdue pour l'agriculture.

Mais les parties insolubles, phosphate et carbonate de chaux, qui forment ce qu'on appelle les cendres lessivées ou charrées, sont fréquemment employées à la fumure des terres comme engrais phosphaté et calcaire. A ce dernier titre, nous aurons à en parler ultérieurement.

Lorsque l'agriculteur se trouve à proximité d'une industrie qui utilise, pour le chauffage, des bois, des sciures, des tannées, des bois épuisés, etc., il a souvent intérêt à s'adresser à ces produits, s'il peut se les procurer à bas prix. Le prix auquel les cendres sont vendues varie suivant les localités; il est ordinairement fixé d'après l'hectolitre. Comme ce volume représente un poids très variable et généralement peu élevé, il serait plus logique et plus sûr d'acheter au poids. Lorsqu'on doit s'en procurer des quantités importantes, il est indispensable de recourir au préalable à l'analyse chimique, pour être fixé sur la valeur du produit, qui dépend de sa richesse en potasse, en acide phosphorique et en chaux; on peut établir la valeur réelle des cendres en les comparant aux engrais chimiques. Mais en en faisant l'achat, il est bon de considérer que l'on doit payer seulement les éléments qui font réellement besoin au sol; si, par exemple, les cendres sont destinées à un sol qui contient en suffisante quantité la chaux et l'acide phosphorique, il faut se garder de faire entrer dans l'évaluation du prix la valeur de ces deux éléments, puisqu'ils sont inutiles. Quant à la valeur de la potasse des cendres, on peut lui attribuer le taux le plus élevé des engrais commerciaux, car elle est en majeure partie combinée à l'acide carbonique et, par suite, à l'état regardé comme le plus actif.

L'usage des cendres est très répandu dans quelques localités; mais l'achat et l'emploi n'en sont pas toujours bien raisonnés; dans beaucoup de cas l'agriculteur a plus d'intérêt à s'adresser aux engrais concentrés du commerce; il doit toujours établir une comparaison rigoureuse avec ceux-ci, pour déterminer s'il a réellement avantage à s'adresser à ces produits encombrants et d'un transport coûteux. Cette comparaison fera disparaître dans bien des cas les usages établis de longue date. M. Risler cite l'exemple des Vosges, où l'emploi des cendres lessivées, comme fournisseurs d'acide phosphorique, est répandu de temps immémorial; on va jusqu'à 100 kilom. chercher cet engrais, alors que le phosphate naturel rendrait les mêmes services à un prix bien inférieur.

Suies de cheminées. — A côté des cendres nous devons incidemment parler d'une matière qui, dans certains pays, est très estimée comme engrais : la suie de cheminée, produit de la condensation des substances distillées par le combustible dans les foyers. Elle est surtout riche en matières organiques; l'azote ammoniacal, qui se dégage toujours dans les combustions, s'y rencontre en proportion d'autant plus élevée que le combustible est lui même plus riche en azote; elle renferme également de la potasse, entraînée par les gaz du foyer. Voici, d'après Wolff et Vœlcker, la composition moyenne des suies :

	Suie de bois.	Suie de houille.
Eau	5.0	4.0 à 10.0
Matière organique	72.0	45.0 à 70.0
Azote	1.3	1.0 à 3.6
Potasse	2.4	0.5 à 2.7
Acide phosphorique	0.4	0.3 à 0.4
Chaux	10.0	4.0 à 5.0
Magnésie	1.5	»
Acide sulfurique	0.3	1.7 à 8.7

Ces produits sont donc peu riches en potasse; leur valeur fertilisante est plutôt due à l'azote. On s'exagère leur importance, et il nous suffit de dire ici que, de même que pour tous les produits analogues, leur véritable place est dans les composts.

Potasses brutes. — Nous avons précédemment parlé de l'extraction du carbonate de potasse des cendres de bois, et nous avons donné la composition des produits qu'on obtient. Ces produits sont connus sous le nom de potasses brutes. Ils sont presque toujours livrés au raffinage, qui achève la séparation des différents sels pour obtenir la potasse épurée. Ils sont très rarement vendus à l'agriculture, qui ne pourrait les payer au même prix que l'industrie. Seuls les produits contenant beaucoup de sulfate et de chlorure et peu de carbonate, qui sont rejetés par l'industrie, peuvent être accidentellement utilisés comme engrais; leur prix sera établi d'après la teneur en potasse.

Les potasses brutes extraites des mélasses de betteraves, par les procédés que nous avons décrits plus haut, sont souvent vendues directement à l'agriculture; elles offrent une composition très variable. Voici quelques analyses de ces salins, d'après M. Girardin, M. Joulie, etc. :

	LILLE.		AMIENS.	SOISSONS.	NORD			NORD
	I.	II.			Minimum	Maximum.	Moyenne.	Moyenne.
Carbonate de potasse.....	23.0	34.0	25 à 40	50.0	17.0	53.5	36.8	35
— de soude.......	20.5	20.5	14 à 20	1.65	8.2	26.8	17.1	16
Chlorure de potassium...	17.0	17.0	11 à 16	»	16.3	33.7	21.6	17
Sulfate de potasse........	8.0	12.0	16 à 24	3.0	2.9	11.6	6.8	6
Matières insolubles.......	23.0	10.0	11 à 20 (avec l'eau)	1.35 (avec l'eau)	1.35 (avec l'eau)	20.0 (avec l'eau)	17.7 (avec l'eau)	9
Eau....................	8.5	6.5						18

On y trouve également, suivant les observations de M. Péligot, du phosphate de potasse. M. Grandeau y a constaté la présence de traces de rhubidium, métal analogue au potassium et dont le rôle dans la végétation n'est pas encore connu.

Pendant la calcination, il se forme ordinairement des cyanures; quand leur proportion est très peu élevée, il n'y a pas lieu de s'en inquiéter; il n'en est pas de même si ce composé, vénéneux pour les plantes presque autant que pour les animaux, existe en notable quantité, soit par exemple 2 p. 100; il est alors prudent d'exclure le salin de l'emploi agricole. Nous renvoyons sur ce point à ce que nous avons dit (tome II, page 155) du rhodanammonium, qui se trouve parfois dans les sulfates d'ammoniaque du commerce.

On peut admettre que les salins renferment en moyenne 35 p. 100 de potasse; c'est le seul élément ayant une valeur pour l'usage agricole. Mais les différences de composition sont très grandes, comme nous l'avons vu, et le taux de cet élément varie :

à l'état de carbonate..............	de 11.0 à 36.0 %
— de sulfate..................	de 1.5 à 6.5 —
— de chlorure...............	de 6.5 à 21.0 —
la potasse totale varie............	de 19.0 à 63.0 —

L'analyse chimique doit toujours présider à l'achat de ces produits bruts; elle doit porter non seulement sur la totalité de la potasse, mais encore sur la forme qu'elle affecte. On s'exposerait à de très graves erreurs en appliquant au quintal de salins bruts un prix uniforme.

L'importance de la production des salins de betteraves en France est très grande; elle s'élève à plus de 20 millions de kilogrammes. Il s'est établi, dans ces dernières années, une vente assez active des salins bruts pour la fumure des vignes des régions méridionales de la France. Les prix, autrefois très élevés, semblent s'abaisser, et quoique encore supérieurs à ceux du sulfate et du chlorure, ils ne seraient cependant pas inabordables, s'il était prouvé que cette forme de la potasse a une supériorité bien réelle sur les autres formes.

De même que la potasse épurée, la potasse brute possède une alcalinité qui rend son maniement très désagréable.

Les fabriques de salins vendent aussi des fonds de chaudière, constitués par des précipités boueux renfermant des quantités plus ou moins élevées de sulfate de potasse. On trouve encore, près des usines, des boues issues du lessivage des salins bruts; voici un exemple de leur composition :

Carbonate de chaux	40 à 60 %
Phosphate —	4 à 6 —
Potasse	1 à 1.5 —
Azote	1 à 2 —

Sels d'osmose. — Les sels d'osmose sont ordinairement utilisés, comme nous l'avons vu, pour l'extraction du nitrate de potasse; mais souvent aussi on les livre directement à l'agriculture. L'importance de cette production a diminué depuis les modifications apportées à la législation sucrière.

Nous donnons, d'après l'agenda des chimistes de sucreries, des exemples de composition des sels d'osmose :

	1.	2.	3.	4.	5.
Nitrate de potasse	65.50	76.00	76.08	67.89	28.06
Chlorure de potassium.	19.00	4.37	1.35	1.05	2.10
— de sodium	2.00	4.57	4.37	15.41	49.73
Sulfate de potasse	2.20	1.35	4.57	1.96	1.36
Chaux	0.70	0.30	2.04	0.10	0.70
Sucre	3.20	4.20	4.21	2.67	3.48
Divers	7.36	9.21	7.38	10.92	11.57

Nous savons que par des cristallisations successives, on arrive à faire la séparation des différents sels et notamment celle du nitrate de potasse. Mais il est inutile, au point de vue agricole, de grever cette matière de frais de traitement; on peut employer le sel brut, en attribuant à l'azote et à la potasse les prix respectifs qu'ils atteignent dans les engrais analogues.

Autant que pour les salins bruts, nous recommandons aux acheteurs de prendre pour base d'évaluation l'analyse chimique. Cette recommandation doit être faite chaque fois qu'il s'agit de produits à composition variable, comme les sous-produits ou déchets d'industrie.

Eaux résiduaires. — Puisque nous parlons des résidus industriels, nous dirons quelques mots de ceux qui sont à un état trop dilué, pour que l'extraction de la potasse par concentration et calcination soit économiquement possible. Dans cette catégorie se placent toutes les eaux provenant du traitement de la betterave.

La betterave n'est pas la seule plante industrielle riche en sels potassiques; nous savons que la pomme de terre et le topinambour en contiennent également de grandes quantités :

	Potasse.
100 de tubercules de pommes de terre contiennent.	0.56 %
— de topinambour contiennent....	0.85 —

La pomme de terre sert à la fabrication de la fécule; mais dans ce cas les quantités d'eau qu'on est forcé de faire intervenir diluent la potasse à un point tel, que l'extraction en serait très coûteuse, et que l'utilisation même n'est point économique, à moins de n'avoir aucun frais de transport ou de manipulation à supporter, comme dans le cas où on les emploie à l'irrigation des prairies voisines de l'usine.

La pomme de terre sert aussi à la fabrication de l'alcool, et alors on obtient des vinasses notablement chargées des sels potassiques dont l'extraction devient possible.

Le topinambour, de son côté, très riche en matières saccharines, est utilisé sur une grande échelle, depuis quelques années, pour la production de l'alcool; il laisse également des vinasses dans lesquelles la proportion de potasse est élevée.

D'une façon générale, on doit considérer comme chargées de sels potassiques toutes les eaux qui ont été en contact avec les produits végétaux; mais on ne peut pas leur assigner une richesse moyenne, car rien n'est plus variable que leur composition.

Nous nous bornons à rappeler à l'agriculteur que toute la potasse enlevée au sol par les pommes de terre, les betteraves, etc., se retrouve dans les eaux provenant des traitements industriels et que leur restitution directe par l'arrosage, ou indirecte par le fumier et les composts, maintiendra le sol dans sa richesse première en potasse.

A l'abri de ces observations, nous réunissons en tableau, à simple titre de renseignement, la composition de quelques-uns de ces produits, d'après les tables dressées par M. Wolff.

	Eau.	Azote.	Potasse	Chaux.	Acide phosphorique
	—	—	—	—	—
Vinasses de pommes de terre.	93.0	0.21	0.30	0.06	0.05
Mélasses de betteraves.......	17.2	1.28	5.87	0.41	0.05
Vinasses de mélasses........	92.0	0.32	0.95	0.01	0.01
Eaux d'élution (sucraterie)..	»	0.45	0.30	0.27	»
Vinasses de seigle...........	89.7	»	0.26	0.08	0.46
Vinasses de vin.............	86.0	»	0.16	0.02	»
Levure de vin..............	53.6	1.31	3.34	0.40	0.36
Marcs de vin................	65.0	1.72	0.40	»	0.46
Rafles de raisin............	63.0	0.56	1.09	0.27	0.18

Sels bruts de Stassfurt. — Nous empruntons à M. Wolff la nomenclature et l'analyse des différents sels potassiques bruts offerts à l'agriculture par les mines de Stassfurt.

En regard, nous plaçons, toujours d'après M. Wolff, les prix des 100 kilog. et les prix de revient du kilog. de potasse dans chacun de ces différents sels; ces prix s'appliquent, pour l'année 1886, à des chargements complets de 10.000 kilog., sur wagon, en gare de Stassfurt et sont établis d'après la garantie minima.

Les agriculteurs très voisins des mines de Stassfurt trouvent dans ces produits de la potasse à un prix extrêmement minime; mais quand ils ont subi des frais de transport, il n'en est plus ainsi. C'est la potasse des produits les moins riches qui est le plus grevée de ce chef. Aussi, même lorsque l'unité de potasse se vend sur les lieux de production à un prix très bas, en raison du titre peu élevé, doit-on préférer les sels les plus riches, sur lesquels les frais de transport ne pèsent pas si lourdement. C'est un calcul de prix de revient de l'unité de potasse à pied d'œuvre qui doit nous guider dans cette circonstance, et non pas seulement une considération de prix d'achat.

En faisant ce calcul, nous voyons que de tous les engrais potassiques le chlorure de potassium est le moins cher, une fois rendu en France; seuls, parmi les sels bruts, le kaynite et le grugite peuvent entrer en comparaison avec eux; aussi les offre-t-on quelquefois à l'agriculture française concurremment avec le chlorure.

Outre les considérations de prix de revient, il faut faire intervenir celles de composition chimique.

Tous les sels bruts contiennent des proportions très élevées de chlorure de sodium; depuis 10 jusqu'à 50 p. 100, en moyenne 30 p. 100; et l'on peut se demander si

DÉSIGNATION DE L'ENGRAIS.	Potasse garantie.	Sulfate de potasse.	Chlorure de potassium.	Sulfate de magnésie.	Chlorure de sodium.	Prix des 100 kil.	Prix du kilog. de potasse.
	o/o	o/o	o/o	o/o	o/o	fr.	fr.
1. Sulfate de potasse brut....................	9 à 12	8 à 12	6 à 11	15 à 20	35 à 55	3.12	0.35
2. Mélange de potasse et de magnésie.......	15 à 18	28 à 33	—	21 à 25	25 à 40	5 .50	0.37
3. Kaynite brut dit (Adler-Kaynite)..	12 à 13	22 à 24	—	16 à 18	30 à 40	2.50	0.21
4. Grugite..................................	10 à 12	18 à 21	—	10 à 12	10 à 12	1.75	0.17
5. Engrais potassique concentré....	25	22	22	10 à 20	20 à 35	11.88	0.47
6. — 3 fois concentré......	31 à 33	—	50 à 55	5 à 10	25 à 40	13.12	0.43
7. — 5 fois —	50 à 53	—	80 à 85	—	10 à 20	18.76	0.38
8. Sulfate de potasse n° I....	50 à 52	90 à 95	—	—	1 à 4	27.50	0.55
9. — n° II....	38	70	—	5 à 10	2 à 8	21.26	0.56
10. Mélange de potasse et de magnésie purifié.	26 à 28	50 à 52	—	32 à 36	2 à 6	13.12	0.50
11. Déchets des usines..............	3 à 5	6 à 9	—	35 à 45	35 à 40	1.50	0.37

ces quantités de sel ne peuvent pas nuire aux récoltes. Considérant, d'une part, que la dose d'engrais généralement employée ne dépasse guère 300 kilog. par hectare, on peut calculer à environ 100 kilog. l'apport de sel marin; nous ne pensons pas que des doses aussi minimes soient de nature à produire des effets nuisibles. Nous discuterons ce point lorsque nous aurons à parler de l'emploi du sel marin comme engrais.

Nous serons beaucoup moins affirmatifs en ce qui concerne les sels de magnésie : la nocuité du sulfate de magnésie, qui existe en proportion variable, mais généralement assez élevée, n'est pas démontrée; mais celle du chlorure de magnésium est moins douteuse. Les inconvénients graves que, dans certaines conditions, ce sel présente pour les plantes, ont été longtemps un obstacle à l'emploi des sels potassiques bruts et ont failli même faire échouer complètement la tentative de leur utilisation agricole. M. Franck découvrit la cause des insuccès, et dès lors on fit subir à certains produits un grillage qui détruit le chlorure de magnésium, en chassant l'acide chlorhydrique et laissant de la magnésie dépourvue de causticité.

Le kaynite brut renferme environ 12 p. 100 de chlorure de magnésium; le plus souvent il est vendu à l'état de *kaynite préparé,* c'est-à-dire après calcination. Le dosage de la potasse dans les produits impurs doit toujours être accompagné du dosage de la magnésie à l'état de chlorure.

Certains sels bruts, tels que le grugite, contiennent de notables quantités de sulfate de chaux, dont l'action vient s'ajouter à celle de la potasse, surtout pour les légumineuses.

Le chlorure de magnésium, très hygroscopique, rend difficile la conservation des engrais potassiques; les sacs ne tardent pas à s'imbiber d'humidité et à suinter. Le chlorure doit donc être conservé dans des tonneaux ou dans des endroits secs; en se desséchant, il devient très dur.

CHAPITRE IV.

EMPLOI AGRICOLE DES SELS POTASSIQUES.

Nous avons vu que la potasse du sol affecte des états différents : celle qu'on peut regarder comme immédiatement utilisable est soluble dans l'eau ou bien retenue dans des combinaisons peu énergiques ; celle qui constitue la réserve de l'avenir est, au contraire, engagée dans des combinaisons très stables, surtout avec la silice et l'alumine, formant les argiles et en général les débris incomplètement décomposés des roches primitives.

Mais la potasse qu'on fournit au sol sous forme d'engrais est toujours à l'état soluble ; le carbonate, le sulfate, le chlorure, le nitrate, sont autant de combinaisons parfaitement solubles dans l'eau, constituant soit isolément, soit par leur mélange, les engrais potassiques que nous avons passés en revue.

§ I. — TRANSFORMATIONS GÉNÉRALES DES SELS POTASSIQUES DANS LE SOL.

L'état de solubilité sous lequel on applique les engrais potassiques amène ceux-ci à la terre sous une forme immédiatement accessible aux végétaux.

L'azote organique et les phosphates naturels se présentent, au contraire, sous une forme insoluble. Nous avons dû longuement étudier le mécanisme qui leur fait affecter, au sein de la terre, la forme la plus favorable à la nutrition végétale, c'est-à-dire les procédés de solubilisation. Pour les sels potassiques, nous n'avons pas à nous préoccuper de ce côté de la question.

Il ne faudrait cependant pas croire que les sels potassiques introduits dans la terre gardent leur forme primitive; loin de là, ils sont profondément modifiés dans leur constitution, et, de solubles qu'ils étaient auparavant, ils finissent par affecter une forme presque insoluble. Autant nous a paru utile la transformation en produits solubles des engrais organiques azotés et des phosphates, autant nous semble utile l'action diamétralement opposée qui s'exerce sur la potasse. La terre, se comportant vis-à-vis des principes fertilisants d'une manière tout à fait différente, semble chercher à appliquer à chacun d'eux la réaction la plus favorable au développement végétal, solubilisant ceux qui, à l'état naturel, sont réfractaires aux racines, insolubilisant au contraire ceux qui, trop solubles, pourraient avoir une action trop énergique sur les organes végétaux ou s'éliminer par les eaux de drainage.

La transformation en composés peu solubles, pouvant rester fixés dans le sol, a des conséquences très heureuses pour l'emploi des engrais potassiques. Nous devons entrer dans quelques détails pour expliquer comment la potasse, donnée comme engrais, perd sa solubilité primitive, et nous insisterons sur ces propriétés absorbantes du sol, si bien étudiées par M. Way.

Mécanisme de la dissolution dans le sol. — Les engrais potassiques donnés à la terre, sous quelque forme que ce soit, se dissolvent en peu de temps; la terre, même alors qu'elle semble sèche, contient encore des quantités d'eau bien supérieures à celles qui sont nécessaires pour les dissoudre.

Le mécanisme de la dissolution est en tous points analogue à celui que nous avons exposé pour le nitrate de soude (tome II, p. 127); nous avons pu, avec les différents sels potassiques, répéter les expériences que nous avons déjà décrites et assister aux mêmes phénomènes; c'est-à-dire que chaque cristal mis en terre attire l'humidité ambiante, dessèche la terre environnante et s'entoure d'une sphère humide formée par la solution du sel. Les mêmes conséquences pratiques en découlent : les graines tombant dans les parties humides, où la dissolution est à l'état concentré, seront tuées; si, au contraire, elles tombent dans les parties sèches, elles ne lèveront pas, par suite du manque d'eau. En résumé, l'application simultanée de la graine et des sels potassiques peut être non seulement sans effet, mais même nuisible à la levée régulière.

La diffusion ne peut s'opérer que par l'intervention des pluies; alors elle est rapide et complète.

Pouvoir fixateur du sol vis-à-vis des sels potassiques. — Si, au bout de quelque temps après l'application d'engrais potassique, on opère le lavage de la terre, on constate que la potasse n'entre plus en dissolution aussi facilement qu'avant d'être mise en contact avec la terre. Cette dernière exerce donc un véritable pouvoir absorbant sur la potasse, la fixe et la soustrait à l'action de l'eau. En parlant de l'emploi des sels ammoniacaux, nous nous sommes étendus sur la fixation de cet alcali par les éléments du sol. On peut rapprocher la manière de se comporter de la potasse de celle de l'ammoniaque; des réactions analogues entrent en jeu, et les mêmes matériaux interviennent pour opérer la fixation.

Celle-ci s'effectue par des phénomènes d'ordre chimique et d'ordre mécanique.

Actions mécaniques. — Nous savons que certaines substances amenées à un grand état de division ou douées d'une porosité spéciale, comme, par exemple, le charbon animal, ont la faculté de retenir et de condenser les produits solubles mis en contact avec elles. Dans le sol, les matières qui ont cette faculté ne manquent pas, et l'on sait que l'argile jouit de cette propriété ; l'humus lui-même a quelque analogie avec le noir animal; de plus l'oxyde de fer et l'alumine, libres ou unis à la silice, forment des combinaisons gélatineuses qui emprisonnent et retiennent les éléments solubles. Cette action physique peut donc s'exercer dans la plupart des terres; elle est d'autant plus énergique que les matériaux fixateurs, argile, humus, oxydes gélatineux, sont plus abondants.

Actions chimiques. — Rôle du calcaire. — Mais si cette propriété était limitée à la seule action de ces agents mécaniques, elle n'aurait pas l'intensité qu'on lui a reconnue. L'action chimique est prépondérante. Voici en quoi elle consiste : lorsque la terre renferme du carbonate de chaux, il s'opère, entre ce composé et le sel potassique, une double décomposition qui donne naissance à du carbonate de potasse. L'acide primitivement combiné à la potasse s'unit à la chaux et s'élimine dans les eaux de drainage. Si l'on a employé du chlorure de potassium, la potasse reste fixée et du chlorure de calcium s'élimine; si l'on a employé du sulfate de potasse, c'est du sulfate de chaux qui s'élimine dans les eaux de drainage. Cette double décomposition entre les sels de chaux et les sels potassiques est clairement démontrée. Quant au carbonate de potasse ainsi produit, on ne sait point au juste par quelle réaction il reste fixé dans le sol. C'est l'humus qui paraît être le principal agent de cette absorption ; le carbonate de potasse se fixe sur lui de la même manière que les mordants se fixent sur les tissus, et forme une sorte de combinaison, mal définie, mais possédant une certaine résistance.

En outre, le carbonate de potasse est engagé dans des combinaisons insolubles avec les silicates hydratés constituant l'argile. Nous pouvons comparer ce phénomène à celui qui donne naissance aux laques ; en introduisant de l'argile dans une solution de matière colorante, on constate qu'elle entraîne cette dernière dans une combinaison insoluble. Il n'est point rare de voir des matières colloïdes s'emparer ainsi de substances dissoutes et les entraîner avec elles en les retenant énergiquement ; or nous savons que l'humus et l'argile sont des colloïdes au premier chef.

Ces propriétés fixatrices appartenant en propre à l'argile et à l'humus, on doit s'attendre à les trouver absentes des sols auxquels manquent ces deux éléments. Aussi les terres constituées exclusivement par du calcaire ou du sable sont-elles dépourvues de tout pouvoir absorbant; mais si le calcaire est mélangé d'un peu d'argile ou d'humus, immédiatement il acquiert la propriété de retenir la potasse. Il en est de même des terres sableuses, à moins toutefois que le calcaire en soit absent.

Dans ce qui précède nous avons admis que la terre contient du carbonate de chaux et que, par suite, il peut s'opérer une double réaction qui élimine, en combinaison calcaire, l'acide combiné à la potasse. Pour que la fixation de cette dernière s'effectue, la présence du carbonate de chaux est donc indispensable; aussi les terres argileuses, ou celles qui sont riches en matières organiques, ont-elles la propriété de retenir des quantités notables de potasse, à la seule condition de renfermer du carbonate de chaux. Sans la présence de ce dernier composé, elles n'auraient que l'action mécanique très limitée que nous avons signalée plus haut.

Déperditions des sels potassiques. — Il ne faudrait pas croire que cette propriété de retenir la potasse soit absolue et illimitée; elle n'est point absolue, en ce sens que lorsqu'on traite de la terre par de l'eau, il s'effectue un partage entre les deux milieux; le liquide dissout une proportion de potasse d'autant plus faible que la terre est mieux pourvue de principes absorbants, qu'elle est moins riche en potasse et que l'eau est employée en moindre quantité. Il y a là des questions d'équilibre variant à l'infini avec les diverses conditions. Cette propriété n'est pas illimitée, puisque si l'on donne à la terre des quantités notables de sels potassiques, la fixation n'a plus lieu. Mais nous sommes là dans des conditions exceptionnelles, qui ne se réalisent jamais dans la pratique agricole. Là, en effet, le sol n'est pas en contact avec des quantités d'eau assez grandes pour lui enlever des proportions notables de potasse; les eaux de drainage traversant le sol et se chargeant de sels potassiques dans les parties supérieures, abandonnent cette potasse aux couches sous-jacentes plus pauvres en alcali, en vertu de ce même partage qui fait que tantôt c'est l'eau qui enlève de la potasse à la terre, tantôt la terre qui enlève de la potasse à l'eau. Aussi avons-nous vu que les eaux de drainage en s'écoulant des terres ne leur soustraient pas des quantités appréciables de l'alcali fertilisant.

En second lieu, on ne donne jamais que des quantités de sels potassiques telles, qu'elles soient bien loin de saturer le pouvoir absorbant du sol; aussi, en se plaçant dans les conditions de la pratique, est-on autorisé à dire que l'absorption des sels de potasse par la terre est presque absolue et presque illimitée.

M. Way a constaté dans ses expériences que les sols pouvaient en général absorber entre 1 et 3 grammes de potasse par kilog. En admettant que la couche arable d'un hectare ait un poids de 4.000.000 kilog., elle serait suffisante pour retenir l'énorme quantité de 4.000 à 12.000 kilog. de potasse.

§ II. — Conditions et époques de l'emploi des sels potassiques.

Applications aux différents sols. — Nous ne nous préoccupons pas ici de l'opportunité de l'emploi des fumures potassiques ; cette question, qui dépend de la richesse des sols en potasse, a été traitée précédemment. Nous avons seulement à envisager les terres au point de vue de la manière dont elles se comportent vis-à-vis des sels potassiques et plus particulièrement au point de vue de leur aptitude à les conserver.

D'après ce qui vient d'être dit, on peut, sous ce rapport, établir une classification des sols arables et poser les principes relatifs à l'époque d'application des fumures potassiques.

Terres franches. — Nous savons que l'argile et l'humus sont les véritables fixateurs de la potasse ; nous savons aussi que celle-ci n'est susceptible d'être fixée énergiquement qu'à la condition de rencontrer du calcaire.

Tous les sols contenant en proportion suffisante ces trois éléments gardent donc la potasse qu'on leur donne. Ce sont les terres franches qui se trouvent remplir le mieux ces conditions ; on n'a pas à craindre qu'elles laissent perdre par les eaux de drainage les sels de potasse qui leur sont confiés, aussi peut-on les leur donner avant l'hiver, même pour les plantes semées au printemps. Le sel potassique, non sujet à des déperditions, a ainsi le temps de subir les transformations qui doivent lui donner toute son activité.

Terres fortes. — Les terres fortes contiennent en général beaucoup d'argile et des quantités notables d'humus. Quand elles sont susceptibles d'être cultivées elles renferment toujours une certaine dose de calcaire, qui y existe naturellement ou qu'on leur a incorporé par des marnages ou des chaulages; elles se comportent vis-à-vis des sels potassiques comme les terres franches, c'est-à-dire qu'elles les retiennent énergiquement. On peut donc, longtemps à l'avance, leur confier la potasse sans avoir à craindre de déperditions.

Il y a cependant des considérations qu'il faut faire entrer en ligne de compte dans l'application de la potasse à de pareils sols. Nous avons vu que les sels potassiques, et particulièrement ceux qui sont mélangés de chlorure de magnésium, ce qui est très fréquemment le cas, maintiennent dans le sol une certaine humidité. Or, les terres fortes sont par elles-mêmes disposées à retenir l'eau. Les sels potassiques, en augmentant cette tendance, peuvent mettre ces terres dans un état d'humidité assez grand pour que la végétation en souffre. D'un autre côté, l'argile a pour la potasse une grande affinité; elle ne la cède pas facilement aux racines, et il faut, au préabable, en quelque sorte saturer cette affinité pour que les plantes puissent trouver de l'alcali disponible pour leurs besoins. La première considération nous porterait à diminuer la proportion des sels potassiques; la seconde, au contraire, à l'augmenter. Il est donc prudent de ne tomber dans aucune exagération, ni dans un sens, ni dans l'autre.

L'automne est l'époque la mieux choisie pour donner de la potasse à de pareilles terres; aucune déperdition n'est à craindre, et les réactions qui enlèvent aux sels potassiques une partie de leurs propriétés hygroscopiques ont pu se produire avant le départ de la végétation.

Terres calcaires. — Les sols exclusivement calcaires, comme les craies de la Champagne, manquent d'humus et d'éléments argileux; ils ne contiennent donc pas les principes absorbants et laissent s'échapper la potasse avec les eaux de drainage. Si on leur donnait cet élément longtemps à l'avance, on aurait à craindre sa disparition avant l'époque où la plante en a besoin. Il faut prendre pour habitude de n'appliquer la potasse à de pareils sols qu'au moment du labour précédant les semailles, en mettant seulement la quantité destinée à la récolte de l'année. Celle qu'on donnerait en plus ne se retrouverait pas pour les cultures suivantes. On peut, du reste, être assuré que, même à faible dose et appliquée tardivement, la potasse produira de bons effets, les sols calcaires étant ceux qui répondent le mieux et le plus rapidement à la fumure potassique.

Terres sableuses. — Les terres sableuses consomment rapidement les matières organiques; elles sont pauvres en humus, et par leur nature même, pauvres également en argile. Elles sont très perméables et se laissent facilement traverser par les eaux pluviales; donc elles n'ont que des propriétés absorbantes très faibles pour les sels solubles. A de pareils sols, il n'est pas prudent de confier longtemps à l'avance de fortes doses d'engrais potassiques. Il faut au contraire modérer les fumures, les répéter chaque année et les appliquer seulement avant les semis de printemps, lorsqu'on n'a plus à craindre les grandes pluies de l'hiver.

Leur effet, du reste, y est rapide, à la condition toutefois que le sol soit suffisamment humide; on sait que les terres légères se dessèchent vite; les sels n'y produisent pas alors les mêmes résultats; les bons effets des engrais chimiques sont, en général, subordonnés à l'humectation du sol.

Les sels de potasse cependant, surtout ceux qui contiennent du chlorure de magnésium, ont, comme le nitrate de soude, la propriété de maintenir une certaine humidité dans le sol et de s'opposer, par conséquent, à la dessiccation, ce qui peut avoir quelques avantages; M. Wolff, en opérant sur une terre légère, a constaté que pendant les chaleurs de l'été, lorsque la terre non fumée ne contenait plus que 1 à 2 pour 100 d'eau, celle qui avait reçu du kaynite en contenait encore de 5 à 13 p. 100.

Tout considéré, la période qui s'étend entre la fin de février et le commencement de mai nous paraît être la plus favorable pour l'application des engrais potassiques aux sols sablonneux.

Terres tourbeuses. — Les sols tourbeux sont riches en matières organiques, souvent aussi ils contiennent de l'argile en quantité notable; mais le calcaire leur manque. Les doubles décompositions qui amènent la potasse à se fixer sur les éléments absorbants ne peuvent donc pas se produire; aussi de pareils sols n'ont-ils pas de tendance à retenir cet engrais, que les eaux en éliminent avec une grande facilité. Ces terres se comportent donc vis-à-vis des sels potassiques, mais pour d'autres raisons, comme la craie ou les sables, et il ne faut leur donner la potasse que pour les besoins de l'année, et en renouvelant la dose à l'époque des nouvelles semailles.

Terres non calcaires. — Nous avons exposé la

double décomposition qui se produit entre les sels potassiques et le calcaire du sol; cette réaction est d'une importance capitale. En l'absence du calcaire, en effet, le sel potassique ne se transforme pas en carbonate de potasse, et ne se fixe pas sur la matière organique et sur l'argile; le sel, en un mot, restera dans la terre à l'état même où il a été donné. Si les pluies ne surviennent pas, il formera, avec les liquides du sol, une dissolution plus ou moins concentrée, qui pourra être nuisible aux racines. Si, au contraire, elles surviennent en abondance, le sel, faiblement retenu, s'écoulera en partie dans les eaux de drainage et sera mal utilisé.

Dans toute terre manquant de chaux, qu'elle soit tourbeuse, sableuse ou argileuse, l'application des sels potassiques doit être précédée d'un chaulage ou d'un marnage : c'est une condition indispensable du succès.

Si, dans des sols où l'analyse dénote des quantités manifestement inférieures de potasse, l'application des sels potassiques ne répond pas toujours aux espérances qu'on avait conçues, on doit se demander si l'insuccès n'est pas attribuable à l'insuffisanee du calcaire dans le sol.

Le sel potassique pourra se montrer sans effet dans un sol avant le chaulage, et produire ensuite dans le même sol chaulé des effets remarquables. C'est ce qu'une longue expérience a enseigné pour les terres sablonneuses de Lupitz et les terres humeuses de Cunrau.

Entraînement du calcaire. — Dans les terres très peu calcaires, les sels potassiques ont une action spéciale qu'il convient de mettre en relief. Nous savons que l'acide du sel, en réagissant sur le calcaire, fait passer la chaux à un état soluble, surtout lorsque l'engrais employé est sous forme de chlorure. L'application des engrais potassiques est donc une cause de deperdition pour la chaux, et leur emploi répété, dans un sol déjà pauvre en calcaire, peut être sous ce rapport préjudiciable, si on ne prend pas garde de rendre, par des chaulages ou des marnages, l'élément calcaire ainsi éliminé.

M. Schlœsing cite un exemple de l'action des chlorures alcalins sur l'élimination de la chaux à l'état de chlorure de calcium. En examinant comparativement les dissolutions obtenues par déplacement dans un sol contenant des chlorures alcalins et dont l'un ne renferme pas de chaux, tandis que l'autre a été régulièrement chaulé, ce savant a constaté que le premier abandonne en dissolution, à l'état de chlorure, une quantité de chaux égale à :

13 kilog. pour le sol
2 — pour le sous-sol.

tandis que celui qui a été chaulé en a abandonné :

100 kilog. pour le sol
65 — pour le sous-sol.

On voit par là avec quelle énergie là chaux s'élimine sous l'influence du chlorure de potassium. Si au lieu de chlorure on a employé du sulfate de potasse, l'effet est le même, quoique moins accentué, par suite de la moindre solubilité du sulfate de chaux.

Application aux différentes cultures. — Étant donné que le sol est insuffisamment pourvu de potasse pour la culture qu'on a en vue, nous examinerons les règles à suivre pour obtenir des engrais potassiques les meilleurs résultats.

Observation générale. — Les sels de potasse ont une certaine causticité, qui tient en partie à leur nature propre, en partie aussi aux substances étrangères qu'on y trouve le plus souvent mélangées, en partie enfin aux produits de la réaction dans le sol.

Nous savons que lorsqu'on met, par exemple, du chlorure de potassium dans le sol, il se forme autour de chaque cristal une solution concentrée du sel; puis, par double décomposition, du chlorure de calcium prend naissance; il se mélange avec le chlorure de magnésium et le chlorure de potassium. Les graines déposées dans ce milieu caustique germeront mal; si la graine elle-même n'est pas atteinte dans ses facultés vitales, la plantule, au moment de la levée, sera très défavorablement impressionnée; la flétrissure de la tigelle se produira, et la mort même pourra suivre, si les racines ne se dégagent pas rapidement de ce milieu caustique, ou si des pluies abondantes ne viennent pas diffuser et diluer les liquides du sol. Ce phénomène du fléchissement des organes végétaux est fréquemment observé dans la pratique, et l'on a maintes fois remarqué des levées irrégulières, dans les cas où l'on a distribué des sels potassiques dans les lignes de semis ou dans les poquets ou trous creusés pour recevoir les semences. Dans les plantations de pommes de terre, par exemple, non seulement la levée est irrégulière, mais si les sécheresses persistent, le mal peut être assez grand pour que la récolte soit compromise.

Les mêmes effets caustiques se manifesteraient, si l'on appliquait les sels potassiques en couverture sur des récoltes naissantes.

Aussi est-ce avec de grandes précautions qu'il faut appliquer l'engrais potassique. Si on le mettait en même temps que la graine, le germe qui le rencontrerait en quantité abondante à sa proximité serait tué;

si on le donnait en couverture à des plantes en végétation, il se produirait un fléchissement par suite de l'effet du sel sur les parties feuillues et même sur les racines. Mais lorsqu'on a donné des sels de potasse à l'avance et à un moment où la terre est dépourvue de végétation, ils ont eu le temps de se diffuser dans le sol, et nulle part les organes végétaux ne les rencontrent alors à l'état concentré; de plus, par les réactions qu'ils subissent et par l'action des eaux pluviales, les sels potassiques s'épurent en quelque sorte, perdant les éléments qui les rendent caustiques et les impuretés nuisibles. C'est ainsi que du chlorure de potassium souillé de chlorure de magnésium finit par se transformer en carbonate et en humate, qui semblent tout à fait inoffensifs, tandis que le chlorure de magnésium qui souillait le sel potassique, ainsi que le chlorure de calcium produit par ce dernier, s'éliminent dans les eaux de drainage. De là l'utilité de donner les sels de potasse longtemps à l'avance et, autant que possible, jamais sur les plantes en végétation.

Ces observations générales nous permettent de poser des règles très simples pour le choix du moment le plus favorable à l'application aux différentes cultures.

Céréales d'hiver. — Pour les céréales d'hiver, il convient de mettre les engrais potassiques avant le labour, à une époque aussi éloignée que possible des semailles. Il est bon qu'ils soient à l'avance diffusés dans le sol pour ne pas se trouver à dose massive à la proximité du grain. Pour la même raison, il faut répandre le sel potassique avec la plus grande uniformité, évitant de le laisser s'accumuler dans les raies, où il a plus d'occasion de rencontrer la graine.

Plantes de printemps. — Pour les plantes de printemps, le mieux est de répandre les engrais potassiques au labour d'automne, afin de leur laisser le temps de s'incorporer à la terre; ce n'est que dans le cas où le sol n'a pas de propriétés absorbantes qu'il faut attendre la fin des pluies d'hiver.

Betteraves à sucre et pommes de terre. — Pour ces deux plantes, on doit adopter comme règle absolue de ne jamais donner l'engrais potassique au moment du labour de semaille; elles craignent les solutions, même très étendues, de sels potassiques. C'est toujours avant l'hiver, ou mieux encore à la récolte précédente, qu'on doit appliquer la fumure potassique; en un mot, aussi longtemps que possible avant l'époque du semis, pour lui donner le temps de s'assimiler au sol. Cette recommandation est le résultat d'un très grand nombre d'observations faites en Allemagne. L'application printanière de l'engrais potassique nuit à la qualité et à la quantité de la récolte de betterave sucrière et de pomme de terre; elle abaisse le rendement et nuit à la production de sucre et de fécule, tandis que l'application automnale ne produit aucun résultat de ce genre.

Prairies artificielles. — Pour les prairies artificielles, trèfles, sainfoin, luzerne, on doit donner les sels de potasse avant le semis; si le sol a des propriétés absorbantes suffisantes, il est préférable d'enfouir dès l'origine, par le labour d'hiver, la quantité de potasse nécessaire pour la durée de la prairie. Si l'on ne peut procéder dès le début à cette fumure copieuse, si, par exemple, la nature du sol fait craindre des déperditions, on procède à des fumures en couverture, comme pour les prairies naturelles.

Prairies naturelles. — L'emploi des sels de potasse en couverture s'impose pour les prairies naturelles, puisque le sol n'est jamais dépourvu de végétation et que l'on ne saurait appliquer cet engrais autrement. Étant donné qu'une prairie naturelle manque de sels potassiques, il faudra choisir, pour les lui appliquer, une époque où la végétation est arrêtée et où les pluies peuvent dissoudre le sel et l'incorporer à la terre; c'est au commencement ou à la fin de l'hiver que cette application se fait le mieux; il n'y a point à craindre, à ce moment, une action délétère sur la végétation, et dans les sols de prairies, riches en humus, possédant des propriétés absorbantes énergiques, une déperdition de la potasse par entraînement dans le sous-sol est peu à redouter. Cependant, si les prairies sont sujettes à être inondées, il conviendra de choisir de préférence la fin de l'hiver.

Vigne. — Pour la vigne, l'époque d'épandage des engrais potassiques variera suivant la nature du sol et le climat. On choisira de préférence l'automne dans les sols moyens, susceptibles de retenir la potasse, et le premier printemps pour les terres légères ou exclusivement calcaires. En général, dans le Midi, où les sécheresses sont précoces, il vaut mieux opérer à l'automne, afin que l'engrais ait le temps d'être amené par les eaux à la portée des racines.

Dans les régions méridionales, on doit poser en principe que pour toutes les plantes à racines profondes, et particulièrement pour la luzerne et la vigne, les engrais potassiques ne peuvent agir que s'ils sont déposés dans le sol en décembre ou en janvier au plus tard. Appliqués à une époque plus tardive, ils ne produisent aucun effet, à moins que l'année ne soit exceptionnellement pluvieuse.

Il convient d'observer en outre que, pour les plantes qui enfoncent très profondément leurs racines dans le sol, les déperditions de potasse sont moins à redouter; et même en sols légers, il est bon de se placer dans des conditions telles, que l'engrais puisse rapidement être entraîné dans les couches fréquentées par les racines.

§ III. — Comparaison des différents sels potassiques.

Comparons entre elles les différentes formes sous lesquelles la potasse se présente à l'agriculture. Le chlorure, le sulfate, le carbonate, le nitrate se trouvent généralement à l'état isolé, à un certain degré de pureté; ce sont les sels de potasse les plus répandus dans le commerce; mais dans les produits qui n'ont pas été raffinés et qu'on consomme à l'état naturel, tels que les salins et les potasses brutes, les sels d'osmose, les cendres, le kaynite, les sels bruts de Stassfurt, nous voyons souvent ces divers sels réunis en proportions variables et associés à des substances quelquefois utiles comme les phosphates, quelquefois inertes comme le sable, la silice, etc., quelquefois nuisibles comme les sels magnésiens.

Les sels isolés ont seuls une composition sensiblement constante; dans les produits que nous avons énumérés en dernier lieu, les proportions de potasse varient considérablement, et ce qui varie plus encore, ce sont les formes qu'affecte la potasse.

Nous avons vu qu'au point de vue du prix de l'élément fertilisant, de grandes différences existent entre ces diverses formes; et que, par ordre croissant de prix, les sels se classent de la manière suivante :

1° Chlorure.
2° Sulfate.
3° Nitrate.
4° Carbonate.

La potasse à l'état de chlorure est de beaucoup la plus économique à employer, et si l'on envisageait seulement dans cette comparaison la question de prix, on lui donnerait sans hésiter la préférence ; cette préférence se justifiera s'il est démontré que l'action des différents sels sur le sol et sur les récoltes est identique. C'est ce que nous allons examiner.

1° **Comparaison au point de vue de l'action sur le sol.** — Nous avons vu que, dans un sol normal, tous les sels potassiques subissent une double décomposition ; la potasse se combine à l'acide carbonique ; il se forme du carbonate de potasse, l'acide du sel se combine à la chaux. Quelle que soit la nature du sel employé, l'élément fertilisant qui nous intéresse est ramené au même état dans le sol. Il semble donc assez indifférent d'employer la potasse sous l'un ou l'autre des états qu'elle affecte, dans les produits commerciaux; et faisant abstraction de l'action directe des sels potassiques ou de leurs produits de décomposition sur le végétal, nous pouvons poser en principe que pour enrichir la terre en potasse, on doit s'adresser au sel potassique fournissant la potasse au prix le plus avantageux.

Nous devons cependant examiner individuellement les sels potassiques pour nous rendre compte de leurs réactions, et savoir si les produits secondaires auxquels elles donnent lieu sont de nature à modifier l'appréciation que nous venons de formuler.

Carbonate de potasse. — Le carbonate de potasse ne paraît pas subir de décomposition; il est tout prêt à être fixé par les éléments absorbants ; il ne donne donc pas naissance à des produits secondaires capables de jouer un rôle utile ou nuisible. La terre peut en absorber de grandes quantités, sans que les déperditions soient à craindre. Son alcalinité paraît avoir une action favorable, soit sur la matière organique dont elle augmente la solubilité, soit sur les silicates dont elle peut dégager les principes fertilisants. Il est permis de comparer, en quelque sorte, son action à celle de la chaux; tous les avantages que nous signalerons en étudiant le chaulage résulteront, dans une certaine mesure, de l'emploi du carbonate de potasse.

Si le carbonate de potasse était un produit plus courant et d'un prix moins élevé, relativement aux autres sels potassiques, il y aurait lieu, dans bien des cas, et particulièrement dans les sols riches en matières organiques, de lui donner la préférence, en raison des propriétés spéciales que nous venons d'énumérer.

Sulfate de potasse. — Le sulfate de potasse donne naissance, par une double décomposition avec le carbonate de chaux, à du sulfate de chaux et se transforme lui-même en carbonate de potasse. Cette transformation paraît assez rapide; le plâtre qui en résulte, étant peu soluble, s'élimine lentement de la terre. En apportant l'acide sulfurique, qui manque à bien des sols et qui est si utile à certaines récoltes, le sulfate de potasse sert à deux fins.

En parlant des superphosphates (t. II, p. 560), nous avons fait observer que leurs bons effets sur des sols même riches en acide phosphorique, comme certains sols calcaires, pouvaient en partie être attribués à l'acide sulfurique qu'ils apportent. La même observation s'applique au sulfate de potasse, avec plus de raison encore. En effet, une fumure de 200 kilog. de sulfate de potasse à l'hectare correspond à un plâtrage d'environ 150 kilog. Il faut, en outre, observer que le sulfate de chaux qui se produit par précipitation chimique au sein de la terre est à un très grand état de diffusion et d'assimilabilité.

Il n'est donc pas impossible que la supériorité du sulfate de potasse, constatée dans quelques cas, trouve son explication dans cet apport d'acide sulfurique.

Nitrate de potasse. — Le nitrate se comporte comme le sulfate et le chlorure, c'est-à-dire que la potasse qu'il renferme se transforme en carbonate, tandis que l'acide nitrique s'unit à la chaux ; mais le nitrate de chaux produit a une grande tendance à s'enfoncer dans les profondeurs du sol ; celui que la végétation n'a pas pu absorber est définitivement perdu, comme nous l'avons expliqué (tome II, p. 136), à propos de la déperdition de l'azote nitrique. Dans le cas du nitrate de potasse, les règles d'emploi doivent viser autant l'azote que la potasse.

Ce qui doit préoccuper le praticien, c'est de savoir si un mélange de nitrate de soude et de sulfate ou de chlorure de potassium ne produira pas, à un prix inférieur, les mêmes résultats que le nitrate de potasse. Nous pensons que, dans la grande majorité des cas, il en est réellement ainsi, et ce n'est pas au nitrate que nous conseillons d'avoir recours pour enrichir le sol en potasse.

Chlorure de potassium. — Quant au chlorure de potassium, qui est de beaucoup l'engrais potassique le plus employé, en subissant sa transformation en carbonate au contact du calcaire du sol, il donne naissance à du chlorure de calcium. Tandis que le plâtre et le nitrate de chaux, produits de la décomposition du sulfate et du nitrate de potasse, jouent un rôle utile, le chlorure de calcium, au contraire, est non seulement inutile, il est encore caustique, et ses effets sur la végétation peuvent être pernicieux. Mais en raison de sa grande solubilité, il est rapidement éliminé dans les eaux de drainage, et si l'on a soin d'appliquer le chlorure avant l'hiver ou avant la fin des pluies, le carbonate de potasse reste seul acquis au sol et le chlorure de calcium s'en va, entraînant avec lui une quantité de chaux correspondante. Lorsque le sol est riche en calcaire, il n'y a pas lieu de se préoccuper de cette perte de chaux produite par tous les sels potassiques; il n'en est pas de même dans le cas d'une terre qui contiendrait de petites quantités de chaux. Par exemple, une fumure de 300 kilog. de chlorure de potassium enlève près de 200 kilog. de carbonate de chaux au sol, sous la forme de chlorure de calcium définitivement entraîné dans les eaux de drainage.

Sulfocarbonate de potasse. — Nous devons dire quelques mots des réactions qui accompagnent l'emploi des sulfocarbonates, dont l'utilisation comme insecticide est devenue très générale dans beaucoup de régions. Le sulfocarbonate s'altère lentement au contact de l'air atmosphérique; l'acide carbonique réagit sur lui en dégageant du sulfure de carbone et de l'hydrogène sulfuré et en produisant du carbonate de potasse. Dans le sol, où l'acide carbonique est plus abondant, cette transformation a une bien plus grande activité, et c'est sur cette propriété qu'est fondé l'emploi du sulfocarbonate. Celui-ci est appliqué aux vignes après avoir été dissous dans une grande quantité d'eau; il se répand dans les interstices du sol à un grand état de diffusion; il agit d'abord sur les insectes par le simple contact, mais au bout de très peu de temps, le sulfure de carbone et l'hydrogène sulfuré se dégagent et modifient l'atmosphère du sol de manière à la rendre toxique pour le phylloxéra, tout en respectant les racines des plantes. La potasse, amenée par cette transformation à l'état de carbonate, se trouve dans les conditions les plus favorables à l'assimilation et rentre dans le cas du carbonate de potasse.

Silicate de potasse. — Nous avons vu que la potasse se présente dans les roches à l'état de silicate, principalement en combinaison avec le silicate d'alumine; lorsque ces roches sont amenées à un certain état de division, comme c'est le cas des sables granitiques, et bien plus encore des argiles, la potasse qui s'y trouve peut être rendue graduellement assimilable par les agents du sol; si l'on introduit, dans une terre qui manque de potasse, de ces sables granitiques ou de ces argiles, on fait une fumure potassique, peu énergique à la vérité, mais dont les effets pourtant deviennent sensibles à la longue. Il ne faut pas considérer ces matières comme un engrais proprement dit, mais plutôt comme un amendement, qu'on peut introduire dans des terres pauvres en potasse, telles que certains sols crayeux, lorsque les frais de cette opération sont très minimes. On transforme alors le sol non pas seulement au point de vue de sa composition chimique, mais encore de ses propriétés physiques. C'est alors par grandes masses qu'il convient d'opérer pour obtenir un effet appréciable.

Certaines roches, dont nous avons donné la composition, contiennent des proportions de potasse très considérables; si, par une pulvérisation mécanique, on les amenait à un haut degré de division, elles pourraient servir d'engrais potassiques, à la condition d'être employées à forte dose. Mais le prix des engrais potassiques salins, dont l'action est infiniment plus rapide, n'est pas assez élevé pour qu'il y ait lieu de s'adresser à des produits silicatés, dont l'effet ne saurait jamais être comparable à celui des sels solubles et dont, en somme, le prix de revient serait relativement élevé, soit à cause des transports, soit à cause de la pulvérisation préalable.

Quant à chercher à transformer en silicates, même solubles, les différents sels potassiques, comme le proposait Liebig, c'est une erreur économique et agricole dont la pratique a fait rapidement justice.

En résumé, tous les sels potassiques finissent par se transformer en carbonate au sein d'une terre qui contient des éléments calcaires. Mais comme cette réaction n'est pas toujours très rapide et très complète, c'est seulement dans le cas où le sel de potasse a été donné un certain temps à l'avance que les effets peuvent être regardés comme identiques. Si, par exemple, l'engrais potassique a été appliqué avant l'hiver, il a eu tout le temps, avant le départ de la végétation du printemps, d'affecter sa forme définitive; les substances nuisibles qui l'accompagnaient, telles que le chlorure de magnésium, ou celles qui ont pris naissance par la double décomposition, telles que le chlorure de calcium, ont été entraînées par les eaux et n'entravent plus la végétation.

Application aux différents sols. — Quand il s'agit de terres contenant l'élément calcaire, il est donc à conseiller d'employer de préférence la forme qui fournit la potasse au prix le plus bas : c'est généralement le chlorure qui est dans ce cas; on aura soin de l'appliquer avant l'hiver.

Quant aux terres qui manquent de chaux et dans lesquelles la transformation du sel de potasse n'est pas possible, il ne semble se produire aucune modification dans le sel donné. Si celui-ci n'est pas originairement à l'état de carbonate, il n'est point retenu par les éléments terreux et se trouve être enlevé par les pluies. Il y a donc des précautions à prendre lorsqu'on veut confier les engrais potassiques à de pareils sols, puisque non seulement ils ne sont point retenus, mais encore parce qu'ils gardent pendant tout leur séjour dans le sol un état sous lequel ils peuvent avoir une action nuisible, comme c'est le cas pour le chlorure.

Il y a donc deux règles d'emploi qui découlent de ces considérations : 1° à de pareilles terres on ne doit pas confier à l'avance des sels potassiques, parce qu'ils sont éliminés; 2° il faut choisir de préférence les sels potassiques qui n'ont pas une action nuisible sur la végétation; les salins, les cendres, etc., leur conviennent de préférence; le chlorure de potassium vient en dernière ligne.

Si un chaulage ou un marnage avaient précédé la fumure potassique, on rentrerait dans le cas des terres calcaires. Mais il ne faudrait pas croire qu'il suffise d'un chaulage ou d'un marnage ayant introduit dans la terre des quantités de chaux peu supérieures à celle de l'engrais potassique. Le calcaire doit se trouver en grand excès pour produire tout son effet, comme aidant à la fixation de la potasse; il agit par une action de masse et a besoin d'intervenir par doses relativement énormes, pour que tout le sel de potasse soit retenu. La double décomposition qui s'opère entre le calcaire et le sel de potasse est bien loin d'être intégrale, si le premier n'existe pas en quantité pour ainsi dire illimitée, eu égard à la quantité de potasse.

2° **Comparaison au point de vue de l'action sur la végétation.** — Nous avons vu qu'au bout d'un certain temps les sels de potasse sont ramenés, dans les terres contenant du calcaire, à une forme unique, celle de carbonate; aussi n'avons-nous à envisager ici, au point de vue de l'action sur la végétation, que le premier temps de leur introduction dans le sol, pendant lequel ils gardent, au moins en partie, leur état primitif. Nous aurons également à tenir compte des substances utiles ou nuisibles qui accompagnent le sel de potasse ou qui proviennent de sa réaction dans le sol.

Carbonate de potasse. — Le carbonate de potasse donné en nature se trouve être, dès l'origine, à un état dont la plante peut immédiatement tirer parti; aussi son action est-elle rapide et énergique. Les salins et les cendres végétales doivent surtout leur efficacité si bien constatée à l'état de carbonate sous lequel existe la plus grande partie de leur potasse.

On sait que les carbonates alcalins ont une assez grande causticité, et on peut s'étonner de les voir inoffensifs vis-à-vis des racines des plantes. Cela tient à ce que le carbonate, se fixant sur les éléments humiques, ainsi que sur les silicates et les oxydes hydratés, perd presque totalement sa causticité; cela peut tenir encore à ce que, au contact de l'acide carbonique du sol, il se transforme en bicarbonate, composé dépourvu de causticité.

Le carbonate de potasse destiné aux usages agricoles n'est jamais employé à l'état pur; il contient des sulfates, quelquefois des phosphates et des traces de substances rares, qui ont peut-être leur utilité pour la végétation. Les engrais contenant du carbonate de potasse, tels que les salins, les potasses brutes, les cendres végétales ont donc une supériorité réelle sur les autres engrais potassiques.

L'incorporation de ces produits au sol n'a aucun effet fâcheux sur les racines, puisque leur causticité primitive est annulée au contact de la terre; mais il faudrait se garder de les appliquer en couverture sur les plantes en végétation; en effet, les parties aériennes, atteintes par le carbonate de potasse dont rien n'aurait modifié la causticité, seraient brûlées à son contact.

Les salins, les potasses brutes, les cendres végétales elles-mêmes, en touchant les organes foliacés, produisent des taches qui peuvent amener la flétrissure et qui, tout au moins, entravent la végétation.

Nitrate de potasse. — Le nitrate de potasse est à peu près inoffensif par lui-même; il s'applique sans danger et sans précautions spéciales, toutes les fois qu'on a à donner en même temps une fumure azotée. Comme c'est l'azote qui constitue en grande partie sa valeur, c'est sur les règles d'emploi des nitrates qu'on devra se guider.

Il agit rapidement sur la végétation; mais il offre l'inconvénient d'être absorbé en nature par certaines plantes qui le fixent dans leurs tissus à un état inutile, et dans ce cas il ne donne pas tous les effets qu'on serait en droit d'en attendre.

Sulfate de potasse. — Le sulfate de potasse, qui est généralement à un assez grand degré de pureté, apporte, outre la potasse, de l'acide sulfurique et peut favoriser la végétation autant par l'un que par l'autre de ses deux composants. Il est peu caustique par lui-même, ainsi que par les substances qui l'accompagnent; aussi n'est-il point à craindre qu'il ait sur les racines et même sur les feuilles un effet pernicieux; il se change d'ailleurs rapidement en carbonate au contact du calcaire du sol. Certaines plantes, telles que les légumineuses, qui ont besoin simultanément de soufre et de potasse, sont très sensibles à l'action de ce sel.

Chlorure de potassium. — Le chlorure de potassium a une certaine causticité; mis en présence des racines, il semble ralentir la végétation et amener une flétrissure momentanée, tout au moins aussi longtemps qu'il garde sa forme primitive. Il est d'ailleurs presque toujours accompagné d'une certaine quantité de chlorure de magnésium, sel qui peut exercer une influence analogue sur les organes végétaux, surtout si le sol est peu perméable et n'en permet pas l'élimination rapide. De plus, le chlorure de potassium, réagissant sur le calcaire, produit du chlorure de calcium, dont les effets ne sont pas non plus sans inconvénient sur la végétation. Mais lorsque, appliqué à l'avance, il a eu le temps de se transformer en carbonate et de se débarrasser, par l'eau de pluie, du chlorure de magnésium qu'il contient et du chlorure de calcium qu'il forme, ses effets sur la végétation ne sont plus à redouter. C'est sur les jeunes plantes, et particulièrement sur les plus tendres, par exemple celles qui viennent de germer, qu'il peut avoir l'influence la plus nocive. Aussi doit-on éviter de le mettre en contact avec la graine ou avec la semence. Son action est tout autant à redouter sur les parties aériennes. Là où il touche les feuilles, il produit une brûlure, et peut même amener la flétrissure et la mort. Il ne faut donc pas l'employer en couverture sur des plantes en végétation; au moment où la végétation est arrêtée, c'est-à-dire pendant l'hiver, on peut l'appliquer sans inconvénient sur les prairies naturelles ou artificielles. En dehors de cette époque, il ne doit jamais êre mis en contact avec les organes végétaux.

Mélanges de sels. — Chacun des sels potassiques se comporte, lorsqu'il est en mélange, de la même façon que s'il est à l'état isolé. Si donc nous avons affaire à des mélanges, nous appliquerons à chacun des éléments qui le constituent les raisonnements précédents. Mais il y aura, en outre, à faire intervenir les considérations relatives aux substances étrangères qui les accompagnent.

Dans certains cas, ces substances sont par elles-mêmes des engrais; les cendres, par exemple, contiennent de la chaux et de l'acide phosphorique; dans d'autres cas elles sont inertes ou même nuisibles; les sels bruts de Stassfurt et les salins contiennent des chlorures de sodium et de magnésium, du sulfate de magnésie. En parlant de la soude, de la magnésie, etc., nous étudierons jusqu'à quel point l'intervention de ces matières peut être avantageuse ou funeste.

En résumé, les formes importantes de la potasse sont le carbonate, le nitrate, le sulfate et le chlorure. Au carbonate nous avons reconnu une réelle supériorité; nous recommandons son emploi toutes les fois que le prix de la potasse dans ce sel se rapprochera du prix de la potasse dans le chlorure. Le nitrate n'a, en tant que fournisseur de potasse, aucune supériorité qui permette d'attribuer à cet élément la plus-value fixée par les exigences commerciales.

Expériences culturales. — C'est surtout sur le chlorure et le sulfate, qu'il est plus facile de se procurer à bas prix, que le choix des agriculteurs devra porter; mais le sulfate est, à égalité de potasse, un peu plus cher que le chlorure. Nous avons fait, au point de vue théorique, la comparaison de ces deux sels; il sera utile de jeter un coup d'œil sur les expériences culturales, faites dans le but de déterminer quelle est de ces deux formes celle qui convient le mieux aux diverses récoltes.

En compulsant les expériences les plus dignes de foi, nous pouvons dire que pour les céréales il n'y a pas lieu d'établir une distinction entre leur action; en voici un exemple emprunté à MM. Wagner et Dettweiler :

	ORGE.	
	Grain.	Paille.
	kil.	kil.
Engrais avec azote, acide phosphorique et sulfate de potasse................	3.622	2.938
Engrais avec azote, acide phosphorique et chlorure de potassium............	3.708	3.392

Les essais entrepris à Gembloux et confirmés par la pratique, donnent au chlorure de potassium une légère supériorité sur le sulfate pour la fumure du lin.

Pour la plupart des plantes de culture, maïs fourrage, colza, betterave fourragère et pour les prairies naturelles, on doit recommander aux agriculteurs de choisir le sel potassique qui offre la potasse au prix le plus bas. C'est en France le chlorure qui remplit cette condition. Plus diffusible que le sulfate, il offre l'avantage, dans les années sèches, de retenir l'humidité et de maintenir la fraîcheur dans les sols sableux.

Il y a cependant des cas bien déterminés où la fumure au chlorure de potassium est inférieure ; c'est celui de la culture du tabac, des betteraves à sucre et des pommes de terre.

Suivant les observations de M. Schlœsing, le sulfate conviendrait particulièrement au tabac qui, comme on sait, est une des plantes les plus exigeantes en potasse. Il se montre supérieur au chlorure, en ce sens que ce dernier sel est absorbé en nature et reste dans la plante sous sa forme primitive, sans y jouer un rôle utile ; le sulfate, au contraire, au lieu d'être absorbé en nature, subit une décomposition qui laisse l'acide sulfurique au sein de la terre, tandis que la potasse absorbée par le végétal s'y combine avec les acides organiques et contribue aux qualités recherchées dans le tabac et particulièrement à la combustibilité.

Pour mettre ces faits en évidence, nous reproduisons les chiffres de M. Schlœsing :

FUMURE À ÉGALITÉ DE POTASSE.	Pour 10 gr. de tabac. Potasse.	Acide sulfurique.	Chlore.	COMBUSTIBILITÉ.
	millig.	millig.	millig.	
Sulfate de potasse.......	266.4	97.5	43.4	Très combustible.
Chlorure de potassium.	174.3	87.5	163.7	Peu combustible.
Nitrate de potasse.......	213.0	79.5	38.2	Très combustible.
Carbonate de potasse...	224.3	84.1	41.9	id.
Sans engrais...........	103.0	99.2	70.2	Presque incombustible.

Le tabac ayant végété dans des sols pourvus de chlorure contient 4 fois plus de chlore que les autres, et la potasse, se trouvant presque tout entière à l'état de chlorure, ne saurait donner au tabac ses qualités de combustibilité.

Le tabac venu sous l'influence du sulfate de potasse est le plus riche en potasse et ne contient pas plus d'acide sulfurique que les autres; l'acide a donc été éliminé et la potasse s'est combinée aux acides organiques; le tabac est alors très combustible.

En résumé, le chlorure doit être rejeté de la fumure du tabac, tandis que le sulfate est employé avec le plus grand avantage.

Pour la betterave un fait analogue se passe; l'assimilation du chlorure se fait en nature, et chaque fois qu'on fume avec des sels potassiques riches en chlore, on doit s'attendre à voir le taux de cet élément augmenter dans la betterave. En voici quelques exemples :

	Potasse p. 1000.		Chlore p. 1000.		Auteurs.
	1885.	1886.	1885.	1886.	
Betteraves sans chlorure de potassium	3.19	1.94	0.13	0.025	M. Petermann.
Betteraves avec chlorure de potassium	3.49	2.43	0.53	0.080	—

	Pour 100 de cendres solubles.			
	Carbonate de potasse.	Chlorure.	Sulfate.	
Betteraves avec sulfate de potasse	66.5	11.4	8.8	MM. Corenwinder et Woussen.
Betteraves avec chlorure de potassium	64.3	19.6	8.9	—

Or les chlorures ainsi assimilés en nature nuisent à la cristallisation du sucre, autant qu'à sa formation;

aussi doit-on les rejeter de la fumure des betteraves à sucre.

Si le sol a besoin de potasse, c'est à l'état de sulfate ou de carbonate qu'on doit l'appliquer de préférence. On peut encore employer le chlorure, mais à la condition de le répandre à l'automne; les pluies d'hiver auront le temps, comme nous l'avons expliqué, d'éliminer le chlore, dont la pénétration dans la racine ne sera plus à redouter. C'est ce que démontre l'expérience suivante de M. Heidepriem :

	Pour 1000 de cendres.	
	Potasse.	Chlore.
Betterave avec chlorure de potassium répandu au printemps	50	18
Betterave avec chlorure de potassium répandu à l'automne	53	9
Betterave sans sels potassiques	54	7

On a observé que le chlorure, employé tardivement, abaisse la teneur en fécule de la pomme de terre.

Pratique de l'épandage. — Nous n'avons à nous préoccuper ici ni de l'époque la plus favorable, ni de l'adaptation aux différentes cultures; on se reportera pour ces questions aux développements donnés antérieurement; c'est simplement la meilleure manière d'appliquer pratiquement les différents sels potassiques que nous allons envisager.

Profondeur à laquelle il faut placer les sels potassiques. — Quelle que soit la nature du sel potassique employé, quelle que soit la culture à laquelle on le destine, à l'exception des prairies, ce n'est jamais en couverture qu'on doit appliquer cet engrais.

Quoique sa solubilité dans l'eau soit très marquée, elle ne l'est point assez, cependant, pour que la diffusion dans le sol se fasse aussi rapidement par les moyens naturels qu'à l'aide du labour. L'enfouissement par la herse ou le scarificateur n'est même pas suffisant; il y a tout intérêt à enterrer la matière aussi profondément que possible dans les couches que les racines fréquentent de préférence. Nous conseillerons donc de répandre l'engrais à la surface du sol d'une façon très uniforme, puis de l'enfouir par le dernier, ou mieux encore par l'avant-dernier labour.

Pulvérisation des sels. — Pour opérer un épandage régulier, il faut tout d'abord réduire l'engrais en poudre; les sels potassiques contiennent souvent des proportions élevées de sels magnésiens très hygroscopiques, qui absorbent l'humidité ambiante, et, lorsque la sécheresse survient, se prennent en masses plus ou moins dures. Pour prévenir ce durcissement, on recommande le mélange avec de la poussière de tourbe. Les salins de betteraves sont en rognons qui sont souvent de la grosseur du poing. Le premier soin doit être de vider les sacs sur une aire sèche et bitumée et d'écraser la masse au rouleau, au maillet ou à la batte.

Mélange avec des matières inertes. — Pour rendre l'épandage sur le sol plus uniforme, on mélange ces produits avec des matières inertes de même finesse et de même densité, de la terre sèche, par exemple, ou du sable. Ce mélange est indispensable pour les sels de potasse qui sont caustiques, comme les salins, les potasses brutes, les cendres mêmes, dont le maniement est désagréable et attaque les mains des ouvriers.

Mélange avec des engrais. — On peut aussi employer comme matière de mélange des engrais, tels que phosphate, nitrate, superphosphate, plâtre, matières organiques, etc.; on n'a à redouter aucune action nuisible, aucune double décomposition qui puisse diminuer la valeur fertilisante de la fumure.

Une exception à cette règle doit-être faite pour les engrais potassiques contenant de la potasse à l'état de carbonate. Ceux-ci ne doivent jamais entrer dans un mélange contenant de l'azote ammoniacal ou de l'azote organique facilement décomposable. Nous avons eu l'occasion de parler des pertes d'ammoniaque qui peuvent se produire par le contact de ces substances azotés avec la chaux (t. II, page 192); le carbonate de potasse, qui est un alcali puissant, agirait dans ce sens aussi énergiquement que la chaux.

Nous devons signaler le mélange qu'on peut faire avantageusement de la chaux vive en poudre avec les sels potassiques contenant des sels magnésiens. Cette pratique a pour effet de précipiter la magnésie et de former des sels de chaux moins caustiques que ceux de magnésie.

Mélange avec le fumier. — Les auteurs allemands recommandent sans réserve l'introduction des sels potassiques et particulièrement des sels bruts, tels que kiésérite, grugite, carnallite, kaynite, dans le fumier ou dans l'étable même sous les pieds des animaux. Le chlorure de magnésium et le sulfate de magnésie que renferment ces produits auraient, d'après eux, une efficacité très grande pour retenir les vapeurs ammoniacales.

Les expériences que nous avons faites (voir t. I, p. 266) ne nous conduisent pas aux mêmes conclusions, et, à moins d'employer des doses élevées de ces sels, la fixation de l'ammoniaque par leur intermédiaire est peu importante. Nous ne saurions, d'autre part, conseiller en principe le mélange des matières solubles avec le fumier; si les matières insolubles, telles que les phosphates naturels, gagnent par leur contact avec les matières organiques, les sels immédiatement solubles n'ont aucune modification heureuse à subir. On a, au contraire, des pertes à redouter; et quand on a observé les liquides chargés de principes solubles, qui s'échappent des fumiers, même dans les fermes les mieux tenues, on n'est pas tenté de donner le conseil d'introduire des sels que les eaux enlèvent facilement.

Mode d'emploi des sulfocarbonates. — Les sulfocarbonates se présentent à l'état liquide et s'emploient par conséquent autrement que les sels solides; ils jouent un double rôle, celui d'insecticide et celui d'engrais potassique, mais c'est le rôle d'insecticide qui est prédominant; aussi, dans l'application de ce produit, se préoccupe-t-on principalement de ce dernier point de vue. L'action fertilisante, inhérente à la potasse, se manifestera quelle que soit d'ailleurs la manière dont l'application aura été faite. On a reconnu que pour que les sulfocarbonates produisent au maximum leur double effet, et principalement celui de la destruction de phylloxéra, il convenait de les diluer dans une grande masse d'eau et de les répandre ainsi au pied des souches. Le cube de terre dans lequel vivent les racines se trouve être ainsi imprégné de la solution, qui peut atteindre les insectes et qui porte en même temps la potasse au contact des organes d'absorption. On a soin de déchausser légèrement la vigne et d'établir une sorte de cuvette autour du pied, afin que le liquide ne s'en aille pas au loin. Les proportions les plus communément employées sont les suivantes : 60 grammes de sulfocarbonate dans 20 litres d'eau pour chaque pied de vigne, lorsque le nombre de pieds est d'environ 10.000 à l'hectare; 120 grammes dans 40 litres d'eau, lorsque le nombre des pieds n'est que de 5.000 à l'hectare. On modifiera d'ailleurs les proportions d'insecticide suivant que la vigne est plus où moins atteinte, et les proportions d'eau, suivant que le sol est plus ou moins humide. Il est d'ailleurs préférable de faire cette application à un moment où la terre n'est pas détrempée et où la solution peut pénétrer rapidement dans les couches profondes.

On fait tantôt des traitements d'automne, tantôt des traitements de printemps; ces derniers semblent préférables; on attend que les grandes pluies soient passées; mais il faut, autant que possible, éviter de les faire à une époque trop avancée, de peur que les ouvriers ne fassent des dégâts dans le vignoble, ce qui est surtout à craindre lorsque le raisin commence à se former.

L'eau est amenée dans le vignoble par des machines, au moyen de canalisations volantes, et le sulfocarbonate est distribué, au moyen de puisettes jaugées, dans des bidons d'une capacité déterminée. Le mélange des deux liquides se fait par le jet d'eau lui-même, qui arrive avec force dans le bidon.

Doses d'engrais potassique à employer. — Si nous admettons qu'un sol manque de potasse, nous devons surtout examiner les exigences de la plante, pour déterminer la quantité d'engrais potassique qu'il convient d'appliquer. Nous avons vu que la proportion de potasse est très variable d'une récolte à l'autre, que les céréales en demandent peu, que les racines et tubercules et les légumineuses fourragères en absorbent, au contraire, de grandes quantités; il faudra donc proportionner la fumure potassique à l'avidité des récoltes. Mais, comme les sels de potasse ne sont enlevés par les eaux de drainage que dans une proportion insignifiante, il n'y a pas trop à s'inquiéter de fournir exactement à la culture la proportion qui lui convient. Si, en effet, on donne, au commencement de la rotation, une quantité de potasse assez élevée, celle-ci se retrouvera au moment où les plantes les plus exigeantes occuperont la sole. Dans les terres qui ont les propriétés absorbantes les plus énergiques, on peut appliquer la potasse plus longtemps à l'avance; mais dans les sols manquant d'argile et d'humus, c'est-à-dire dans les sols légers ou crayeux, où les propriétés absorbantes sont très faibles, il est plus prudent de ne donner la potasse que pour la récolte de l'année.

Les différents sels potassiques employés comme engrais ont une richesse en potasse voisine de 50 p. 100. Nous n'avons donc pas, sous ce rapport, de distinction fondamentale à établir entre les différents sels; ils peuvent être employés à peu près à la même dose. Nous exclurons de cette discussion les sels bruts de Stassfurt, les kaynites et d'autres produits dont la teneur en potasse est notablement moindre; ils ne sont guère employés en France, et d'ailleurs leur richesse indiquera la quantité à employer. Nous n'envisageons ici que les sels dont l'usage est le plus commun, tels que le chlorure, le sulfate, le nitrate.

Dans les sols contenant naturellement une petite proportion de potasse, trop faible cependant pour la production de récoltes abondantes, il suffit d'ajouter une quantité de potasse équivalente à celle que demande la récolte : soit, pour les céréales, la vigne, les plantes industrielles, environ 100 à 150 kilog. de chlorure ou de sulfate; pour les racines et tubercules, 300 à 500 kilog. des mêmes sels; pour les légumineuses, environ 300 kilog.

Mais lorsque la terre est presque entièrement dépourvue de potasse, comme c'est le cas des craies de Champagne ou des sables purs, il y a intérêt à augmenter cette dose, afin que la plante trouve à satisfaire largement ses besoins en potasse.

Il convient ici de faire remarquer que dans les terres fortes où les engrais se diffusent lentement, l'emploi des doses élevées est à conseiller. Dans les terres argileuses de la Dombes, par exemple, M. de Monicault a fait cette observation intéressante, que les fumures potassiques ne donnent de bons résultats qu'à la condition d'être distribuées en fortes quantités.

Nous avons vu plus haut que la plus grande partie des sols du territoire français sont suffisamment pourvus de potasse et qu'il est inutile dès lors de leur en donner. Il convient donc de réserver cet engrais aux cas spéciaux où il peut produire un effet réel, et d'en graduer la dose suivant le degré de développement végétal dont la récolte est susceptible et suivant l'abondance des autres engrais qu'on y ajoute. Si dans les terres crayeuses de la Champagne on introduisait de fortes quantités de sels potassiques, sans y ajouter en même temps des engrais azotés, on n'obtiendrait que des résultats incomplets. En donnant les chiffres ci-dessus, nous supposons donc que le sol est suffisamment pourvu des autres éléments de la fertilité.

Si, au lieu d'employer les sels de potasse purs dont nous venons de parler, on avait recours aux salins, aux sels d'osmose, aux sels d'été des salines, aux divers sels bruts de Stassfurt, on augmenterait la fumure de manière à atteindre la même dose de potasse. Mais dans ce cas il peut arriver qu'on ait à appliquer des quantités assez élevées pour que les matières étrangères qui les accompagnent se trouvent en proportion nuisible; c'est le cas du chlorure de magnésium et du chlorure de sodium. Il faut alors observer les précautions et les règles que nous avons étudiées en parlant des époques d'emploi, afin de laisser à ces substances nuisibles le temps de s'éliminer du sol avant l'apparition de la végétation.

SOUDE.

Après avoir montré l'importance de la potasse au point de vue de la nutrition végétale, nous devons nous occuper de l'alcali qui s'en rapproche le plus, de la soude. La potasse et la soude ont en effet des caractères chimiques extrêmement voisins, et quelques physiologistes ont pensé que la soude pouvait se substituer à la potasse dans les végétaux et y jouer le même rôle. C'est probablement sous l'influence de ces idées que la plupart des auteurs avaient, jusqu'à ces dernières années, l'habitude de réunir dans leurs analyses la potasse et la soude sous le nom général d'alcalis ; beaucoup de ces analyses perdent, de ce chef, une partie de leur intérêt pratique. Il est bien démontré aujourd'hui que cette substitution n'a pas lieu. Seule la potasse mérite le nom d'alcali végétal.

Dans les végétaux, la soude est tout à fait indépendante de la potasse; elle n'y existe qu'en très minime proportion, alors que dans la nature elle est abondamment répandue. Cette abondance même nous montre à priori que son rôle comme engrais ne saurait être que secondaire. Jetons un coup d'œil rapide sur sa dissémination à la surface du globe.

Diffusion de la soude dans la nature. — La soude se trouve dans les roches primitives à l'état de silicate.

En moyenne, le granit orthose fournit en se décomposant 2 à 6 pour 100 de soude; le granit oligoclase en fournit 8 à 10 pour 100.

Les diorites contiennent jusqu'à 3 pour 100 de soude ; les roches volcaniques jusqu'à 6 pour 100.

Par la décomposition des silicates, cette soude devient

soluble et, n'étant pas retenue par le pouvoir absorbant du sol, elle circule avec les eaux; celles-ci en entraînent toujours des quantités appréciables, quelle que soit l'origine géologique des terrains traversés.

Cette soude se réunit dans la mer, qui est le grand collecteur du chlorure de sodium; les eaux marines le contiennent à la dose d'environ 25 grammes par litre.

L'atmosphère renferme du chlorure de sodium à l'état de poussières, provenant surtout de l'entraînement mécanique des eaux salées par les vents. Au voisinage des mers, cette quantité est beaucoup plus considérable; Isidore Pierre a trouvé à Caen que les pluies apportent dans une année, pour la surface d'un hectare, 57 kilog. de chlorure de sodium.

Soude dans les terres arables. — Nous devons donc nous attendre à trouver de la soude dans les terres arables. Il en est bien ainsi; il est rare, en effet, qu'on y dose moins de 1/2 millième de cet élément.

M. de Gasparin, dans 11 analyses de terres d'origines très diverses, a trouvé :

	Maximum.	Minimum.	Moyenne.
Soude pour 1000 de terre.........	6.25	0.16	1.46

et M. Joulie :

	kil.	kil.	kil.
Soude par hectare, pour 20 cent. d'épaisseur.....................	8.800	350	3.300

La soude se trouve dans le sol presque entièrement à l'état de chlorure, et on pense généralement que le dosage du chlore suffit pour déterminer indirectement la proportion de la soude. Cela n'est pas absolument exact; si la soude est presque toujours combinée au chlore, elle peut aussi exister en combinaison avec d'autres acides, principalement les acides sulfurique, silicique et carbonique.

La présence constante de la soude dans la terre s'explique par la constitution même des roches, par l'apport continuel que font les eaux pluviales et aussi les fumures, soit naturelles, soit chimiques. Le fumier de ferme contient des proportions élevées de sels de soude, et donne à peu près intégralement au sol tous ceux qui étaient contenus dans les litières, dans les fourrages ou dans les boissons. Les engrais chimiques, tels que les sels potassiques, le nitrate de soude, les cendres, les engrais marins, etc., contiennent souvent des proportions élevées de soude.

Étant donné que les récoltes enlèvent très peu de soude, c'est plutôt l'accumulation que la disparition de cet élément qu'on aurait à constater, si la terre possédait un pouvoir absorbant. Mais la soude n'est pas retenue comme la potasse; elle filtre à travers le sol sans s'y arrêter, pour ainsi dire. Aussi la trouve-t-on plus abondamment que la potasse dans les eaux de drainage qui, d'après Way, en renferment 12 à 45 milligr. par litre.

Il y a cependant des cas où la soude s'accumule dans le sol au point de le rendre impropre à toute culture. C'est le cas des terrains salés, qui occupent de vastes étendues sur les bords de la mer. Isidore Pierre admet que, s'il y a dans un sol exposé à la sécheresse plus de 1 pour 1000 de sel marin, la végétation est entravée, mais que cette proportion peut aller jusqu'à 2 pour 1000 dans les sols humides. C'est afin de maintenir cette humidité que dans la Camargue, où il pleut rarement, on a l'habitude, après la semaille, de recouvrir le sol de roseaux. Pour rendre propres à la culture les terres trop salées, il faut en opérer le désalage, au moyen de l'eau douce;

nous n'avons pas à nous occuper ici de cette question.

Après avoir étudié la répartition de la soude dans la terre, nous devons déterminer sa proportion dans les récoltes.

Soude dans les récoltes. — On croyait autrefois que la soude était aussi abondante que la potasse dans les végétaux, et soit à cause de l'ignorance sur ce point, soit à cause de l'imperfection des méthodes analytiques, on ne prenait pas soin de distinguer ces deux éléments. Mais des recherches plus récentes, dues surtout à M. Péligot, montrent qu'il n'en est pas ainsi; la proportion de soude est généralement minime et pour ainsi dire insignifiante; accidentellement elle devient sensible. Pour la plupart de nos récoltes, la soude ne paraît donc jouer qu'un rôle tout à fait secondaire, peut-être même nul, et l'absence de cet élément dans le sol ne serait pas pour celui-ci une cause d'infertilité, puisqu'on peut trouver des végétaux très bien développés, dans lesquels la soude existe à l'état de traces. Lorsqu'elle se trouve dans les plantes en quantité notable, cela n'est point une preuve qu'elle ait été indispensable, car elle a pu y pénétrer en quelque sorte comme un corps étranger, avec les liquides nourriciers du sol ou par un dépôt sur les parties aériennes.

Nous citerons les conclusions de M. Péligot : « Mes essais conduisent à admettre que ***la plupart des plantes cultivées sont exemptes de soude;*** telles sont notamment celles dont les noms suivent : le froment (grain et paille séparés); l'avoine (id.); la pomme de terre (tubercules et tiges); les bois de chêne et de charme; les feuilles de tabac, de mûrier, de pivoine, de maïs; les haricots; le panais (feuilles et racines). Les plantes ont été prises au hasard dans des terrains dans lesquels d'autres végétaux voisins ont donné des cendres contenant plus ou moins de soude. »

Des expériences directes ont montré que l'on pouvait obtenir le développement parfait des plantes en l'absence complète de soude.

Si nous consultons les tables de Wolff, nous y trouvons que la proportion de soude est en général 10 fois à 20 fois moindre que celle de la potasse, tout au moins pour le plus grand nombre des plantes cultivées. Cette proportion peut donc être considérée comme très minime, même si nous regardons les déductions de M. Péligot comme trop absolues.

	Soude pour 1000.
Fourrages secs...........................	de 1.0 à 2.0
Racines et tubercules.......................	— 0.5 à 1.5
Graines..................................	— 0.3 à 0.5
Pailles..................................	— 0.5 à 1.0

On voit que l'exportation de soude est insignifiante, sauf pourtant pour les racines, qui en contiennent quelquefois des proportions assez sensibles ; mais il n'est pas démontré qu'elles en aient eu réellement besoin pour leur développement.

Il ne faut pas, en effet, conclure de la présence d'un élément dans les cendres végétales, que cet élément soit indispensable à sa vie ; la pénétration du sel peut s'effectuer par un phénomène purement physique ou mécanique. Nous citerons à ce sujet une expérience de M. Schlœsing : Un plant de tabac est déraciné ; le chevelu est divisé en deux paquets, l'un plonge dans une solution contenant du chlorure de sodium, l'autre dans de l'eau pure ; on constate au bout d'un certain temps l'apparition de la soude dans cette dernière. Le chlorure de sodium a donc pu pénétrer dans le végétal et en est ressorti ; c'est-à-dire que la plante l'a absorbé parce qu'elle n'a pu faire autrement, mais elle ne l'a pas fixé et conservé parce qu'il lui était inutile. Ainsi s'explique la présence du sel marin dans quelques plantes cultivées.

De ce qui précède, nous pouvons conclure que la soude n'est nullement indispensable à la vie végétale et ne doit pas être considérée comme substance fertilisante; que, même en fût-il ainsi, le sol contient toujours assez de cet élément pour suffire aux besoins problématiques et en tous cas très limités de nos récoltes.

On s'est demandé si la soude pouvait suppléer à l'absence de la potasse; plusieurs auteurs soutiennent cette théorie, notamment en ce qui concerne la betterave. Ils se basent sur ce fait que cette dernière a la propriété d'absorber cet alcali et que les fumures au nitrate de soude, par exemple, ont pour résultat d'augmenter la teneur des cendres en soude. Il ne s'ensuit pas, comme nous venons de le dire, que cette absorption corresponde à un réel besoin de la plante. Des expériences directes ont, du reste, été entreprises à ce sujet, notamment par MM. Nobbe, Schræder et Erdmann sur le sarrasin, par M. Pagnoul sur l'œillette, par M. Petermann sur le lin, etc.; de cet ensemble d'études il ressort que la soude n'est pas susceptible de se substituer à la potasse dans la nutrition végétale et par conséquent dans les formules d'engrais.

Emploi du sel marin. — Ces considérations devraient nous dispenser de poursuivre l'exposé relatif à l'utilisation des sels de soude; nous croyons cependant nécessaire de parler de l'emploi du sel marin, qui est très répandu dans certains pays et qui a fait l'objet de nombreux essais.

Il se pourrait, en effet, que le sel marin, s'il n'agit pas en tant qu'engrais sodique, ait indirectement une action spéciale sur le végétal ou sur le sol.

Action sur le sol. — Le sel marin n'est pas retenu par le sol, qui ne possède à son égard aucun pouvoir absorbant. Pendant son court séjour dans la terre, il donne naissance à certaines réactions; la plus importante consiste dans un échange d'acide avec le carbonate de chaux; on obtient alors du chlorure de calcium et du carbonate de soude, par une réaction analogue à celle que nous avons étudiée en parlant du chlorure de potassium. Il est possible que ce carbonate exerce une action décomposante sur les silicates et qu'il mette en liberté quelques principes fertilisants. On a discuté également pour savoir si le sel marin en nature était capable de dissoudre le phosphate ou la potasse des silicates; des expériences contradictoires montrent que si cette action existait elle serait extrêmement limitée. On lui attribue encore la faculté de maintenir le sol plus humide, par des propriétés hygroscopiques, surtout dues au chlorure de magnésium qu'il renferme à l'état d'impuretés et au chlorure de calcium qu'il forme par sa double décomposition.

Expériences culturales. — En France, ce n'est pas un usage commun d'introduire le sel marin dans les formules d'engrais; mais en Angleterre, depuis de longues années, on donne constamment des fumures de sel à la terre. Nous devons rechercher si un avantage certain a été obtenu par cette pratique.

Voelcker a réuni de nombreuses données sur cette question. Quoique les résultats soient tantôt dans un sens et tantôt dans un autre, ce qui montre déjà que l'action du sel sur la végétation n'est pas frappante, nous pouvons établir que généralement l'effet sur les céréales est sensiblement nul, qu'il l'est également pour les tubercules; que, pour les prairies naturelles et artificielles, il y a quelquefois un résultat marqué, sans qu'il soit possible de déterminer dans quelles conditions il se produit de préférence; qu'enfin l'effet ne paraît manifeste que pour les racines et particulièrement pour les mangolds, cultivés sur une grande échelle en Angleterre.

Mais il ressort assez nettement des observations faites en Allemagne que le sel diminue la richesse en sucre des betteraves et en fécule des pommes de terre; et toutes les observations développées à ce sujet à propos du chlorure de potassium, s'appliquent plus encore au chlorure de sodium.

Des expériences nombreuses ont été faites également en France; Isidore Pierre, qui a étudié cette question avec un grand soin, au moment où elle agitait vivement les esprits, a été conduit à la conclusion suivante : « Les bons effets du sel sur les récoltes, admis par les uns, contestés par les autres, ne sont pas encore établis d'une manière suffisamment incontestable pour que l'on puisse recommander l'emploi du sel sur les terres autrement qu'à titre de simple expérience. » Les essais faits depuis ce jour nous permettent de penser que le sel marin ne peut avoir d'action utile sur les récoltes que dans des cas exceptionnels, particulièrement lorsqu'il s'agit de la production des racines fourragères.

Si les bons effets du sel comme engrais sont très problématiques, les mauvais effets qu'il produit dans certaines conditions ne sont pas douteux. Le sel employé à haute dose, particulièrement dans les sols froids et imperméables et dans les années sèches, ou même à faible dose à une époque très rapprochée des semis, peut être très préjudiciable à la levée, qui se trouve retardée; souvent même les germes, mis au contact d'une solution concentrée de chlorures de sodium ou de calcium, pourront être tués. Si on applique le sel longtemps à l'avance, avant l'hiver, par exemple, pareil danger n'est pas à redouter. Mais alors, sachant que le sel passe à travers le sol comme à travers un filtre, on se demande quel degré d'utilité peut avoir son application.

Ajoutons enfin que le sel, jeté en couverture sur de jeunes plantes, ne manquera pas de produire des brûlures et des flétrissures. Ces effets nuisibles ne se manifestent pas seulement avec le sel employé à l'état pur, mais avec tous les produits qui en contiennent; tels sont les sels de Stassfurt, les salins du Midi, les salins de betteraves, les goëmons, les calcaires marins, etc. Aussi, quand on le peut, et c'est le cas pour les deux derniers, prend-on soin de les laisser s'égoutter sur le sol et se débarrasser, par les eaux pluviales, de la plus grande quantité du sel marin.

Pour les engrais riches en chlorure de sodium, il est prudent de faire l'épandage longtemps avant les semailles, afin que les pluies aient le temps d'entraîner et de diluer les principes nuisibles.

Le sel marin paraît jouer dans la vie animale un rôle bien autrement important que dans la vie végétale; c'est surtout dans le sang et dans le lait qu'on en trouve des quantités importantes. Le chlore qu'il renferme joue un rôle très utile dans la digestion. Aussi a-t-on reconnu depuis longtemps les avantages de l'introduction du sel marin dans la ration des animaux de la ferme. Cette pratique contribue au bien-être des animaux; de plus, elle introduit dans le fumier le sel marin qui est ensuite apporté à la terre. C'est de cette seule manière que nous conseillerons de l'employer; on est sûr d'en tirer au moins un résultat utile pour l'alimentation animale.

Composition du sel marin. — Le chlorure de sodium

employé pour les usages agricoles est le sel marin brut contenant ordinairement :

Chlorure de sodium	90.00 à 98.00 %
— de calcium	0.00 à 0.03 —
— de magnésium	0.20 à 2.40 —
Sulfate de soude	0.05 à 1.50 —
— de potasse	0.00 à 0.41 —
— de chaux	0.10 à 2.00 —
Matières insolubles	0.00 à 0.30 —
Eau	2.00 à 6.50 —

Pour éviter les droits fiscaux, on autorise l'agriculture à se servir des sels dénaturés, par les tourteaux, les pulpes et les marcs, lorsqu'ils sont destinés à l'alimentation du bétail, et lorsqu'ils sont destinés à la fumure des terres, par le peroxyde de fer, la mélasse, la suie, le goudron, le guano, la poudrette, le sulfate de fer, le plâtre. Les divers modes de dénaturation du sel sont d'ailleurs fixés par un décret spécial.

Sels de pêcherie. — On emploie encore en assez grande abondance, sur certaines parties du littoral, les sels de pêcherie appelés encore caqures ou saumures. Les harengs, aussitôt après la pêche, sont déposés dans des fûts et fortement salés; transportés au port, ils sont nettoyés avec soin; les écailles, les ouïes et les intestins sont rejetés, et c'est ce mélange de sel et de débris organiques qui constitue un engrais assez estimé. La composition est du reste sujette à de grandes variations :

La proportion d'eau varie	de 6.0 à 20.0 %	
— de chlorure de sodium	— 25.0 — 80.0 —	
— d'azote	— 0.5 — 1.5 —	
— d'acide phosphorique	— 1.5 — 4.0 —	

Cet engrais est avant tout un engrais organique comparable à du fumier; ce serait une grave erreur que d'attribuer au sel marin les bons effets qu'on en obtient; il faut, au contraire, se mettre en garde contre l'excès du chlorure, en l'appliquant avant l'hiver.

Chlore. — Jusqu'à présent, nous avons envisagé le sel marin comme fournissant de la soude; nous devons encore le considérer comme une source de chlore. On sait que les chlorures existent dans tous les végétaux en quantité assez notable; le sel marin peut donc agir à un double point de vue; mais si, de même que la soude, le chlore est très diffusé dans le règne végétal et si, encore comme la soude, il joue un rôle important au point de vue de la nutrition animale, il semble également qu'il ne soit pas un des éléments constitutifs des végétaux, c'est-à-dire que sa présence ne soit pas indispensable à la production des récoltes. On a pu, en effet, faire vivre des plantes dans des milieux artificiels ne renfermant point de chlorure.

La circulation du chlore à la surface de la terre et dans les êtres vivants, végétaux et animaux, est étroitement liée à celle de la soude; ces deux éléments se trouvant presque toujours associés dans la nature, nous ne nous étendrons pas plus longtemps sur ce corps, qui nous semble assez répandu pour suffire aux besoins que les plantes pourraient en avoir.

Brome, Iode, Fluor. — On a signalé également dans les plantes des traces d'iode et de brome, nous n'avons pas, au point de vue de l'augmentation de la fertilité du sol, à nous occuper de ces corps rares.

Mais nous croyons devoir dire quelques mots du fluor. Ce métalloïde existe en quantité sensible dans les tissus animaux, particulièrement dans les os et les dents; les plantes doivent donc en contenir, puisque c'est à elles seules que les animaux peuvent l'emprunter, et on doit admettre la présence constante de petites quantités de fluor dans les produits de nos récoltes. Cet élément se trouve, d'ailleurs, à un grand état de diffusion dans la nature, ainsi que l'ont montré les recherches de M. Nicklès. Mais la grande difficulté de le doser a, jusqu'à présent, empêché de suivre sa circulation dans le sol et dans les êtres vivants.

Quelques observateurs ont cru remarquer que le fluorum de calcium, substance qui existe à l'état de gisements et en assez grande abondance, exerce une action favorable sur la végétation. Mais actuellement, nous ne croyons pas que de quelques expériences imparfaites on puisse conclure à une véritable utilité des engrais fluorés. Si cette utilité était démontrée, on trouverait dans la fluorine ou spath fluor, dans la cryolithe, fluorure double d'aluminium et de sodium, le fluor nécessaire.

Des essais dans cette voie méritent d'être tentés, mais ils ont besoin d'être conduits avec méthode, et il nous semble que ce n'est pas avec les florures naturels, très résistants aux agents dissolvants du sol, qu'ils devraient être faits, mais avec des fluorures solubles plus facilement assimilés par les plantes.

Rubidium. — Le rubidium est un métal, extrêmement rare, de la famille du potassium et du sodium, dont M. Grandeau a signalé la présence dans les salins de betteraves ; on ne sait pas si les faibles traces de ce corps sont inutiles ou nécessaires à la végétation, toujours est-il qu'il est impossible de comprendre parmi les engrais des substances qu'on n'a jamais possédées qu'en petites quantités dans les laboratoires.

DEUXIÈME PARTIE.

ENGRAIS CALCAIRES OU AMENDEMENTS.

Importance de la chaux ; son rôle multiple. — Si nous incinérons une partie quelconque d'un végétal, nous constatons par l'analyse que la chaux existe d'une façon constante dans ses cendres, et en quantité relativement élevée. Dans le règne animal, nous voyons se produire une véritable accumulation de chaux, particulièrement dans le tissu osseux.

La présence de cet élément est donc intimement liée à la vie végétale et animale.

L'absence de la chaux est une cause d'infertilité pour les terres, et là où elle manque il faut la donner comme engrais, au même titre que l'acide phosphorique, que l'azote ou la potasse, puisqu'elle est aussi nécessaire au développement végétal que ces derniers éléments.

Il est rare toutefois que le sol manque de chaux d'une façon absolue ; c'est exceptionnellement qu'il ne contient pas les petites quantités limitées aux besoins de la nutrition végétale. L'étude de la chaux, envisagée comme engrais proprement dit, est donc d'une importance secondaire, tant à cause de la grande diffusion de cet élément, que de l'abondance et du bas prix des matériaux calcaires.

Mais outre son rôle comme aliment direct des plantes, la chaux en a un autre d'une importance plus grande, qui consiste à donner à la terre des propriétés physiques spéciales et à favoriser des réactions chimiques qui influent sur la fertilité. Bien des sols, quoique assez riches en chaux pour pourvoir largement à l'alimentation des récoltes, resteraient presque stériles sans l'apport d'amendements calcaires. Ceux-ci agissent, tantôt mécaniquement, en modifiant les propriétés physiques du sol, en diminuant sa compacité, en augmentant sa perméabilité; tantôt chimiquement, en fournissant la base nécessaire aux doubles réactions des différents sels, et en facilitant l'absorption des principes minéraux; tantôt physiologiquement, en permettant aux organismes microscopiques du sol d'accomplir leurs fonctions utiles.

Ce rôle multiple de la chaux est distinct de son rôle comme aliment, et à ce point de vue les engrais calcaires diffèrent essentiellement des autres engrais que nous avons étudiés et qui nous intéressaient seulement par leur apport de principes fertilisants. Aussi les a-t-on désignés sous la dénomination générale *d'amendements*, et les a-t-on classés dans une catégorie spéciale, qui les différencie d'une façon très nette des engrais proprement dits.

Sources d'engrais calcaires. — La chaux est abondamment répandue sur la surface du globe. Ce n'est pas un élément rare comme l'acide phosphorique, qui n'existe qu'en quantités minimes dans le sol et qu'exceptionnellement à l'état de gisements; elle est moins rare aussi que la potasse, qui entre pourtant dans la constitution des roches primitives. Elle constitue une matière tellement vulgaire et répandue, que sa valeur vénale est le plus souvent presque nulle.

La chaux circule en dissolution dans les eaux; les

irrigations peuvent en introduire dans le sol des quantités importantes. Les fumiers naturels sont également riches en chaux; mais leur apport au sol pourvoit seulement aux besoins immédiats des récoltes. Ces sources de chaux, utiles au point de vue de l'engrais, ne peuvent jouer le rôle d'amendement, et il faut toujours avoir recours au règne minéral.

Jetons un coup d'œil sur la répartition de la chaux, sur sa circulation et sur sa localisation.

C'est dans les roches éruptives que nous trouvons l'origine de la chaux. Là, elle se rencontre principalement à l'état de silicate, c'est-à-dire de combinaison insoluble et peu propre à jouer un rôle actif; elle est en quelque sorte immobilisée et ne nous intéresse pas directement au point de vue de l'utilisation agricole. Mais c'est, pour ainsi dire, son état primordial.

Sous l'action incessante des eaux et de l'acide carbonique, les roches silicatées dégagent peu à peu leurs éléments minéraux, dont quelques-uns s'éliminent à l'état soluble. Mais tandis que nous avons vu la potasse dissoute par les eaux, se diffuser sans avoir de tendance à se localiser, nous voyons la chaux prendre une forme insoluble par suite du départ de l'acide carbonique et se déposer en gisements considérables. Aussi rencontre-t-on le calcaire dans toutes les formations géologiques.

Encore de nos jours ces phénomènes se continuent; au sein des mers actuelles se dépose, en permanence, le carbonate de chaux incessamment amené par l'eau des fleuves; l'acide carbonique qui le maintenait en dissolution se dégage dans l'atmosphère, retourne exercer sur les roches non décomposées son action désagrégeante et leur enlève de nouvelles quantités de chaux. Mais il semble que cette action ne puisse pas être indéfinie et qu'elle tende à s'amoindrir, puisque, à chaque nouvelle action sur la roche, une partie de l'acide carbonique est immobilisée sous la forme de carbonate. L'intensité de ce phénomène a donc dû être beaucoup plus grande autrefois qu'elle ne l'est actuellement.

Cet exposé nous fait mieux comprendre l'importance des dépôts calcaires anciennement formés.

Le carbonate de chaux offre les aspects les plus variés; on le rencontre à l'état de roches dures, de roches tendres ou de grains pulvérulents; mélangé à l'argile, il constitue les marnes; déposé au sein des mers, il donne naissance aux tangues, trez, etc. L'agriculteur trouve dans ces matériaux calcaires une source inépuisable d'engrais qu'il utilisera, soit directement pour le marnage, soit après calcination pour le chaulage.

Ce n'est pas seulement à l'état de carbonate que nous rencontrons la chaux dans la nature; nous avons longuement étudié sa combinaison à l'état de phosphate, qui nous intéresse surtout au point de vue de l'acide phosphorique qu'elle renferme.

Il y a encore une autre forme naturelle de la chaux, le sulfate, vulgairement appelé plâtre. Constitué par la combinaison de l'acide sulfurique et de la chaux, le plâtre a été déposé par l'évaporation des eaux qui le tenaient en dissolution et se rencontre dans un grand nombre de formations géologiques.

Enfin, ajoutons que l'agriculture trouve encore en abondance la chaux dans les cendres végétales et dans les résidus de diverses industries.

On voit donc que si la chaux constitue un principe essentiel de la fertilité des terres arables, du moins la nature n'en a pas été avare et l'a mise abondamment et sous des formes très diverses à notre disposition.

CHAPITRE I.

GÉNÉRALITÉS SUR L'EMPLOI DES ENGRAIS CALCAIRES.

§ I. — RAPPORTS DE LA CHAUX AVEC LE SOL.

Si la chaux est universellement répandue à la surface du globe, si les matériaux calcaires existent en masses inépuisables, il n'en est pas moins vrai que des régions entières souffrent par le manque de chaux. C'est à déterminer la nature de ces terres que nous devons tout d'abord nous attacher; et comme la constitution du sol dérive toujours de la constitution des roches qui lui ont donné naissance, il est utile de faire un rapide examen des principales roches, au point de vue de leur teneur en chaux.

Roches primitives. — Les roches primitives ou éruptives sont caractérisées par leur pauvreté en chaux, ainsi que l'indiquent les chiffres suivants :

	Chaux %
Granit	0.5
Gneiss	0.5
Schistes et micaschistes	0.2
Porphyres	1.0

Les terres qui en dérivent sont donc elles-mêmes pauvres en calcaire; nous en citerons quelques exemples :

	Chaux pour 100.0	
Terre granitique de l'Ardèche......	o	(P. de Gasparin.)
— du Limousin.....	o.3 à o.5 à l'état de silicate	(Le Play.)
	traces — de carbonate	—
— du Puy-de-Dôme.	o à 3.o	(Truchot.)
— des Vosges.......	traces	(Grandeau.)
Terre gneissique de la Haute-Loire.	o à o.8	(P. de Gasparin.)
— du Puy-de-Dôme.	traces	(Truchot.)
Terre porphyrique des Vosges.....	—	(Grandeau.)
— schisteuse des Ardennes....	—	—

Les terrains dérivés des roches primitives sont voués à la stérilité, si on n'a pas soin de leur apporter la chaux; livrés à eux-mêmes, ils forment des landes couvertes de bruyères, de genêts et d'ajoncs; on ne pourra y obtenir que de maigres récoltes de sarrasin, de seigle, de pommes de terre. Quant aux parties argileuses, elles donnent des pâturages où les joncs, les carex, les prêles disputent le terrain à quelques graminées; souvent elles se couvrent de marais et de tourbières.

Tous ces terrains déshérités qui occupent d'immenses surfaces en Bretagne, en Vendée, dans le Limousin, la Creuse, la Corrèze, l'Ardèche, l'Aveyron, etc., sont transformés comme par enchantement par l'apport des engrais calcaires. Le sol passe rapidement à l'état fertile sous leur influence.

La Bretagne offre une expérience grandiose de leur effet. L'emploi séculaire des amendements calcaires empruntés à la mer a tracé sur le littoral, entre Saint-Malo et Brest, une bande de terrains dont la fertilité prodigieuse contraste tellement avec les régions voisines, qu'on l'a désignée sous le nom de *ceinture dorée*.

M. Risler estime qu'actuellement il y a dans les départements de la Loire-Inférieure, d'Ille-et-Vilaine, du Morbihan, du Finistère et des Côtes-du-Nord, entre 2,600,000 et 2,700,000 hectares dont le sol manque de chaux. Pour y apporter cet élément destiné à enrichir ces immenses surfaces, il faut aller jusque dans la Mayenne et dans la Loire-Inférieure.

Il y a cependant quelques roches primitives qui contiennent de la chaux; exemples :

	Chaux %
Oligoclase	1 à 5
Diorite	2 à 12

Ces diorites forment, en se décomposant, des arènes dont les cultivateurs des pays granitiques savent tirer parti pour l'amendement des terres, et que les Bretons appellent souvent des *marnes*.

Roches volcaniques. — Les roches volcaniques dont nous avons déjà constaté la richesse en potasse et surtout en acide phosphorique, sont bien dotées sous le rapport de la chaux, ainsi que l'indiquent les chiffres suivants :

	Chaux %
Basaltes	7 à 12
Trachytes	2 à 10
Domites	2 à 10
Laves	5 à 10

De même que les roches, les terres qui en dérivent contiennent du calcaire :

	Chaux pour 1000	
Terre basaltique d'Auvergne	38.0	(P. de Gasparin.)
— de dolérie	146.0	(De Babo.)
— volcanique d'Auvergne (moyenne).	15.0	(Truchot.)
— — du Vésuve	21.1	(P. de Gasparin.)
— — de l'Etna	57.6	—

C'est en Auvergne, et principalement dans le Cantal et le Puy-de-Dôme, qu'on trouve ces terres d'une grande fertilité. Cette région offre d'admirables pâturages où les légumineuses abondent, où paissent ces beaux spécimens des races de Salers et d'Aubrac, au squelette puissant. Quel contraste avec les races chétives des régions granitiques, qui ne trouvent dans leurs maigres pâturages que des plantes d'une faible valeur alimentaire, poussées en l'absence du calcaire !

Grès. — Nous savons que les grès proprement dits sont constitués par du quartz presque pur, c'est-à-dire qu'ils sont dépourvus de chaux. L'analyse d'une terre des Vosges, provenant de la décomposition de cette roche, a donné à M. Grandeau le chiffre de 0,02 pour 1000 de chaux. Si dans ces sols on a pu obtenir sur quelques points des récoltes satisfaisantes, c'est grâce à des irrigations extrêmement copieuses, et aussi à l'apport des cendres lessivées, que les cultivateurs vont chercher à grands frais dans les localités environnantes.

Roches calcaires. — Après avoir parlé des roches où la chaux est ordinairement peu abondante et où elle manque souvent complètement, nous arrivons aux roches calcaires proprement dites, c'est-à-dire à celles dont le carbonate de chaux forme presque toute la masse. Ces roches, de nature sédimentaire, couvrent de vastes régions de la France, et se présentent sous des aspects variés, tantôt avec une grande dureté, tantôt en masses pulvérulentes à peine agglomérées.

Les dépôts calcaires se rencontrent dans la plupart des étages géologiques. Dans le système dévonien nous trouvons, par exemple, les calcaires de Givet ; dans le système carbonifère, le calcaire carbonifère.

Le système triasique comprend le calcaire coquillier ou muschelkalk, et l'étage de Keuper ou marnes irisées ; les calcaires magnésiens ou dolomies y sont abondants.

Le système liasique des Ardennes contient des calcaires sableux; celui de la Lorraine, de puissantes assises de marne ou calcaires noduleux, les marnes à posidonies.

Le système oolithique abonde en calcaire dit oolithique, à texture grenue; le bajocien est caractérisé par les calcaires à entroques; le bathonien est à peu près complètement formé de calcaire blanc crayeux ou oolithique, et le corallien est presque tout entier calcaire ou marneux.

Le système infracrétacé contient des gisements abondants de calcaire.

Le système crétacé est caractérisé par l'abondance des craies : craie glauconieuse, craie grise, craie tuffeau, craie blanche, calcaire pisolithique, craie phosphatée.

Le système éocène se fait remarquer par la présence des calcaires nummulitiques et par les gisements de plâtre des environs de Paris.

Le système oligocène comprend les travertins lacustres, ou calcaires de la Beauce.

Dans le système miocène nous trouvons les faluns de la Touraine, de l'Anjou, de la Bretagne; dans la formation pliocène, les dépôts coquilliers connus sous le nom de crag quaternaire, ou de brèches osseuses.

Ce coup d'œil rapide nous montre combien la chaux est répandue en tant que roche, et combien sont différentes les formes qu'affecte cette dernière. Nous ne croyons pas avoir à insister sur l'origine de ces dépôts calcaires. C'est à la faveur de l'acide carbonique que le carbonate de chaux s'est trouvé dissous et entraîné par les eaux, d'où il s'est déposé par suite du départ de l'acide carbonique. Tantôt le dépôt s'est opéré en couches ininterrompues et compactes de calcaire presque pur, formant des masses homogènes; tantôt la précipitation s'est effectuée dans des eaux tenant en suspension des particules feldspathiques; le carbonate a recouvert ces grains, et la cimentation s'est faite en blocs durs (calcaires coquilliers et oolithiques). Ces calcaires sont plus ou moins souillés d'impuretés, plus ou moins riches en carbonate de chaux; ils sont souvent mélangés de sable et d'argile, de débris de coquilles, et presque toujours colorés par des oxydes.

On distingue les principaux types suivants :

Les marbres ou calcaires cristallisés; les calcaires compacts à cassure fine et les calcaires lithographiques; les calcaires oolithiques en grains concrétionnés, à enveloppes concentriques; les calcaires à entroques, formés par une accumulation de débris de tiges et d'articles de crinoïdes ou de radioles d'oursins; les calcaires à polypiers; les lumachelles; les calcaires grossiers où le carbonate de chaux est mélangé de grains de quartz, de glauconie, d'argile; les calcaires foraminifères remplis d'enveloppes calcaires de petits êtres; les calcaires siliceux, les calcaires marneux, c'est-à-dire mélangés d'argile ou de sable et fournissant la chaux hydraulique et les ciments; la craie, roche blanche, traçante, où des enveloppes de globigérines et d'algues microscopiques sont associées à des grains amorphes de carbonate de chaux. Enfin ajoutons certaines marnes lacustres, presque entièrement formées par des carapaces de petits crustacés d'eau douce.

En résumé, les roches calcaires offrent les aspects et les compositions les plus divers; nous aurons à y revenir lorsque nous étudierons les matières premières des différents engrais calcaires.

Ce sont ces roches qui, par leur décomposition, donnent au sol le calcaire; quelquefois cet élément domine à tel point que le sol est presque exclusivement constitué par du carbonate de chaux; mais le plus souvent il est mélangé, en proportions très diverses, avec le sable et l'argile, formant des terres siliceo-calcaires ou argilo-calcaires, ou bien des terres franches contenant les trois éléments.

Le taux de carbonate de chaux peut varier dans de pareils sols de 1 à 80 pour 100. Nous examinerons plus loin les propriétés de ces terres. Elles se rencontrent dans les différents étages géologiques où nous avons constaté la présence de roches calcaires.

Formes de la chaux dans le sol. — Avant d'étudier les ressources en chaux des différents sols, avant d'examiner les moyens qui conduisent à déterminer si la proportion de chaux contenue dans une terre est suffisante, tant au point de vue des besoins des récoltes qu'au point de vue de la bonne constitution de la terre elle-même, il nous semble indispensable de discerner les diverses formes que la chaux affecte dans la couche végétale.

Il ne suffit pas, en effet, de connaître la quantité de chaux existant dans une terre; il faut encore savoir sous quel état elle se trouve; car son efficacité comme principe fertilisant, autant que son influence sur la nature physique des terres, dépendent essentiellement de la combinaison dans laquelle elle est engagée.

Silicate. — Nous savons que les roches primitives contiennent dans leur constitution une petite quantité de chaux combinée à la silice; de ces silicates extrêmement résistants, la chaux ne se dégage, sous l'influence des agents atmosphériques, que dans la suite des temps. Les débris de roches primitives existant dans la terre à un état plus ou moins divisé renferment un peu de silicate de chaux; cependant on ne pourrait pas donner à ces terres le nom de terres calcaires.

Ce silicate de chaux, en effet, ne joue aucun rôle, se trouvant là comme un corps inerte; il résiste à l'action des acides énergiques et, dans les procédés chimiques employés pour l'analyse des terres, il n'entre pas en ligne de compte. Ainsi voyons-nous des terres du Limousin, analysées par M. Leplay, qui contiennent 0,3 à 0,5 pour 1000 de chaux à l'état de silicate, et aucune trace à l'état de carbonate, se comporter comme des sols dans lesquels la chaux est totalement absente.

Une terre peut contenir de la chaux à l'état de silicate et manquer absolument de l'élément calcaire utile au sol et à la végétation. C'est seulement par une lente action désagrégeante que cette chaux se trouve dégagée de sa combinaison avec les éléments de la roche, pour former alors le carbonate de chaux, véritable agent de la transformation des sols. Nous pouvons donc regarder le silicate de chaux comme inutile et ne jouant pas un rôle différent de celui des autres silicates.

Carbonate. — Le carbonate de chaux est la base des sols calcaires; mélangé avec les éléments sableux, argileux et humiques, en proportions extrêmement variables, il forme les terres franches.

Mais le carbonate de chaux lui-même, quoique constituant une espèce chimique bien définie, affecte des formes plus ou moins efficaces. Tantôt il est disséminé dans la terre à l'état de morceaux relativement gros; il peut alors être regardé comme presque inerte, car, se présentant avec une surface extrêmement restreinte, il n'agit pas sur l'argile et sur l'humus, et ne prend qu'une faible part aux réactions du sol. C'est seulement lorsqu'il existe à un grand état de division, et qu'il est mêlé intimement aux particules terreuses, que son efficacité se manifeste. Sa surface est alors énorme, et il est présent dans toutes les parties du sol. Il y a donc une différence très grande entre le carbonate de chaux, suivant qu'il est plus ou moins fin; inerte dans le cas où il existe en morceaux, il atteint son maximum d'action lorsqu'il est pour ainsi dire divisé à l'infini. A vrai dire, les différents degrés de finesse existent généralement dans toutes les terres calcaires : c'est-à-dire qu'on trouve simultanément des parties très grosses, des parties très fines et des parties intermédiaires. Mais dans certains sols les parties grossières dominent, et il n'y a pas assez de parties fines pour donner à la terre les propriétés d'une terre calcaire; dans d'autres, au contraire, les parties grossières sont rares, alors que les éléments pulvérulents sont abondants; ces dernières terres seules, méritent réellement le nom de terres calcaires. Ceci revient à dire que ce n'est pas la proportion réelle de carbonate de chaux contenu dans une terre qui doit la faire regarder comme possédant les propriétés d'une terre *calcaire*, mais bien l'état de division dans lequel se trouve le carbonate de chaux. Il y a donc un calcaire actif, celui qui est fin, et un calcaire inactif, celui qui est grossier.

Outre la considération de finesse, il y a celle de dureté. En effet, les calcaires sont plus ou moins compacts, suivant leur origine; les uns sont très friables et les autres d'une grande dureté. Ceux qui se réduisent facilement en parties fines deviennent aptes à jouer leur rôle utile; ceux qui sont durs au contraire, et c'est le cas le plus fréquent, résistent pour ainsi dire indéfiniment à l'effritement et restent à l'état inerte.

Lorsqu'on examine une terre au point de vue du calcaire, on doit donc surtout s'attacher aux parties fines. M. de Mondésir a fait sur ce sujet d'intéressantes observations; il détermine la partie active du calcaire, c'est-à-dire celle qui a un grand degré de finesse, en faisant agir sur la terre un acide peu énergique dont l'action se limite à la surface et qui, par suite, attaque les parties ténues bien plus que les parties grossières. L'acide carbonique qui se dégage dans cette opération mesure avec une assez grande approximation la quantité de carbonate de chaux actif du sol.

Bicarbonate. — Outre le carbonate de chaux existant à l'état insoluble, nous trouvons en dissolution, dans le liquide qui baigne le sol, du bicarbonate de chaux produit par la réaction de l'acide carbonique libre sur le carbonate de chaux. Ce bicarbonate est soluble dans l'eau et, par suite, sa diffusion dans le sein de la terre est à son maximum. Il représente en quelque sorte la limite extrême de finesse du calcaire, et à ce titre il prend part, au plus haut degré, aux réactions qui s'accomplissent au sein de la terre. Ce bicarbonate est d'autant plus abondant que l'atmosphère du sol est elle-même plus riche en acide carbonique ; non absorbé par la terre, il est éliminé par les eaux de drainage; comme il se reforme incessamment par l'action de l'acide carbonique sur le calcaire, on peut le regarder comme constamment présent, malgré l'élimination dont il est l'objet. Mais il est sous une forme peu stable; l'état d'équilibre auquel il doit son existence se modifie sans cesse avec les variations des proportions d'acide carbonique qui le maintiennent en dissolution. Il est probable qu'il se fait dans le sol, par intermittences fréquentes, des dissolutions de calcaire à l'état de bicarbonate et des précipitations de calcaire aux dépens du bicarbonate, et que les parties les plus ténues de carbonate de chaux sont le résultat de ces réactions incessantes.

Nitrate. — La chaux se trouve encore dans le sol à

d'autres états qu'à celui de carbonate. En parlant de la nitrification des matières organiques, nous avons vu que c'est le calcaire du sol qui fournit la base nécessaire pour fixer l'acide nitrique. Le phénomène de la nitrification étant commun à toutes les terres calcaires, on peut conclure à la présence constante du nitrate de chaux dans le sol. Ce sel, essentiellement soluble, n'est point retenu par la terre, il y circule avec la plus grande facilité et se perd dans le sous-sol. Il forme le principal aliment azoté des plantes, auxquelles il peut également fournir de la chaux. C'est lui dont la présence constitue les terres dites nitrées, si abondamment répandues dans les régions chaudes; mais dans les pays tempérés, où les pluies sont fréquentes, son accumulation ne saurait se produire, à cause de sa grande solubilité.

Chlorure. — Le chlorure de calcium n'existe pas normalement dans les terres; il est le résultat d'une double décomposition entre le carbonate de chaux et les chlorures introduits comme fumure. Lorsque les terres sont naturellement salées, comme c'est fréquemment le cas au voisinage de la mer, une réaction analogue se produit sous l'influence du sel marin. Dans ces conditions, les liquides du sol contiennent de notables quantités de chlorure de calcium, sel caustique et nuisible à la végétation, qui s'élimine par les eaux de drainage.

Sulfate. — Les terres contiennent en général peu d'acide sulfurique; celui-ci paraît surtout combiné à la chaux pour former du plâtre ou sulfate de chaux. Mais dans certains sols la proportion de plâtre est très élevée; tel est le cas des terres gypseuses, dont cet élément forme souvent la presque totalité. Le plâtre est soluble dans l'eau pure et plus encore dans l'eau du sol chargée d'acide carbonique ou de matières humiques; il est donc, comme le bicarbonate de chaux, à un grand état de diffusion. Cette solubilité dans l'eau et sa résistance au pouvoir absorbant des terres le prédisposent à être enlevé par les eaux de drainage; aussi dans les sols ne trouve-t-on ordinairement que de très petites quantités de sulfate de chaux, et est-on fréquemment obligé de recourir à des plâtrages pour augmenter leur fertilité.

Le plâtre affecte dans la nature des états différents; il peut être à l'état anhydre, portant alors le nom d'anhydrite; mais plus souvent il est hydraté. Il se présente généralement sous forme cristalline; quelquefois il se dépose de sa dissolution en beaux cristaux qu'on appelle gypse en fer de lance.

Sous la forme de sulfate, la chaux paraît être utilisée par les plantes; mais vis-à-vis du sol et des phénomènes chimiques qui s'y passent, le plâtre ne se comporte pas comme le carbonate de chaux et ne doit pas, à proprement parler, être considéré comme un amendement calcaire. Il est sans influence sensible sur la nature physique des terres; il ne leur donne pas les propriétés chimiques qu'elles doivent au carbonate de chaux, et il ne doit être considéré que comme apportant à la plante l'aliment calcaire et sulfurique dont elle peut avoir besoin.

Phosphate. — Quelquefois la chaux se rencontre dans le sol à l'état de phosphate, mais c'est un cas rare, qui ne se présente que là où le phosphate de chaux constitue de véritables gisements. En effet, on sait que l'eau chargée d'acide carbonique dissout les phosphates et que l'oxyde de fer et l'alumine enlèvent l'acide phosphorique à cette dissolution; s'il y avait donc de petites quantités de phosphate de chaux dans la terre, elles seraient rapidement transformées en phosphates de fer et d'alumine.

Fluorure. — M. Nicklès a constaté la diffusion du fluor dans la nature. C'est à l'état de fluorure de calcium que cet élément se rencontre le plus souvent; il doit exister à l'état de traces dans tous les sols, puisque les animaux en contiennent dans leurs tissus osseux; sa présence cependant est difficile à constater, et c'est plutôt par des inductions théoriques qu'on peut admettre sa présence dans les végétaux.

Humates. — La chaux se trouve encore en combinaison avec la matière organique, formant ce qu'on appelle les humates de chaux. Ces combinaisons mal définies sont extrêmement complexes; elles renferment de la matière organique à un degré d'altération plus ou moins avancé, de l'acide phosphorique, de la potasse, de l'oxyde de fer, de l'alumine, etc., mais c'est la chaux qui paraît y dominer et y jouer le rôle le plus important. La matière organique, lorsqu'elle n'est pas saturée par une base, joue le rôle d'un véritable acide; elle est susceptible de décomposer le carbonate de chaux et d'en éliminer l'acide carbonique; il se forme alors un produit neutre, ou plutôt alcalin, presque insoluble dans l'eau, l'humate de chaux. Ce composé correspond à ce qu'on appelle, dans les terres franches, l'humus, dont nous avons à maintes reprises constaté l'influence prédominante sur la fertilité des terres.

L'humate de chaux existe dans toutes les terres contenant du calcaire; il est le résultat de l'action des résidus organiques sur le carbonate de chaux. Lorsque le calcaire fait défaut, la matière humique reste libre et donne naissance à des terres impropres à la culture et dont il faut saturer l'acidité par des chaulages ou des marnages, pour les mettre en valeur; dans ce cas, c'est encore de l'humate de chaux qui se produit. C'est ce même composé qui se réalise dans l'opération inverse consistant à apporter aux terres exclusivement calcaires de la matière organique, sous la forme de fumiers, de tourbe et d'engrais verts. Dans le laboratoire, on peut produire l'humate de chaux en retirant du sol ou des fumiers, l'acide humique sous un état soluble, au moyen des alcalis; en ajoutant un sel de chaux à cette dissolution, on obtient un précipité volumineux représentant l'humate de chaux à un certain degré de pureté. Mais, même préparé par cette voie, il est loin d'avoir une composition constante, parce que rien n'est plus variable que cet ensemble de substances brunes prenant naissance pendant la décomposition des matières organiques.

L'humate de chaux est à peu près insoluble dans l'eau; il se répartit comme une espèce de ciment autour des particules terreuses, qu'il réunit et qu'il agglomère, de telle sorte que la terre devient meuble et perméable à l'air. Répandu à la surface de tous les éléments terreux, il se fixe sur eux sans être entraîné par les eaux; mais cependant il ne persiste pas dans le sol, car il a une grande tendance à disparaître. Nous savons que les phénomènes de combustion sont très actifs au sein de la terre, l'humate de chaux est constamment en pleine fermentation; l'oxygène est fixé sur la matière organique en donnant naissance à de l'acide carbonique, à de l'eau et à de l'acide nitrique. Par cette oxydation, la chaux qui existait sous forme d'humate est amenée en partie à l'état de carbonate, en partie à l'état de nitrate. Cette combustion est assez active pour qu'il y ait constamment lieu de s'inquiéter de la reconstitution, au moyen des fumiers ou d'autres substances organiques, de l'humate de chaux qui disparaît.

Lorsque le sol est riche en calcaire, il existe toujours,

à côté de l'humate, du carbonate non décomposé; mais dans le cas contraire, il peut arriver que la matière organique soit en excès sur le calcaire; celui-ci est alors totalement transformé en humate de chaux, et il reste même de l'acide humique libre. Dans ces conditions, les allures de la terre changent complètement; elle devient acide, et les fonctions chimiques dont elle était le siège ne s'accomplissent plus. L'humate de chaux ne joue alors qu'un rôle secondaire; il n'est plus apte à se prêter aux phénomènes de nitrification qui lui donnaient une si grande importance.

Dans ce cas, le dosage de la chaux totale pourrait tromper sur la nature d'un terrain et laisser croire que le sol est suffisamment calcaire. Il faut donc doser, outre la chaux, l'acide carbonique qui y est combiné et qui seul peut mesurer la véritable proportion de calcaire. Pour qu'un sol soit considéré comme une terre franche, susceptible de se prêter à la nitrification, il ne suffit pas, en effet, qu'il y ait de la chaux; mais il faut encore qu'il y ait du carbonate de chaux.

En résumé, le carbonate et l'humate sont les deux formes de la chaux les plus répandues dans le sol; ils sont nécessaires tous les deux à la fertilité et doivent exister simultanément; l'exclusion de l'un ou de l'autre mettra la terre dans des conditions d'infériorité auxquelles il faudra remédier par l'apport, dans un cas, de chaux ou de marne, et dans l'autre cas, de fumiers ou d'engrais organiques divers.

Connaissant les formes qu'affecte la chaux dans la terre, nous devons chercher à déterminer quels sont les sols qui, manquent de chaux, et qui, par conséquent, seront heureusement influencés par l'apport d'amendements calcaires.

Moyens de déterminer les besoins du sol en chaux. — Nous avons vu que les données géologiques peuvent être d'un très grand secours pour résoudre cette question.

Tous les terrains primitifs manquent de chaux. Il en est de même des terrains de transition, des terrains houillers et des terrains permiens. C'est là une règle générale qui ne comporte que très peu d'exceptions. Toutes les terres qui appartiennent à ces formations exigent le chaulage ou le marnage.

Végétation spontanée. — La végétation spontanée suffit généralement pour montrer si un sol contient ou non du calcaire; en effet, certaines espèces appelées calcicoles sont totalement absentes des terres manquant de chaux; de ce nombre sont surtout les légumineuses. Diverses plantes, en particulier, donnent une indication certaine sur la présence du calcaire : telles sont la luzerne, la minette, le sainfoin, les trèfles en général. Dans des sols calcaires, il est rare de ne pas rencontrer l'une ou l'autre de ces plantes, soit dans les prairies naturelles, soit dans les lieux vagues et sur le bord des chemins. Ce qui caractérise encore davantage ces sols, c'est la possibilité d'y établir des prairies artificielles, avec l'une ou l'autre des espèces que nous venons de signaler.

Les terres dépourvues de calcaire ont une végétation spontanée tout à fait particulière ; la matricaire, l'oseille, la bruyère, l'ajonc, les fougères, les houlques, etc., caractérisent de pareils sols; si le terrain est humide, on rencontre en abondance les carex, les sphaignes, la pédiculaire, le jonc et la linaigrette.

Examen chimique du sol. — Mais à côté des observations géologiques et botaniques, il y a des moyens d'une grande simplicité pour déceler la présence du calcaire dans le sol: il suffit de traiter celui-ci par un acide, pour voir immédiatement se dégager des bulles d'acide carbonique, d'autant plus nombreuses que la terre est plus calcaire. Pour faire cet essai, il est bon, au préalable, de délayer une pincée de terre dans un peu d'eau, de manière à chasser les bulles d'air interposées, et d'ajouter ensuite soit de l'acide chlorhydrique, soit même du vinaigre. Le dégagement est abondant si la terre est riche en calcaire; quand elle est pauvre, il se forme seulement une mousse, et on voit de petites bulles crever à la surface du liquide. Cette opération peut donner, il est vrai, une indication sûre de la présence du calcaire, mais elle ne saurait, avec quelque précision, en déterminer la proportion; il faut recourir à l'analyse chimique et doser la chaux ou, ce qui est encore mieux, l'acide carbonique dégagé sous l'action des acides. On obtient alors le calcaire proprement dit. M. de Mondésir a imaginé un appareil destiné à déterminer rapidement ce qu'on peut appeler le calcaire actif du sol. Son procédé consiste à introduire un poids déterminé de terre dans un flacon muni d'un tube manométrique et à faire agir sur elle un acide faible; le dégagement d'acide carbonique fait monter le liquide contenu dans le tube manométrique, d'une quantité d'autant plus grande que la proportion de calcaire est plus élevée. Cet appareil, de construction très simple et d'un maniement facile, peut rendre de grands services pour la détermination du calcaire utile du sol.

Calcaire actif. — Nous savons, en effet, que c'est le calcaire à l'état très divisé qu'il faut envisager; celui qui existe en gros fragments ne prenant point part aux réactions du sol. Aussi, lorsqu'on veut déterminer si un sol contient suffisamment de carbonate de chaux, ou s'il a besoin qu'on lui en donne par des amendements, faut-il se garder de tenir compte des fragments de calcaire et faut-il opérer pour cette recherche seulement sur les éléments fins de la terre. Les plus actifs sont ceux qui, étant à un degré de ténuité extrême, se maintiennent pendant quelques instants en suspension dans l'eau avec laquelle on les agite, et se séparent ainsi très nettement des éléments plus grossiers, qui tombent immédiatement au fond de l'eau. On voit fréquemment des terres contenant des fragments de calcaire, des débris de coquilles, par exemple, qui passent au tamis de 1 millimètre, mais qui ne sont pas à l'état impalpable. De pareils sols ont souvent besoin d'amendements ; il faut donc attacher une très grande importance à l'état de division dans lequel se trouve le calcaire. On doit faire attention, lorsqu'on prépare l'échantillon pour l'analyse, d'éviter le broyage des cailloux et leur pulvérisation; on amènerait ainsi sous forme impalpable, du carbonate de chaux qui appartient à des blocs inertes, et on fausserait les résultats de l'analyse.

Lorsqu'il existe dans le sol de très grandes quantités de calcaire, il est rare qu'une fraction suffisante ne se trouve pas à l'état de finesse désirable, et il est alors peu intéressant pour l'agriculteur de pousser l'examen plus loin. Mais, dans le cas où la proportion de chaux est peu élevée, il n'en est pas ainsi; il devient nécessaire de procéder à un examen plus approfondi, non seulement pour déterminer si la chaux est bien à l'état de carbonate, mais encore pour s'assurer si le calcaire affecte l'état de finesse qui seul le rend utile. Alors, au lieu de se borner à faire, comme c'est l'habitude, un dosage en bloc de la chaux soluble dans les acides concentrés, il convient : 1° de déterminer, par le dosage de l'acide carbonique, la chaux qui existe réellement à l'état de calcaire; 2° d'examiner l'état de division de ce calcaire. La méthode de M. de Mondésir donne, sous ce rapport, des indications d'une grande utilité. Nous avons vu, en effet, que si la chaux se trouve à l'état de sulfate, de silicate, ou même d'humate, elle ne joue pas le même rôle que si elle se trouve à l'état de calcaire proprement dit. Nous avons vu, de plus, que c'est seulement sous forme impalpable qu'elle agit dans le sol ; c'est donc à la détermination du calcaire actif, c'est-à-dire existant à l'état de carbonate en poudre très fine, qu'il y a lieu de s'attacher.

Proportions de chaux nécessaires au sol. — Ceci étant établi, nous avons à examiner quelles sont les quantités de calcaire qui sont nécessaires pour mettre le sol dans de bonnes conditions de culture et de fertilité. Nous pouvons éliminer dès l'abord les terres très calcaires, dans lesquelles cet élément entre pour une portion importante et se trouve manifestement en suffisance ou en excès; toutes celles qui en contiennent au-dessus de 10 pour 100 peuvent être sans hésitation rangées dans cette catégorie.

Nous n'avons donc à nous occuper que de celles où la proportion de chaux est faible, et particulièrement des plus pauvres, auxquelles l'insuffisance de cet élément donne une infériorité manifeste.

Nous aurons à examiner la quantité de chaux à deux points de vue : 1° en tant qu'élément fertilisant nécessaire à la production des récoltes; 2° en tant que partie constituante de la terre et modificatrice de ses propriétés physiques et chimiques.

1° *Au point de vue de l'alimentation des plantes.* — Au premier point de vue, des quantités de chaux relativement faibles peuvent suffire; elles ne dépassent pas sensiblement celles de la potasse et de l'acide phosphorique. Ainsi que la potasse, la chaux est surtout absorbée par les parties végétales servant de fourrage et de litière; elle reste donc dans la ferme et retourne au sol avec le fumier. De faibles fumures au fumier de ferme suffisent à entretenir la quantité de chaux nécessaire à des récoltes moyennes. Si une terre contient autant de chaux que d'acide phosphorique, c'est-à-dire au voisinage de 1 millième, elle peut donc être considérée comme assez bien pourvue pour fournir la chaux absorbée par la production végétale.

2° *Au point de vue des réactions chimiques du sol.* — Bien différentes sont les considérations qui ont trait à la nature du sol; là, en effet, il faut que la chaux intervienne en quantité beaucoup plus considérable pour être en excès sur la matière organique et pour suffire aux réactions chimiques, auxquelles la présence du calcaire à l'état de carbonate est indispensable. Les réactions chimiques sont surtout : la combustion de la matière organique, la nitrification, et la double décomposition avec les sels d'ammoniaque et de potasse, qui permet à ces deux principes fertilisants d'être absorbés par le sol. Ces diverses fonctions éliminant constamment la chaux à l'état de bicarbonate, de nitrate, de sulfate et de chlorure, exigent que le sol contienne des quantités notables de calcaire pour que sa proportion ne soit pas sensiblement amoindrie.

La quantité ne peut pas se chiffrer, mais elle doit être d'autant plus grande que l'on emploie davantage de fumures organiques ou salines. Nous avons vu que plusieurs centaines de kilog. de calcaire disparaissent par an de la surface d'un hectare quand les sols sont moyennement fumés. Si le sol ne contenait que un ou deux millièmes de calcaire, un petit nombre d'années suffirait pour éliminer complètement celui-ci sous l'influence des réactions chimiques. D'ailleurs de si faibles quantités de calcaire ne se trouveraient plus vis-à-vis des engrais salins en excès tel, que la double décomposition, nécessaire à la fixation des principes fertilisants, puisse s'opérer; on verrait alors le sulfate d'ammoniaque et les sels de potasse, donnés comme fumure, enlevés en partie par les eaux qui traversent les terres.

3° *Au point de vue de l'ameublissement du sol.* — Le rôle du calcaire n'est pas moins important au point de vue de l'ameublissement du sol; on sait qu'il a sur les argiles une action qui enlève à celles-ci leur plasticité et les rend aptes à acquérir les propriétés des terres arables. C'est au calcaire que les terres franches doivent leur perméabilité et leur ameublissement.

Si la proportion en est trop peu élevée, les propriétés spéciales à l'argile prédominent, et l'on se trouve dans le cas des terres fortes, qui sont moins perméables, moins aptes à digérer les matières organiques et moins faciles à travailler. La dose de calcaire que doivent contenir les sols pour être suffisamment meubles est très variable, non seulement suivant la proportion d'argile, mais aussi suivant l'état de finesse qu'affecte le carbonate, de moindres quantités ayant besoin d'intervenir, si la division en est extrême. La présence d'éléments sableux, qui par eux-mêmes tendent à augmenter la perméabilité et dont l'action vient s'ajouter à celle du calcaire, peut rendre plus efficace le rôle d'une moindre proportion de chaux. Quoi qu'il en soit et d'une manière générale, on peut dire que dans des sols contenant une notable quantité d'argile, il faut plusieurs centièmes de calcaire pour que les propriétés des terres franches se dessinent; on voit même souvent des terres très argileuses en renfermer des doses assez notables, sans que la compacité de l'argile soit suffisamment atténuée.

Pour les terres légères, il n'en est pas ainsi; là, le calcaire ne doit pas apporter la perméabilité, puisque celle-ci existe à un degré exagéré; il doit plutôt servir à leur donner du corps, en se combinant avec la matière organique qui y est renfermée, pour former de l'humate de chaux, dont les propriétés agglutinantes sont bien connues. Il suffit d'avoir dans de pareils sols, au point de vue de leurs propriétés physiques, une moindre proportion de calcaire. A dose égale de carbonate de chaux, les terres légères sont donc plus calcaires que les terres fortes, et lorsque cet élément fait défaut, il n'est pas nécessaire d'en mettre autant, par le chaulage ou le marnage, dans les premières que dans les secondes.

Dans les terres riches en matières organiques, il faut qu'il y ait des quantités de calcaire assez importantes, pour que toute la matière humique soit saturée par la chaux. S'il en était autrement, on se trouverait dans le cas des tourbes, des terres de bruyères ou de landes, qui, à leur état naturel, ne peuvent presque pas être considérées comme des terres arables.

D'après ce qui précède, nous comprenons qu'il est difficile de fixer la limite à laquelle le sol ne contient plus assez de calcaire pour jouir de toutes ses propriétés, puisque cette limite varie avec les proportions des autres éléments. Aussi voyons-nous des terres légères renfermant moins de 1 pour 100 de calcaire se trouver suffisamment riches, alors que des terres fortes ne le sont pas assez avec 3 ou 4 pour 100.

L'analyse chimique seule est donc impuissante à déterminer si un sol se trouve avoir besoin d'amendements calcaires. Ce n'est que dans le cas où le calcaire est absent, ou en proportion par trop minime, que ce mode de recherche peut nous guider; mais pour les sols qui en contiennent une certaine quantité, tout en restant voisins de la limite inférieure, c'est la pratique agricole et l'expérimentation directe qui doivent suppléer à l'insuffisance des données analytiques. Il faut alors opérer des chaulages et des marnages sur de petites surfaces, afin d'en étudier l'effet sur les cultures et sur le sol; les résultats ne tardent pas à se manifester.

Principaux types de terres arables. — Passons en revue les différentes terres, en envisageant d'un côté leur origine géologique, qui règle leur richesse en carbonate, d'un autre côté l'ensemble de leur constitution qui, plus peut-être que la quantité de chaux, a une influence sur l'opportunité des applications d'amendements calcaires.

Terres essentiellement calcaires. — Examinons les régions dans lesquelles nous trouvons les types les plus caractéristiques de pareilles terres : La Champagne, et particulièrement la Champagne dite pouilleuse, appartenant à la formation crétacée, est constituée presque exclusivement par un sol crayeux, sorte de sable calcaire, cimenté par les éléments impalpables de carbonate de chaux rarement mélangé d'argile. Le calcaire forme presque toute la masse de cette terre, qui en contient jusqu'à 90 pour 100 de son poids. Ces sols sont faciles à travailler, mais l'absence des éléments fertilisants les plus importants les condamne presque à la stérilité; en effet, ils ne contiennent que peu de phosphate et seulement des traces de potasse; ils manquent en outre de matière organique et par conséquent d'humus et d'éléments azotés. Ces terres sont absolument déshéritées; lorsqu'elles ne sont pas améliorées, leur valeur est presque nulle; on les vendait à la holée. Elles sont abandonnées à l'assolement semi-pastoral (trios), comprenant quelques années de seigle et d'avoine à petits rendements, puis d'esparcette; aujourd'hui on préfère les planter en pins, utilisant ainsi presque sans frais leurs faibles qualités de production.

Pour améliorer ces terres, il faut leur donner avant tout les matières organiques qui leur apportent l'humus et l'azote; il faut leur donner également de la potasse et souvent de l'acide phosphorique, c'est-à-dire tous les éléments de la fertilité.

Les engrais verts et les matières organiques en général, additionnés de sels de potasse, transforment les sols crayeux en bonnes terres de culture. M. Tisserand a montré le parti qu'on peut tirer des terres de la Champagne pouilleuse, en y apportant les fumiers du camp de Châlons. Nous trouvons encore des exemples de cette transformation en Champagne même, dans les parties de la craie, voisines des villages; sur de grandes étendues dans la Somme, le Pas-de-Calais et le Nord, où des terrains de craie pouilleuse ont été modifiés par une culture soignée et industrieuse, au point de porter aujourd'hui d'admirables récoltes de blé et de betteraves.

Un exemple de terrains purement calcaires nous est encore fourni dans une partie du Périgord et dans les Charentes, dont les côteaux crétacés, autrefois couverts de vignobles qui donnaient des eaux-de-vie renommées, sont aujourd'hui dénudés et ne portent que des cultures chétives dont le sainfoin est la base. On cherche à y reconstituer les vignobles disparus, par l'introduction des rares plants américains qui prospèrent dans les terrains calcaires.

Dans le système oolithique nous trouvons : la plaine de la Champagne du Berry, où les terres rocailleuses, parsemées de calcaire lithographique, sont parcourues par des troupeaux de moutons; les côteaux arides du Châtillonnais, dont les terres sèches où les petites légumineuses abondent, conviennent particulièrement à l'élevage des moutons mérinos; dans le Midi, la région des Causses du Larzac, du Quercy, du Lot, de la Lozère, de l'Aveyron, immenses plateaux déserts, arides et pierreux, sans eaux, ni arbres, ni maisons; puis la région des Garrigues de l'Hérault et du Gard.

Ces terres presque stériles et dont l'amélioration est très coûteuse, nous semblent avoir pour destination spéciale, tantôt la production forestière, comme nous en voyons de beaux exemples dans l'oolithe des Ardennes et dans les montagnes du Jura; tantôt la production herbagère, lorsque le climat et les irrigations le permettent (fruitières du Jura).

Dans des conditions privilégiées, on a pu transformer les sols essentiellement calcaires en bonnes terres de culture, aptes à porter de belles récoltes, tels sont la plaine calcaire de Caen, le pays de Bray, quelques parties du Boulonnais, de la Champagne, de la Sarthe et du Belinois.

Aucune des terres que nous venons d'énumérer n'a besoin d'amendements calcaires, qui y constitueraient une véritable superfétation.

Terres franches. — Abordons l'étude des terres dans lesquelles le calcaire, mélangé d'autres éléments, entre en proportion notable, mais sans en former la masse. Lorsque le sable, l'argile et l'humus sont convenablement associés au calcaire, on se trouve en présence de terres franches constituant les véritables terres arables, fertiles par excellence, d'un travail facile, dans lesquelles tous les principes fertilisants se trouvent présents et qui constituent le milieu le plus favorable au développement végétal. La composition de ces terres dépend essentiellement de la proportion des différents éléments, aussi ne peut-elle pas se représenter par des chiffres moyens.

La proportion de chaux, de sable, d'argile, d'humus varie dans de grandes limites; l'association doit en être telle que les effets nuisibles des uns et des autres se neutralisent et que leurs effets favorables s'ajoutent. Ce sont les propriétés physiques plus encore que la quantité de calcaire, qui montrent si une terre doit être classée parmi les terres franches; lorsque les éléments sableux sont très abondants, une petite quantité de calcaire, soit 1 à 2 pour 100, suffit pour remplir le but; si, au contraire, les éléments argileux dominent, il faut une proportion de calcaire beaucoup plus grande, allant quelquefois jusqu'à 10 pour 100, pour que l'ameublissement soit convenable.

Les terres, remplissant ces conditions, sont disséminées pour ainsi dire dans toutes les formations géologiques; mais on les rencontre surtout là, où la disposition du terrain s'est prêtée à un mélange des différents éléments, comme c'est souvent le cas pour certaines alluvions; ou bien encore là, où une série d'améliorations foncières a apporté les éléments qui manquaient, comme c'est le cas pour des terrains tertiaires en Picardie, en Artois et même pour certaines parties de terrains primitifs ou de transition, telles que, par exemple, les côtes de Bretagne.

Les terres franches proprement dites peuvent se passer d'amendements calcaires, puisqu'elles contiennent déjà les quantités de chaux nécessaires pour leur donner toutes les qualités de bonnes terres de culture. On y voit du reste prospérer d'abondantes récoltes; les prairies artificielles y réussissent parfaitement et les prairies naturelles y sont riches en légumineuses.

Terres peu calcaires. — Après les terres franches qui ont du calcaire en suffisance et auxquelles il est inutile d'en donner comme amendement, nous avons à envisager celles qui, tout en en contenant une certaine quantité, sont cependant sensibles au chaulage et au marnage.

Ces terres sont très nombreuses; elles comprennent

les sols de toutes les catégories, depuis les terres légères ne renfermant que de petites quantités de calcaire, jusqu'aux terres fortes qui en contiennent quelquefois des quantités notables. Ici encore, et avec plus de raison que partout ailleurs, on peut dire que ce n'est pas la dose réelle de calcaire qui doit faire placer les sols dans cette classe, mais bien la constitution du sol lui-même, qui détermine la proportion de calcaire, au-dessous de laquelle les chaulages ou les marnages font sentir leurs bons effets.

Les terres légères ne sont pas généralement modifiées dans leur constitution physique par l'apport du calcaire; elles sont meubles et perméables par leur nature propre. Aussi, même avec une teneur de quelques millièmes de calcaire, peuvent-elles se passer d'un nouvel apport de cet élément; en effet, il leur suffit de contenir la chaux nécessaire à l'alimentation des plantes et le carbonate de chaux indispensable aux phénomènes de nitrification et de combustion. Si la matière organique y est abondante, de plus grandes quantités de calcaire sont utiles, parce qu'elle sature une partie du carbonate. Sans fixer des limites, on peut admettre qu'en général les terres légères se trouvent bien de l'apport de calcaire, lorsqu'elles en contiennent sensiblement moins de 1 pour 100.

Il n'en est point ainsi des terres fortes, c'est-à-dire de celles qui sont très argileuses. On sait que l'argile a une grande cohésion et que là, où elle prédomine, les terres sont impropres à la culture; leur imperméabilité, en effet, ne permet pas aux racines de s'y développer, ni aux eaux de s'écouler, et leur ténacité s'oppose au travail par les instruments de labour. Lorsqu'elles sont mises en présence du calcaire, leur état physique se modifie; il se produit une sorte de coagulation qui leur donne des propriétés nouvelles et permet leur culture. La proportion de calcaire qui détermine cet effet favorable a besoin d'être d'autant plus élevée, que l'argile est elle-même plus abondante et mélangée de moins grandes quantités d'éléments sableux ou de matières organiques. Là encore, il n'est donc pas facile de fixer une limite. Des terres fortes peuvent contenir plusieurs centièmes de calcaire, sans être pour cela insensibles à l'apport de nouvelles quantités, sous forme d'amendements; il n'est pas rare que des sols de cette nature, avec un taux supérieur à 2 pour 100 de calcaire, se trouvent modifiés très avantageusement par un chaulage ou un marnage. Encore cette opération n'a-t-elle un plein succès que si la terre contient en quantité suffisante du sable ou de la matière organique, qui aident à l'ameublissement; si ces éléments font défaut, on se trouve en présence de terres peu susceptibles d'être transformées et cultivées économiquement (marnes du Keuper et marnes du lias).

Terres dépourvues de calcaire. — Les terres dans lesquelles le calcaire manque complètement sont assez nombreuses; elles sont connues pour leur stérilité; c'est là que l'apport de chaux produit les effets les plus remarquables.

Toutes les terres d'origine exclusivement granitique sont dans ce cas : les landes de Bretagne, du Plateau central, du Morvan; les argiles de la Sologne et de la Brenne, les puisayes de la Bourgogne, en sont les types les plus accentués; il faut y ajouter les sables siliceux des Vosges provenant de la décomposition des grès. Ces terres sont de qualité très médiocre et ne peuvent porter de blé; à peine y obtient-on quelques maigres récoltes de seigle, d'avoine, de sarrasin, de pommes de terre et de topinambours. Les plantes spontanées qui les caractérisent, sont les digitales, les genêts, les ajoncs, les bruyères et, dans les parties humides, les joncs et les carex. Ces sols ont une tendance à accumuler la matière organique provenant des végétations qui se succèdent et, par suite, à devenir acides. En effet, en l'absence de calcaire, non seulement les débris organiques ne peuvent pas se consumer, mais encore, n'étant pas saturés par la chaux, ils se transforment en produits bruns à réaction acide, qui caractérisent les terres de landes et de bruyères, ainsi que les tourbes. Abandonnés à eux-mêmes, de pareils sols s'enrichissent pour ainsi dire indéfiniment en matières organiques et sont loin de s'améliorer spontanément.

Les terres de landes sont ordinairement constituées par des sables légers, provenant de la décomposition des granits ou des grès; elles sont meubles et perméables. Elles sont quelquefois formées par la décomposition des gneiss et des micaschistes, qui donnent naissance à des éléments plus fins; ce sont alors des sols compacts, souvent imperméables, où se produisent des tourbières. Dans les deux cas les sols sont complètement dépourvus de calcaire; la matière organique s'y accumule, et l'azote qu'elle renferme n'est pas apte à nitrifier. Pour les transformer en terres arables, on procède ordinairement à des chaulages, quelquefois à des marnages; la matière organique est alors saturée, elle forme de l'humus, son azote nitrifie et peut être absorbé par les plantes.

Les propriétés chimiques de la terre se modifient donc profondément par l'apport du calcaire; il en est de même des propriétés physiques, les sols légers prenant de la consistance par la formation de l'humus, les sols compacts et imperméables devenant meubles sous l'influence du même élément. Des effets merveilleux sont obtenus par le chaulage des landes, et on voit d'abondantes récoltes se produire à la place de la végétation misérable qui occupait primitivement le terrain. Mais généralement, comme ces terres manquent autant d'acide phosphorique que de chaux, on fait précéder l'application des amendements calcaires de celle du phosphate de chaux, dans le but d'utiliser au préalable les propriétés acides de la terre à la dissolution du phosphate, comme nous l'avons déjà expliqué, (tome II, page 508).

Tourbes. — Enfin les tourbes, qui ne sont, en somme, que l'accumulation d'énormes quantités de matières organiques dans des sols imperméables, ont leur acidité saturée par l'apport de la chaux et peuvent, par la nitrification subséquente, fournir aux cultures l'azote qu'elles avaient concentré à un état inerte.

Déperdition de la chaux. — Lorsque les terres sont très calcaires, il est inutile de se préoccuper de ce qui peut en être enlevé par les récoltes ou par les eaux de drainage. Une terre classée parmi celles qui sont calcaires, ou même une terre franche normale, contient toujours plusieurs centièmes de son poids de chaux; la réserve de cet élément est donc assez grande pour que l'élimination puisse être regardée comme insignifiante; les cultures se succéderont pendant des siècles sur de pareils sols, sans diminuer sensiblement le calcaire qu'ils renfermaient.

Mais il n'en est point ainsi, lorsque les terres ne renferment que de moindres quantités de calcaire, et surtout quand elles se trouvent près de la limite inférieure à laquelle cet élément est utile. L'épuisement peut alors avoir pour conséquence de modifier dans un sens défavorable les propriétés du sol, et même de lui faire perdre presque entièrement sa fertilité. Il est donc nécessaire de se préoccuper, pour ces terres, des causes qui enlèvent la chaux, et il y a lieu de remarquer que ces déperditions sont aussi considérables pour les terres peu calcaires que pour celles qui le sont beaucoup. Nous verrons plus loin quelles sont les quantités de chaux enlevées par les différentes récoltes. Nous n'avons à nous préoccuper ici que des causes qui rendent soluble le calcaire du sol et qui le disposent à s'éliminer avec les eaux d'écoulement.

1° *A l'état de bicarbonate.* — Nous avons vu que la combustion de la matière organique, si active au sein de la terre, donne naissance à de l'acide carbonique; aussi l'atmosphère du sol est-elle très chargée de ce gaz; elle en contient, dans des terres moyennes, environ 1 pour 100 de son volume, et dans les terres riches en matières organiques, jusqu'à 10 pour 100.

Les liquides circulant dans le sol sont donc chargés d'acide carbonique. La quantité de carbonate de chaux que ce liquide peut dissoudre pour former du bicarbonate est d'autant plus grande que le mélange gazeux est plus riche en acide carbonique; c'est-à-dire que la dissolution est en raison de la tension de l'acide carbonique dans le mélange gazeux. M. Schlœsing, qui a fait une étude approfondie de cette question, a trouvé que dans une atmosphère contenant environ 1 pour 100 d'acide carbonique, comme dans les terres moyennes, un litre d'eau peut dissoudre, à la faveur de l'acide carbonique, 196 milligr. de carbonate de chaux. Ce chiffre, vérifié par l'analyse des eaux de drainage, permet de calculer la quantité de carbonate de chaux enlevée annuellement à un hectare de terre arable par les eaux pluviales qui le traversent. En admettant, ce qui est le cas pour les régions du centre de la France, que la hauteur d'eau tombée par an soit de $0^{m}60$, dont un cinquième s'écoule à l'état d'eau de drainage, nous avons de ce chef une élimination de 235 kilog. de carbonate de chaux, par an et par hectare.

Dans les sols où la matière organique est plus abondante et où, par suite, l'atmosphère est plus chargée d'acide carbonique, cette perte de calcaire est considérablement augmentée.

On voit que l'entraînement de la chaux à l'état de bicarbonate est loin d'être négligeable et que, dans le cas des terres pauvres en calcaire, il faut se préoccuper de cette cause de déperdition. Les cours d'eau, formés par les eaux qui s'écoulent naturellement des sols, enlèvent incessamment aux continents d'énormes quantités de calcaire et le déposent au sein des mers, par suite du départ de l'acide carbonique.

2° *A l'état de nitrate.* — Il y a encore d'autres causes de déperdition; nous avons vu que le nitrate de chaux, si abondant au sein de la terre, provient du carbonate de chaux qui s'est solubilisé, au contact de l'acide nitrique produit par la fermentation. Le nitrate de chaux est essentiellement soluble; le pouvoir absorbant ne s'exerce pas sur lui, et il a une très grande tendance à être enlevé par l'eau qui traverse le sol. Nous avons vu que son départ est une cause importante de déperdition pour les engrais azotés; c'en est une également pour la chaux. Plus la quantité de nitrate produit dans la terre est élevée, plus est grande de ce chef la solubilisation de la chaux. Dans les terres riches en matières organiques, la nitrification est plus abondante; il y a donc une corrélation entre l'élimination de la chaux à l'état de bicarbonate et l'élimination à l'état de nitrate, les deux causes augmentant simultanément d'intensité avec la richesse du milieu. En empruntant un exemple aux expériences de Rothamsted, où pour une année la déperdition d'azote nitrique a été de 45 kilog. par hectare, on calcule que la proportion de calcaire entraîné à l'état de nitrate est de plus de 150 kilog. Ce chiffre peut même être de beaucoup dépassé pour les terres qui ont reçu des fumures azotées.

Le nitrate de soude et le nitrate de potasse donnés au sol comme engrais, provoquent aussi une perte de chaux sous forme de nitrate, perte d'autant plus grande que celle de l'azote nitrique l'est elle-même davantage.

3° *A l'état de sulfate.* — Le sulfate de chaux qui peut être naturellement contenu dans le sol est sujet par sa solubilité même à être entraîné, mais cet entraînement ne cause pas une diminution du calcaire proprement dit. Il en est tout autrement lorsqu'on donne comme fumure des sulfates, tels que ceux d'ammoniaque, de potasse, de magnésie, de fer, etc.; l'acide sulfurique de ces sels se porte sur le calcaire et produit du sulfate de chaux, qui se dissout dans le liquide du sol. Quoique ce sel ne soit pas très soluble, l'eau qui traverse la terre dans le courant d'une année est cependant plus que suffisante pour dissoudre les quantités formées. L'élimination est d'autant plus intense que la proportion de sulfate introduit dans le sol est plus élevée. Par exemple, une fumure de 200 kilog. de sulfate d'ammoniaque enlèvera environ 65 kilog. de calcaire.

4° *A l'état de chlorure.* — Les chlorures qu'on ajoute au sol ont une action pareille; c'est le chlorure de potassium qui est le plus usité; sa potasse reste dans les parties supérieures du sol et le chlore s'élimine à l'état de chlorure de calcium. Le chlorure de magnésium, qui s'y trouve mélangé, produit le même effet. L'application de chlorure de potassium à la dose de 200 kilog. enlève 65 kilog. de carbonate de chaux.

Toutes ces causes réunies déterminent une élimination notable de calcaire, dont on n'a point à s'inquiéter quand le sol en contient de grandes quantités, mais qui doivent préoccuper l'agriculteur dont les terres sont pauvres en chaux et le disposer à recourir à des chaulages et à des marnages pour maintenir cet élément essentiel de la fertilité.

§ II. — RAPPORTS DE LA CHAUX AVEC LES RÉCOLTES.

Formes de la chaux dans le végétal. — La chaux existe dans toutes les parties végétales et se retrouve dans les cendres; mais ce n'est pas sous la forme qu'elle affecte dans le sol qu'elle s'est emmagasinée dans les plantes; elle s'y trouve en combinaison avec les acides végétaux, tels que les acides oxalique, tartrique, malique, pectique, etc., ou avec les substances neutres, telles que les gommes. Elle paraît jouer un rôle physiologique important, en saturant les substances qu'elle immobilise en quelque sorte à un état passif. En combinaison avec les corps pectiques, elle entre pour une proportion importante dans la constitution des tissus; le pectate de chaux concourt avec la cellulose à la production des cellules. La chaux doit donc être considérée comme un élément constitutif des végétaux, indispensable à la production des récoltes. Cependant sa proportion ne paraît pas être invariable, et les plantes peuvent vivre et se développer dans des terres extrêmement pauvres en calcaire; elle sont alors elles-mêmes moins chargées de chaux que si elles avaient vécu dans un sol plus riche; de Saussure a montré, par exemple, que des rhododendrons poussés dans des terres jurassiques contiennent trois fois plus de chaux que ces mêmes plantes venues sur des sols granitiques. Mais la chaux doit toujours être présente dans le sol, et le développement végétal ne saurait exister, sans qu'il y en eût une petite quantité; dans des sols granitiques où l'analyse peut à peine déceler les faibles traces de chaux, la plante en trouve encore pour ses besoins et la concentre dans ses tissus.

Quelquefois aussi la chaux existe dans les végétaux d'une manière accidentelle, sans paraître y jouer un rôle utile, surtout dans les plantes venues sur des sols riches en calcaire. Sans envisager ici les cas extrêmes, examinons les principales récoltes, provenant de sols de composition moyenne, au point de vue de leur richesse en chaux, afin de déterminer l'appauvrissement qu'elles produisent par leur exportation.

Teneur en chaux des plantes cultivées. — Nous passerons en revue les principales d'entre elles, en rapportant la quantité de chaux à 100 de produit récolté :

Céréales

	Grain.	Paille.
Blé	0.06	0.26
Seigle	0.05	0.36
Orge	0.05	0.33
Avoine	0.10	0.36
Maïs	0.03	0.50
Sarrasin	0.10	1.91

La chaux s'est concentrée principalement dans la tige et dans les feuilles; les grains n'en contiennent que de très petites quantités.

Légumineuses cultivées pour leurs graines.

	Grain.	Paille.
Haricot	0.20	1.86
Pois	0.12	1.86
Fèverole	0.15	1.35
Lentille	0.10	2.00

Ici encore nous voyons que les fanes renferment la plus grande partie de la chaux; elles sont mêmes beaucoup plus riches que les pailles de céréales.

Plantes industrielles.

	Grain.	Paille.
	—	—
Colza	0.52	1.01
Pavot	1.85	1.50
Lin	0.27	0.83
Tabac : pour 100 de feuilles sèches	7.52	

Les graines de ces diverses plantes sont plus riches en chaux que celles des précédentes, parce que leur testa est formé en grande partie de pectate de chaux.

Plantes cultivées pour leurs racines et leurs tubercules.

	Racines ou tubercules.	Feuilles ou fanes.
	—	—
Carotte	0.09	0.86
Navet	0.08	0.45
Rutabaga	0.09	0.84
Betterave fourragère	0.04	0.17
— à sucre	0.05	0.36
Pomme de terre	0.02	0.50
Topinambour	0.05	0.91

Ici encore nous voyons la chaux beaucoup plus abondante dans les parties feuillues.

Plantes fourragères.

Ray-grass en vert	0.16
Herbe de prairie en vert	0.27
— en foin	0.77
Maïs en vert	0.12
Seigle en vert	0.12
Choux : feuilles	0.25
— tiges	0.15
Trèfle rouge en foin	1.92
Luzerne. —	2.88
Sainfoin. —	1.46
Vesces. —	1.93

De ces chiffres, il ressort nettement que les légumineuses contiennent beaucoup plus de chaux que les autres plantes fourragères; aussi sont-elles, comme nous le verrons, presque exclusivement propres aux terrains calcaires.

Cultures arbustives.

Vigne :	vin	0.02
—	marc	0.50
—	feuilles	2.40
—	sarments	0.52
Pommiers :	pommes	0.14
—	feuilles	0.67
—	bois	0.95

Les feuilles sont le plus riches en chaux et le fruit n'en contient que de faibles proportions; le vin en particulier n'en renferme que des traces et la chaux qui existait dans le raisin se retrouve en majeure partie dans le marc. Calculons, d'après les données précédentes, les quantités de chaux qui sont enlevées à un hectare de sol par des récoltes moyennes, en comprenant l'ensemble de la plante telle qu'elle est récoltée, c'est-à-dire en réunissant la paille et le grain, les feuilles et les racines, etc.

Plantes céréales.

	kil.
Blé	7.8
Orge	10.0
Seigle	13.7
Avoine	8.8
Maïs	15.4
Sarrasin	39.7

Légumineuses (graines).

	kil.
Haricot	24.8
Pois	66.9
Fèverole	37.7
Lentille	35.2

Plantes industrielles.

	kil.
Colza	97.0
Œillette	67.2
Lin	30.3
Chanvre	152.0
Tabac	112.8

Racines et tubercules.

	kil.
Carotte	113.0
Navet	87.5
Rutabaga	208.5
Betterave fourragère	50.0
— à sucre	58.2
Pomme de terre	24.6
Topinambour	50.5

Plantes fourragères.

	kil.
Foin de prairie	46.2
Seigle vert	24.0
Maïs fourrage	72.0
Choux	123.0
Trèfle rouge	153.6
Luzerne	288.0
Sainfoin	65.7
Vesces	77.2

Cultures arbustives.

	kil.
Vigne	92.25
Pommier	19.01

Production forestière.

	kil.
Chêne	36.09
Hêtre en futaies	96.34
Épicéa	70.01
Pin	28.09

On peut dire qu'en général, pour la production des céréales, la plante n'exige qu'une quantité de chaux environ moitié moindre de celle de l'acide phosphorique et ne dépassant pas sensiblement le 1/3 de la potasse. L'appauvrissement en chaux, du fait de la culture des céréales, peut donc être regardé comme insignifiant, et il n'y a pas à s'occuper d'une restitution de cette base. L'apport d'engrais phosphatés suffira à lui seul pour compenser, et au delà, ce qu'enlèvent ces cultures.

Les légumineuses cultivées pour les graines prennent des quantités de chaux un peu plus importantes. Cette chaux n'est pas contenue dans les grains, mais dans les fanes qui restent, soit sur le sol lui-même, soit dans l'exploitation et retournent à la terre. On peut donc dire qu'elles n'appauvrissent pas le sol de ce chef. Les quantités de chaux nécessaires au développement de ces plantes n'expliquent pas pourquoi il leur faut des sols calcaires; cela tient plutôt à la nature physique du terrain qu'à la proportion de chaux qui y est contenue.

Les plantes industrielles prennent des quantités de chaux variables, généralement presque doubles de la quantité d'acide phosphorique. Mais cette chaux est principalement contenue dans la partie qui n'est pas exportée; les graines oléagineuses, la filasse n'en contiennent pas beaucoup; il n'en est pas ainsi pour le tabac, dont les feuilles renferment des doses élevées de chaux.

Les plantes cultivées pour leurs racines et leurs tubercules exigent autant et même plus de chaux que d'acide phosphorique, mais beaucoup moins que de potasse. Cette chaux existe principalement dans les feuilles; ici encore il n'y a pas d'exportation notable, même alors que les racines et les tubercules sont employés hors du domaine, puisque les feuilles ou les fanes restent sur le sol, ou bien servent comme litière ou comme nourriture.

Les plantes fourragères proprement dites contiennent plus de chaux que d'acide phosphorique, et ce sont particulièrement les légumineuses qui enlèvent à la terre de notables quantités de cette base; elles en contiennent généralement autant et quelquefois plus que de potasse. Aussi les légumineuses sont-elles des plantes essentiellement propres aux sols calcaires.

La vigne absorbe des quantités appréciables de chaux, principalement par ses feuilles; mais comme celles-ci tombent sur le sol et qu'elles s'incorporent de nouveau à la terre, il n'y a pas là une exportation sensible hors du domaine.

Nous voyons donc que la chaux est surtout concentrée dans les parties végétales, fourrages, pailles, fanes, qui sont employées dans la ferme et restituées au sol avec les fumiers; il n'y a donc pas de cause d'appauvrissement appréciable en chaux, les parties exportées n'en contenant que de faibles quantités. En outre, par la forme fixe et insoluble qu'elle affecte dans les fumiers, elle n'est pas sujette aux mêmes déperditions que l'azote ou la potasse, dont une partie seulement est rendue au sol.

Au point de vue de sa répartition dans les organes végétaux, elle suit la potasse; comme cette dernière, elle existe en majeure partie dans les organes foliacés et dans les racines. Ces deux éléments s'accompagnent et se retrouvent ensemble dans le fumier; ils diffèrent en cela de l'acide phosphorique qui existe principalement dans les graines et qui est enlevé du domaine.

Si nous envisageons d'une manière générale l'absorption de la chaux par les différentes cultures, nous voyons que cette base n'est pas enlevée en quantité supérieure à celle de l'acide phosphorique, ni surtout de la potasse. Il suffit, pour qu'un sol fournisse aux besoins des cultures, qu'il contienne des quantités de chaux voisines de celles de l'acide phosphorique et de la potasse, c'est-à-dire aux environs de 1 à 2 millièmes. Or la chaux est un élément beaucoup moins rare que ces deux éléments, et dans les sols qui ne sont pas placés dans des conditions tout à fait exceptionnelles, elle existe toujours en quantité suffisante pour fournir aux besoins des récoltes les plus intensives.

Quoique la chaux soit indispensable à la production des récoltes, on voit que celles-ci n'ont pas de grandes exigences sous ce rapport et qu'elles n'en enlèvent jamais au sol que des quantités relativement faibles. Au point de vue de la nutrition végétale, c'est-à-dire à titre d'engrais proprement dit, la chaux n'a donc qu'une importance secondaire, parce que la plupart des sols en contiennent suffisamment pour satisfaire aux besoins directs des plantes; mais c'est comme amendement destiné à améliorer la terre qu'elle a un effet indirect sur la récolte; c'est donc à la terre même que s'appliquent les chaulages et les marnages, et non pas à la plante. Sous ce rapport, l'emploi des amendements calcaires se rapproche des façons culturales, destinées à améliorer le sol au point de vue de son ameublissement et de ses réactions chimiques; il correspond en outre à une véritable fumure, puisqu'il met en circulation des principes fertilisants immobilisés dans le sol. Il faut donc s'attendre à voir toutes les récoltes heureusement influencées par le chaulage ou le marnage et, dans les effets que produisent ces opérations, il est difficile de discerner la part qui revient à la chaux elle-même.

Dans certains cas pourtant, le calcaire agit directement sur la plante par l'apport même de la chaux :

tel est le cas des plantes calcicoles, trèfles, luzernes, sainfoins, etc., qui peuvent prospérer à la faveur d'un fort amendement calcaire dans les sols où auparavant leur culture était impossible.

CHAPITRE II.

CHAULAGE.

Pour fournir au sol la chaux qui lui fait défaut, plusieurs procédés sont à notre disposition; ils se rattachent tous au chaulage et au marnage. Par le marnage, on donne la chaux sous forme de carbonate, à l'état même où on l'extrait du sol; par le chaulage, on la donne après cuisson du minerai constituant la pierre à chaux. La cuisson permet de tirer parti de la chaux, même de celle qui se présente à l'état de roche dure. Cette opération, en éliminant l'acide carbonique, réduit notablement le poids de la matière et conséquemment les frais de transport. Le produit obtenu a en outre la propriété de se déliter et de prendre, sans frais de manipulation, la forme de poussière extrêmement fine, permettant sa diffusion dans le sol. L'expérience a de plus appris que la chaux caustique a des effets beaucoup plus rapides que ceux du carbonate, même quand on l'emploie en quantité moindre. Ces diverses raisons expliquent pourquoi la pratique du chaulage est adoptée sur une vaste échelle, surtout dans les pays où le calcaire ne se présente pas sous une forme divisée, comme la marne, et dans ceux où il y a des frais de transport élevés.

Nous aurons à insister sur les avantages respectifs du chaulage et du marnage. C'est par l'étude du premier système que nous croyons devoir commencer, parce qu'il constitue la manière la plus simple d'apporter au sol la chaux dont il a besoin. Cette chaux étant fournie directement à l'état de chaux, il nous sera plus facile d'apprécier ses effets dans le sol, d'y suivre ses réactions, les transformations qu'elle subit elle-même, ou qu'elle fait subir aux divers éléments de la terre; et cette étude facilitera celle que nous aurons à faire du marnage.

§ I. — LA CHAUX.

La chaux, considérée comme espèce chimique, ou oxyde de calcium, est formée par la combinaison du calcium et de l'oxygène; on l'obtient par le dédoublement du carbonate de chaux, [$CaO, CO^2 = CaO + CO^2$].

Ce dédoublement s'opère sous l'influence d'une température élevée. La fabrication industrielle de la chaux repose donc sur un principe très simple. Nous allons voir que les moyens mis en œuvre pour obtenir cette chaux ne présentent aucune complication.

Fabrication de la chaux. — La pierre à chaux peut être considérée comme essentiellement formée de carbonate de chaux, de silicate et de petites quantités d'eau. En opérant la cuisson, on élimine la totalité de l'eau et de l'acide carbonique, et on réduit ainsi le poids dans une forte proportion : 100 de carbonate de chaux perdent dans cette opération 44 d'acide carbonique; c'est donc d'environ la moitié de son poids que cette substance est réduite. Le départ de l'acide carbonique commence à s'effectuer à 300°; mais il n'est complet que si l'on porte la chaleur au rouge vif.

Fabrication industrielle. Fours à chaux. — L'industrie de la chaux, qui est très importante dans beaucoup de régions, s'efforce de produire de grandes quantités de matière en peu de temps et avec le moins de frais possible. Comme les frais sont constitués principalement par la dépense de combustible, c'est à utiliser au maximum le feu de ses fours qu'elle s'attache principalement; la grande masse de produits qu'elle fabrique, permet des installations importantes sur lesquelles l'agriculteur ne saurait prendre modèle. L'industrie opère dans des fours plus ou moins perfectionnés que nous n'avons pas l'intention de décrire; les uns sont à feu intermittent, les autres à feu continu. Dans les premiers, les plus simples, on cuit une charge complète à la fois et on laisse refroidir pour retirer la chaux. Les fours à feu continu ne s'éteignent jamais; on retire par le bas la chaux qui est cuite, et en même temps on charge par en haut une quantité de calcaire qui remplace celle que l'on a enlevée. Les fours sont chauffés soit en disposant le combustible par couches alternatives avec le calcaire, soit en le faisant brûler dans des foyers, de telle sorte que les gaz de la combustion sont seuls en contact avec le calcaire.

Fabrication agricole. — L'agriculteur a souvent intérêt à fabriquer lui-même la chaux pour ses besoins personnels; dans ce cas, il doit éviter des installations coûteuses et se contenter de procédés qui n'entraînent pas à de grandes dépenses.

Cuisson en tas. — La disposition du calcaire en tas permet d'opérer la cuisson sans construction spéciale. Voici la manière d'opérer qu'on adopte généralement : on dispose une aire circulaire de 5 à 6 mètres de diamètre et on creuse, suivant un rayon, un fossé qui va du centre de l'aire jusqu'à sa circonférence. Ce fossé, destiné à recevoir le combustible qui doit allumer le tas, est recouvert d'une voûte en pierres à chaux, laissant quelques vides entre elles, de manière à livrer passage à la flamme. Lorsque cette sorte de carneau est construit, on procède à l'établissement du tas en plaçant alternativement des couches de calcaire et de combustible, jusqu'à une hauteur de 4 à 5 mètres. Le nombre des couches alternatives doit être de 15 à 20; les pierres sont placées debout et inclinées légèrement vers le centre du tas. Comme la chaleur n'est pas égale dans toute la masse, on met les couches de pierre les plus épaisses à l'endroit où la température est le plus élevée, c'est-à-dire au centre; à la circonférence, où elle est le moins élevée, on réduit l'épaisseur des pierres. On obtient ainsi un tas d'une forme arrondie qui, par sa disposion même, offre une certaine solidité et ne s'écroule pas sous l'action de la cuisson ni sous celle du retrait qui se produit ensuite. La construction terminée, on recouvre le tout d'une couche d'argile humide, sur une épaisseur de 7 à 8 centimètres et on l'entoure d'une enveloppe de pierres sèches qu'on pose à plat. Pour allumer le tas, on place dans le carneau du bois ou des fagots qu'on enflamme; lorsque la combustion commence à se produire dans la masse, on ferme le carneau et de temps en temps on pratique vers la base du tas des ouvertures qui permettent l'introduction de l'air. Ces ouvertures ou évents sont déplacés graduellement, de manière à obtenir une certaine régularité dans la combustion et à laisser l'air pénétrer successivement dans les différents points de la masse.

On estime que la construction d'un tas de 40 à 60 mètres cubes de calcaire occupe 6 à 8 ouvriers pendant 4 jours; la cuisson doit durer de 5 à 6 jours, au bout desquels on peut retirer la chaux; les 3/4 environ se présentent à l'état de morceaux et l'autre quart à l'état de poussières et de débris mélangés de cendres.

Le combustible qui convient le mieux pour cette cuisson et ce genre de disposition est la houille, qu'on peut superposer facilement et qui, formant un combustible peu volumineux, ne disloque pas le tas par sa disparition. Le bois, les fagots, etc., ne sauraient convenir à la cuisson du calcaire opérée par ce procédé.

FOURS DE CAMPAGNE. — Les fours de campagne sont d'un emploi encore plus facile; ils s'appliquent particulièrement aux petites fabrications et peuvent être alimentés par du bois, des fagots et en général par les combustibles qu'on a à sa disposition.

Ces fours sont constitués par une espèce de cuvette verticale qu'on établit sur le flanc d'une colline, d'un talus, d'un chemin creux, etc. Les parois sont formées des pierres mêmes qu'on emploie à la cuisson, mais d'une assez grande dimension et qu'on pose à sec, en les appuyant contre le talus.

A la partie supérieure de ce four, on laisse une ouverture appelée gueulard, d'environ $1^{m}50$, et on élargit le four en descendant, de manière à lui donner une largeur d'environ $2^{m}50$. A la partie inférieure, on établit une voûte formée de grosses pierres calcaires sous laquelle se trouve le foyer communiquant avec le dehors par une sorte de carneau également en pierre sèche. Sur la voûte on commence à placer les morceaux les plus gros, et on finit de remplir en mettant les plus petits à la partie supérieure.

La disposition dans un talus a l'avantage, non seulement de donner de la solidité au four, mais encore d'en permettre l'accès à la partie inférieure, aussi bien qu'à la partie supérieure.

Le foyer est chargé de bois, de souches, de racines et en général de combustibles de qualité inférieure, qu'on allume de manière à entretenir pendant environ 24 heures un petit feu destiné à sécher le calcaire et à l'échauffer graduellement. Le lendemain on active le feu, on amène la température au rouge vif et on la maintient à ce point pendant 24 à 36 heures. A partir de ce moment, on modère de nouveau le feu, pour le laisser tomber quelques heures après. Pour apprécier si la cuisson tire à sa fin, on observe la diminution de volume de la masse; les chaufourniers habiles jugent facilement, d'après le vide qui s'est produit à la partie supérieure, à quel moment on peut regarder la cuisson comme terminée.

Les fours construits dans les conditions que nous venons d'indiquer, peuvent avoir des dimensions variables et donner depuis 10 jusqu'à 50 mètres cubes de chaux. On estime qu'il faut environ 500 à 600 kilog. de bois ou de souches pour chaque mètre cube de chaux obtenue.

Par ce procédé, la plus grande partie du bâtis se trouve amenée à l'état de chaux vive en même temps que la charge. La voûte et les parties intérieures des parois sont dans ce cas; les pierres extérieures seules échappent à la cuisson; on les élimine facilement. Le four est démoli après chaque opération; il y a donc une certaine main-d'œuvre qui se renouvelle à chaque cuisson.

Aussi ces fours sont-ils souvent construits de manière à pouvoir servir indéfiniment; les parois sont alors formées d'une maçonnerie en briques, et le foyer est muni d'une grille et d'un cendrier. La charge et la cuisson se font comme dans le cas précédent. Après le refroidissement, on vide et on nettoie le four qui est prêt à recevoir une nouvelle charge. Le foyer doit être approprié au combustible qu'on emploie.

Les modèles de ces fours sont extrêmement nombreux. Il en est de même des fours à cuisson continue qu'une fabrication industrielle peut seule utiliser. Nous nous plaçons ici uniquement au point de vue de l'agriculteur qui veut produire lui-même la chaux nécessaire à son exploitation, et qui peut le faire économiquement dans le cas où la pierre calcaire et le combustible sont abondamment à sa disposition.

Quel que soit le procédé employé, la pratique a reconnu que la présence de vapeur d'eau et l'afflux d'un volume d'air considérable favorisent la cuisson. Le calcaire humide, récemment extrait, se cuit plus facilement que le calcaire sec; la décomposition de ce dernier est rendue plus rapide et plus parfaite par un arrosage préalable. Il faut éviter soigneusement les refroidissements brusques et se garder de laisser tomber le feu pendant la marche.

Lorsque la cuisson est terminée, le calcaire a subi une diminution de volume qui est ordinairement de 10 à 20 p. 100; la chaux se présente alors en majeure partie à l'état de morceaux, et en partie aussi à l'état de poussières et de petits fragments; elle est généralement d'un blanc grisâtre, très poreuse. Elle absorbe l'eau avec une grande avidité, en s'échauffant beaucoup et en se délitant pour se tranformer en chaux éteinte.

Propriétés de la chaux. — La chaux, telle qu'elle sort des fours, porte le nom de chaux vive; à cet état, elle est anhydre et offre une dureté assez grande. Sous l'influence de l'humidité, elle s'hydrate, c'est-à-dire elle absorbe l'eau et forme avec elle une véritable combinaison (hydrate de chaux, CaO. HO); elle est alors transformée en chaux éteinte. Si cette combinaison se fait lentement, ce qui arrive lorsqu'on la laisse s'opérer spontanément, on n'observe pas de dégagement de chaleur; mais lorsqu'elle est brusque, c'est-à-dire lorsqu'on humecte la chaux avec une certaine quantité d'eau, une partie de l'eau se dégage à l'état de vapeur; la température s'élève beaucoup, et, si la masse est considérable, assez pour déterminer l'inflammation des matières organiques.

Dans les deux cas, la chaux, se transformant en hydrate, augmente considérablement de volume; elle *foisonne*, suivant l'expression consacrée, en même temps elle se *délite* et se réduit en une poudre extrêmement fine. C'est là le caractère qui, au point de vue agricole, offre le plus grand intérêt; nous avons vu en effet, à diverses reprises, que l'activité d'une matière fertilisante dépend beaucoup de son état de division et de diffusion dans le sol. C'est toujours à l'état de chaux éteinte qu'elle exerce son action, car, même lorsqu'on applique de la chaux vive, elle ne reste que peu de temps sous cette forme et devient rapidement, sous l'influence de l'humidité, de la chaux éteinte. Les effets que nous allons décrire s'appliquent donc en réalité toujours à la chaux éteinte, alors même que c'est la chaux vive qu'on a primitivement employée.

La chaux vive, aussi bien que la chaux éteinte, est éminemment caustique et agit sur les matières organiques comme un agent chimique d'une grande énergie. Elle absorbe l'acide carbonique avec d'autant plus de rapidité qu'elle est plus divisée; elle se transforme alors en carbonate de chaux qui se présente sous la forme de poussière très fine, analogue à la craie; elle sature les acides libres et chasse de leurs combinaisons les bases moins puissantes.

La chaux est sensiblement soluble dans l'eau, qui en dissout environ 1 gramme à 1 gr.5 par litre. Cette solution porte le nom d'*eau de chaux;* elle est légèrement caustique et absorbe l'acide carbonique en se troublant. Lorsqu'on délaye la chaux éteinte dans une certaine quantité d'eau, on obtient une bouillie blanche qu'on appelle *lait de chaux* et dans laquelle la chaux se maintient en suspension pendant quelque temps. Le lait de chaux est clair ou épais, suivant les proportions relatives d'eau et de chaux éteinte qu'on emploie; il participe, d'ailleurs, à toutes les propriétés que possède cette dernière.

Différentes qualités de chaux. — Suivant la composition des pierres à chaux mises en cuisson, on obtient des chaux de qualités très différentes, que nous allons passer en revue.

Chaux grasses. — Lorsque le calcaire n'est mélangé que de petites quantités de matières siliceuses, il fournit des chaux sensiblement pures, appelées chaux grasses, ne laissant presque aucun résidu par leur dissolution dans les acides. Elles ont la propriété de se déliter avec la plus grande facilité sous l'influence de l'eau, en dégageant beaucoup de chaleur et en augmentant considérablement de volume. Non seulement à cause de leur pureté, mais surtout à cause de leur foisonnement, les chaux grasses ont la valeur la plus élevée, tant pour les usages agricoles que pour les usages industriels.

Chaux maigres. — Lorsqu'au contraire les pierres à chaux contiennent des quantités sensibles de matières sableuses, elles donnent naissance à des chaux maigres; celles-ci ont ordinairement une couleur grisâtre; attaquées par l'acide chlorhydrique, elles laissent toujours un résidu sableux, dur au toucher, et dont le poids est très variable. Elles se délitent d'autant moins facilement que la proportion de sable est plus élevée; elles foisonnent beaucoup moins sous l'action de l'eau que la chaux grasse et ont, pour toutes ces raisons, une valeur moins grande.

Chaux hydrauliques. — Les calcaires accompagnés

de matières argileuses, dans la proportion de 10 à 20 pour 100, fournissent par la cuisson des produits jaunâtres, appelés chaux hydrauliques. Une partie de la chaux s'est combinée pendant la cuisson avec la silice et a formé des produits qui entravent ou empêchent le délitement et qui foisonnent à peine sous l'action de l'humidité. La propriété dominante de ces chaux, c'est de faire prise avec l'eau et de durcir dans l'espace de quelques jours.

Chaux magnésiennes. — Beaucoup de calcaires contiennent du carbonate de magnésie, en proportion quelquefois très élevée; tel est le cas des dolomies, qui en renferment de grandes quantités. La cuisson de ces matériaux s'opère comme celle d'un calcaire ordinaire, et le carbonate de magnésie est décomposé de la même manière que le carbonate de chaux. Les chaux magnésiennes foisonnent et se délitent moins que les chaux pures; on peut cependant les employer pour l'agriculture.

Composition. — Nous donnons dans le tableau ci-contre quelques exemples de la composition des diverses variétés de chaux.

On trouve dans la chaux de petites quantités de phosphate qui accompagnent presque toujours le calcaire; mais cette proportion n'est jamais assez élevée pour pouvoir entrer en ligne de compte dans la valeur des chaux employées en agriculture.

La potasse y existe aussi quelquefois, surtout dans les chaux hydrauliques qui renferment de l'argile; elle se rencontre particulièrement dans les parties fines ou poussières produites par la cuisson au bois; elle provient alors des cendres qui s'y trouvent mélangées.

Dans les chaux cuites à la houille, on constate la présence de sulfate de chaux; la proportion de plâtre est

NATURE ET ORIGINE.	COMPOSITION DU CALCAIRE.					COMPOSITION DE LA CHAUX.				
	Carbonate de chaux.	Carbonate de magnésie.	Oxyde de fer.	Argile.	Sable.	Chaux.	Magnésie.	Oxyde de fer.	Argile.	Sable.
Chaux très grasse (Vaugirard)............	98,5	0,0	»	1,5	»	97,2	»	»	2,8	»
— grasse (Ain)......................	94,0	1,6	3,9	0,5	»	91,6	1,5	»	6,0	»
— peu grasse, magnésienne (Allier)...	87,2	10,0	2,8	»	»	86,0	9,0	»	5,0	»
— très maigre, magnésienne (Aveyron).	60,9	30,3	8,8	»	0,0	60,0	26,2	13,8	0.0	»
— — (Dordogne)...........	77,8	0,0	»	2,6	19,6	70,0	0,0	»	3,2	24.75
— hydraulique ordinaire (Terrain jurassique)......................	83,0	2,0	»	15,0	»	»	»	»	»	»
— très hydraulique (Eure-et-Loir)....	80,0	1,5	»	18,5	»	70,0	»	»	29,0	»

d'autant plus sensible, que les houilles contiennent plus de produits sulfureux donnant naissance à du sulfate de chaux.

Précautions nécessaires dans l'achat de la chaux. — C'est la teneur en chaux pure qui constitue exclusivement la valeur de l'amendement.

La chaux se vend souvent à l'hectolitre; ce mode de mesure est très défectueux; nous conseillons à l'agriculteur d'y renoncer. La mesure au volume des produits solides n'a en effet aucune raison d'être; la vente au poids seule donne une indication certaine. L'hectolitre de chaux pèse le plus souvent entre 70 et 80 kilog; il ne correspond cependant pas à une quantité invariable. Suivant que la chaux est en morceaux plus ou moins gros, suivant qu'elle est plus ou moins tassée, elle représente un poids qui peut aller de 45 à 130 kilog; lorsqu'elle est délitée, les différences sont encore plus considérables, à cause du foisonnement. En calculant par hectolitre, on s'expose donc à mettre des quantités de chaux réelle très dissemblables; aussi est-il à conseiller de faire comme pour les autres matières fertilisantes et de recourir à la pesée.

Le prix de la chaux prise au four ou dans une gare de chemin de fer varie entre 0 fr. 90 et 2 fr. 80, mais il est généralement compris entre 1 fr. et 1 fr. 60 l'hectolitre. Le plus souvent l'agriculteur n'a pas à discuter le prix; celui-ci est établi d'une façon assez normale par la concurrence des chauffourniers, d'après les frais de production. Mais ce qui doit le préoccuper, c'est d'apprécier la valeur du produit qui lui est livré.

La teneur en chaux totale est déjà une indication très utile; nous savons qu'à ce point de vue les chaux grasses passent en première ligne. Mais le dosage de la chaux totale ne constitue pas une base d'appréciation suffisante; il est important, en effet, de connaître la proportion de chaux libre et de chaux carbonatée. Lorsque la chaux est de fabrication récente, elle est tout entière à l'état de chaux libre; puis elle absorbe peu à peu l'acide carbonique de l'air et se transforme en carbonate. Cette chaux carbonatée doit être considérée comme ayant une valeur inférieure à celle de la chaux libre, et c'est surtout à déterminer exactement la proportion de cette dernière qu'on doit s'attacher. Pour doser la chaux libre, il suffit de prendre un poids connu de chaux, délitée au moment même du dosage, qu'on fait agir sur un excès de nitrate d'ammoniaque. Toute la chaux qui se trouvait en liberté, c'est-à-dire la chaux active, entre en dissolution et peut être dosée par les moyens ordinaires; la chaux inerte reste insoluble dans ce réactif.

Ces précautions sont surtout nécessaires lorsqu'au lieu d'acheter la chaux en pierre, qui peut, il est vrai, être de qualité inférieure, mais qui n'est pas susceptible d'être fraudée, on achète la chaux pulvérulente. Les balayures des fours à chaux, par exemple, ou la chaux délitée, peuvent être plus ou moins mélangées de parties inertes.

Il faut en outre essayer la chaux au point de vue du foisonnement. On doit en effet poser comme règle générale que les chaux qui se délitent le plus facilement, qui se réduisent spontanément en poussière plus impalpable, sont celles auxquelles il faut donner la préférence et dont il faut les moindres quantités pour obtenir un résultat utile. Il est facile de faire pratiquement un essai pour se rendre compte de la qualité de la chaux : il suffit d'en prendre quelques morceaux qu'on trempe dans l'eau pendant une ou deux minutes et qu'on laisse se déliter ensuite : plus le foisonnement est grand, plus la division est complète, moins il y aura de parties pierreuses restant sur un tamis fin, plus la qualité de la chaux sera bonne. Il est toujours utile de faire cet essai pour s'assurer de la valeur du produit qu'on emploie.

La chaux grasse doit se déliter complètement et tomber rapidement en poussière fine. C'est elle qui possède la plus haute valeur agricole.

Les chaux maigres ou hydrauliques foisonnent beaucoup moins; elles contiennent en outre très souvent des fragments qui résistent au délitement et qui sont sans aucune valeur. Lorsque la pierre à chaux est argileuse, elle résiste davantage à l'action de la chaleur; et si l'opération du chauffage n'a pas été bien conduite, il n'est pas rare de constater dans le produit, des morceaux de pierre calcaire incomplètement décarbonatés qu'on appelle les *incuits*. Si au contraire la matière a subi des coups de feu, certains fragments subissent la frite, c'est-à-dire une sorte de vitrification; on les appelle les *biscuits*. Les incuits et les biscuits ne se délitant pas, doivent être considérés comme inertes et par conséquent sans valeur.

Enfin il y a lieu de distinguer parmi les chaux maigres celles qui sont pourvues d'hydraulicité, et qui, employées directement, durciront dans le sol et formeront une sorte de mortier.

L'agriculteur doit donc apporter la plus grande attention au choix de la variété de chaux qu'il emploie; et les détails que nous venons de donner sont destinés à le mettre en garde contre le préjugé trop répandu qui consiste à croire que toutes les chaux se valent.

Transport et conservation. — En parlant de la cuisson de la chaux, nous avons vu qu'on emploie à cet usage des morceaux de calcaire qui gardent, après la transformation en chaux vive, la forme de pierres plus ou moins grosses, le plus souvent en morceaux de plusieurs kilog. Le transport s'en effectue facilement; on peut charger directement ces morceaux dans les wagons sans les mettre en sac; il suffit de les couvrir d'une bâche pour empêcher la pluie de les mouiller. L'altération pendant le transport est alors insignifiante.

C'est dans un endroit sec, à l'abri de la pluie et de l'humidité, qu'on doit conserver la chaux vive; il est même utile de couvrir le tas avec de la paille ou des toiles goudronnées. Il faut, en un mot, éviter que le délitement de la chaux se produise longtemps avant l'épandage. La chaux, lorsqu'elle est réduite en poussière fine, se carbonate plus rapidement et perd une partie de son énergie.

Pour éviter les inconvénients d'un long emmagasinage, il convient de n'acheter la chaux qu'au moment même de son emploi.

§ II. — Théorie du chaulage.

Lorsque nous avons étudié les réactions des engrais azotés, phosphatés, potassiques, dans la terre arable, c'est surtout sur les modifications qu'ils subissent eux-mêmes que nous nous sommes arrêtés; pour la chaux, ce n'est pas l'action des éléments du sol sur cette base qui va nous préoccuper, mais au contraire l'action de la chaux sur les différents éléments du sol. Cette action, très importante au point de vue de la fertilité, est complexe, puisqu'elle s'exerce sur les matières organiques, aussi bien que sur les éléments minéraux, et contribue à la fois à modifier la constitution chimique et la nature physique du sol.

La chaux introduite dans la terre par le chaulage peut y persister un certain temps à l'état de chaux caustique, mais bientôt l'acide carbonique, qui existe en abondance dans l'atmosphère du sol, la transforme en carbonate. Sous ces deux formes, elle a des actions très différentes, et nous devons examiner séparément les effets qu'elle produit à l'état de chaux caustique, aux premiers temps de son application et à l'état de carbonate dans la suite.

Action de la chaux sur les matières organiques du sol. — La chaux, sous forme de chaux vive, agit sur la matière organique végétale ou animale, qui se trouve soumise à son contact, de plusieurs façons :

Désagrégation de la matière organique. — Elle lui fait d'abord subir une désagrégation en quelque sorte mécanique, qui l'amène à un plus grand état de division et ensuite une véritable décomposition chimique, par laquelle la molécule organique est amenée à des formes plus simples, d'où l'azote se dégage à l'état d'ammoniaque.

Ces deux actions sont du plus haut intérêt, au point de vue de l'utilisation des matériaux organiques contenus dans le sol. La division mécanique favorise beaucoup la décomposition de ces matières. La transformation en ammoniaque offre également de grands avantages. Nous savons, en effet, que sous cette forme l'azote peut être directement utilisé par les plantes et se prête mieux à la nitrification.

Cette formation d'ammoniaque a été mise en évidence par les expériences de Boussingault, que nous résumerons en quelques lignes. Ce savant a étudié les quantités d'ammoniaque formées dans une terre chaulée, suivant la proportion de chaux ajoutée et suivant la durée du contact. Voici quelques-uns de ses résultats les plus frappants :

Terre du Liebfrauenberg.

Chaux employée par kilog. de terre.	Durée de l'expérience.	Ammoniaque formée.	Par hectare.	
			Chaux employée.	Ammoniaque formée.
gr.		milligr.	kil.	kil.
0.3	6 jours.	12	1.200	48
10.0	2 —	34	40.000	136
10.0	1 mois.	76	id.	304
10.0	2 —	79	id.	316
0.0	1 —	5	0.0	20
0.0	2 —	10	0.0	40

Terre de Merckviller.

Chaux employée par kilog. de terre.	Durée de l'expérience.	Ammoniaque formée.	Par hectare.	
			Chaux employée.	Ammoniaque formée.
gr.		milligr.	kil.	kil.
0.3	6 jours.	7	1.200	28
2.0	10 —	10	8.000	40
10.0	1 mois.	46	40.000	184
0.0	2 —	0	0.0	0

On voit par ces chiffres que, même à faible dose et dans un temps très court, la chaux a déterminé une formation notable d'ammoniaque, surtout pendant les premiers temps de l'application, et qu'une quantité plus forte de chaux augmente la production d'ammoniaque.

En prenant les quantités de chaux les plus faibles, qui se rapprochent notablement de celles employées dans la pratique agricole, il y a encore une formation très sensible d'ammoniaque. Nous aurons à examiner plus loin les conditions économiques de cette opération, suivant la nature des sols et les proportions de chaux employées.

Arrêt de la nitrification. — Mais si la chaux donne naissance à de l'azote assimilable pris sur les matières organiques inertes, elle a une action qui s'exerce dans un sens diamétralement opposé; elle entrave la nitrification. Le ferment nitrique qui existe dans le sol et opère pour son compte sur les matières organiques, en rendant assimilable, à l'état d'acide nitrique, l'azote inerte qu'elles renfermaient, est un organisme très délicat, que des causes variées peuvent empêcher de fonctionner; la chaux, par exemple, alcali puissant, arrête complètement son travail. Pendant que, dans le sol, la chaux exerce son action, celle du ferment nitrique est donc entravée ou même complètement anihilée.

Les chiffres suivants, empruntés aux expériences de Boussingault, montrent clairement ce phénomène :

Pour 1 kilog. de terre du Liebfrauenberg.

Chaux employée.	Durée de l'expérience.	Acide nitrique formé.
10 gr.	1 mois.	9 milligr.
10 —	2 —	0 —
0 —	1 —	233 —
0 —	2 —	226 —

Pour 1 kilog. de terre de Merckviller.

Chaux employée.	Durée de l'expérience.	Acide nitrique formé.
10 gr.	1 mois.	20 —
0 —	1 —	187

On voit combien la nitrification est entravée par la présence de la chaux.

Si l'on cherche à établir laquelle de ces deux actions

contraires est la plus avantageuse, on peut hésiter, d'après les chiffres donnés dans les tableaux précédents; on voit que, dans certains cas, l'azote devenu assimilable sous l'influence de la nitrification, a été aussi abondant que celui qui l'est devenu sous forme d'ammoniaque par le chaulage. Mais ici nous devons faire une observation que l'on peut appliquer à beaucoup de résultats de laboratoire : les conditions dans lesquelles se trouve le sol sont bien différentes, suivant qu'on opère en plein champ ou bien au laboratoire.

En effet, dans ce dernier cas, la terre, ameublie par les manipulations qu'on lui a fait subir, se trouve dans les conditions les plus favorables à la nitrification; aussi dans les expériences de Boussingault que nous venons de relater, la nitrification a-t-elle été infiniment plus intense qu'elle ne l'est dans les champs. Nous ne pouvons donc pas en tirer, sous le rapport de la comparaison entre l'azote rendu assimilable dans les deux cas, les conclusions qui paraîtraient devoir en résulter. Nous nous bornons à retenir ici ces deux faits qui sont parfaitement nets : la formation de l'ammoniaque sous l'influence de la chaux et l'arrêt de la nitrification qui se produit en même temps.

Reprise de la nitrification. — Aussitôt que la chaux s'est transformée en carbonate, ce qui arrive au bout d'un temps variable avec la richesse du sol en matière organique, ou bien lorsqu'elle s'est transformée en humate, ce qui dépend de la proportion de terreau acide existant dans le sol, en un mot lorsque sa causticité a disparu à la suite de la saturation par un acide, les phénomènes changent complètement. Alors le sol reprend ses véritables fonctions, l'ammoniaque cesse de se produire et la nitrification retrouve son activité. Les ferments de la nitrification n'avaient pas entièrement disparu du sol; il en est resté à l'état vivant qui, aussitôt la causticité due à la chaux détruite, reprennent leur développement et envahissent toute la masse terreuse. A partir de ce moment, la production du nitre recommence et s'exerce d'autant plus énergiquement qu'elle trouve à sa disposition des matériaux tout préparés. La formation de l'ammoniaque, qui nitrifie avec une grande rapidité, la désagrégation des matières organiques, qui les rend plus aptes qu'auparavant à subir la même transformation, sont autant de causes favorisant au plus haut point les phénomènes de la nitrification.

Cette action de la chaux ne s'exerce pas seulement sur les éléments organiques qui existent dans le sol, mais aussi sur ceux qu'on y introduit comme fumure. On applique souvent le fumier de ferme en même temps qu'on pratique le chaulage; dans ces conditions, la décomposition du fumier est considérablement activée. C'est surtout lorsque le fumier est peu consommé qu'on a intérêt à augmenter ainsi sa désagrégation. Les engrais verts se comportent de la même manière, aussi a-t-on fréquemment employé la chaux pour les saupoudrer avant leur enfouissement.

A partir du moment où la chaux est saturée, on se retrouve dans le cas du marnage, mais d'un marnage fait dans des conditions exceptionnellement favorables, à cause de l'extrême division de la chaux et par suite des composés qui en dérivent.

Disparition de la matière organique du sol. — L'oxydation a pour effet, non seulement de transformer l'azote en acide nitrique, mais encore de brûler la matière organique.

En même temps que la formation du nitre s'opère, nous voyons disparaître les matières organiques du sol. En activant la nitrification par un chaulage ou par un marnage, nous éliminons donc rapidement de la terre l'humus qu'elle renferme : l'azote se transforme en acide nitrique; il est enlevé par les récoltes ou par les eaux de drainage; le carbone se transforme en acide carbonique et se dégage dans l'air; l'hydrogène forme de l'eau. On marche donc ainsi vers une destruction de l'humus et un retour de la terre vers l'état minéral. Nous verrons plus loin, en discutant le côté économique du chaulage et du marnage, quelles sont les conclusions qu'il faut tirer de ces phénomènes importants.

Combinaison de la chaux avec la matière organique. — L'action de la chaux sur l'acide humique du sol, ou plutôt sur la matière organique des résidus végétaux, ne se borne pas à la désagrégation et à la transformation en ammoniaque dont nous venons de parler; il se produit en outre de véritables combinaisons entre la matière brune acide et la chaux. Ces combinaisons donnent naissance à l'humate de chaux, qui est l'élément essentiel du terreau. Insoluble dans l'eau, sous forme gélatineuse quand il est humide, en masse écailleuse quand il est sec, l'humate de chaux a des propriétés agglutinantes très grandes; il réunit et soude entre elles les particules terreuses, et possède à un haut degré un pouvoir absorbant vis-à-vis des substances fertilisantes. Son rôle est des plus importants, au point de vue des phénomènes chimiques de la terre; il n'est pas moindre au point de vue des propriétés physiques.

Action de la chaux sur les éléments minéraux du sol. — Outre son action sur les matières organiques du sol, la chaux, surtout à l'état caustique, en a une très sensible sur les éléments minéraux. Ceux-ci sont le plus souvent formés de silicates, parmi lesquels domine le silicate double d'alumine et de potasse constituant l'argile.

Mise en liberté de la potasse. — Les argiles renferment ordinairement de 3 à 5 pour 100 de potasse; mais cette base n'est pas sous une forme assimilable pour les plantes, engagée qu'elle est dans une combinaison insoluble et très fixe. C'est seulement à la longue qu'elle devient utilisable; il peut donc arriver que les plantes, tout en vivant dans un sol contenant de grandes quantités d'éléments potassiques, n'aient pas à leur disposition assez de potasse assimilable. Sous l'influence du chaulage, cette potasse arrive bien plus rapidement à un état soluble; la chaux se combine à la silice, et la potasse entre en dissolution.

M. de Mondésir, abandonnant à lui-même un mélange de chaux éteinte et d'argile, légèrement humecté d'eau, constate après quelques semaines que la réaction alcaline de la chaux a disparu, en même temps que la plasticité de l'argile; il s'est formé un silicate double d'alumine et de chaux, et la potasse est devenue libre et soluble. Cette action se produit sans conteste sous l'influence de la chaux; mais il ne faudrait pas lui attribuer une trop grande énergie. En effet, à la température ordinaire, la chaux agit sur les silicates avec une extrême lenteur et, par suite de sa carbonatation rapide, pendant un temps très limité. Ce sont seulement de petites fractions de la potasse engagée dans les argiles qui sont ainsi amenées à un état soluble.

La chaux exerce un effet de même nature sur les éléments silicatés plus grossiers, dont elle active la désagrégation; mais si l'action de la chaux est peu intense sur l'argile, à plus forte raison l'est-elle moins sur des éléments offrant une surface beaucoup plus restreinte.

Par cette décomposition des matières silicatées, ce n'est pas seulement la potasse qui peut être mise en liberté; s'il se trouve dans les éléments de la roche des matières fertilisantes telles que l'acide phosphorique, celles-ci, engagées jusque-là dans des combinaisons insolubles, peuvent être mises à la disposition des plantes sous une forme dont elles sauront tirer parti.

Action sur les sels nuisibles du sol. — La chaux a en outre une action favorable sur les sels qu'on trouve quelquefois dans le sol et qui sont des causes d'infertilité. Les sulfates de fer, d'alumine, de magnésie, existent en assez grande quantité dans certaines terres pour les rendre impropres à la culture. La chaux agissant sur ces sulfates, précipite leurs bases et se combine elle-même à l'acide sulfurique; il en résulte du sulfate de chaux, de l'oxyde de fer, de l'alumine, de la magnésie, qui n'ont plus d'effets nuisibles sur la végétation. Du fait du chaulage, de pareilles terres se trouvent donc assainies.

Action sur les engrais. — L'action de la chaux sur les sels qu'on rencontre accidentellement dans le sol s'exercera de même sur les sels introduits comme engrais. Les sels de potasse par exemple, chlorure ou sulfate, apportés dans une terre dépourvue de chaux, y conservent leur forme primitive; ils peuvent alors rester inertes, ou même devenir nuisibles; ils ne produisent tous leurs bons effets que s'ils rencontrent une quantité de calcaire suffisante pour saturer leur acide et transformer l'alcali en carbonate. Pour que cette transformation se produise intégralement, il faut que les quantités de chaux soient importantes. Dans les expériences de Lupitz en terres sableuses et de Cunrau en terres tourbeuses, les unes et les autres dépourvues de chaux, il a été établi que l'apport d'engrais potassiques était inséparable du chaulage ou du marnage.

De même, les superphosphates donnés à un sol non calcaire, en conservant leur acidité, seraient plutôt nuisibles qu'utiles.

La chaux a pour fonction, vis-à-vis des engrais, de saturer les acides qui les accompagnent et de leur faire prendre la forme qui convient le mieux à leur utilisation par la plante et à leur fixation par le sol.

Action sur le pouvoir absorbant du sol. — Le pouvoir absorbant de la terre est intimement lié à la présence d'une quantité suffisante de chaux. En étudiant successivement chacun des engrais, nous avons montré quelle part la chaux prend à leurs réactions dans le sol; nous ne ferons ici qu'un court résumé de la question :

Lorsque les engrais salins essentiellement solubles, tels que le sulfate d'ammoniaque et le chlorure de potassium, sont incorporés dans une terre dépourvue de pouvoir absorbant, ils sont rapidement enlevés par les eaux pluviales qui traversent le terrain. Nous savons que ce pouvoir absorbant réside dans l'argile et dans l'humus; mais, pour qu'il puisse s'exercer, il est indispensable que les engrais salins dont nous venons de parler changent leur forme primitive. L'agent de cette transformation nécessaire à leur bonne utilisation, c'est le calcaire; celui-ci opère avec ces sels une double décomposition, d'où résulte, d'un côté, du chlorure de calcium et du sulfate de chaux et, de l'autre, des carbonates de potasse et d'ammoniaque. Ces derniers seuls sont condensés par les substances absorbantes et échappent alors à l'entraînement par les eaux pluviales. Le rôle du calcaire est donc très important; il empêche des déperditions préjudiciables, en amenant les engrais salins sous une forme qui peut rester acquise au sol.

C'est donc grâce au calcaire, autant qu'à l'argile et à l'humus, que s'exerce cette faculté précieuse de la terre de retenir les engrais potassiques et ammoniacaux; mais pour que cet effet se produise, il est nécessaire que de grandes quantités de calcaire interviennent.

Action sur les propriétés physiques du sol. — Outre son rôle au point de vue chimique, la chaux en a un très important en tant que modifiant les propriétés physiques du sol; on lui attribue, en effet, la propriété de rendre les terres fortes plus poreuses et plus friables et de consolider les terres légères.

Terres fortes. — Si dans un liquide troublé par de l'argile en suspension, on verse une petite quantité d'un sel calcaire, on voit le liquide s'éclaircir et l'argile se réunir au fond. Pour produire cette coagulation immédiatement, il suffit, d'après M. Schlœsing, de 1/5.000 de chaux libre; quand il n'y en a que 1/10.000 il faut plusieurs jours. L'examen d'une terre, quelque temps après une pluie, permet d'apprécier cette terre au point de vue de la présence de la chaux. Voit-on séjourner à la surface des flaques d'eau troubles et laiteuses, on peut conclure à l'insuffisance du calcaire; si, au contraire, l'eau de ces flaques devient limpide, ce dernier ne fait pas défaut dans le sol. Cette coagulation de l'argile a une influence très grande sur la qualité des terres. Les terres fortes seront modifiées sous l'influence de la chaux; leur argile, plastique et imperméable par l'humidité et dure par la dessication, subit sous l'action de la chaux cette coagulation qui lui fait perdre ses propriétés primitives. Les particules d'argile une fois coagulées ne sont plus aptes à se mettre en suspension dans l'eau et à former ces bouillies qui restent troubles et qui s'opposent à la perméabilité. La coagulation a réuni les particules en grumeaux, qui se déposent très vite, et l'eau reprend sa limpidité à travers ces sortes de petits caillots et filtre avec facilité en les traversant sans les entraîner. Entre ces parties coagulées, il s'établit des petits canaux dans lesquels l'air peut circuler, tandis qu'auparavant l'argile formait une masse continue, impénétrable à l'air. Le sol devient donc aéré et les racines qui ont besoin d'oxygène pour vivre y trouvent les gaz nécessaires à leur respiration.

Une terre imperméable perd donc son imperméabilité sous l'action du chaulage. La plasticité, cette propriété agglutinante que l'argile possède à un si haut degré et qui cause tant de difficultés pour le travail de la terre, est détruite sous l'action de la chaux. Les grumeaux formés par la coagulation ne sont plus aptes à se souder entre eux, comme le font les particules ténues de l'argile, et cette cohésion si énergique se trouve ainsi détruite. Les labours deviennent possibles et même faciles dans les sols qui auparavant, par leur adhérence aux instruments aratoires et leur résistance au travail, offraient les plus grandes difficultés à l'agriculteur. L'action du chaulage a ainsi produit l'ameublissement, qui permet à l'eau de pénétrer le sol et de s'écouler quand elle est en excès, aux racines des plantes de pénétrer plus profondément, et aux instruments aratoires d'opérer avec plus de facilité.

Lorsque la dessication de ces sols se produit, on voit avant l'application de la chaux des masses extrêmement dures qui résistent aux instruments de labour et dans lesquelles les racines cheminent avec difficulté. Ces sols durcis se fendillent par une sorte de retrait dû à l'énergie avec laquelle les particules d'argile sont collées entre elles. Après le chaulage, les propriétés agglutinatives de l'argile étant détruites ou tout au moins modifiées, les particules ne se soudent plus entre elles avec la même énergie, et par suite le durcissement est moins considérable; la terre a une tendance à s'émietter et à se laisser entamer. Là encore nous voyons les effets de l'ameublissement.

Une autre action d'une grande importance, qui tient aux modifications physiques produites par la chaux dans les terres fortes, c'est la possibilité de nitrifier les matières organiques. Dans ces terres très compactes, la nitrification est entravée, soit à cause d'une circulation incomplète de l'oxygène aérien, soit par suite de la difficulté pour le ferment nitrique de se mouvoir au sein d'une masse plastique, même alors qu'il y a du calcaire en quantité suffisante pour les besoins de cette transformation chimique. Mais, lorsque le sol est ameubli et que la compacité a disparu, soit par les chaulages ou les marnages, soit par l'apport des matières volumineuses qui divisent la masse, la nitrification s'opère dans des conditions bien plus favorables et transforme en azote assimilable l'azote inerte des résidus organiques.

Terres légères. — C'est sur les sols argileux que la chaux a l'action physique la plus considérable. Si nous l'appliquons à des sols plus légers, comme les terres granitiqnes, et surtout les terres très siliceuses, nous voyons leurs propriétés physiques se modifier à peine. Ces terres, en effet, meubles et perméables par leur nature même, auront, avant le chaulage comme après, l'ameublissement et la perméabilité qui les caractérisent. Dans de pareils sols, c'est l'action chimique qu'on recherche en pratiquant le chaulage, et leur transformation sous son influence, pour être moins apparente, n'en est pas moins complète.

Terres tourbeuses. — Quant aux sols tourbeux, ils sont formés par des débris végétaux constituant un humus acide; la chaux neutralise cette acidité, forme de l'humus proprement dit et leur donne une perméabilité qui leur manque souvent. En même temps les fonctions chimiques des sols tourbeux sont profondément modifiées, et la terre arable se forme, aux dépens du terreau acide, sous l'influence de l'amendement calcaire.

§ III. — PRATIQUE DU CHAULAGE.

A présent que nous connaissons la manière dont la chaux se comporte dans le sol, nous devons étudier les meilleures conditions de son application, c'est-à-dire la manière de l'incorporer à la terre, le moment le plus opportun pour cette opération, les quantités à répandre, et enfin les effets qu'elle produit sur les différents sols et sur les différentes récoltes.

Différents modes d'épandage de la chaux. — Le but qu'on doit chercher à atteindre, c'est de mettre la poussière de chaux en contact avec la terre d'une façon aussi intime et uniforme que possible. Pour cela plusieurs procédés sont en usage.

Le premier consiste à laisser la chaux se déliter préalablement à l'air libre sous des hangars; elle absorbe de l'humidité et se réduit en une poussière fine. Lorsque toute la masse est à l'état pulvérulent, au bout de 2 ou 3 mois, on la charge sur des tombereaux, on la transporte aux champs, on la dépose en petits tas et on la répand à la pelle. Ce procédé, suivi dans l'Ariège, par exemple, offre bien des inconvénients. La chaux, par cette longue exposition à l'air, se carbonate et agit alors avec moins d'efficacité.

Voici, d'après Vœlcker, l'analyse d'une chaux éteinte par ce procédé :

Eau	0.8 %
Carbonate de chaux	15.1 —
Hydrate de chaux	83.4 —

Le chargement, le déchargement et l'épandage sont extrêmement pénibles pour les ouvriers, à cause des poussières irritantes produites par cette manipulation, qui devient tout à fait impossible pour peu que le vent souffle. Les pluies qui peuvent survenir amènent la matière à l'état pâteux et rendent alors sa répartition beaucoup moins uniforme.

Quelquefois, au lieu de laisser la chaux s'éteindre spontanément au contact de l'air, ce qui est toujours très long, on pratique le délitement par immersion, c'est-à-dire en mettant la chaux dans des paniers à claire-voie, qu'on plonge dans l'eau pendant une ou deux minutes et qu'on retire ensuite; la chaux a absorbé ainsi l'eau nécessaire pour pouvoir s'éteindre; on la charge immédiatement sur les tombereaux, où elle se délite alors rapidement. Quand elle a pris la forme pulvérulente, ce qui ne tarde guère, on la répand sur le sol à l'aide d'une pelle. Ce procédé, préférable au précédent, n'est cependant pas soustrait à la plupart des inconvénients que nous avons déjà signalés.

Il est plus avantageux de suivre, comme on le fait du reste dans la plupart des départements où se pratique le chaulage, la méthode qui consiste à déposer directement sur la terre les morceaux de chaux vive, et d'en former des petits tas dont le volume varie de 20 à 50 litres; on les espace, à la manière des tas de fumier, soit de 7 mètres environ en tous sens. On évite ainsi le chargement et le déchargement que nécessitent les procédés précédents, et l'extinction de la chaux sur place offre, en outre, l'avantage assez généralement constaté de détruire bon nombre d'insectes.

Ces petits tas, appelés binots, sont recouverts de terre; ils ne tardent pas alors à se déliter; les fissures qui se produisent sont soigneusement bouchées par de la terre.

L'extinction se fait graduellement; au bout d'une vingtaine de jours, elle est complète, et la chaux est à l'état pulvérulent; on la mélange à la pelle avec la terre qui la recouvrait et on la répand sur le sol. Ce mélange a pour but de rendre l'épandage plus uniforme. Il est préférable d'effectuer ce recoupage avant le refroidissement complet du tas; si à ce moment il restait encore des morceaux non délités, ce qui arrive quelquefois pour des chaux de qualité inférieure, il faudrait réunir ces morceaux et les recouvrir encore d'un peu de terre pour en achever le délitement et les répandre ensuite, au bout de 8 à 10 jours.

Cette manière de déposer la chaux vive en petits tas, à la manière du fumier, nous paraît recommandable à tous égards; c'est elle qui nécessite le moins de travail et qui permet la distribution la plus uniforme.

Dans certains départements, comme l'Ain et une partie de la Haute-Vienne, on forme des tas volumineux et on les recouvre de terre. Il n'y a pas avantage à faire des tas trop gros; le procédé que nous venons de décrire est préférable à ce dernier.

Quelquefois enfin, au lieu de laisser la chaux s'éteindre par tas, on l'introduit dans les composts ou dans les tombes; nous avons longuement parlé de son emploi dans ces conditions (t. I, page 561). Cette pratique est exclusivement adoptée dans les départements de la Sarthe, de la Mayenne et de Maine-et-Loire; elle consiste à mettre les morceaux de chaux vive en contact avec de la terre et des matériaux organiques, en les recouvrant complètement et en bouchant les crevasses qui se forment. L'extinction se fait lentement; on peut attendre, pour l'épandage, le moment opportun, sans craindre de voir la qualité de ce mélange diminuer par un plus long séjour. On fait alterner le fumier de ferme, les balayures, les curures de fossés, les gazons, etc., avec la chaux et la terre. On se rapproche alors des véritables composts, tels que nous les avons décrits (t. I, page 553). En absorbant l'humidité, la chaux s'échauffe, foisonne et augmente de volume, produisant ainsi un ameublissement de la masse. Au bout de 15 jours ou 3 semaines, on recoupe le tas, on l'amoncelle de nouveau en le recouvrant de terre et on le laisse pendant plusieurs mois en l'arrosant quelquefois pour le maintenir humide. L'épandage se fait à la pelle, et la répartition de la chaux ainsi diluée peut être rendue très uniforme.

Cette pratique a de grands avantages; non seulement la chaux est bien divisée, mais encore on a utilisé ses propriétés caustiques pour activer la décomposition des matières organiques et les rendre utilisables. Nous n'avons pas à insister ici sur ce dernier point, que nous avons développé en son lieu. Ici nous considérons le compost uniquement au point de vue de son apport en chaux.

Si le sol n'a pas besoin de matières organiques, comme c'est le cas des terrains acides, il est inutile de délayer la chaux dans une grande masse de matières inertes. Ce procédé est recommandable surtout lorsqu'on se propose d'apporter au sol à la fois l'élément calcaire et la matière organique.

Quel que soit le procédé adopté pour l'extinction de la chaux et le mélange avec plus ou moins de terre, il faut la répandre sur le sol au moyen de la pelle, d'une façon très uniforme; la trace blanche qu'elle laisse là où elle tombe permet du reste de surveiller et de vérifier les soins ou l'habileté que les ouvriers apportent à ce travail. On emploie quelquefois avec avantage, pour répandre la chaux en poudre, les semoirs à engrais.

Il faut, pour ce travail, choisir un temps sec, car il est

à craindre, par les temps humides et surtout pluvieux, que la chaux se pelotonne et forme des petites agglomérations qu'on doit éviter, parce qu'elles nuisent à l'uniformité de son action. Il est bon, surtout si l'on emploie la chaux sans mélange de terre, de faire suivre l'épandange d'un hersage, afin de mettre les poussières à l'abri des coups de vent.

Remarque pour les chaux hydrauliques. — Nous avons dans ce qui précède envisagé surtout les chaux grasses et les chaux maigres; si on opère avec de la chaux hydraulique, on se trouve dans des conditions plus défavorables. Nous savons en effet que celle-ci, mise au contact de l'eau, fait prise; si la prise a lieu dans le sol, on obtient des grumeaux durs, et l'on ne réalise plus les bons effets d'une répartition uniforme et d'une diffusion régulière. Lorsque l'agriculteur en a le choix, il doit préférer de beaucoup la chaux grasse; mais s'il est obligé de recourir à la chaux hydraulique, il peut atténuer ses défauts en ne la répandant dans le sol qu'après extinction complète. Cette extinction se fera avant le transport au champ; comme le foisonnement est faible par lui-même, il faudra aider la pulvérisation par l'emploi de battes. La chaux hydraulique ne doit être employée aux usages agricoles que dans les cas tout à fait exceptionnels où on ne dispose pas d'autres éléments calcaires.

Emploi simultané de la chaux et des différents engrais. — On peut se demander s'il y a intérêt, pour économiser la main-d'œuvre, à mélanger à la chaux d'autres matières fertilisantes ou à les répandre sur le sol en même temps; pour certaines d'entre elles il n'y a aucun inconvénient à le faire, pour d'autres il faut bien s'en garder.

Engrais chimiques. — Les sels de potasse, le nitrate

de soude, sur lesquels la chaux n'a pas d'action directe, peuvent rester en contact avec elle sans inconvénient. Mais le sulfate d'ammoniaque et les autres engrais azotés, contenant de l'ammoniaque ou pouvant en dégager facilement, tels que les guanos, donneraient lieu à des déperditions importantes, par suite du déplacement de l'ammoniaque à l'état volatil. Il y aurait là une perte qu'il faut éviter avec le plus grand soin.

Quant aux engrais phosphatés, il est également à conseiller de ne pas les introduire dans le sol en même temps que la chaux ; il faut, autant que possible, les employer assez longtemps avant le chaulage.

Les phosphates naturels deviennent bien plus facilement assimilables dans un sol non chaulé où la matière organique peut exercer sur eux une action dissolvante rapide, qu'on ne constate plus, lorsque la matière organique se trouve saturée par de la chaux.

Les superphosphates, dont l'acide phosphorique se trouve en majeure partie à l'état soluble, n'auraient plus la propriété de se diffuser facilement dans le sol, s'ils rencontraient de la chaux qui les ramènerait à l'état de phosphate insoluble, avant qu'ils aient pu se disséminer dans la masse terreuse.

Fumier de ferme. — Nous avons déjà parlé du contact de la chaux avec les résidus organiques et particulièrement avec les fumiers. Lorsqu'on fait des composts ou des tombes, on introduit en même temps ces diverses substances en mélange avec de la terre. On a pour but de hâter la décomposition des débris organiques et de constituer un terreau bien consommé, riche en nitrates et dont l'effet sur la végétation est très rapide. Dans cette pratique, la grande masse de terre qui entoure et qui recouvre le mélange de chaux et de fumier empêche la déperdition de l'ammoniaque, en l'absorbant et en la nitrifiant rapidement. S'il n'y avait pas cette masse terreuse, l'ammoniaque se dégagerait dans l'atmosphère et serait ainsi perdue pour la culture. Ce dernier fait se produit, lorsqu'on mélange directement la chaux vive ou éteinte avec les fumiers; l'ammoniaque contenue dans ces derniers est déplacée et se dégage dans l'air; aussi ne conseillons-nous jamais de mêler la chaux avec les fumiers avant l'épandage; c'est une pratique que la logique doit faire abandonner. Il en est de même de l'application de la chaux sur des sols qui sont recouverts de fumier; là encore l'ammoniaque, qui est le principal agent fertilisant des fumiers, est dégagée en pure perte; il est vrai que l'application de la chaux peut hâter la décomposition des fumiers qui ne sont pas suffisamment consommés. Il y a là un effet utile qu'on aurait tort de méconnaître; cependant, comme il est toujours accompagné de la perte d'un principe fertilisant de premier ordre, il est plus prudent de renoncer absolument à cette pratique, à moins de procéder à un labourage immédiat, auquel cas la terre, douée d'un pouvoir absorbant énergique pour l'ammoniaque, retiendrait celle qui se dégagerait.

Plus souvent encore la chaux est répandue d'abord sur le sol, et le fumier est répandu ensuite par-dessus; dans ce cas les pertes d'ammoniaque sont moins à craindre, car la chaux a eu le temps de se carbonater et agit alors avec moins d'énergie; cependant il est toujours prudent de procéder à l'enfouissement du fumier dans le plus court délai possible.

Engrais verts. — L'application des engrais verts est particulièrement avantageuse pour les terres fortes, qu'ils ameublissent. Comme ces mêmes terres manquent le plus souvent de calcaire, on peut répandre la chaux sur la coupe d'engrais verts et enterrer les deux en même temps. Le mieux est de saupoudrer l'engrais lorsqu'il est coupé et de procéder au labour peu de temps après. L'effet constaté sur le fumier, c'est-à-dire le dégagement d'ammoniaque, n'est point à redouter avec les engrais verts; aussi peut-on recommander cette pratique sans restriction : par l'action de la chaux, la décomposition des matières végétales se trouve activée, et un mélange plus intime est produit au sein de la terre. Pour les terres légères auxquelles la chaux fait défaut, on procède de la même manière; mais là ce n'est pas l'ameublissement qui se produit, c'est au contraire un effet inverse dû à la formation d'humate de chaux, qui enlève à ces sols leur trop grande perméabilité.

Dans ces divers cas, la chaux exerce plutôt son action sur le fumier ou les matières végétales qui y sont mélangées et n'agit pas aussi énergiquement sur les éléments du sol lui-même. On applique, il est vrai, les fumures et les engrais verts seulement à des sols qui par eux-mêmes donneraient peu de résultats sous l'influence de la chaux; dans les sols de vieille force, suffisamment pourvus d'éléments fertilisants qu'il suffit de mobiliser par un chaulage, on n'a point besoin d'avoir recours à l'apport de fumier ou d'engrais verts.

Époque de l'épandage. — Le chaulage doit se pratiquer de préférence en automne; mais il faut avoir soin de ne pas le faire coïncider avec l'époque des semailles. La chaux a en effet une causticité qui agirait défavorablement sur la jeune plante; il faut donc lui laisser le temps de se carbonater pour devenir inoffensive; 15 jours après l'épandage sur le sol, on doit considérer que la causticité n'est plus à craindre, surtout si la chaux a séjourné au préalable un certain temps en tas.

On peut encore choisir la fin de l'hiver pour les cultures de printemps; cette époque est plus favorable dans le cas où on a fait passer la chaux par les tombes ou les composts, car s'étant chargée de nitrate, elle apporte de l'azote soluble qui pourrait être enlevé par les pluies d'hiver. Lorsque le compost a fourni un terreau bien consommé et que toute causticité a disparu par suite de la formation d'humate et de carbonate, il n'y a pas d'inconvénient à l'employer même en couverture. En général on peut dire qu'il y a intérêt à appliquer la chaux quelque temps à l'avance; son action n'est pas immédiate; la décomposition de la matière organique et des silicates, la carbonatation au contact de l'atmosphère du sol, et la nitrification qui en est la conséquence, se font successivement et exigent un certain délai. La plante ne saurait donc profiter du chaulage à partir du moment de l'application. Plus la chaux est à un état consommé par les traitements préliminaires dont nous avons parlé, plus son utilisation est rapide.

Il convient d'examiner ici s'il y a lieu d'incorporer la chaux à la terre lorsqu'elle se trouve encore à l'état caustique, ou d'attendre qu'elle soit carbonatée. Nous croyons qu'il y a intérêt à employer le premier mode, lorsqu'il s'agit d'un chaulage proprement dit; en effet, à l'état caustique la chaux agit sur les matières organiques du sol qu'elle désagrège et sur les silicates dont elle peut dégager les éléments fertilisants et particulièrement la potasse; elle modifie donc le sol en augmentant les proportions de matières fertilisantes assimilables. Mais lorsqu'on la donne avec les composts, elle ne joue plus vis-à-vis du sol qu'un rôle secondaire. Les composts sont de véritables terreaux dans lesquels la matière organique et l'azote ont alors le plus d'importance. Dans ce cas aussi, la chaux, étant préalablement amenée à l'état d'humate et de carbonate, ne peut plus avoir d'effet énergique sur les particules terreuses.

Les divers modes d'emploi n'ont donc pas tout à fait la même destination.

Enfouissement de la chaux. — Sauf le cas des prairies naturelles, ce n'est jamais en couverture qu'on emploie la chaux. Aussitôt après l'épandage, on donne un coup de herse, puis on procède au labourage de la terre. Quoiqu'il n'y ait pas d'inconvénient sérieux à laisser la chaux quelque temps sur la terre, il est préférable cependant de procéder à l'enfouissement aussitôt que possible. Si on la laissait étalée à la surface, elle se carbonnaterait avant l'introduction dans le sol, et son action caustique se trouverait limitée à un temps très court après son incorporation. Pour ces raisons, il convient de l'enfouir aussitôt que possible par un labour.

Il n'y a pas avantage à exagérer la profondeur de ce labour; il vaut mieux concentrer l'action énergique du chaulage dans les couches supérieures, toujours plus chargées des matières organiques dont on veut provoquer la décomposition. De plus, nous savons que la chaux, en se transformant lentement en bicarbonate, a des tendances à s'enfoncer dans le sous-sol. Pour ces deux motifs nous conseillons de procéder à l'enfouissement par un labour moyen de 15 centimètres.

Quantités de chaux employées. — Les habitudes locales sont très différentes; tantôt on donne une dose considérable de chaux, pour une période de 10 à 12 ans, tantôt des quantités relativement faibles, répétées tous les 3 ou 4 ans. En général, plus les doses sont élevées, plus l'effet est sensible.

Nous ne sommes pas ici en présence d'un engrais proprement dit, dont il suffit de donner à la terre de quoi fournir aux besoins des récoltes. Nous avons vu que la chaux joue un rôle important, à côté de celui qu'elle possède comme substance fertilisante proprement dite. Aussi n'est-ce pas par centaines de kilog. à l'hectare qu'il faut l'employer, comme les engrais chimiques, mais bien par milliers de kilog. pour que son action soit réellement efficace.

Citons quelques chiffres pour montrer les quantités employées dans les principales régions où les chaulages sont pratiqués.

En Angleterre, on met :

200 à 300 hectolitres de chaux dans les terres fortes.
150 à 200 — dans les sols légers.

L'hectolitre pesant en moyenne 75 kilog. on se trouve donc là en présence de quantités de chaux comprises entre 12,000 et 25,000 kilog. Dans les sols tourbeux on a même quelquefois considérablement dépassé ces chiffres.

Ces chaulages doivent suffire pour une longue période d'années, et c'est en somme une avance considérable destinée à une amélioration foncière.

Il est à remarquer que les agriculteurs anglais sont plus généreux vis-à-vis de leurs terres; ils ne comptent pas lorsqu'il s'agit d'améliorations foncières. Généralement riches, ils sont moins parcimonieux d'engrais et d'amendements.

A côté de ces doses, qui nous semblent exagérées et de nature à imposer d'un coup un sacrifice trop lourd à l'agriculteur, nous citerons d'autres chiffres donnés par M. Ronna :

	Chaux par hectare.	Durée du chaulage.	Chaux par année.
	—	—	—
	hectol.	années.	hectol.
Roxbourg (Écosse).......	180	19	9.47
Ayr Kayle —	35	5	7.00
Sterling —	45	6	7.50
Durham-Sud (Angleterre).	81	12	6.75
Worcester — .	63	6 à 8	7.87 à 10.50

La durée d'action du chaulage est d'autant plus longue que les quantités de chaux introduites à l'origine sont plus considérables; en rapportant ces chiffres à l'année, on constate qu'ils ne s'éloignent pas beaucoup dans les différents cas.

Dans les localités où le bon marché du combustible, comme dans le pays de Galles, permet d'obtenir la chaux à bas prix, on a une tendance à augmenter beaucoup ces doses.

En Allemagne, où le chaulage est pratiqué sur une grande échelle, la quantité moyenne est de 1,000 à 2,000 kilog. par hectare, soit de 13 à 25 hectolitres, qu'on renouvelle à intervalles variés.

En Belgique comme en Angleterre, on exagère souvent le chaulage; on emploie la chaux à raison de 4,000 à 7,000 kilog., soit 50 à 90 hectolitres, pour une période plus ou moins longue.

En France, on constate suivant les régions de très grandes différences dans les doses de chaux employées; voici des documents récents recueillis à ce sujet par M. Courtin :

La dose de chaux varie extrêmement, sauf pour les terrains granitiques dans lesquels on donne presque partout de 3 à 6 mètres cubes par hectare pour une période de 8 à 10 ans. Les doses, dans les autres terrains, diffèrent davantage à cause de la grande diversité de composition des terres. On pourrait diviser celles-ci en trois grandes catégories : dans la première, qui comprend peu de départements, le Nord et la Haute-Garonne principalement, on emploie de 15 à 40 mètres cubes pour une période variant de 12 à 30 ans. Dans la seconde, comprenant les départements de la Nièvre, du Cher, du Pas-de-Calais, du Tarn, de la Haute-Saône, du Calvados, la chaux est employée à la dose de 10 à 12 mètres cubes pour une période de 8 à 12 ans. La troisième enfin, dans laquelle se trouvent le Loir-et-Cher, la Creuse, l'Ariège, l'Ain, ne reçoit qu'une quantité de chaux plus faible, variant de 2,5 à 6 mètres cubes pour une période de dix ans.

Il est à regretter qu'on ait l'habitude de prendre comme unité de mesure l'hectolitre ou le mètre cube; nous avons vu précédemment combien cette donnée est variable et incertaine. Les raisonnements et les comparaisons auraient plus de valeur, si dans cette discussion on prenait pour base le poids réel; nous admettons que le poids moyen de l'hectolitre est de 75 kilogrammes.

Doses rationnelles de chaux à employer. — Après avoir cité les diverses pratiques du chaulage, nous devons examiner quelles sont les conditions les plus rationnelles de cette opération. Nous voyons que tantôt on emploie de très grandes quantités de chaux, réparties sur une longue période, tantôt des quantités moindres plus fréquemment renouvelées. A laquelle de ces deux pratiques faut-il donner la préférence?

Quand on emploie des quantités très considérables, on fait une grande avance de capital. Supposons, par exemple, que la chaux coûte 1 fr. 50 l'hectolitre au four et revienne à 3 fr. 50 l'hectolitre, après son transport à pied d'œuvre et son incorporation à la terre; nous voyons qu'un chaulage de 100 hectolitres entraîne une dépense de 350 francs par hectare. Cette première considération doit déjà nous faire hésiter devant l'emploi de doses excessives. Voyons maintenant si les résultats culturaux sont de nature à compenser ce sacrifice. Si nous donnons au début d'une longue période une quantité de chaux considérable, nous constatons, en effet, la première année et quelquefois pendant les 2 ou 3 années suivantes, une action énergique de la chaux, qui exalte en quelque sorte la fertilité de la terre. Mais cette action diminue graduellement d'intensité, et on se trouve avoir atteint rapidement une limite à partir de laquelle les résultats culturaux sont moins avantageux. A quoi tient cette rapide décroissance de la fertilité du sol? C'est surtout à l'effet que produit une dose considérable de chaux sur la constitution physique de la terre et sur les réactions chimiques dont celle-ci est le siège. Un fort chaulage ayant rendu le sol beaucoup plus perméable, celui-ci est plus facilement lavé par les eaux pluviales. La réserve de matières organiques s'est plus rapidement épuisée, car la combustion et la nitrification sont exagérées par l'effet direct de la chaux et par l'ameublissement qu'elle a produit. On arrive donc à épuiser plus vite le sol; les cultures des premières années ont profité de cette exagération de phénomènes qui rendent les principes fertilisants assimilables. Mais cet effet n'a pu durer longtemps; la terre, surtout vers les dernières années de la période, se trouve dans un état d'épuisement qui nécessite de grands frais de reconstitution par des fumiers ou des engrais chimiques; de nouveaux chaulages à hautes doses appliqués à ce sol appauvri ne produiraient plus les mêmes effets que ceux du début.

Dans les cas ordinaires, nous croyons devoir déconseiller l'emploi de quantités considérables de chaux destinées à une longue période.

On sait d'ailleurs que la chaux se déplace à l'état de bicarbonate soluble et qu'elle a une tendance à gagner les parties inférieures du sol. Même si le chaulage a été abondant, il peut donc arriver au bout d'une période assez longue que la chaux ait disparu de la partie supérieure du sol, de celle précisément où elle doit accomplir les fonctions les plus importantes ; tandis que par un chaulage moins abondant mais répété, on maintient constamment de la chaux dans la terre végétale proprement dite.

Il y a donc tout intérêt, tant au point de vue des avances à faire qu'au point de vue des effets sur le sol, à employer des quantités de chaux moindres et à en renouveler l'application plus souvent. Si, par exemple, on donne des chaulages à dose peu élevée et répétée tous les 3 ans, on n'épuise pas d'un coup la terre, parce qu'on n'a pas mobilisé à la fois tous ses éléments de fertilité ; l'effet sur la première récolte est peut-être moindre qu'avec les chaulages très abondants, mais il se reproduit à chaque nouvelle application. Dans ces conditions le chaulage peut être payé dès la première année, et le bénéfice de l'opération est constitué par les résultats des années suivantes ; tandis que les frais d'un fort chaulage ne sauraient, dans les conditions les plus avantageuses, être couverts aussi rapidement.

Il y a cependant des cas où les chaulages à doses massives peuvent être utilement employés ; tel est celui des terres tourbeuses ou acides qui, impropres à la culture dans leur état naturel, ont besoin d'être complètement modifiées pour être mises en valeur. En leur apportant d'un coup une forte quantité de chaux, on sature leur acidité et on les transforme immédiatement en terres arables; on improvise pour ainsi dire la fertilité dans un sol qui était auparavant stérile et on augmente considérablement, du fait de cette pratique, la valeur foncière du terrain.

Il est impossible de fixer d'une manière générale les quantités de chaux qu'il convient d'introduire dans le sol; elles varient à l'infini suivant la nature des terres, suivant la qualité de la chaux, suivant la fréquence des chaulages et suivant le prix de revient de ce traitement.

Variations des doses suivant les qualités de la chaux. — Nous savons qu'il y a des chaux de diverses natures : les plus pures, celles qui contiennent la plus forte proportion de chaux réelle, sont les chaux grasses qui, à poids égal, introduisent dans le sol des plus grandes quantités de chaux; elles ont en outre l'avantage de se déliter d'une façon plus complète et de se réduire intégralement en une poussière extrêmement fine, dont la division augmente l'effet. Ce sont ces bonnes qualités de chaux que nous avons envisagées en parlant des quantités à introduire dans la terre; mais souvent les chaux qu'on a à sa disposition sont de qualité inférieure, plus chargées de matières étrangères, apportant avec elles à poids égal moins de chaux réelle, se délitant moins complètement et offrant des parties pierreuses qui refusent de se réduire en poussière. Pour que de pareilles chaux produisent une action égale à celle d'une bonne chaux grasse, il faut en mettre une plus forte dose Cette infériorité tient à la nature de la pierre à chaux ou à une cuisson insuffisante, qui laisse des morceaux de carbonate de chaux, non susceptibles de se diviser et de jouer un rôle utile.

Les chaux contenant de trop grandes proportions de silice, d'alumine, d'oxyde de fer, donnent naissance aux chaux maigres, qui se délitent plus lentement, foisonnent moins et ne se réduisent pas en poudre impalpable comme les chaux grasses. Lorsque la proportion des éléments étrangers est assez élevée, elles forment même des chaux hydrauliques qui font prise avec l'eau, en donnant un véritable ciment. Ces dernières sont d'un emploi moins avantageux; il faut des précautions spéciales, que nous avons déjà signalées, pour les incorporer au sol. Pour obtenir un résultat aussi manifeste qu'avec les chaux grasses, on doit en employer des poids plus considérables.

Les chaux magnésiennes foisonnent moins et plus lentement que les chaux grasses; elles ont cependant la réputation d'être très actives, et on peut se contenter d'en mettre en même quantité que ces dernières, la magnésie paraissant ajouter son action à celle de la chaux.

Variations des doses suivant les sols. — Les diverses terres n'exigent pas les mêmes doses de chaux.

Les terres légères sont celles qui en demandent le moins, et c'est à elles qu'on doit appliquer les plus faibles chaulages. Les terres fortes en exigent davantage, et d'autant plus qu'elles sont plus argileuses. Enfin les terres riches en matières organiques en demandent des proportions variables avec cette richesse même; ce sont les sols tourbeux, où la matière organique est extrêmement abondante, qui ont besoin des plus fortes quantités.

Pour les terres légères, telles que les sables granitiques ou les grés, on se bornera à employer 10 à 12 hectolitres à l'hectare, en renouvelant l'opération tous les 3 ans. Quand la matière organique est abondante, comme dans les défriches de landes ou de bois, il convient de doubler cette dose.

Pour les terres de consistance moyenne, il est nécessaire de chauler plus fortement que pour les terres légères; on peut aller jusqu'à 15 hectolitres tous les 3 ans.

Lorsque les terres sont très fortes, les effets ne sont marquants que si la dose s'élève jusqu'à 20 hectolitres.

Dans les terres tourbeuses, il n'y a pas d'inconvénient à employer 25 à 30 hectolitres, car il y a à saturer de grandes quantités de terreau acide, et la terre n'acquiert les propriétés des sols arables que si cette saturation est complète.

Quel que soit le sol sur lequel on opère, la dose doit être d'autant plus élevée que les labours sont plus profonds et que, par suite, l'action de la chaux doit s'étendre à une plus grande masse de terre.

Effets sur les récoltes. — La végétation naturelle est sensiblement modifiée par l'apport de la chaux; les terres auxquelles manque cet élément sont couvertes d'espèces végétales d'une faible valeur alimentaire; les joncs, les carex, les laiches, souvent les mousses, prédominent dans les parties humides; les bruyères, les genêts, les ajoncs dans les parties sèches.

L'application de la chaux fait disparaître rapidement ces mauvaises espèces; de bonnes graminées et des légumineuses viennent prendre leur place, et les fourrages des prairies naturelles acquièrent une qualité bien supérieure. Dans les prés chaulés, les herbes deviennent plus drues et plus fines; la qualité et la quantité en augmentent; le trèfle blanc s'y développe abondamment ainsi que le ray-grass, qui ne peut prospérer sans chaulage. En résumé, la chaux détruit les herbes grossières et donne des herbes plus délicates et plus nutritives.

Dans certaines parties de la Bretagne, on produit sur les parties chaulées des bœufs pesant 700 kilog. à 44 mois, tandis que dans les parties non chaulées il faut 6 et 7 ans pour obtenir le même résultat.

Dans les terres fortes et les argiles humides, la culture des pommes de terre est impossible sans le concours du chaulage qui augmente non seulement les rendements, mais aussi la qualité.

Les légumineuses, cultivées soit pour leurs graines, (pois, haricots, fèves, vesces), soit comme fourrages, (trèfle, sainfoin, luzerne), donnent par la seule influence du chaulage appliqué aux sols qui manquent de calcaire, des résultats étonnants.

Les turneps sont, d'après Vœlcker, considérablement améliorés comme qualité.

Dans les terres granitiques de la Haute-Vienne, là où on ne récoltait que du seigle et du sarrasin avant le chaulage, on obtient, après l'application de la chaux, des rendements de 18 hectolitres de froment; le trèfle, le ray-grass, la pomme de terre, le topinambour, permettent de nourrir et d'élever de nombreux bestiaux.

Dans les parties non calcaires du département de Loir-et-Cher, on récoltait 15 hectolitres de seigle, suivi de 10 hectolitres de sarrasin, et ensuite d'une jachère; le chaulage a permis de supprimer la jachère et d'obtenir, à la place, du trèfle; en même temps, le seigle et le sarrasin ont pu être remplacés par le froment et par l'avoine.

Dans la Creuse, le chaulage fait augmenter les rendements d'environ 30 pour 100; dans l'Autunois, il a permis de tripler la production des fourrages. Aux environs de Béthune, les rendements des céréales ont été augmentés de 1/5 à 1/4.

Conséquences économiques du chaulage. — Nous avons constaté l'heureux effet du chaulage sur les récoltes. Nous devons maintenant nous inquiéter de ce que devient la terre sous l'influence de cette pratique, en considérant non seulement les récoltes auxquelles on l'applique, mais encore les récoltes de l'avenir.

Épuisement du sol. — A première vue, en constatant l'augmentation de la fertilité du sol qui se traduit par des récoltes plus abondantes, et par conséquent par l'absorption de plus grandes quantités de principes fertilisants, on peut admettre que le chaulage est une pratique épuisante, puisqu'il n'apporte qu'un seul élément, la chaux, et qu'il provoque l'exportation d'autres éléments, l'azote, l'acide phosphorique et la potasse. Si les principes ainsi enlevés au sol sous l'influence du chaulage ne sont pas restitués par des fumures suffisantes, on marche donc vers un épuisement qui est d'autant plus rapide que la terre a été moins riche et que les effets du chaulage sur la production des récoltes ont été plus accentués. Cet épuisement qui n'est dû, en somme, qu'à une utilisation plus prompte des éléments fertilisants, doit-il être regardé comme funeste? ou doit-on se féliciter de tirer parti en un temps très court de la richesse primitive du sol?

Déperditions d'azote. — Si le chaulage n'avait d'autre effet que de mettre de plus grandes quantités de principes assimilables à la disposition des plantes, la déperdition due à la production des récoltes n'aurait que des avantages. Mais il est une autre cause de déperdition, considérable aussi, et qui s'ajoute à la première sans avoir de compensation. Nous avons vu que par le chaulage les phénomènes de combustion du sol et particulièrement la nitrification s'exagèrent, que l'humus disparaît rapidement, et que les nitrates formés aux dépens de la matière organique se perdent en abondance dans les eaux de drainage.

Il y a donc deux causes d'appauvrissement de la terre sous l'influence du chaulage : la première qui se traduit par des conséquences utiles dues à une production de récoltes plus abondantes ; la seconde qui constitue une perte sèche due à la disparition de l'humus et de l'azote qu'il renfermait. Les chaulages effectués sans restitution suffisante conduisent donc à un appauvrissement de la terre. C'est un fait pratique bien connu, qui s'exprime par un vieux dicton : « *La chaux enrichit le père et ruine les enfants* » ; et contre lequel les propriétaires se mettent souvent en garde, en introduisant dans le bail une clause qui interdit au fermier de chauler pendant les dernières années de sa jouissance.

Conditions rationnelles du chaulage. — Doit-on pour cela renoncer au chaulage et considérer une terre chaulée comme allant fatalement à la ruine? On aurait tort de le faire ; il est plus judicieux de tirer du chaulage le parti le plus avantageux, sans l'exagérer et sans lui laisser produire tous ses effets nuisibles.

1° En premier lieu, il faut examiner si la terre doit être chaulée. Des terres appauvries et déjà épuisées peuvent voir momentanément leur fertilité renaître sous l'influence du chaulage, qui met en circulation leurs dernières réserves ; mais ce n'est là qu'un effet de courte durée, et en peu de temps la stérilité reparaît plus complète qu'auparavant. Il ne faut donc pas faire de chaulages sur des sols déjà très affaiblis ; on doit les réserver pour ceux dans lesquels existe une accumulation de matières fertilisantes, pour les terres de vieille force, et surtout pour celles où les matières fertilisantes ne sont pas directement assimilables, comme c'est le cas des terres riches en résidus végétaux.

2° Il ne faut pas exagérer la proportion de chaux, afin de ne pas mettre en jeu d'un seul coup de grandes masses de principes fertilisants, dont la végétation ne saurait tirer parti en totalité et dont le surplus disparaîtrait de la terre. En pratiquant des chaulages à dose moyenne, répétés tous les 3 ou 4 ans, on a l'avantage de ne faire entrer en circulation que de moindres quantités de ces principes et de laisser à l'état de stock ou de réserve utilisable pour les récoltes suivantes, ce qui n'est pas nécessaire à la récolte de l'année.

3° Il faut entretenir par des fumures appropriées la fertilité du sol, lorsque celle-ci tend à s'abaisser au-dessous d'un certain niveau. Les fumures ne sont point nécessaires au début du chaulage, surtout lorsque celui-ci s'applique à une terre riche, puisque la destination même du chaulage est de mettre en œuvre la fertilité acquise; mais quand les récoltes successives ont enlevé au sol cet excès de principes utiles, les engrais deviennent indispensables, si l'on veut empêcher la terre d'arriver à la stérilité. Ce sont les fumures organiques et particulièrement le fumier de ferme qui conviennent aux sols appauvris par la chaux; ils restituent, outre les principes fertilisants proprement dits, l'humus dont le rôle est si important.

Abus et insuccès du chaulage. — Quand on fait marcher simultanément les fumures et les chaulages, on peut indéfiniment maintenir les terres en bonne production. Mais là où les chaulages ont été exagérés, et les cas à citer ne sont pas rares, on a été conduit à abandonner par un revirement complet cette pratique qui a tant d'utilité. En effet, dans ces conditions, les terres, après avoir donné quelques bonnes récoltes, sont devenues de mauvaise qualité, et dans certaines localités où le chaulage était le plus en faveur, on en est arrivé à craindre la chaux et à la regarder comme nuisible. L'abus a donc provoqué une réaction et a fait renoncer aux bons effets qu'on est en droit d'attendre d'un chaulage rationnel.

En outre, il peut arriver que par des applications répétées, la chaux se trouve en quantité suffisante dans le sol; si alors on continue à apporter cet amendement, c'est en pure perte, puisque au delà d'une certaine limite, il n'a plus de résultats utiles.

Les insuccès du chaulage sont souvent dus à ce qu'on l'applique à un sol contenant déjà assez de chaux; aussi est-il nécessaire d'examiner à ce point de vue la terre qu'on veut amender. Ils sont dus aussi à ces chaulages exagérés dont nous avons parlé, surtout lorsque le sol n'est pas lui-même suffisamment riche en éléments fertilisants ou qu'on ne l'enrichit pas au moyen de fumures. D'autres insuccès tiennent enfin à la mauvaise qualité de la chaux, ou encore au peu de soins qu'on a apportés à sa conservation et à son épandage.

La chaux n'agit qu'en présence des autres principes fertilisants. — Mais la chaux ne produit tous ses effets que si le sol peut donner en quantité suffisante les divers éléments nécessaires aux récoltes; si l'un d'eux fait défaut, malgré l'abondance des autres, la production végétale est limitée. Il ne faut donc appliquer les chaulages qu'aux sols suffisamment riches en azote, en acide phosphorique, en potasse, ou aux sols auxquels on a ajouté celui de ces éléments qui faisait défaut. Le plus souvent les terres qui manquent de chaux ont également besoin d'acide phosphorique; un chaulage qui leur serait donné sans application de phosphate ne produirait que de médiocres résultats, tel est le cas des sols d'origine granitique. Il faut donc bien s'assurer si la terre à laquelle on veut donner un chaulage est suffisamment pourvue de phosphate, sinon, ce qui arrive fréquemment, il faut phosphater la terre. Le phosphatage doit précéder le chaulage, pour des raisons que nous avons développées (tome II, page 508). Le phosphate apporte d'ailleurs toujours avec lui une certaine quantité de chaux qui lui permet de produire des effets sur la végétation, en attendant le chaulage qui doit suivre à court intervalle.

Quelquefois aussi la potasse manque en même temps que l'acide phosphorique; c'est le cas des terres de Sologne, des grès vosgiens, des terres sableuses et quelquefois des sols tourbeux. Il faut alors fournir cet élément soit sous la forme saline, soit sous celle de cendres, ou encore de fumier de ferme. Le besoin de potasse est moins général, parce que la plupart des terres auxquelles s'applique le chaulage sont d'origine granitique et contiennent de la potasse en suffisance. D'ailleurs la chaux, réagissant sur les silicates, met en liberté l'alcali qui s'y trouvait combiné et augmente le stock disponible; de sorte qu'en réalité, chauler, c'est rendre la terre plus riche en potasse assimilable.

L'azote est l'élément qui manque le moins souvent, puisque son accumulation se produit précisément dans les sols dépourvus de chaux; le chaulage s'applique surtout aux terres qui ont une réserve abondante de matières organiques, dont il rend assimilable l'azote immobilisé. La fumure azotée ne doit donc intervenir que pour compenser les pertes par exportation ou par lavage des terres. Cependant pour les argiles très tenaces, qui souvent manquent de matière organique, il est utile d'appliquer simultanément le fumier de ferme et la chaux, le premier apportant non seulement l'azote, mais encore l'humus, dont l'effet est si considérable sur l'ameublissement de pareils sols.

CHAPITRE III.

MARNAGE.

La chaux est l'amendement calcaire dont les effets sont les plus frappants et les plus rapides; mais dans beaucoup de cas on a recours aux calcaires naturels qu'on porte directement, sans aucune préparation préalable, de leurs lieux de gisements sur la terre à amender. Les calcaires qu'on emploie dans ces conditions ne subissent donc point de frais de transformation; leurs prix d'achat et d'extraction sont généralement très minimes, et ce sont les frais de transport qui représentent la plus grande partie de leur valeur à pied d'œuvre.

Tous les carbonates de chaux naturels ne se prêtent pas à l'amélioration des terres; ceux-là seulement dont les éléments sont très divisés peuvent jouer un rôle utile; il faut donc éliminer de l'emploi agricole direct tous les calcaires qui, étant à l'état de pierres ou de fragments plus ou moins grossiers, ne seraient utilisables que s'ils étaient transformés en chaux vive par la cuisson. Les calcaires se présentant à l'état de particules fines sont fréquents; les marnes, les terres crayeuses, les sables marins, etc., existent en grande quantité et peuvent servir à apporter à la terre l'élément calcaire qui manque. Nous étudierons successivement les différents produits susceptibles d'être utilisés directement par l'agriculture.

§ I. — MARNES PROPREMENT DITES.

Définition de la marne. — La marne est essentiellement formée par un mélange, en proportions très variables, de carbonate de chaux, d'argile et de sable, auxquels s'ajoutent des matières étrangères, telles que l'oxyde de fer, le carbonate de magnésie, le plâtre, etc. Cette constitution la rapproche donc des roches calcaires que nous avons examinées, et, à considérer seulement la nature et la proportion même des éléments qu'elle contient, on serait tenté de n'établir aucune différence avec les autres roches calcaires, dont elle n'est qu'une variété spéciale. Mais ce qui la distingue très nettement de ces dernières, c'est l'intimité du mélange des différents corps constituants. La nature, en déposant en même temps le calcaire et l'argile, sous forme de précipité impalpable, a réalisé un mélange si parfait, qu'on ne saurait l'imiter artificiellement. De Gasparin a défini ainsi cet état particulier du calcaire : « Les deux éléments qui constituent la marne y sont mêlés d'une manière si intime, qu'il est impossible de parvenir à imiter la nature par de simples procédés mécaniques, tellement ils sont juxtaposés molécule à molécule. Ainsi, quand on soumet la plus petite particule possible de marne à l'action d'un acide, sous l'objectif du microscope, on voit l'attaque se faire par toutes les faces et par tous les angles, et l'argile qui reste se trouve composée d'une multitude d'autres particules d'une finesse telle qu'il est presque impossible de l'évaluer. »

On désigne sous le nom générique de marnes, ces mélanges dont nous venons de parler et dans lesquels l'un ou l'autre des éléments composants prédomine. On les appelle marnes calcaires, lorsqu'elles sont très riches en carbonate de chaux; marnes argileuses lorsque c'est l'argile qui est en plus forte quantité; marnes sableuses, quand le sable est en plus grande abondance. Ces expressions ne répondent du reste pas à une composition définie, la dénomination de marne elle-même n'est pas strictement limitée à des produits très calcaires.

Propriétés physiques de la marne. — Foisonnement. — Ce qui distingue surtout la marne, c'est la propriété de se déliter spontanément lorsqu'elle est mouillée ou exposée à l'air pendant quelque temps; elle augmente de volume, foisonne et tombe en poussière, c'est-à-dire qu'elle se comporte comme la chaux vive. Tandis que la plupart des calcaires n'offrent cette propriété qu'après avoir subi la cuisson, la marne, au contraire, la possède sans avoir besoin de subir l'action du feu. Le foisonnement de la marne est une propriété naturelle, tandis que le foisonnement de la chaux est une propriété acquise.

A quoi faut-il attribuer ce délitement spontané des marnes? On croit que c'est à l'opposition des propriétés du calcaire et de celles de l'argile : le premier forme avec l'eau une pâte peu liante qui se réduit facilement en poussière par la dessication, l'argile par elle-même possède la propriété inverse; mais sa cohésion est détruite par la présence du calcaire, dont la pulvérisation par dessication entraîne celle de l'argile. La faculté très différente qu'ont les deux éléments d'abandonner ou d'absorber l'eau tend à rompre l'équilibre des molécules et à produire la désagrégation.

Cette propriété de la marne la rapproche quelque peu de la chaux éteinte, au point de vue de sa diffusion dans le sol. Aussi est-elle recherchée et donne-t-elle lieu à une exploitation et à un commerce très actifs.

Gisements des marnes. — Les marnes sont

abondamment répandues, et forment des gisements dans la plupart des couches géologiques. Cependant les terrains primaires et les terrains de transition, très pauvres en chaux, ne contiennent pas de dépôts marneux. Pour en constater, il faut arriver au trias, dans l'étage dit des marnes irrisées ou keuper; encore ces marnes sont-elles constituées par de l'argile presque pure, contenant seulement 10 à 12 pour 100 de carbonates de chaux et de magnésie.

Les marnes commencent à devenir abondantes dans le terrain jurassique; les trois étages oolithiques se trouvent en effet séparés par une couche de marne. Les marnes du lias, couvrent en France plus de deux millions d'hectares; elles sont particulièrement aptes à la production des herbages (Nivernais, Bessin). Ces dépôts de marnes si abondants sont très argileux. Dans l'oolithe, on trouve en Normandie et dans les basses Cévennes une assise considérable d'argile et de calcaires marneux qui atteint parfois 30 mètres de puissance.

Les marnes d'Oxford sont presque exclusivement argileuses. On trouve aussi abondamment répandus des calcaires marneux dans les étages bathonien et oxfordien; dans ce dernier étage les marnes sont souvent riches en gypse et en pyrites.

Dans le néocomien les marnes calcaires ne sont pas rares.

Le crétacé présente d'abondants dépôts de marnes calcaires, les uns et les autres riches en coquilles fossiles; le cénomanien et le turonien contiennent de fortes assises de marnes crayeuses. L'étage sénonien est tout entier constitué par de la craie presque pure (Champagne), que dans plusieurs régions on emploie sous le nom de marne; elle présente en effet, à des degrés divers, la propriété de se déliter.

Le terrain tertiaire comprend, outre les dépôts de faluns, des dépôts marneux, particulièrement dans l'étage du calcaire grossier. Les argiles qui forment la presque totalité du sol reposent généralement sur la craie et sur la marne du crétacé.

En résumé, c'est dans la période secondaire que les dépôts de marne se sont produits en très grande abondance, et particulièrement dans le jurassique et le crétacé; il y a là une source inépuisable de cet amendement.

Exploitation des marnières. — La recherche de la marne est facilitée par l'étude géologique de la région; en s'aidant des cartes géologiques et des ouvrages spéciaux indiquant d'une façon complète la succession des couches de terrains, on peut par analogie diriger ses investigations. Les sondages sont parfois utiles; mais le plus souvent la marne est mise à découvert accidentellement par les tranchées de routes ou de chemins de fer, par le forage des puits, etc.

La présence de certaines plantes donne aussi une indication utile; lorsque, par exemple, on voit le sol se recouvrir de sauges, de tussilages ou pas-d'âne, de ronces, de mélampyres, de chardons, de plantains, on peut supposer qu'il existe de la marne dans le sous-sol.

La marne vient souvent affleurer au niveau du sol, à flancs de côteaux, par exemple; quelquefois elle se trouve ramenée à la surface par les labours. Quand on la rencontre ainsi à une profondeur très faible, l'exploitation en est extrêmement facile; elle se fait à ciel ouvert; les tombereaux, dont l'arrivée et la sortie sont facilitées par des chemins en pente douce, viennent dans la carrière même; l'extraction se fait alors à peu de frais.

Si la marne est enfoncée plus profondément dans le sous-sol, il faut établir des banquettes ou étages successifs et remonter la marne au niveau du sol par plusieurs jets de pelle.

Enfin la profondeur du gisement est parfois telle qu'on est obligé d'établir des puits et des galeries semblables à ceux dont nous avons parlé pour l'extraction des phosphates. Dans ces conditions l'exploitation entraîne à des dépenses plus grandes, et on a alors plus d'avantages à employer la chaux vive; aussi voyons-nous, à mesure que les voies de communication se multiplient, les puits à marne abandonnés graduellement.

Différentes qualités de marnes. — Toutes les marnes sont loin d'avoir la même composition chimique, les mêmes propriétés et les mêmes qualités.

Leur couleur et leur aspect sont très divers; tantôt elles se présentent en masses dures et compactes, tantôt sous forme pulvérulente. Elles sont en général d'autant plus agglomérées et d'autant plus compactes, qu'elles sont plus argileuses; d'autant plus pulvérulentes et délitables qu'elle sont plus calcaires ou plus sableuses. La coloration qu'elles affectent, tantôt blanche, tantôt grise, tantôt verte ou bleuâtre, tantôt jaune, est attribuable aux oxydes métalliques qui entrent dans leur composition.

On a l'habitude de grouper les marnes en trois catégories :

1° Les marnes calcaires, contenant, de 50 à 95 pour 100 de carbonate de chaux. Elle se réduisent ordinairement en poudre avec une grande facilité, lorsqu'on les expose à l'air.

2° Les marnes argileuses, contenant pour 100, de 10 à 50 de carbonate de chaux et de 50 à 75 d'argile; le reste étant constitué par du sable. Ces marnes se délitent lentement; elles sont onctueuses au toucher, durcissent au feu et happent fortement à la langue.

3° Les marnes sableuses ou siliceuses, qui renferment,

pour 100, 10 à 50 de calcaire, 25 à 75 de sable, avec un peu d'argile. Elles sont friables, ne durcissent pas au feu et ne happent pas à la langue.

On rencontre encore, souvent en Angleterre, plus rarement en France, des marnes dites magnésiennes, contenant 5 à 30 pour 100 de carbonate de magnésie; elles se reconnaissent par l'aspect laiteux persistant des flaques d'eau formées pár les pluies à leur surface. Les marnes calcaires elle-mêmes renferment souvent des quantités appréciables de magnésie.

D'autres dépôts marneux contiennent du sulfate de chaux en proportion assez élevée pour qu'on puisse leur donner le nom de marnes gypseuses; on en trouve dans l'Allier et surtout dans les travertins des environs de Paris.

Certaines marnes argileuses sont chargées de matières organiques; elles sont appelées marnes humeuses; généralement peu calcaires, elles tendent à se convertir en tourbes.

La démarcation qui existe entre les marnes proprement dites, d'une part, et les calcaires, d'autre part, n'est pas toujours très nette; aussi a-t-on appliqué des désignations différentes à ces produits intermédiaires. Ainsi on donne le nom de sables marneux ou d'argiles marneuses à des produits contenant moins de 20 pour 100 de carbonate de chaux; celui de calcaire marneux ou craie marneuse à des calcaires qui même sans contenir de marne proprement dite, peuvent cependant se déliter; telles sont les castines dont on rencontre des couches importantes dans l'étage bathonien.

Nous réunissons dans un tableau, des analyses de marnes dues à différents auteurs :

	Marne sableuse.	Marne argileuse.	Marnes crayeuses. I.	II.	III.	Marne du néocomien.	Marne du cénomanien.	Marne tertiaire.	Marne du calcaire grossier.	Marne magnésienne.
Eau	5.41	3.40	»	»	2.50	»	»	»	»	»
Oxyde de fer et alumine	»	15.49	0.78	2.86	0.36	37.90	»	0.60	1.60	»
Argile	»	54 89	6.09	»	»	2.40	50 à 60	1.29	5.60	4.60
Sable	74.86	»	»	»	»	»	»	»	»	»
Silice soluble	»	17.94	16.71	0.26	8.29	»	3.00	»	»	»
Chlore	»	traces.	»	»	»	»	»	»	»	»
Carbonate de chaux	10.55	2.56	72.00	93.00	69.20	59.72	25 à 30	97.31	92.56	58.00
— de magnésie	1.44	1.93	1.72	0.65	0.45	1.00	»	0.80	traces.	33.60
Potasse	0.80	1.40	traces.	traces.	0.45	1.00	»	»	»	»
Soude		1.08	—	—			»	»	»	»
Acide phosphorique	traces.	0.51	0.24	—	0.63	0.36	»	»	»	»
— sulfurique	»	traces.	1.55	»	traces.	»	»	»	»	»

Les marnes contiennent, comme on le voit, des quantités. d'acide phosphorique et de potasse parfois assez importantes pour que l'apport de ces éléments au sol par le marnage ne soit point négligeable. Boussingault et Payen y ont trouvé en outre des quantités d'azote variant de 1 à 2 millièmes. L'azote et l'acide phosphorique proviennent des débris fossiles qui accompagnent beaucoup de marnes et qui leur donnent leurs noms (marnes à micrasters, à ammonites, à huîtres, à belemnites, à hippurites, etc.).

Craies. — Les craies proprement dites, qui sont si abondantes et qui constituent le système crétacé presque tout entier et particulièrement le sénonien, peuvent être rapprochées des marnes. Dans beaucoup de pays elles reçoivent ce nom; elles constituent presque toujours le sous-sol des terrains tertiaires et fournissent aux argiles à silex la chaux qui généralement leur est nécessaire. La pratique de leur emploi s'appelle *crayonnage.*

Voici quelle est la composition de ces craies :

	Craie blanche du Pas-de-Calais.	Craie de Champagne.
	—	—
Résidu insoluble	1 à 2	»
Carbonate de chaux	94 à 98	94.2
— de magnésie.....	0 à 0.6	0.8
Phosphate de chaux........	0.3 à 2.0	0.1

avec des traces d'azote et d'acide sulfurique.

Dans les craies phosphatées, il existe des doses élevées d'acide phosphorique (voir t. II, p. 426), et on comprend que l'utilisation de ces dernières soit avantageuse dans les terrains qui manquent à la fois de chaux et d'acide phosphorique.

Dans les craies comme dans les marnes, on trouve souvent de petites proportions d'azote, provenant des fossiles qui les accompagnent, telles sont les craies à Turrilites tuberculatus, qu'on emploie comme marne dans certaines localités de la Sarthe.

C'est une opinion assez répandue que la craie et la marne sont d'autant plus riches en acide phosphorique qu'on s'enfonce plus profondément dans le sous-sol; dans quelques contrées (Angleterre), on s'impose souvent de gros frais pour aller chercher la craie très profondément; Vœlcker a démontré qu'il n'y avait aucune relation entre la profondeur et la richesse de l'amendement :

	Craie inférieure.		Craie supérieure.	
	I.	II.	I.	II.
Sable et argile.........	2.04	0.70	1.46	0.90
Chaux................	54.37	55.24	55.72	55.18
Magnésie..............	0.25	0.10	0.06	0.30
Potasse................	0.08	0.06	0.17	0.22
Acide phosphorique...	0.07	0.08	0.04	0.08
— sulfurique......	0.31	traces.	»	0.09

Achat des marnes. — La marne est, dans certaines régions, l'objet d'un commerce important; le prix en est extrêmement variable; il est ordinairement compris entre 0 fr. 50 et 2 ou même 3 francs le mètre cube pris à la carrière, mais il dépend absolument de l'abondance des marnières et de l'usage plus ou moins répandu qu'on fait de cet amendement dans les localités avoisinantes.

Pour l'achat et pour l'emploi de cette matière, il faut s'entourer de précautions. L'apparence de la marne ne donne aucune indication sur sa valeur; il n'est pas rare de voir exploiter comme marne une terre dépourvue de calcaire et constituée exclusivement par de l'argile plus ou moins sableuse. Par le tableau précédent, nous voyons combien sont grandes les variations de composition; seule, l'analyse chimique permet de déterminer exactement le taux de calcaire, et l'on ne doit jamais se dispenser de la faire intervenir, si l'on veut agir avec discernement.

La détermination de la chaux totale ne fournit qu'une indication préliminaire; elle doit être complétée par l'examen des propriétés physiques de la marne. Un calcaire, en effet, peut contenir jusqu'à 90 et 95 pour 100 de carbonate de chaux, sans que pour cela son utilisation directe soit avantageuse, parce que s'il est dépourvu de la faculté de se déliter, il reste dans le sol à l'état inerte. La marne au contraire possède, comme nous l'avons vu, la propriété précieuse de tomber en poussière; plus cette propriété est accentuée, plus grande sera la valeur de l'amendement.

L'appréciation de la qualité d'une marne doit donc toujours se faire au double point de vue de la teneur en calcaire total et de la teneur en calcaire actif, de même que nous avons apprécié la valeur de la chaux d'après la chaux totale et d'après la chaux délitable. Cet essai peut, du reste, s'effectuer rapidement, suivant le procédé recommandé par de Gasparin : On place 1 kilog. de marne dans une terrine avec de l'eau, de manière à la couvrir entièrement; après une heure de digestion, on agite et on décante; on renouvelle cette opération jusqu'à ce que l'eau surnageante soit claire. On pèse le résidu sec et on établit ainsi la proportion des parties fines et des parties grossières.

L'aspect d'une marne ne permet pas de se rendre compte de sa qualité; « car, dit de Gasparin, on trouve souvent des marnes très compactes ayant l'aspect extérieur du marbre et qui cependant se réduisent à l'air, et assez promptement, en une fine poussière homogène, sans laisser le moindre résidu non délité. D'autres ont plutôt l'aspect des poudingues et sont de véritables mélanges de marnes et de nodules de carbonate de chaux non délitables. Certaines marnes sont déjà délitées dans la marnière, et alors il est facile de rejeter ces nodules qui s'en distinguent facilement. »

Si l'on veut avoir des indications complètes sur la valeur d'une marne, il est intéressant de déterminer par l'analyse la richesse en acide phosphorique, en potasse et en azote. Comme la marne est introduite dans le sol à dose très élevée, l'apport de ces éléments, même s'ils existent en très faible proportion, peut devenir important, et quand on discute les effets du marnage, il est utile d'ajouter aux précédentes données ce nouvel élément d'appréciation.

La marne ayant besoin d'être employée à dose beaucoup plus élevée que la chaux pour produire les mêmes effets, il faut se rendre compte des frais de transport, pour calculer le prix de revient de ce traitement. La marne ne peut pas en général être transportée loin des lieux de production; elle est réellement avantageuse à employer là où elle existe à faible distance et où, par suite, les charrois sont peu coûteux. Les conditions les plus avantageuses sont réalisées, lorsque la marne est dans les couches sous-jacentes à une faible profondeur, ce qui est fréquemment le cas dans les argiles à silex du terrain tertiaire, comme dans la Brie et la Beauce, par exemple. Le transport se fait alors à la brouette, et on répand directement les tas sur la terre au voisinage du point d'extraction.

Lorsqu'il faut l'amener de plus loin, on emploie des tombereaux; il est rare qu'on transporte la marne par wagons, les frais de chargement et de déchargement augmentant notablement le prix. Il faut faire le moins de frais possible sur une matière si encombrante et d'une si faible valeur marchande.

§ II. — THÉORIE ET PRATIQUE DU MARNAGE.

Effets sur le sol. — Nous avons déjà eu l'occasion d'insister sur la nécessité du calcaire dans le sol et de montrer que les réactions chimiques les plus importantes, telles que l'absorption des principes fertilisants et la nitrification des matières organiques, ne sont possibles que si le sol contient du carbonate de chaux. En outre, les propriétés physiques de la terre se ressentent avantageusement de la présence de cet élément, qui ameublit les terres trop fortes, qui donne naissance à l'humus dans les terres riches en matières organiques, qui, en un mot, est indispensable à la formation de la terre arable.

L'apport du calcaire dans une terre, c'est-à-dire du carbonate de chaux, que celui-ci soit donné sous forme de marne, de craie, de sable marin, produit dans celle-ci tous les effets que nous avons constatés avec le chaulage, sauf ceux du début, attribuables à la chaux libre ; c'est-à-dire qu'il n'y a point, comme avec cette dernière, une action énergique sur les matières organiques, qui les désagrège et en dégage de l'ammoniaque, ni une influence directe sur les silicates du sol, pour en enlever la potasse. La chaux appliquée à la terre agit d'abord comme chaux caustique, en produisant les effets que nous venons de signaler. Ensuite elle se carbonate et, à partir de ce moment, elle agit comme si on avait donné du calcaire. Nous pouvons donc admettre que les réactions produites par le carbonate de chaux sont identiques avec celles que nous avons vu se produire avec la chaux, à partir du moment où celle-ci est carbonatée.

Ainsi le marnage se distingue du chaulage par l'absence des effets caustiques. Il donne d'ailleurs naissance à toutes les autres réactions qui influent sur les fonctions chimiques du sol et sur sa constitution physique. Cependant, quand les marnes contiennent, comme cela arrive fréquemment, des quantités notables de matières étrangères, celles-ci agissent de leur côté sur les propriétés des sols, augmentant leur ameublissement lorsqu'elles sont constituées par des éléments sableux, le diminuant au contraire lorsque les éléments argileux dominent. Mais c'est en réalité au carbonate de chaux qu'est due leur valeur agricole.

Terres auxquelles convient le marnage. — Ces terres sont les mêmes que celles auxquelles on applique le chaulage; elles sont caractérisées par l'insuffisance ou par l'absence totale du calcaire. Pour combattre la ténacité du sol, pour saturer l'excès des matières organiques, on s'adresse, suivant les conditions de milieu, suivant les facilités de l'approvisionnement, soit à la chaux, soit à la marne.

La limite de richesse du sol à laquelle il faut appliquer le marnage varie aussi bien que celle à laquelle il faut appliquer le chaulage, et nous répéterons ici ce que nous avons dit à ce sujet, c'est-à-dire que les terres légères, ne contenant que de petites quantités de calcaire, peuvent souvent se passer de ces amendements, tandis que les terres fortes, avec des doses plus élevées de chaux, y sont très sensibles. Il faut donc étudier non seulement la nature chimique du sol, mais encore sa constitution physique. Dans aucun cas il ne faut marner là où le sol est suffisamment pourvu de calcaire; la marne, en effet, étant à peu près infertile de sa nature, ne saurait modifier le sol avantageusement que si elle lui apporte le carbonate de chaux qui lui manque.

Effets sur les récoltes. — Le marnage agit sur la production végétale de la même manière que le chaulage, par l'apport de l'élément chaux, par la saturation du sol et la mise en circulation de principes fertilisants immobilisés. Les mêmes espèces végétales disparaissent au contact du calcaire, les mêmes espèces font leur apparition; nous n'avons donc pas à revenir ici sur ce qui a été dit de l'effet de la chaux sur la végétation. Cependant l'action de la marne est un peu moins énergique et moins rapide. Alors que le chaulage produit dès la première année de son application ses effets sur les récoltes, le marnage ne les produit guère qu'après la première année.

Sous l'influence de la marne, nous voyons la qualité des prairies naturelles s'améliorer, la culture des prairies artificielles de légumineuses devenir possible. L'apport de marne dans un sol où le calcaire fait défaut produit une modification radicale et permet d'obtenir des récoltes avantageuses, de substituer des cultures riches, comme celles du froment, aux maigres cultures de sarrasin ou de seigle. Le marnage comme le chaulage profite à toutes les plantes; il n'y a entre ces deux procédés qu'une différence de rapidité et d'intensité d'action; ce que nous avons dit du premier s'applique donc au second.

Pratique de l'épandage. — La marne est toujours portée directement aux champs; il ne faut jamais l'emmagasiner, afin de ne pas augmenter les frais de manutention.

Mode d'épandage. — On la dépose en petits tas espacés comme le fumier de ferme, et on lui laisse le temps de se déliter; puis on la répand uniformément sur le sol au moyen de la pelle. Quelquefois aussi, au lieu de faire des tas, on répand dès le début les morceaux de marne à la surface du sol; leur délitement s'effectue aussi bien de cette manière et on n'a pas à faire une manipulation double. Dans l'un ou l'autre cas, comme il reste presque toujours des morceaux non entièrement délités, on achève de les briser en faisant passer un rouleau et en donnant ensuite un coup de herse.

Enfouissement. — L'enfouissement se fait au moyen de la charrue à une profondeur qui varie, suivant les terres et les cultures, de 15 à 30 centimètres. En général, plus les labours sont profonds, plus par suite la masse de terre sur laquelle on opère est considérable, plus il faut donner de marne. On n'a pas intérêt à enfouir la marne à une très grande profondeur, puisque les eaux pluviales ont une tendance à l'éliminer des parties supérieures et à l'entraîner dans les couches profondes.

Époque de l'épandage. — On choisit de préférence la fin de l'automne pour épandre la marne; elle passe alors l'hiver sur la terre, se délite graduellement, et, au moment des labours de printemps, elle est prête à être incorporée au sol. Celle qu'on répandrait après l'hiver ne produirait pas sur la récolte de l'année un effet appréciable. Comme le marnage nécessite des charrois nombreux, il faut choisir pour cette opération le moment de l'année où les ouvriers et les animaux sont disponibles, mais en même temps on doit éviter les époques où la terre est détrempée et inaccessible aux attelages.

Emploi simultané de la marne et des différents engrais. — On peut appliquer le fumier sur une terre marnée et enfouir le tout par un même labour. La marne ayant été appliquée en automne se trouve délitée à la fin de l'hiver, et lorsqu'à ce moment on donne une fumure, elle se trouve toute prête à être enterrée. Mais il faudrait se garder de laisser longtemps la marne et le fumier en contact à l'air libre, parce qu'il se produirait, sous l'influence du carbonate de chaux, du carbonate d'ammoniaque qui se volatiliserait. Cette cause de déperdition n'est pas à craindre, si on procède immédiatement à l'enfouissement, les propriétés absorbantes de la terre maintenant le carbonate d'ammoniaque formé. Il en est de même du sulfate d'ammoniaque qui, s'il restait longtemps en contact avec le carbonate de chaux, dégagerait de l'ammoniaque. Ici encore l'enfouissement immédiat doit être recommandé. Quant aux autres engrais azotés organiques ou minéraux, sang desséché, corne, nitrate de soude, ainsi que les engrais verts, ils n'ont pas à craindre le contact de la marne; cependant il est préférable de les enterrer sans trop de retard.

Pour les phosphates naturels, nous renverrons à ce que nous avons dit à propos de l'emploi simultané du phosphate et de la chaux; il vaut mieux employer le phosphate à l'avance, afin de laisser aux matières organiques du sol le temps de le rendre assimilable, car si l'on donnait en même temps la marne et surtout si on la donnait au préalable, l'action dissolvante de la matière organique sur le phosphate serait considérablement diminuée. Le phosphatage doit donc précéder le marnage comme le chaulage. Quant aux superphosphates, il est bon de ne pas les laisser en contact avec la marne avant de les enfouir, parce que celle-ci fait rétrograder très facilement leur acide phosphorique soluble et entrave ainsi leur diffusion dans le sol. Cette rétrogradation, il est vrai, se produit rapidement dans la terre elle-même, mais il vaut mieux la laisser s'opérer spontanément après incorporation au sol, parce que la diffusion est alors plus parfaite.

Quantités de marne à employer. — Citons quelques chiffres pour montrer quelles sont les quantités de marne employées dans diverses régions où cette pratique est fréquente :

Dans la Sarthe, on met par hectare une dose de 5 à 20 mètres cubes et quelquefois davantage.

Dans le pays de Caux, on marne tous les 20 ou 25 ans, à raison de 20 à 50 mètres cubes par hectare, avec une craie marneuse ou blanche extraite du sous-sol. D'après M. Marchand, les quantités reconnues les meilleures pour cette région varient de 20 à 40 mètres cubes, suivant que le labour est de $0^m,15$ ou de $0^m,30$ de profondeur.

Dans le Vexin normand, on se sert également de la craie marneuse du sous-sol, appliquée à raison de 40 mètres cubes à l'hectare tous les vingt ans.

Dans l'Eure et dans Eure-et-Loir, on marne tous les quinze ans avec 10 à 35, le plus souvent 20 mètres cubes.

Dans la Picardie et l'Artois, le marnage est usité à la dose de 50 à 55 mètres cubes par hectare; son action se fait sentir dès la deuxième année et diminue à la douzième; on le renouvelle tous les quinze ou dix-huit ans.

Dans la Brie, où les terres contiennent généralement moins de 1 pour 100 de carbonate de chaux, la quantité de marne varie, suivant la nature du sol et celle de la marne elle va de 15 à 40 mètres cubes par hectare.

Dans la Beauce et le Gâtinais, où le calcaire appelé *chacre* est peu profond dans le sous-sol, on marne à raison de 30 à 35 mètres cubes.

En Sologne, on emploie une marne contenant 40 pour 100 de carbonate de chaux, à raison de 40 mètres cubes pour les terres sableuses et de 50 à 80 mètres cubes pour les terres argileuses; ces doses s'appliquent pour une période de quinze à vingt ans.

Dans la Brenne, où la marne est moins rare et moins coûteuse, on trouve les mêmes habitudes qu'en Sologne.

On voit combien varie la dose du marnage; on ne peut pas indiquer d'une manière générale les proportions de marne à employer; elles changent avec la nature de la terre, suivant qu'elle a besoin de quantités de calcaire plus ou moins fortes, avec la composition de la marne elle-même, avec la profondeur qu'on donne au labour et aussi avec les conditions économiques du marnage.

Variations suivant la nature de la terre. — La quantité de marne à répandre dépend dans une certaine mesure de la proportion initiale du calcaire dans la terre. Lorsque celle-ci en est totalement dépourvue, ou qu'elle en contient seulement de très faibles quantités, il y a lieu de porter le marnage à son maximum; lorsqu'au contraire le sol contient des quantités sensibles de calcaire, on peut se borner à lui donner de plus petites doses de marne.

Mais ce qui, plus encore que la teneur en calcaire du sol, doit influer sur les proportions de marne à employer, c'est la nature des terres. Celles qui sont légères en exigent de moindres quantités; celles qui sont fortes des quantités plus élevées; les terres riches en matières organiques ont besoin de plus de calcaire que celles qui n'en contiennent que peu.

Puvis, qui a fait de nombreuses observations sur le marnage, admet que toutes les terres contenant moins de 3 pour 100 de calcaire dans la couche arable profitent de l'application des marnes, et que l'on doit chercher à introduire dans le sol assez de carbonate de chaux pour arriver à cette limite. Cette opinion, qui est encore partagée par beaucoup d'agriculteurs, est trop absolue.

Nous savons en effet que certaines terres, particulièrement les terres légères, sont suffisamment pourvues de calcaire, même lorsqu'elles en contiennent seulement aux environs de 1 pour 100 et que d'autres terres, comme celles qui sont très argileuses, n'ont pas toujours du calcaire en suffisance lorsqu'elles en renferment déjà 4 à 5 pour 100. Il faut donc abandonner cet errement contre lequel de Gasparin a déjà protesté. La nature du sol est un facteur beaucoup trop important pour qu'on puisse le négliger; d'ailleurs pour amener les terres pauvres en chaux jusqu'à contenir 3 pour 100 de calcaire, il faudrait faire des apports de marne s'élevant à plusieurs centaines de mètres cubes qui entraîneraient à des dépenses énormes.

On peut apprécier par un calcul très simple la quantité de marne qu'il faut donner à une terre pour amener celle-ci à un taux déterminé C' de calcaire, en tenant compte : 1° de la richesse primitive du sol C; 2° de la richesse de la marne Q; 3° de la profondeur du labour P. En appelant X le nombre de mètres cubes de marne qu'il faudra employer, on a :

$$X = \frac{100\,P\,(C' - C)}{Q}$$

Variations suivant la qualité de la marne. — Un des facteurs importants dans la détermination des quantités de marne à employer, c'est la qualité même de la marne.

Nous avons précédemment montré les différences considérables qui existent dans la proportion du calcaire; cet élément, le plus important, peut en effet varier presque du simple au décuple, puisque certaines marnes ne contiennent que 10 pour 100 de carbonate de chaux, alors que d'autres en contiennent jusqu'à 90 pour 100. On comprend qu'avec des variations aussi considérables, les résultats obtenus avec les mêmes doses peuvent être très dissemblables et qu'il faut compenser par la quantité l'insuffisance de la qualité, de manière à introduire dans le sol des proportions de chaux sensiblement égales. Si une marne contient, par exemple, 20 pour 100 de carbonate de chaux, tandis qu'une autre en contient 80 pour 100, il faut environ 4 fois autant de la première que de la seconde pour produire le même résultat. L'analyse de la marne a donc une grande importance au point de vue des quantités à employer.

Une autre considération doit entrer en ligne de compte; certaines marnes se délitent beaucoup mieux que d'autres et sont susceptibles de se réduire en particules beaucoup plus fines. Ce sont les plus actives et dont on peut employer des quantités moindres, en raison de leur extrême divisibilité; à richesse égale de carbonate de chaux, il faut donc donner en plus forte proportion les marnes qui se délitent moins bien.

De Gasparin cite un exemple frappant de l'effet du délitement. Deux marnes soumises à son examen contenaient à peu près la même quantité de carbonate de chaux, or 25 voitures de l'une d'elles produisaient le même effet que 200 voitures de l'autre. En étudiant la faculté de délitement, de Gasparin trouva que la première tombait tout entière en poussière au sein de l'eau, tandis que l'autre donnait, pour 1000 parties, 125 parties très fines et 875 parties formées de petits rognons calcaires ne se délitant pas. Le rapport des éléments fins $\frac{125}{1000}$ des deux marnes est précisément égal aux quantités des deux marnes qu'il faut employer pour produire le même résultat.

Quant on veut déterminer les doses de marne à

employer, il faut toujours calculer d'après la proportion de marne active, c'est-à-dire délitable, comme nous l'avons indiqué.

Apport d'autres éléments. — L'apport du calcaire est le but essentiel du marnage, mais on aurait tort de ne pas tenir compte des autres éléments qui existent souvent en grande quantité. Sans parler ici du phosphate, de la potasse et des matières azotées qu'on trouve souvent en petites quantités dans les marnes et dont l'effet fertilisant en augmente la valeur, il existe des substances inertes par elles-mêmes, mais qui peuvent par leur mélange modifier avantageusement certaines terres. Lorsque ces substances inertes sont constituées par de l'argile, ce qui est fréquemment le cas, et qu'on applique la marne à des sols légers et trop perméables, cet apport d'argile peut modifier les qualités du sol, en lui donnant plus de consistance, en augmentant ses propriétés absorbantes et en atténuant sa trop grande perméabilité. L'argile qui manque souvent dans les terres très légères et qui est un élément presque aussi important que le calcaire lui-même, peut donc se trouver apportée incidemment par le marnage en même temps que le carbonate de chaux, et comme les proportions d'argile existant dans les marnes sont parfois plus élevées que celles du calcaire, cet apport est loin d'être insignifiant.

Souvent aussi la marne est mélangée de sable; si alors on l'applique à des terres fortes, le sable intervient pour diviser la masse plastique par son simple mélange et pour diminuer ainsi la ténacité excessive de pareils sols. Lorsqu'on a le choix entre des marnes de différentes constitutions, il faut tenir compte des propriétés des matières étrangères qu'elles renferment et donner de préférence les marnes argileuses aux terres légères et les marnes sableuses aux terres fortes.

Ces substances, sable et argile, restent d'ailleurs acquises à la terre, même lorsque le calcaire qui les accompagnait a disparu par l'effet des cultures ou par celui des eaux d'infiltration; tandis que l'action du calcaire n'est que d'une durée limitée par suite de sa disparition, celle du sable ou de l'argile qui l'accompagnait est indéfinie.

Variations suivant la profondeur des labours. — Les labours profonds, qui ont une si heureuse influence sur la végétation, augmentent d'autant le volume de terre qu'on met en œuvre. Chaque fois que l'épaisseur du sol proprement dit le permet, il est avantageux de recourir à cette pratique. Le marnage, pour produire les mêmes effets, doit être d'autant plus abondant que les labours ont été faits plus profondément. Il y a en effet une relation entre la proportion de marne et la proportion de terre. En supposant qu'il faille 1 pour 100 de marne dans la terre pour que celle-ci fût améliorée, on comprend que si, par un labour plus profond, on met en mouvement une quantité de terre double, la proportion de marne devra être double pour parfaire la proportion de 1 pour 100.

M. Marchand cite pour le pays de Caux les doses adoptées par la pratique, suivant que le labour est plus ou moins profond :

Labour de	15	cent.	Dose la meilleure,	20	m. cub.	à l'hectare.
—	25	—	—	28		—
—	28	—	—	39		—
—	30	—	—	41		—

Variations suivant les conditions économiques. — Lorsque la marne est abondante et à bas prix, au voisinage des terres auxquelles on veut la donner, on peut, sauf les restrictions que nous ferons plus bas, procéder à des marnages copieux, n'étant pas exposé à grever de ce chef sa propriété de frais excessifs. On appliquera plus largement le marnage sans s'astreindre à donner strictement les doses indispensables. Il ne saurait en résulter de graves inconvénients. Mais lorsque la marne revient à un prix élevé, soit par l'achat, soit, ce qui est plus fréquent, par les transports, il faut éviter de donner des doses exagérées et s'en tenir alors au minimum nécessaire pour obtenir un résultat. En n'appliquant pas cette règle, on s'exposerait à faire plus de dépenses qu'il n'est nécessaire et à grever sans profit la propriété de frais d'amélioration foncière illusoire. Le prix de la marne dans les carrières est extrêmement variable suivant son abondance et les besoins de la localité, mais il est généralement peu élevé; ce sont les frais de transport qui influent le plus sur le prix de revient du marnage. Lorsque, par exemple, la marne vient de loin et se paye jusqu'à 6 francs le mètre cube, comme cela arrive pour certaines régions, il faut l'appliquer judicieusement en proportions juste suffisantes, et en évitant le gaspillage; quelques mètres cubes employés en plus du strict nécessaire constituent une dépense inutile déjà très sensible. Tandis que, si elle est à un prix très bas, par exemple à 0f. 80 le mètre cube, comme dans le Vexin normand, on peut en mettre sans y regarder de si près et dépasser de quelques mètres cubes ce qui est nécessaire.

Pratique rationnelle du marnage. — Ces considérations générales étant exposées, examinons quelles quantités il convient de donner dans les différents cas et quelle durée d'action on peut leur assigner.

Ici comme pour le chaulage, nous ne conseillons pas les doses excessives destinées à une longue période; les mêmes raisons nous font préférer l'application de la marne par quantités relativement modérées et répétées plus fréquemment. L'effet du marnage sur la déperdition des éléments fertilisants de la terre est comparable à celui du chaulage; des doses très fortes, surtout quand elles ne sont pas soutenues par des fumures appropriées, conduisent rapidement la terre à l'épuisement. Cependant pour les sols très riches en matières organiques, il est bon d'appliquer un très fort marnage qui transforme la terre en un sol de culture. De même lorsque la marne apporte avec elle des quantités notables d'argile, et qu'on la donne à des terres très légères, on peut employer d'un coup une plus grande quantité, puisque le calcaire porte avec lui de l'argile qui diminue la perméabilité de la terre. Une forte dose transforme dans ce cas un sol de très médiocre qualité en une bonne terre arable, et les déperditions d'azote qui s'effectuent sous l'influence d'un marnage énergique se trouvent compensées par les qualités physiques que la terre a acquises. On peut en dire autant des marnes sableuses données aux terres fortes et qui, à dose élevée, rendent meubles et cultivables des sols qui étaient trop compacts. C'est en ceci surtout que la marne se distingue de la chaux; elle apporte avec elle des quantités élevées de produits secondaires ayant souvent un rôle important, alors que le chaulage n'apporte avec lui que de la chaux. Plus la marne se rapproche du calcaire pur, plus il faut être réservé dans son application pour ne pas tomber dans les inconvénients de doses excessives que nous avons signalés en parlant du chaulage.

Lorsqu'on a pratiqué au début un fort marnage, on peut attendre quelques années, avant de penser à la restitution de ce qui est enlevé par les récoltes et par les eaux. Le plus souvent on attend 15 ou 20 ans, c'est-à-dire jusqu'à un moment où la chaux a presque totalement disparu et où les plantes des terrains acides, et plus particulièrement l'oseille, commencent à reparaître. Nous pensons qu'on a tort d'attendre cette limite extrême. Il est plus judicieux, lorsque le sol a été amélioré par un premier marnage, de l'entretenir en bon état, en rendant tous les 3 ou 4 ans la proportion de carbonate de chaux qui a été éliminée. On peut estimer, avec M. Schlœsing, que les récoltes enlèvent au maximum 150 kilog. de carbonate de chaux par an et par hectare, et que l'eau de pluie traversant la terre en enlève de son côté 450 kilog.; c'est donc une quantité totale de 600 kilog. de carbonate de chaux qui disparaît annuellement du sol. Si tous les 3 ou 4 ans, au début de chaque assolement, on fait un apport de marne, pour compenser cette diminution, le sol restera en permanence pourvu de suffisantes quantités de calcaire. C'est le procédé que nous conseillons d'employer; il est plus rationnel et permet de maintenir la terre en bon état. Ces restitutions répétées ont d'ailleurs l'avantage d'échelonner les frais, tandis qu'un renouvellement à longue échéance, nécessitant en quelque sorte une nouvelle reconstitution du sol, entraîne à une mise de fonds importante à faire d'un coup.

En supposant qu'on ait à sa disposition une marne contenant 40 pour 100 de carbonate de chaux, ce serait environ 1,500 kilogrammes à donner chaque année ou 6,000 kilogrammes tous les 4 ans, soit entre 4 et 5 mètres cubes.

§ II. — MARNAGE PAR LES CALCAIRES MARINS, LES COQUILLES ET LES CHAUX RÉSIDUAIRES.

Après l'étude de la marne proprement dite, se place celle des autres sources de carbonate de chaux; les plus importantes sont les calcaires déposés par la mer, soit actuellement encore sur les côtes, soit aux époques géologiques, et formant alors des gisements à l'intérieur des terres.

Les calcaires marins constituent une ressource précieuse pour les contrées dépourvues de chaux, et nous trouvons encore là un des nombreux exemples de la part que peut prendre la mer à la fertilisation des continents. Ces calcaires se divisent en deux classes bien distinctes : 1° les dépôts de formation ancienne, ou faluns; 2° les dépôts de formation récente, vases de mer, tangues, trez, merls, etc.

A ces engrais calcaires ajoutons aussi les coquilles marines, formées de carbonate de chaux et pouvant, dans quelques conditions, servir à l'amendement des terres.

Enfin certaines industries, après avoir employé la chaux, laissent des résidus calcaires dont l'utilisation agricole est souvent avantageuse.

Nous étudierons successivement chacun de ces produits, qui peuvent être considérés comme des succédanés de la chaux ou de la marne.

Faluns.

Description et origine. — Les faluns, appelés encore marnes coquillières ou coquilles fossiles en France, et crags en Angleterre, sont formés par un mélange de sables grossiers avec des coquilles marines, des bryozoaires, des polypiers et madrépores, etc.; quelquefois avec des ossements fossiles, tels que les os de lamantin et de requin. Les coquilles sont rarement entières; elles sont plus souvent à l'état de débris sableux, plus ou moins pulvérulents. Les sables sont parfois cimentés par du calcaire et forment alors des blocs assez solides pour donner des pierres de construction;

mais on les rencontre presque toujours à l'état meuble ou faiblement agglutinés et friables; leur couleur est blanche, plus ou moins jaunâtre, suivant la proportion d'argile et d'oxyde de fer qu'ils renferment.

Les faluns appartiennent tous à l'étage tertiaire (miocène); ils ont été déposés en grandes couches dans les bassins occupés par les mers tertiaires; postérieurement à leur dépôt, des cours d'eau sont venus les balayer, ne laissant des accumulations que dans les dépressions du sol, formant ainsi des bandes disséminées, comme celles qu'on rencontre dans le bassin de la Loire.

Les faluns reposent ordinairement sur l'argile à silex ou les calcaires lacustres, bien plus rarement sur les schistes ou sur les phyllades du silurien ou sur les terrains primitifs (Maine-et-Loire). Généralement les bancs de faluns sont limités en haut et en bas par des couches d'argile; leur épaisseur varie de 1 à 3 mètres.

Distribution géographique. — Les plus importantes falunières de la France sont situées dans le département d'Indre-et-Loire.

Voici la description qu'en fait M. Risler :

« Sur la rive droite du Cher et sur la limite de la Sologne, une grande falunière s'étend aux environs de Contres jusqu'à Thenay et Pontlevoy. Au sud [du département d'Indre-et-Loire, celles de Louans, de Manthelan et de Bossée sont très connues] et ont fourni depuis longtemps des amendements aux terres argileuses et pauvres en chaux qui les entourent.

« Sur la rive droite de la Loire, le gisement de faluns le plus oriental est celui de Villebaron, au nord de Blois; puis il y en a un grand nombre et de plus considérables au nord-ouest de Tours, près de Cléré, Savigné, Courcelles, Channay, Saint-Laurent-de-Lin, Semblançay, etc.

« Dans le département de Maine-et-Loire, on rencontre également un assez grand nombre de falunières par petits bassins, qui remplissent les dépressions du sol, tantôt sur les calcaires lacustres comme à Noyant, à Chavagnes, Bouton, etc. (arrondissement de Segré), tantôt sur les schistes siluriens, comme entre Pouancé et Craon (arrondissement de Segré). Les plus nombreuses se trouvent sur la rive gauche de la Loire, dans l'arrondissement de Saumur, aux environs de Doué.

« ..... La plus grande falunière du département d'Ille-et-Vilaine est celle de la Chausserie, dans le bassin de Rennes. Dans le même département, il y a celles de Saint-Grégoire, de Gahard, d'Argentré, etc. Dans la Loire-Inférieure, on en trouve un assez grand nombre aux environs d'Aigrefeuille et de Vieillevigne. Dans la Vendée, à Challons, la Sénardière et la Gariopierre. »

C'est donc dans les départements de Maine-et-Loire, de la Vendée, de la Loire-Inférieure, d'Indre-et-Loire qu'on rencontre les grands dépôts de faluns, précisément dans les régions où le sol, par son origine géologique, exige l'apport d'engrais calcaires. On a trouvé également des dépôts de faluns, mais peu importants, en Seine-et-Oise (Grignon), dans les Landes (Dax), et dans la Gironde.

Composition. — Le falun est essentiellement constitué par du carbonate de chaux et du sable; il contient en outre de petites quantités de phosphate et de potasse. Voici, d'après MM. Risler et Colomb-Pradel, la composition centésimale de quelques-uns de ces faluns :

Désignation.	Carbonate de chaux.	Acide phosphorique.	Potasse attaquable.
—	—	—	—
Manthelan (Touraine).......	38.87	0.086	0.221
Bossée, id.........	66.56	0.009	0.177
Ferrières-Larçon, id.........	55.19	0.009	0.503
— —	57.80	0.007	0.585
Pauvrelait, id.........	53.43	0.008	0.340
Savigné, id.........	75.78	0.006	0.364
Cléons (Loire-Inférieure)...	71.20	»	»

On devrait s'attendre à trouver dans ces calcaires coquilliers une proportion plus élevée d'acide phosphorique; comme on le voit, le taux de cet élément n'atteint jamais le chiffre de 1 pour 1000 et ne doit pas, par conséquent, entrer en ligne de compte dans l'appréciation de la valeur agricole de ces amendements calcaires.

La potasse est au contraire en proportion sensible; elle provient des sables feldspathiques contenus dans les faluns; mais comme cet engrais s'applique surtout à des terrains dérivés des roches primitives, la présence de l'alcali nous paraît sans grande importance.

Isidore Pierre a dosé dans un échantillon la faible quantité de 0.30 pour 1000 d'azote organique.

En résumé, il ne faut voir dans les faluns qu'un engrais calcaire comparable à la marne; on leur a, du reste, donné en certains endroits le nom de marnes coquillières. Ils se rapprochent en effet de la marne, non seulement par leur richesse en carbonate de chaux, mais aussi par la propriété qu'ils possèdent de se déliter sous l'influence des agents atmosphériques. Ce délitement est toutefois moins rapide; mais la friabilité des coquilles exposées à l'air permet à l'élément calcaire de prendre dans le sol un grand état de division.

Exploitation. — L'extraction ressemble en tous points à celle des marnes, c'est un simple travail de terrassement; mais, les falunières reposant généralement entre deux couches d'argile, l'eau de la surface suinte à travers les fissures pratiquées pour l'exploitation et se rassemble sur la couche imperméable. Cette circonstance rend parfois l'exploitation difficile, en ce sens qu'on est obligé, lorsqu'on opère après une période de pluie ou même si la pluie survient pendant l'extraction, d'épuiser l'eau. Il convient donc d'opérer très rapidement, quand les falunières sont à sec; aussi en Touraine, où elles sont généralement noyées, les agriculteurs d'une commune se réunissent-ils pour opérer en commun, lorsque les circonstances sont favorables, l'extraction des quantités nécessaires; ils évitent ainsi l'envahissement par les eaux et les travaux d'épuisement. C'est, du reste, avec des pompes portatives très commodes et peu coûteuses que doit se faire cet épuisement, et non pas à bras d'hommes, comme on en conserve encore l'habitude.

Emploi agricole. — Le falun ne différant guère de la marne ou de la craie, ce que nous avons dit du marnage s'appliquera au falunage. Cette observation nous dispense donc d'entrer dans de plus longs détails, et nous nous bornerons à indiquer les doses habituellement usitées : elles varient entre 10 mètres cubes par hectare pour une période de 5 ou 6 ans, et 60 mètres cubes pour une période de 25 à 30 ans. Les plus fortes doses s'appliquent aux terres argileuses et compactes, sur lesquelles l'apport de cet élément produit les meilleurs résultats. Sur les terres légères et sèches, il faut être plus réservé, de peur d'accentuer, par l'apport de parties sableuses, la perméabilité du sol.

Le falunage est tellement entré dans les habitudes de certaines régions, que souvent on l'applique aux terres calcaires; c'est là une superfétation qu'il faut éviter.

Le falun est déposé sur le sol en petits tas, comme la marne et la chaux, et ce n'est qu'après avoir subi quelque temps le contact de l'air qu'il doit être répandu et enfoui. Les coquilles qui ne sont pas complètement délitées au moment de l'emploi, finissent par se désagréger dans le sol.

Tangues. — Trez. — Merls. — Coquilles.

Les calcaires marins de formation récente sont de nature différente, non pas tant par leur composition chimique, car tous sont constitués en majeure partie par du carbonate de chaux, que par leur aspect, leur texture et leur lieu d'origine. On a l'habitude de les classer en trois catégories : Tangue, Trez et Merls. Nous les étudierons successivement, en nous servant principalement des documents fournis par de Molon, Isidore Pierre, Malagutti.

Tangues. — La tangue, qu'on désigne encore sous le nom de tanque, tangu, sablon, cendre de mer, est une sorte de sable, de couleur grise ou blanc-jaunâtre, qu'on rencontre dans les baies et dans les anses.

Origine. — On croirait à tort que cette tangue, déposée ordinairement à l'embouchure des rivières, est constituée par des apports fluviatiles; il n'en est pas ainsi. Ces dépôts sont d'origine essentiellement marine; ils sont constitués par un mélange très ténu de coquilles marines et de débris des roches granitiques ou schisteuses contre lesquelles les vagues viennent les pulvériser en se brisant. Les débris les plus grossiers restent le long des côtes abruptes, tandis que les particules fines, maintenues en suspension par le mouvement des flots, se déposent seulement lorsque la mer peut lentement s'étendre sur une vaste plage; alors les parties les plus lourdes se séparent d'abord, puis, peu à peu et par ordre de densité, les parties fines; aussi la tangue est-elle d'autant plus grossière qu'on s'éloigne plus de la plage.

Ce sont ces dépôts fins qui constituent la tangue. En France, cette matière se rencontre principalement sur les côtes de Bretagne et de Normandie, mais seulement sur le littoral de la Manche, d'Ille-et-Vilaine et d'une petite partie des Côtes-du-Nord, compris entre la baie d'Isigny et l'embouchure du Goüet; c'est particulièrement dans la grande baie Saint-Michel et dans l'anse de Moidrey que la tangue est abondante.

Composition. — De nombreuses analyses de ces produits ont été effectuées, notamment par Isidore Pierre, qui a étudié les tangues les plus communément employées, depuis la baie d'Isigny jusqu'à celle de Saint-Michel.

Voici les principaux résultats de ces analyses, se rapportant à 100 de tangue à peu près sèche :

Provenance.	Carbonate de chaux.	Magnésie.	Soude et potasse.	Acide phosphorique.	Acide sulfurique.	Chlore.	Sable et argile.	Azote.
Saint-Malo	25.23	0.87	1.06	0.57	0.66	0.55	63.05	0.162
Moidrey	39.25	0.19	1.01	1.38	0.34	0.74	50.43	0.112
Avranches	40.26	0.09	0.71	0.25	0.42	0.40	53.41	0.071
Mont-Martin-sur-Mer	45.45	0.19	0.32	0.72	0.07	0.27	45.26	0.160
Pont-de-la-Roque	41.45	0.17	0.27	0.51	0.30	0.03	50.32	0.096
Lessay (tangue havelée)	52.12	0.16	1.13	0.28	0.41	0.92	41.10	0.137
— (— béchée)	31.12	0.11	0.13	0.12	0.08	0.14	65.46	0.026
Cherbourg	24.24	0.57	0.26	0.13	0.02	0.32	71.96	0.042
Brevands	23.45	0.27	traces.	0.12	traces.	0.01	72.76	0.040
Isigny	27.77	0.10	0.15	0.18	0.05	0.11	69.67	0.033
Sallenelle	46.22	0.27	0.05	0.08	traces.	0.05	49.12	0.071
Moyenne	36.50	0.27	0.50	0.39	0.21	0.32	57.50	0.087

Nous ajouterons quelques analyses de M. Rivot :

Composition.	Pontorson.	Carentan.	Pont la Mogne.	Pont de la Roque.	Pont la Mogne.	Carentan.	
						I.	II.
Carbonate de chaux	45.60	54.00	59.00	63.00	64.00	3.50	27.00
Phosphate de chaux	»	0.60	0.20	traces.	traces.	traces.	»
— de soude	»	0.20	0.30	—	»	0.50	traces.
Chlorure de sodium	»	0.70	2.00	0.50	0.40	0.50	0.50
Carbonate de soude	»	0.30	0.40	»	»	0.30	»
Argile et sable	54.00	41.40	35.60	30.50	33.00	89.40	70.00

Ces analyses montrent que la proportion de carbonate de chaux varie dans de larges limites, du simple au double; et que, par suite, la valeur agricole est très différente. Outre le carbonate de chaux, la tangue contient encore près de 1 pour 1000 d'azote; la proportion d'acide phosphorique dépasse quelquefois 1 pour 100; cet élément n'existe souvent qu'à l'état de traces; il y a donc lieu d'examiner toujours à ce point de vue les produits dont on fait usage.

Le poids du mètre cube de tangue varie de 1000 à 1400 kilog.. Isidore Pierre a calculé d'après ses analyses qu'un mètre cube renferme les quantités suivantes d'éléments fertilisants :

Provenance.	Acide phosphorique.	Azote.	Carbonate de chaux.
—	—	—	—
	kil.	kil.	kil.
Saint-Malo	6.87	1.95	304
Moidrey	15.51	1.25	441
Avranches	2.49	0.71	400
Mont-Martin-sur-Mer	8.96	1.97	559
Pont-de-la-Roque	6.06	1.07	480
Lessay	2.93	1.43	445
—	1.56	0.34	404
Cherbourg	1.70	0.55	317
Brévands	1.65	0.55	325
Isigny	2.32	0.42	367
Sallenelle	1.07	0.95	619

Ces chiffres sont intéressants en ce sens qu'ils montrent combien peut varier l'apport des matières fertilisantes, suivant la qualité des tangues employées. Nous y trouvons l'explication des doses si variables qu'on utilise sur les différents points du littoral, pour obtenir dans le même sol et pour les mêmes cultures des résultats identiques.

Emploi des tangues. — L'emploi de cet amendement est très important; c'est du 1er avril à la fin du mois de juillet que s'opère son transport. Une enquête faite en 1860 établit l'extraction annuelle à 2 millions de mètres cubes de Saint-Malo à Isigny, représentant un roulage de 5 à 6,000 voitures par jour pendant plusieurs mois et un déboursé par les agriculteurs de 4 à 5 millions de francs. Ce trafic ne semble pas, à l'heure actuelle, avoir perdu de son importance.

Les cultivateurs viennent chercher la tangue à des distances de 20 à 30 kilomètres, quelquefois plus, en s'arrangeant toutefois de manière à faire le voyage aller et retour en une seule journée.

L'extraction de la tangue n'est pas ordinairement effectuée par le cultivateur, mais par les riverains (tanguiers) qui la lui vendent à raison de 0^{f},50 à 1 fr. le mètre cube. On estime en moyenne à environ 3 à 4 fr., le mètre cube de tangue rendu à pied d'œuvre; ce prix ne nous paraît pas dépasser la valeur réelle de l'amendement, surtout si on tient compte des proportions d'acide phosphorique et d'azote qui accompagnent le carbonate de chaux.

L'usage de la tangue et de tous les calcaires marins étant essentiellement local, il ne nous semble pas intéressant d'entrer dans de plus longs détails sur le commerce de ces matières.

Quant à leur mode d'emploi, il varie suivant les endroits; mais dans aucun cas on n'enfouit la tangue au sortir de la mer; une longue pratique semble avoir démontré que, dans ces conditions, elle exerce une mauvaise influence sur le sol; elle le brûle, suivant l'expression locale.

On laisse toujours la tangue exposée à l'air pendant deux mois environ; l'eau de pluie lui enlève le sel qu'elle renfermait et on observe une sorte de délitement ou de foisonnement, qui peut augmenter le volume de 8 à 10 pour 100, et qui favorise la division des particules de carbonate de chaux.

La tangue est employée soit à l'état de compost, soit à l'état pur, à la manière de la marne; on l'applique quelquefois aux prairies naturelles et artificielles, mais surtout aux céréales dans lesquelles on sème le trèfle.

La dose est assez variable, suivant la nature du sol, la qualité de la tangue et la durée d'action qu'on lui demande; elle est en moyenne de 5 à 15 mètres cubes à l'hectare, quand la matière est de bonne qualité (tangue de Moidrey); de 15 à 25 mètres cubes, quand elle est moins bonne; de 25 à 100 mètres cubes, quand elle est de qualité inférieure. La quantité employée est donc en raison inverse de la teneur en carbonate de chaux. La durée d'action varie de trois à cinq ans.

Tout ce que nous avons dit des effets du marnage sur les sols et sur les cultures peut s'appliquer aux tangues. Si leur emploi ne dispense pas de celui du fumier, leur action épuisante est cependant moins à craindre, à cause de l'apport d'azote et d'acide phosphorique, qui sont généralement plus abondants que dans la marne. Isidore Pierre calcule qu'une fumure moyenne de 15 mètres cubes par hectare introduit dans le sol des quantités d'azote variant, suivant la qualité de la tangue, de 10 à 30 kilog., en moyenne de 14 kilog. et des quantités d'acide phosphorique comprises entre 20 kilog. (tangue de l'Orne) et 232 kilog. (tangue de Moidrey).

L'apport de tangue à haute dose doit dans certains cas être considéré comme une véritable fumure; ainsi 50 m. cubes de tangue de Moidrey peuvent introduire dans le sol 63 kilog. d'azote et 775 kilog. d'acide phosphorique.

Disons aussi que l'emploi de la tangue est parfois immodéré. L'usage de cet amendement est devenu dans certaines localités une habitude qui ne correspond plus à un réel besoin. Le sol qui depuis longtemps reçoit les engrais calcaires à haute dose, contient souvent des proportions assez élevées de chaux pour se passer de tout apport nouveau. Le principal inconvénient de cet abus est d'entraîner à des dépenses inutiles.

Vases et boues de ports de mer. — Les vases qu'on rencontre souvent accumulées, à l'entrée des ports et à l'embouchure des rivières, se rapprochent beaucoup des tangues; elles sont d'une origine mixte, c'est-à-dire constituées par un mélange de boues marines et de boues fluviatiles. Elles sont souvent très riches en calcaire; des boues de cette nature, prélevées à Caen, contenaient à l'état sec 32 à 37 pour 100 de carbonate de chaux. Les vases peuvent agir comme amendement calcaire, mais il faut surtout les envisager comme un véritable fumier; souillées par les dépôts de matières organiques, elles sont riches en azote, en acide phosphorique et en potasse, et c'est pour cette raison que nous les avons étudiées ailleurs (t. I, p. 552). Nous ne les rappelons ici que pour mémoire.

Trez. — Le trez ou treaz, ou sablon, est un sable marin qui se rapproche beaucoup de la tangue; il n'en diffère que par une ténuité moins grande.

Les dépôts de cette matière sont moins réguliers et moins abondants que ceux de tangue; ils se rencontrent surtout sur les pentes douces des grèves de Bretagne, principalement dans les baies de Roscoff, de Douarnenez et sur plusieurs points de l'arrondissement de Morlaix. Le trez se trouve quelquefois en mer, dans les bas-fonds, mais principalement à l'embouchure des rivières et sur les côtes, où il forme de véritables dunes.

Composition. — Nous donnons l'analyse centésimale de quelques-uns de ces trez :

	Carbonate de chaux.	Phosphate de chaux.	Sable et argile.	Auteurs.
Rade de Brest (sable du Minon)........................	70	0.95	29	Is. Pierre.
Baie de Douarnenez.......	45	»	53	Besnou.
Blancs sablons du Conquet.	27	»	69	»
Trez vif de Morlaix........	65	»	24	»
— mort —	48	»	43	»
— de la rivière de Pont-Aven....................	70	»	25	»
Dunes de Trésire.........	31	»	69	»
Anse de Dinant...........	64	»	34	»
Trez pur de Roscoff.......	69	0.90	21	Parize.
Sables des Côtes-du-Nord, (Paimpol)..............	41	»	»	»
Sables des Côtes-du-Nord, (grève de Saint-Brieuc)...	31	»	»	»
Sables marins d'Angleterre.	14 à 80	0 à 0.50	12 à 68	Voelcker.

Sans multiplier le nombre des analyses, nous pouvons dire que ces produits présentent une grande variabilité de composition, que feront mieux ressortir les chiffres suivants, empruntés à une étude de M. Philippar sur les tangues, trez et merls :

	Carbonate de chaux p. 100.	
	Minimum.	Maximum.
Arrondissement de Brest............	0	86
— de Morlaix..........	0	99
— de Châteaulin.......	22	78
— de Quimper.........	15	92
— de Quimperlé........	39	81

M. Philippar fait observer que l'emploi de ces sables est très mal compris, et qu'il n'est pas rare de voir utiliser comme amendement calcaire et transporter à grands frais, des produits ne contenant pas de traces de chaux.

L'analyse doit donc toujours guider le cultivateur dans la recherche et dans l'emploi de ces engrais marins. Les dosages de l'azote et de l'acide phosphorique ont généralement été négligés par les analystes; dans les trez proprement dits, l'acide phosphorique n'existe qu'en très petite quantité; exceptionnellement sa proportion s'élève jusqu'à près de 1 pour 100. Il en est de même de l'azote, qui apparaît seulement lorsque le sable marin se mêle aux dépôts fluviatiles et se rapproche des vases. On voit alors apparaître la matière organique, et la teneur en azote peut aller jusqu'à 0,5 pour 100.

Il faut également tenir grand compte, dans l'achat de ces produits de leur teneur en eau ; d'après M. Philippar:

Le sablon humide pèse............	2.080 gr. le litre.
Le même sablon séché à l'air, pèse.	1.745 —

C'est-à-dire que dans le premier cas on transporte inutilement 335 kilog. d'eau par mètre cube.

Emploi agricole. — Les trez s'emploient comme les tangues, après exposition à l'air; mais si l'action de l'air et des pluies se prolonge, l'efficacité de l'engrais paraît diminuer (trez mort), probablement par suite de l'entraînement mécanique des parcelles plus ténues.

En raison de son état plus grossier et de sa faible teneur en acide phosphorique, le trez est moins estimé que la tangue et donne des résultats inférieurs.

Merl. — Le merl, mearl ou marl, est un calcaire marin dont l'aspect est bien différent de celui de la tangue et du trez; il se présente sous forme de concrétions dures, irrégulières, avec des ramifications vermiculaires ressemblant aux petits mamelons formés par les déjections des vers de terre; il est tantôt d'un gris verdâtre (merl blanc), tantôt d'un blanc rosé (merl rose).

Origine. — Voici quelle est l'origine de ces produits : certaines algues marines sécrètent du carbonate de chaux, qu'elles empruntent à la mer, pour former une sorte de test ou de carapace qui les entoure; c'est précisément cette sécrétion calcaire qui constitue le merl. D'après M. Parize, le merl le plus estimé est produit surtout par le Lithothamnion coralloïdes; il ressemble au corail; les merls formés par le Melobesia et le Jania sont moins estimés à cause de leur plus grande compacité. Ces algues calcaires se trouvent en bancs de $1^m,50$ à 2 mètres d'épaisseur dans des fonds ne se découvrant pas et d'une profondeur variant de 4 à 20 brasses; leur croissance est assez rapide, puisque, d'après les observations de M. Parize, un banc épuisé par les dragages se reproduit en trois ou quatre ans.

Aux algues qui constituent le merl, s'ajoutent des coquilles mortes ou vivantes, dont la proportion s'élève parfois à 20 pour 100, ainsi que du sable et du gravier provenant des roches éruptives qui forment les fonds et les côtes. Ces bancs sont souvent envahis par des mollusques, des échinodermes, des vers qui viennent y chercher leur nourriture; enfin sur quelques bancs de merls se déposent des plantes marines; tous ces débris animaux et végétaux enrichissent le dépôt calcaire en matière organique.

Le merl est réparti sur le littoral des côtes du Nord et du Finistère; il est surtout abondant à l'embouchure de la rivière de Quimper, dans la rade de Brest, près de Morlaix, dans la baie de Concarneau et sur les côtes de Belle-Isle en mer.

Composition chimique. — Le merl est essentiellement constitué par du carbonate de chaux; les variations de composition sont moins grandes que pour les trez et les tangues ; la proportion de cet élément est ordinairement comprise entre 50 et 75 pour 100, et s'élève exceptionnellement à plus de 80 pour 100. Les coquilles qui y sont mélangées augmentent le taux de calcaire et diminuent celui de la matière organique. Dans les coquilles, la proportion de carbonate de chaux est ordinairement de 95 pour 100, et celle de la matière organique de 0,5 seulement; tandis que dans le merl pur, le taux du calcaire est de 75 et celui de la matière organique de 4 pour 100 environ. Les doses d'azote et d'acide phosphorique sont fortement influencées par l'abondance des cadavres de mollusques non décomposés. La proportion des sels solubles (chlorures et sulfates alcalins) ne dépasse guère 1 pour 100.

L'humidité varie beaucoup; tandis que les merls non divisés s'égouttent facilement, ceux qui sont très fins retiennent plus d'eau; il y a à prendre en considération cette circonstance, qui exerce une grande influence sur le prix des transports.

Voici quelques analyses des merls les plus employés; elles sont rapportées à 100 du produit :

	Carbonate de chaux.	Carbonate de magnésie.	Phosphate de chaux.	Sels solubles.	Sable.	Eau.	Azote.	Auteurs.
Merl blanc de Morlaix.	55.65	traces.	»	1.35	33.00	2.00	0.05	Is. Pierre.
— rose — .	71.60	»	»	0.20	18.25	6.85	0.05	»
— rose de Belle-Isle-en-Mer..............	76.00	»	»	2.15	3.60	6.90	0.05	»
Merl vif de la baie de Concarneau..........	81.43	11.55	0.57	»	0.95	5.22		Ponts et chaussées.
Merl mort de la baie de Concarneau..........	76.96	8.09	0.62	»	»	3.95	»	»
Polypiers..............	82.50	9.79	0.13	»	»	5.63	»	»
Merl rameux de Brest..	79.90	traces.	»	»	»	17.02	0.03	Besnou.
— en rognons.......	75.02	»	»	»	»	21.58	0.04	»
— rouge pur de Morlaix..................	51.50	2.00	2.00	0.60	14.00	14.00	0.13	Parize.
Merl gris moyen de Morlaix..................	46.50	3.40	1.70	0.75	27.00	20.00	0.16	»
Merl brun pur de Morlaix..................	56.10	4.10	1.30	1.34	»	19.00	0.40	»
Merl très pur de la rade de Quimper..........	77.00	6.00	»	»	2.30	6.50	»	»

On voit que c'est surtout par la forte proportion de carbonate de chaux que les merls se distinguent des autres calcaires marins. Le taux de l'acide phosphorique est souvent assez élevé ; celui de l'azote est plus faible.

Exploitation. Emploi. — Le merl est extrait de la mer à l'aide de dragues entourées d'un filet à mailles serrées qui laisse écouler la vase ; le dragage se fait ordinairement du 15 mai au 15 octobre, par les marées basses. Le merl, chargé dans des gabarres pouvant contenir de 5 à 6 tonnes, est déposé soit sur les quais, soit sur les grèves et vendu aux agriculteurs, qui viennent le chercher de 20 à 30 kilomètres de distance. Le prix varie de 2 à 5 francs le mètre cube, pesant 900 à 1000 kilog., suivant l'état de pureté. Les produits grisâtres, fins et odorants, sont souvent à tort préférés par les cultivateurs, bien que leur teneur en eau soit très élevée (25 pour 100). Ceux qui contiennent beaucoup de coquilles, quoique plus riches en calcaire, doivent être payés moins cher, à cause de la grande lenteur de la décomposition des coquilles entières, dont la proportion atteint parfois 20 pour 100. Les agriculteurs savent, par un simple examen, déterminer approximativement la quantité de sable et de matières inertes ; mais cette appréciation sommaire ne peut suppléer à la précision de l'analyse chimique.

Pendant une grande partie de l'année, les quais du Finistère sont encombrés par les merls : le commerce de ces matières est très actif, puisqu'on peut évaluer à environ 60,000 tonnes les quantités débarquées dans les différents ports du Finistère.

Le merl s'emploie de la même façon que la tangue et que le trez, jamais à l'état frais (merl vif), mais après une désagrégation à l'air libre et un lavage par les eaux pluviales.

Le merl mort, c'est-à-dire depuis longtemps exposé

à l'air et aux pluies, est déprécié, et a manifestement perdu de son efficacité. Ce fait peut trouver son explication dans la disparition des matières organiques azotées et aussi des parties les plus fines, enlevées par l'eau de pluie.

Le merl s'emploie soit en compost, soit à l'état pur; tantôt à doses légères (5 à 10 mètres cubes) pour une courte période; tantôt à doses élevées (20 à 30 mètres cubes), principalement dans les terres fortes et pour une période de dix ans.

M. Philippar a cherché à résoudre expérimentalement la question de savoir si la substitution de la chaux vive aux sables marins est avantageuse. Il a fait des essais sur le panais, la betterave, l'avoine, le seigle, la pomme de terre, en employant des quantités égales de chaux réelle sous forme de chaux vive et sous forme de sables marins. L'avantage est toujours resté aux derniers, aussi bien au point de vue du rendement brut que du bénéfice net.

Les considérations et les calculs relatifs à l'apport d'azote et d'acide phosphorique s'appliquent aux merls comme aux tangues. Ces dernières présentent sur les merls une supériorité en tant que finesse, mais le cultivateur n'a pas toujours le choix entre ces produits. La tangue est principalement réservée aux agriculteurs des côtes de la Manche, du Calvados, d'Ille-et-Vilaine et des Côtes-du-Nord.

Comparaison entre les trez et les merls. — Quand on a le choix entre les trez et les merls, on donne ordinairement la préférence, malgré leur prix plus élevé, aux trez, sables calcaires qui sont plus fins et plus divisés; leur rapidité d'action les fait surtout rechercher par les fermiers sortants. Quelquefois aussi, on préfère le merl qui semble moins épuisant pour le sol, par suite de son action plus lente. Mais avant ces considérations de finesse, il faut placer celles de composition, en tenant compte, non seulement du carbonate de chaux, mais aussi de l'acide phosphorique et de l'azote. Le plus souvent, le merl présente à ces points de vue une supériorité marquée sur le trez, qui, apportant continuellement du sable, dans des terres déjà très légères, tend à les rendre encore plus perméables. Si l'action du merl est quelquefois moins rapide que celle du trez, à cause de la différence de finesse et de dureté, elle est aussi plus durable. On peut du reste rendre son activité plus grande, en le broyant au préalable, opération qui s'effectue avec beaucoup d'avantage et sans grands frais, soit à l'aide d'un rouleau puissant, soit en étalant simplement la matière dans les cours de ferme sur le passage des voitures et des animaux.

Les calcaires marins de toutes natures ont été, pour la Bretagne, une source de richesse; la mer a apporté en abondance l'élément calcaire sur des sols qui, à cause de leur origine géologique, sont totalement privés de chaux. C'est grâce à eux qu'on a pu introduire dans ces régions la culture du trèfle et de la luzerne, qu'on a pu améliorer la qualité des prairies naturelles et accroître beaucoup le rendement des différentes cultures, blé, pommes de terre, betteraves, rutabagas.

L'emploi des calcaires marins, joint à celui des goëmons, a complètement transformé, sur une largeur de 30 à 40 kilomètres, la bande de littoral comprise entre Saint-Malo et Brest, et qu'on a nommée la *Ceinture dorée*. « Là, dit M. Risler, point de landes, peu de prairies, peu de bétail. Des céréales à perte de vue devant la mer; voilà l'aspect. Point d'assolements réguliers.....

« ... Les arrondissements de Guingamp, Lannion, Morlaix et Brest produisent plus de 3 millions de kilog. de filasse de lin et de chanvre, plus de 300,000 hectolitres de grains exportables, graines de lin, vesces, pois, haricots et, dans les vastes jardins maraîchers qui entourent Roscoff, des oignons, des asperges, des artichauts, des choux-fleurs, dont la qualité est renommée et qui s'expédient au loin, à Paris, à Londres, à Anvers.

« Cette *Ceinture dorée* montre ce que pourrait devenir la Bretagne tout entière si les phosphates et les calcaires y étaient répandus partout. C'est une question de transport. »

Dans certaines contrées même, les agriculteurs, habitués de longue date à l'emploi des calcaires marins, ont usé de ces engrais, à tel point que leurs sols s'en trouvent pour ainsi dire saturés, et que les apports nouveaux, continués encore aujourd'hui, ne servent plus à rien et constituent une dépense inutile, contre laquelle il est bon de mettre en garde.

Coquilles diverses. — Dans la même catégorie que les calcaires marins vient se placer une source moins importante, mais nullement négligeable, de carbonate de chaux; nous voulons parler des coquilles.

Les coquilles des mollusques sont constituées par du calcaire presque pur; elles contiennent en outre de petites quantités de phosphate; voici la richesse centésimale de celles qu'on rencontre le plus communément sur nos côtes :

	Carbonate de chaux.	Phosphate de chaux.	Azote.	Auteurs.
Coquilles d'oursins...	71.0	»	0.130	Besnou.
— de bucards.	94.0	traces.	traces.	—
— d'huîtres...	98.7	»	0.015	—
— — ...	98.1	1.2	0.004	Is. Pierre.
— — ...	92.0	1.5	0.200	Parize.
— diverses mélangées............	93.2	0.7	traces.	—

Ces coquilles sont donc très riches en carbonate de chaux; la proportion de l'acide phosphorique et surtout celle de l'azote y sont beaucoup plus faibles qu'on ne le pense généralement; leur valeur doit être considérée comme presque exclusivement due au calcaire.

Ces produits se rencontrent souvent en abondance; la mer en dépose sur certains points de nos côtes des grandes quantités. La consommation dans les grandes villes laisse beaucoup de coquilles d'huîtres et de moules qu'on peut aussi utiliser comme amendement.

Ce qui restreint leur utilisation, c'est la difficulté de leur pulvérisation. Mises en terre à l'état brut, les coquilles ne se décomposent pas et sont d'un effet sensiblement nul. Le broyage par des meules, des concasseurs et des broyeurs, le chauffage à haute température suivi de l'étonnement dans l'eau froide, sont des procédés trop dispendieux pour un produit de si minime valeur. Mais ce que l'agriculteur doit faire, lorsqu'il en trouve gratuitement à sa portée, c'est de les étaler sur le passage des voitures, sur un sol dur et pavé, où elles s'écrasent peu à peu et fournissent alors un bon amendement pour les terres.

En Hollande, entre Harlem et Amsterdam, il existe un certain nombre de fours à chaux alimentés par les coquillages du littoral; ce sont des fours circulaires où l'on superpose des couches de tourbe et de coquilles.

Si les coquillages sont frais, c'est-à-dire s'ils contiennent les animaux qui les habitent, le mieux est de les broyer très grossièrement et de les introduire dans les composts ou dans les fumiers. Mais alors on s'intéresse surtout à la partie animale et on a en vue l'utilisation des petites quantités d'azote qui y sont renfermées.

Chaux résiduaires. — Cendres.

Après avoir étudié les produits naturels, directement extraits du sol ou de la mer, nous devons dire quelques mots des matériaux calcaires qui, après avoir servi à des usages industriels, peuvent faire retour au sol comme amendement ou engrais; parmi ceux-ci se trouvent notamment les chaux provenant des usines à gaz, des sucreries, les cendres lessivées des blanchisseries, etc.

Chaux d'épuration du gaz. — Le gaz d'éclairage, après refroidissement et lavage, retient encore des substances dont il faut le débarrasser : acides carbonique, sulfhydrique, sulfureux, sulfocyanhydrique, etc. A cet effet, on emploie des procédés d'épuration chimique; le plus répandu dans les petites usines, c'est le procédé à la chaux. Celle-ci, préalablement humectée, est étendue sur des grillages en couches minces, à travers lesquelles le gaz circule, se dépouillant de ses impuretés.

Composition. — Au bout d'un certain nombre d'opérations, la chaux se trouve saturée et possède alors une forte odeur; le mélange contient, outre l'hydrate de chaux non modifié, du carbonate, du sulfate, du sulfite et de l'hyposulfite de chaux, du cyanure, du sulfocyanure et du sulfure de calcium; il retient en outre mécaniquement des matières goudronneuses et de l'ammoniaque.

Analysée après quelque temps d'exposition à l'air, la

chaux d'épuration présente une composition assez variable, dont nous donnons deux exemples :

	Graham.	Voelcker.
	—	—
Eau	32.28	7.24
Soufre	5.14	»
Chaux caustique	17.72	18.23
Carbonate de chaux	14.48	49.40
Sulfite de chaux	14.57	15.19
Hyposulfite de chaux	12.30	
Sulfate de chaux	14.57	4.64

Quelquefois le taux d'azote à l'état d'ammoniaque s'élève à 0,50 pour cent.

La proportion des diverses combinaisons de la chaux diffère beaucoup suivant la durée de l'épuration ; mais dans tous les cas, on peut constater que le sulfure de calcium disparaît après quelque temps d'exposition à l'air, par suite d'une oxydation énergique ; l'hyposulfite s'oxyde aussi rapidement ; mais le sulfite persiste assez longtemps ; ainsi dans l'échantillon précédent, Graham trouvait encore, après trois mois, 7 pour 100 de sulfite de chaux.

Emploi agricole. — Peut-on employer directement la chaux d'épuration, qu'on trouve parfois en grande abondance dans les usines à gaz, à des prix extrêmement faibles, ou même gratuitement ?

Mise au sortir des épurateurs dans une terre qui doit recevoir des semences, elle produirait des effets funestes sur la végétation ; ce n'est pas le sulfure de calcium, comme on le croit généralement, qui est dangereux, puisque nous savons que son oxydation est très rapide ; ce sont, en premier lieu, les sulfites et les hyposulfites, dont on doit redouter les effets sur les jeunes plantes. En second lieu, ces chaux d'épuration sont toujours imprégnées de cyanure et de sulfocyanure, dont nous avons signalé l'influence néfaste, même à dose très faible.

Il est donc prudent de n'employer ces chaux qu'après une exposition de plusieurs mois à l'air libre; de ne jamais s'en servir en couverture, mais de les enfouir longtemps avant les semailles, avant l'hiver, par exemple, pour les semis de printemps. Le mieux encore, c'est de les faire entrer dans les composts.

Quelquefois les usines épuisent par l'eau les chaux d'épuration et en enlèvent les sels solubles, qu'on utilise pour la fabrication des sels ammoniacaux et du bleu de Prusse; une tonne peut servir à fabriquer jusqu'à 15 kilog. de bleu de Prusse et 15 à 20 kilog. d'ammoniaque. Cet épuisement enlève les produits les plus vénéneux, et, après une exposition à l'air, la chaux d'épuration lavée peut être utilisée sans inconvénient, soit dans les composts, soit à la manière de la chaux ou de la marne, soit en couverture sur les légumineuses, comme le plâtre. A ce moment il ne reste plus qu'un mélange de carbonate et de sulfate de chaux, se présentant à un état pulvérulent, avantageux au point de vue de la répartition dans le sol et de l'efficacité comme engrais.

C'est seulement lorsqu'on peut obtenir ces produits, rendus à pied d'œuvre, à très bas prix, qu'on doit les employer en substitution de la chaux.

Écumes de défécation. — La chaux est utilisée dans les sucreries pour déféquer le jus de betteraves et en séparer, par précipitation, les matières organiques qui entravent la cristallisation du sucre. Lorsque cette opération est terminée, on enlève la chaux en faisant passer un courant d'acide carbonique, qui forme un précipité de carbonate de chaux insoluble. Ce précipité, égoutté et pressé, forme ce qu'on appelle les écumes de défécation, écumes de sucrerie, ou boues de carbonatation, que l'agriculteur trouve à acheter en grande abondance à la porte des usines.

Voici la composition centésimale de quelques-uns de ces produits :

	Pagnoul.	Dupont.	Horsin-Déon	Wolff.
	—	—	—	—
Eau....................	40.2	41.9	40.0	43.3
Carbonate de chaux....	38.7	39.5	48.0	38.0
Chaux libre............	2.2	1.2	»	»
Phosphate de chaux....	1.4	1.4	3.0	2.5
Sulfate de chaux.......	0.3	0.3	0.7	0.5
Matières organiques....	8.1	8.4	»	15.3
Azote..................	0.4	0.3	0.5	0.5

Mises en tas, les écumes, riches en matières organiques, ne tardent pas à s'échauffer, par suite de la fermentation qui s'y établit et qui fait perdre un peu d'azote. Ces écumes calcaires peuvent être utilement introduites dans les composts; leur valeur est augmentée par de petites quantités d'azote et d'acide phosphorique. Leur efficacité est grande, et leur emploi est à conseiller, si l'achat est effectué dans de bonnes conditions et si la matière, très chargée d'eau, n'a pas à subir des frais de transport trop onéreux. Elles ne sont d'un emploi facile que lorsqu'elles sont asséchées; on peut à cet effet les mélanger avec de la terre sèche, des cendres, de la tourbe. Quelquefois on les calcine pour obtenir une chaux grasse, légère et très pulvérulente.

Produits divers. — Les chaux du gaz et les écumes de défécation sont, parmi les produits d'usine que nous examinons, de beaucoup les plus importants; mais il en est quelques-uns qui, quoique moins abondants, doivent cependant être signalés.

Scories de fer. — Les scories de fer provenant du

traitement des fontes phosphoreuses contiennent des proportions élevées de chaux et d'acide phosphorique; nous nous en sommes longuement occupés, en parlant des engrais phosphatés, puisque c'est l'acide phosphorique qui constitue leur principale valeur. Les scories non phosphorées, que la métallurgie du fer produit en si grande abondance, constituées par un silicate double d'alumine et de chaux, peuvent être employées comme amendement calcaire; Vœlcker en donne la composition suivante :

Silice	43.50 %
Alumine et oxyde de fer	22.95 —
Chaux	31.50 —
Magnésie et pertes	2.05 —

Dans quelques usines, ces scories sont coulées au rouge dans une turbine qui les agite et les réduit en fragments légers et poreux, se laissant facilement triturer. En Angleterre, on les emploie avec avantage à dose très élevée dans les sols tourbeux; le silicate de chaux se transforme peu à peu en carbonate de chaux, qui joue le rôle utile que nous lui connaissons.

Marcs de colle; déchets de tannerie; etc. — Dans la catégorie des chaux résiduaires, nous pouvons encore placer les marcs ou tourteaux de colle. Les matières animales, peaux, os, tendons, vessies de poissons, etc., travaillées en vue de la fabrication de la gélatine, sont traitées par la chaux et mises en ébullition. Les dissolutions laissent déposer une boue formée de matières animales et de chaux. La chaux, en partie carbonatée, atteint la proportion de 15 à 25 pour 100, dans ces produits renfermant encore 45 pour 100 d'humidité. Mais ce qui constitue leur principale valeur, c'est l'acide phosphorique et l'azote;

aussi les avons-nous étudiés en même temps que les produits animaux (t. II, page 221).

Il en est de même des déchets de tannerie, formés par un mélange de poils, de chaux et de parties terreuses.

Chaux des papeteries, etc. — Les papeteries laissent également à l'agriculture un résidu calcaire dont l'emploi peut être avantageux. La chaux est mise à l'état de lait très épais dans un grand cylindre avec de la paille hachée; après cuisson à la vapeur, elle se dépose. Mise en tas, elle est livrée aux agriculteurs. Nous avons dosé dans un échantillon de ce produit :

Eau	28 %
Silice	9 —
Chaux libre	25 —
— carbonatée	27 —

La proportion relative de chaux vive et de chaux carbonatée varie suivant la durée d'exposition à l'air libre.

Les fabriques de soude par le procédé Leblanc laissent aussi des résidus contenant principalement du carbonate de chaux et du sulfure de calcium; l'emploi direct de ces produits n'est guère possible; ce n'est qu'après oxydation des sulfures à l'air et enlèvement par lavage des sulfites, hyposulfites et autres sels solubles, qu'on peut conseiller de les utiliser.

Voici d'après M. Petermann la composition de quelques résidus calcaires pouvant intéresser l'agriculteur :

	Eau.	Azote.	Acide phosphorique.	Potasse.	Chaux.
Résidus de papeterie.	46.57	0.00	traces.	0.16	16.10
— id.	13.92	0.70	1.68	0.34	21.68
— de saunerie..	16.32	0.00	traces.	traces.	12.40
— de savonnerie (moyenne).	40.00	0.00	0.24	0.67	30.25
Cendres de tanneries (moyenne)	»	0.00	1.39	1.31	42.95

On appliquera pour l'achat de ces différents produits les principes que nous avons maintes fois exposés en parlant de résidus industriels, c'est-à-dire qu'on déterminera le prix à leur attribuer, d'après l'analyse chimique et les facilités d'approvisionnement.

Cendres lessivées ou charrées. — Il est une autre matière qui offre au point de vue agricole une réelle importance, ce sont les cendres rejetées par les blanchisseries et les savonneries, après épuisement.

Composition. — Ces cendres lessivées ou charrées diffèrent essentiellement des cendres vives, dont nous avons parlé précédemment et qui contiennent en quantité très élevée des sels potassiques. Les charrées, privées par le lavage de leurs principes solubles, ne contiennent que du carbonate et du phosphate de chaux. Les analyses suivantes, dues en partie à M. Bobierre, nous fixeront sur leur composition et leur valeur agricole :

	Charrée pure.	Charrée de Nantes.	Charrée de la Rochelle.	Charrée de la Flotte.	Charrée de Châteaugonthier.	Charrée de Caen.
Matières organiques et charbon	9.80	8.15	6.00	2.90	10 à 12	5.70
Sels alcalins	1.05	1.20	2.00	3.40	2	2.25
Silice	13.60	30.00	42.70	50.20	10 à 13	31.80
Phosphate de chaux, mélangé d'alumine et d'oxyde de fer	27.30	12.00	12.40	10.90	75	17.00
Carbonate de chaux	47.10	46.70	34.80	26.60		39.20

Lorsque les cendres de plantes marines sont lessivées pour l'extraction des sels potassiques, elles donnent des produits peu différents des précédents. Ainsi on trouve dans des charrées de goëmons :

Eau	20 à 30. %
Carbonate de chaux	20 à 30. —
Sulfate de chaux	2 à 6. —
Silice	25 à 40. —
Matière charbonneuse	8 à 10. —

Il faut donc considérer ces produits comme représentant un engrais calcaire et en même temps phosphaté; les analyses précédentes ne donnent pas le dosage exact de l'acide phosphorique, mais on peut admettre qu'il varie de 2 à 8 pour 100. La potasse n'a pas été totalement éliminée; sa proportion est inférieure à 1 pour 100; elle se trouve surtout à l'état de silicate.

Emploi. — Il n'est pas surprenant qu'une pareille matière produise de bons résultats dans les sols granitiques, auxquels elle apporte les éléments qui lui manquent le plus. Aussi son usage est-il depuis longtemps répandu en Bretagne et en Vendée, où le commerce en est très actif.

Les cendres lessivées sont aussi employées dans les départements du Rhône, de la Haute-Saône, de Saône-et-Loire, des Vosges, de la Loire-Inférieure, du Jura, de l'Ain, de la Sarthe, de l'Indre, du Nord et du Calvados; en Allemagne et en Hollande, elles sont très appréciées comme matière fertilisante.

Les charrées se vendent généralement à l'hectolitre; il y a peu de matières qui aient subi plus d'adultérations, par addition de sable, de charbon, etc., etc. L'aspect, l'odeur, les caractères extérieurs ne peuvent donner à l'acheteur aucune indication précise sur la valeur de ces matières, et si les achats ne sont pas basés sur l'analyse chimique, on s'expose à les payer à un prix trop élevé.

La charrée est employée en quantités très variables, allant jusqu'à 100 hectolitres par hectare, suivant la durée d'action que l'on assigne à cette fumure; la dose habituellement usitée est de 25 à 30 hectolitres par hectare, pour une période de cinq à six ans. Elle produit d'excellents effets sur les terres de défrichement et sur les terres fortes; son action sur les prairies basses est particulièrement remarquable.

La charrée s'emploie soit en compost, soit directement, à la manière de la chaux ou de la marne; on n'a point à craindre, comme pour la cendre pure, une action corrosive sur les organes végétaux.

Dans les terres de défrichement, on a maintes fois observé la supériorité des cendres lessivées sur les cendres pures; ce fait pourrait sembler surprenant, puisque les cendres pures contiennent les mêmes éléments que les cendres lessivées et en outre de la potasse. Mais si l'on se rappelle que les sols granitiques exigent surtout des engrais calcaires et phosphatés et non des engrais potassiques, on comprend que c'est la matière contenant la proportion la plus élevée de chaux et d'acide phosphorique, c'est-à-dire la charrée, qui donnera les meilleurs résultats.

Dans les Vosges, les agriculteurs sont habitués depuis de longues années à l'emploi des cendres lessivées; ils vont les chercher jusqu'à 100 kilomètres; elles constituent l'engrais par excellence des grès quartzeux, et leur concours a permis d'introduire dans les sols qui en dérivent, le froment et le seigle et d'améliorer beaucoup la qualité des prairies. M. Risler fait observer que c'est là une pratique mal raisonnée; les frais qu'on s'impose pour l'achat et le transport de ce produit seraient bien mieux utilisés à l'achat des engrais phosphatés, qui permettraient d'obtenir à plus bas prix des résultats supérieurs.

Nous espérons que dans un avenir peu éloigné l'agriculteur, plus instruit, s'adressera de moins en moins à ces engrais encombrants qui occasionnent de grands frais de transport. Ils avaient leur raison d'être, alors que les engrais concentrés étaient peu connus. Aujourd'hui c'est seulement leur bas prix qui doit engager l'agriculteur à y avoir recours; mais il ne faut pas que, pour obéir à une habitude, on s'impose des sacrifices hors de proportion avec les résultats obtenus.

Cendres diverses. — Nous devons, après l'étude des cendres lessivées, dire quelques mots des cendres de tourbe et des cendres de houille, dont l'emploi est très répandu dans certaines régions. Bien que ces cendres n'aient pas subi, comme les précédentes, un lavage qui les prive de leurs sels solubles, c'est parmi les amendements calcaires qu'il convient de les placer et non parmi les engrais potassiques, comme les cendres pures de bois ; elles sont, par leur nature même, presque dépourvues de sels alcalins.

Cendres de tourbe. — La tourbe noire, très abondante en Belgique, en Hollande, en Angleterre et dans les départements septentrionaux de la France, sert souvent de combustible dans les foyers industriels ou domestiques ; les cendres en sont recueillies et sont parfois l'objet d'un commerce assez important.

Les tourbes contiennent des proportions très variables de cendres, allant de 4 à 15 pour 100 de leur poids ; pratiquement, on compte que 12 tombereaux de tourbe donnent un tombereau de cendres.

Voici l'analyse de quelques-unes de ces cendres de tourbe :

	Chaux.	Acide sulfurique.	Potasse.	Acide phosphorique.	Oxyde de fer et alumine.	Auteurs.
France (Longueau).	24.42	15.70	0.46	traces	24.00	M. Hitier.
Belgique (Réthy) ..	6.43	6.50	1.75	id.	9.50	M. Petermann.
— (Maestricht)	26.40	8.86	1.47	id.	7.40	—
Allemagne (cendres calcaires).........	45.70	4.40	0.50	1.20	7.80	M. Wolff.
Allemagne (cendres ferrugineuses) ...	33.30	5.20	0.80	1.40	22.30	—
Allemagne (cendres gypseuses).......	14.70	16.80	1.80	1.80	5.70	—

Dans la vallée de la Somme on rencontre fréquemment, à côté des tourbes noires et des tourbes mousseuses, des tourbes *grises* renfermant peu de matière organique, mais composées de débris de coquilles, de craie, d'argile, etc., de matériaux entraînés par les eaux et qui sont venus se déposer en certains points.

On amasse ces tourbes grises en petites meules, qu'on allume à l'aide de tourbes noires. Les cendres obtenues ainsi contiennent de la craie, du plâtre, des silicates de fer et d'alumine, mais elles ne renferment que des traces de potasse et d'acide phosphorique. Ces éléments sont répartis avec la plus grande inégalité ; ainsi, tandis que les cendres de tourbes de l'Étoile ne contiennent guère que du carbonate de chaux, celles des environs d'Amiens, Camon, Pont-de-Metz renferment jusqu'à 54 pour 100 de leur poids de plâtre; dans d'autres, à Puquigny par exemple, les cendres contiennent jusqu'à 51 pour 100 de leur poids de matières silicatées.

En voici quelques analyses effectuées par M. Hitier sur des échantillons recueillis par lui dans les vallées de la Somme :

	Carbonate de chaux.	Sulfate de chaux.	Silicates de fer et d'alumine.
	—	—	—
Cendres de Longueau......	41.5	43.0	15.5
— de Pont-de-Metz...	51.2	8.3	40.5
— de Camon.........	67.7	12.7	19.6

Voici une analyse plus complète d'une cendre très estimée de la vallée de la Somme :

Carbonate de chaux..................	91.10 p. 100
Sulfate de chaux.....................	2.55
Acide phosphorique..................	0.13
Potasse..............................	0.05
Oxyde de fer.........................	1.02
Résidu insoluble dans les acides......	4.00
Humidité.............................	1.05
Total.............................	100.53

Cette cendre est très fine et passe au tamis de 1 millimètre.

Il est étonnant de constater, quelle que soit l'origine de la tourbe, l'absence presque complète d'acide phosphorique. Cet élément, qui existait pourtant dans les matières végétales ayant donné naissance à la tourbe, a passé dans les produits solubles de leur décomposition effectuée sous l'eau. MM. Moride et Bobierre ont introduit dans des tourbières artificielles une quantité connue de phosphate insoluble ; ils ont constaté au bout de peu de temps sa solubilisation et son entraînement dans les liquides.

Le même fait s'est produit pour la potasse, qui est également fort peu abondante ; les chiffres suivants de Wohl en fournissent la démonstration :

	Cendres de sphagnum avant putréfaction.	Cendres après 14 mois de putréfaction.	Cendres de la tourbe formée.
Potasse	8.02	2.31	1.93
Soude	1.84	1.10	0.99
Chlorure de sodium	19.92	0.34	0.06
Silice	41.69	14.96	3.55

En résumé, les cendres de tourbe doivent principalement leur valeur fertilisante à la chaux combinée à l'acide carbonique et à l'acide sulfurique.

Ces cendres se vendent, dans le département de la Somme, au prix moyen de 0 fr., 50 l'hectolitre, pesant environ 50 à 60 kilog.; elles sont d'autant plus appréciées qu'elles sont plus légères.

On les emploie quelquefois en couverture sur les céréales; pour les récoltes sarclées, on les enfouit à la manière de la chaux et de la marne, à la dose de 40 à 50 hectolitres par hectare; on en obtient dans les terres argileuses de très bons effets. Mais c'est surtout sur les prairies naturelles que leur action est la plus remarquable, ainsi que sur les prairies artificielles et sur le trèfle particulièrement.

Leurs bons effets sont dus évidemment à la forte proportion de carbonate de chaux et de plâtre qu'elles renferment à un grand état de division.

Cendres de houille. — Les charbons de terre, brûlés en si grande quantité dans les foyers industriels, laissent environ 2 à 5 p. 100 de leur poids de cendres qui peuvent, comme les précédentes, êtres utilisées par l'agriculture; elles contiennent en moyenne, d'après Wolff :

	Chaux.	Magnésie.	Acide sulfurique.	Acide phosphorique.	Potasse.	Oxyde de fer et alumine.
Anthracite.............	16.1	1.6	10.4	0.6	0.7	9.5
Charbon de terre	8.5	1.9	6.1	0.8	0.5	19.8

Ces cendres constituent donc un engrais agissant à la fois par la chaux et par l'acide sulfurique, tantôt à la manière de la marne, tantôt à la manière du plâtre; elles ont encore un effet mécanique sur les terres argileuses et tenaces, qu'elles divisent et ameublissent, et un effet physique sur les terres blanches qu'elles réchauffent en fonçant leur couleur. Leur emploi n'est pas recommandable sur les terres déjà très légères, dont elles ne peuvent qu'exagérer les défauts.

Il est bon de faire observer que les cendres des tourbes ou des houilles contenant des pyrites de fer, ne sont pas sans dangers, lorsqu'on les emploie à haute dose; en effet, le sulfure de fer qu'elles renferment parfois en abondance, en s'oxydant dans le sol et en se transformant en sulfate de fer, peut exercer une action nuisble, surtout dans les sols marécageux et peu aérés. Les cendres pyriteuses se reconnaissent par leur teinte rougeâtre, par leur densité; la proportion de pyrite non oxydée qu'elles renferment est variable.

Les cendres doivent, avant leur emploi, être passées à la claie pour en séparer les scories et les pierres qui s'y trouvent mélangées ; on les introduit avec avantage dans les composts.

C'est toujours l'analyse chimique qui doit établir la véritable valeur de ces différentes cendres et qui déterminera si leur emploi, comparé à celui de la chaux ou du plâtre, est avantageux au point de vue économique.

§ III. — COMPARAISON ENTRE LE CHAULAGE ET LE MARNAGE.

Le chaulage et le marnage tendent vers le même but, c'est-à-dire vers une modification physique de la terre et vers la mise en circulation des matériaux inertes qu'elle renferme; mais l'effet de ces deux pratiques n'est pas absolument identique; surtout pendant les premiers temps, on peut constater des différences assez importantes dans les résultats qu'elles donnent. Nous devons signaler ces différences et les avantages de l'un et l'autre procédé, quoique généralement l'agriculteur n'ait pas le choix et que l'obligation d'employer ou la chaux ou la marne lui soit imposée par la proximité des gisements, les frais de transport étant un facteur très important dans le prix de revient des traitements.

Comparaison au point de vue des effets sur le sol. — Une différence essentielle entre le chaulage et le marnage tient au degré de finesse des particules incorporées au sol. La chaux vive, par son délitement, se divise en poussière extrêmement fine; que celle-ci soit incorporée à l'état de chaux caustique ou seulement après sa carbonatation, elle se trouve sous la forme la plus favorable à la dissémination dans le sol et aux réactions chimiques qu'elle doit accomplir.

Les marnes, les calcaires marins, les craies, ne sont pas toujours susceptibles de se présenter à un état d'aussi grande division. Les marnes restent quelquefois, même après leur délitement, à l'état de petits fragments plus ou moins gros, dont la dispersion au sein de la terre ne saurait être aussi complète; les calcaires marins se présentent généralement sous l'aspect de sables plus ou moins gros siers. Ces produits ne sont donc pas aussi impalpables que la chaux vive.

Il y a là une action qu'on peut rapprocher de celle que nous avons signalée dans l'étude des engrais phosphatés, et sous ce rapport la chaux peut se comparer, dans une certaine mesure, aux superphosphates et aux phosphates précipités, alors que les marnes seraient plutôt analogues aux phosphates naturels; les premiers d'une activité plus grande et de moindre durée, les seconds agissant lentement et pendant une plus longue période.

Si nous considérons l'action comparée de la chaux et de la marne sur les éléments du sol qu'il s'agit de rendre assimilables, tels que l'azote des résidus végétaux, la potasse des silicates, nous constatons dans la chaux appliquée à l'état caustique un effet plus rapide et plus énergique. La chaux, avant sa transformation en carbonate, opère une sorte de désagrégation des résidus végétaux réfractaires, qui prédispose ceux-ci à subir dans la suite, avec une plus grande facilité, les phénomènes de nitrification, et rend assimilable l'azote qu'ils renfermaient. De plus, la chaux caustique attaque manifestement les silicates et surtout les silicates hydratés; en se combinant à la silice, elle met de la potasse en liberté. Il y a donc là une action énergique due à ce que la chaux constitue une base puissante. Mais au bout de peu de temps, cette chaux se transforme en carbonate au contact de l'acide carbonique de l'air et du sol; alors elle n'agit plus avec énergie et se borne à favoriser la nitrification.

Quand on pratique le marnage, c'est du carbonate de chaux que l'on donne; les effets caustiques que nous avons signalés avec la chaux ne se produisent pas avec la marne; il n'y a plus cette désagrégation des tissus végétaux et cette formation d'ammoniaque qui l'accompagne. La fonction chimique de la marne se borne à activer la nitrification.

On peut donc dire que la chaux a une action beaucoup plus rapide et qu'elle met en circulation en un temps plus court les principes fertilisants du sol; mais cette rapidité même est une cause de moindre durée, et les effets du chaulage, s'ils se font sentir plus vite, se font sentir moins longtemps; aussi constate-t-on que l'influence du chaulage est apparente dès la première récolte, tandis que celle du marnage n'est véritablement appréciable que la seconde année.

C'est donc le chaulage qu'on doit préférer lorsqu'on veut mettre rapidement en circulation toute la force productive contenue dans le sol.

Terres fortes. — Dans les terres fortes, auxquelles on cherche à donner l'ameublissement par l'apport d'amendements calcaires, susceptibles de coaguler l'argile, l'effet est obtenu indifféremment par la chaux et par la marne, mais d'une manière qui n'est pas tout à fait identique. La chaux, donnée toujours en quantité relativement restreinte, se borne à apporter l'élément calcaire, qui agit sur l'argile et en détruit la compacité; cet effet est extrêmement rapide, le simple contact de la chaux avec les particules terreuses suffit pour le produire; mais lorsque les terres sont exclusivement argileuses, cette coagulation, en l'absence d'éléments étrangers pouvant diviser la masse, ne suffit pas pour produire l'ameublissement.

La marne ameublit plus sûrement les terres très argileuses, mais elle procède de deux manières : d'abord en opérant la coagulation des éléments argileux, non pas immédiatement comme le fait la chaux, mais plus lentement, à mesure que le carbonate de chaux se transforme en bicarbonate au contact de l'acide carbonique du sol; ensuite par l'apport des éléments étrangers et surtout sableux qui y sont mélangés. La marne, employée toujours à haute dose, introduit dans le sol des quantités importantes de matières étrangères, dont l'effet, au point de vue de l'ameublissement, est quelquefois plus considérable que celui du carbonate de chaux lui-même. Comme, au bout d'un certain nombre d'années, le carbonate de chaux est graduellement éliminé, qu'il provienne d'un chaulage ou d'un marnage, son action finit par s'épuiser; dans le cas du chaulage, il ne restera rien dans le sol; dans le cas du marnage, les éléments sableux seront définitivement acquis. La terre se trouve donc être en réalité plus profondément modifiée dans sa constitution par la marne que par la chaux.

Ce fait a ses avantages et ses inconvénients. Supposons qu'il s'agisse d'une terre forte et que la marne introduite soit sableuse, le sable qui restera acquis aura produit un ameublissement permanent; si au contraire la marne était argileuse, la terre, après la disparition du calcaire, sera plus forte encore qu'elle ne l'était avant le marnage. Il faut donc soigneusement choisir les marnes, de manière à apporter l'élément qui peut modifier le sol le plus avantageusement.

Terres légères. — Pour les terres légères, la chaux se borne à mettre en circulation les éléments fertilisants immobilisés; elle ne modifie pas, dans une proportion appréciable, l'état physique de pareils sols, aussi son effet n'est-il que transitoire. Mais la marne laissera les éléments qui lui étaient mélangés; quand ceux-ci seront constitués par de l'argile, les terres légères s'en trouveront améliorées; si au contraire ils étaient constitués par des sables, la perméabilité déjà trop grande de la terre pourrait en être encore augmentée; aussi convient-il de choisir pour les terres légères des marnes argileuses. Nous voyons, comme exemple de ce fait, les défauts des arènes granitiques de la côte de Bretagne, formant des terres extrêmement légères, s'accentuer souvent sous l'influence de l'apport répété de sables marins, dont les éléments siliceux s'accumulent dans la terre, alors que le carbonate de chaux en disparaît.

Terres riches en matières organiques. — Pour cette catégorie de sols et particulièrement pour les sols tourbeux, il y a tout intérêt à employer la chaux de préférence à la marne; la première a une action infiniment plus marquée, elle sature presque instantanément l'acidité et active la décomposition des matières organiques et leur transformation en humus. Un marnage et, en général, l'apport de chaux carbonatée, ne saurait produire un effet aussi énergique; la saturation serait plus lente et le sol ne serait pas transformé, pour ainsi dire du jour au lendemain, comme il l'est avec la chaux. Dans de pareilles terres, le chaulage a donc des avantages marqués sur le marnage, et lorsque les conditions économiques s'y prêtent, c'est à lui qu'il faut toujours avoir recours.

Comparaison au point de vue de l'épuisement du sol. — La chaux, par son action énergique, a une tendance à appauvrir le sol plus que ne le fait la marne; elle active la décomposition de la matière organique et provoque une abondante production de nitrates, dont l'excès est enlevé par les eaux pluviales; le sol se trouve donc plus rapidement appauvri en azote. Le marnage a des effets plus lents; de moindres quantités de nitrate sont mises en circulation à la fois. D'ailleurs, la chaux appliquée toujours à dose plus faible, ne saurait apporter avec elle que des quantités insignifiantes d'azote, de phosphate et de potasse, tandis que la marne, donnée en quantité notablement supérieure, peut fournir un appoint appréciable de ces divers éléments et enrichir le sol d'autant. Cela est surtout vrai, lorsque le marnage se fait par des produits dans lesquels l'azote et l'acide phosphorique se trouvent en proportion sensible; tel est le cas des tangues.

Comparaison au point de vue de l'effet sur les récoltes. — Ce que nous venons de dire au sujet de l'action comparée des chaulages et des marnages sur le sol, nous dispense d'étudier l'action produite sur les récoltes. Nous n'avons jamais envisagé les effets sur la terre qu'au point de vue de la production végétale, et toute amélioration ou modification dont le sol est l'objet se traduit immédiatement sur les plantes qui y vivent. Ce n'est pas le sol qui nous intéresse directement, ce sont les récoltes qu'il est susceptible de fournir, et lorsque nous parlons d'une amélioration de la terre, nous voulons dire uniquement qu'elle devient apte à favoriser davantage la production végétale. Quand nous avons montré que la chaux agit plus rapidement sur la terre que la marne, nous avons implicitement admis qu'elle agit plus rapidement sur les récoltes. Aussi voyons-nous celles-ci profiter du chaulage dès la première année d'application, alors que l'action du marnage ne se fait sentir que plus tard.

Les mêmes effets sur les diverses espèces végétales se produisent d'ailleurs avec la chaux et les marnes : la culture des légumineuses devient possible; les oseilles, les joncs, les carex, les mousses, etc., disparaissent aussi bien sous l'action de la marne que sous celle de la chaux; mais là encore l'effet de cette dernière est beaucoup plus rapide. Sous l'influence de ces deux opérations, on voit plus ou moins vite s'améliorer la qualité des prairies et la culture des céréales.

Comparaison au point de vue économique. — La chaux, c'est-à-dire la base libre débarrassée par la cuisson de l'acide carbonique qui y était combiné, est un produit artificiel; les marnes et les autres calcaires sont employés à l'état naturel, sans préparation d'aucune sorte et encore mélangés aux produits qui les accompagnent dans les gisements.

La chaux, ayant subi la cuisson, est grevée de ce chef de frais de fabrication; son prix, même en ne considérant que l'unité de chaux, est donc forcément plus élevé que celui du produit naturel; il convient d'envisager les cas dans lesquels la chaux, malgré son prix élevé, doit être préférée. Sans parler ici de son efficacité plus grande, due à son état caustique et à l'extrême divisibilité de ses particules, nous devons étudier les conditions économiques dans lesquelles son application doit être préférée à celle des autres amendements calcaires.

Ce sont surtout des causes locales, telles que la proximité des gisements, qui doivent guider dans ce choix. En effet, les amendements calcaires ne peuvent pas être comparés à des engrais concentrés, susceptibles de subir des frais de transport élevés; ici le prix d'achat de l'amendement est relativement peu important et les frais de transport déterminent principalement sa valeur à pied d'œuvre; il faut donc faire le calcul du prix de revient en tenant largement compte de ces derniers. Mais souvent aussi on n'a pas le choix, il faut s'adresser à l'amendement calcaire qu'on a à sa disposition. La chaux cuite et les autres amendements n'ont pas la même origine; la première ne représente pas seulement le produit de la cuisson d'un calcaire quelconque, mais bien celui de pierres d'espèces déterminées, seules susceptibles de donner la chaux dans les conditions voulues. En effet, la marne, les terres crayeuses, les sables, les engrais marins se prêtent mal à la cuisson; ces divers produits nécessiteraient des frais de fabrication beaucoup trop grands et la plupart d'entre eux ne donneraient que des chaux de mauvaise qualité. On ne peut donc pas toujours fabriquer de la chaux, même en ayant des calcaires; elle ne se fait utilement qu'avec la pierre à chaux. Les régions où cette pierre fait défaut sont donc obligées de se servir d'amendements calcaires donnés sous forme de carbonate, et ce doit être une règle générale pour les agriculteurs, d'employer les produits qu'ils ont à proximité. C'est ainsi qu'en Bretagne, par exemple, la substitution de la chaux vive aux calcaires marins n'est pas économique; dans la Brie, dans la Beauce, en général dans les terrains tertiaires où la craie constitue le sous-sol, il y a encore intérêt à avoir recours au marnage.

Mais lorsque l'agriculteur n'a pas de gisement dans le voisinage immédiat de ses cultures, il doit bien étudier les conditions de l'apport de l'un et de l'autre amendement; si les frais de transport sont un peu élevés, il a avantage à s'adresser à celui de ces produits qui, sous le moindre poids, lui donne le maximum de résultat. A ce point de vue, la chaux cuite a une supériorité marquée sur les autres amendements calcaires; par la cuisson elle a perdu l'acide carbonique qui y était combiné, ainsi que l'eau qui l'imprégnait auparavant. On peut estimer qu'elle a été réduite du tiers de son poids et se trouve par suite à un état plus concentré. Les frais de transport affectent donc moins la chaux que les marnes et ses congénères. D'un autre côté, on sait que pour obtenir le même résultat il faut des quantités beaucoup moindres de chaux; ce produit est donc tout indiqué, lorsque l'amendement calcaire doit être cherché à une certaine distance.

Dans l'établissement du prix de revient, il faut tenir compte non seulement des frais d'achat et de transport par les chemins de fer, mais aussi des charrois et de la main-d'œuvre occasionnés par l'un et l'autre procédé, c'est-à-dire que le prix de revient doit s'appliquer à la matière enfouie dans le sol. On doit en outre, pour compléter le calcul, évaluer la durée du chaulage et du marnage, afin de faire la répartition des frais par année. C'est là un calcul assez compliqué, qui appartient à la comptabilité agricole ou à l'économie rurale; nous renvoyons, pour cette question, aux ouvrages spéciaux.

Lorsque la considération de prix de revient disparaît, c'est-à-dire lorsque les deux traitements peuvent se faire au même prix, il ne faut plus faire intervenir que les considérations tirées de l'action du traitement sur la terre et appliquer alors les règles que nous avons exposées plus haut; suivant la nature et la richesse de la terre, on emploiera tantôt la chaux, tantôt la marne.

Dans le cas de doute sur l'opportunité du choix de l'un ou de l'autre produit, il est prudent de recourir à une expérience comparée, faite avec les diverses formes d'amendements calcaires qu'on a à sa disposition.

ENGRAIS MAGNÉSIENS.

La magnésie doit être comprise parmi les substances fertilisantes, au même titre que tous les éléments qui existent en proportion sensible dans les plantes et que le sol et l'atmosphère n'apportent pas toujours en quantité suffisante.

Nous savons que tous les organes végétaux renferment de la magnésie et, dans beaucoup de plantes, celle-ci est presque aussi abondante que la chaux. Nous savons aussi qu'elle n'est pas là comme un produit inerte et accidentel, mais qu'elle fait partie de la constitution du végétal, et qu'elle est indispensable à son développement. Quoiqu'il ne soit pas dans les habitudes de regarder la magnésie comme un engrais, nous croyons devoir y insister ici, parce que son rôle nous semble avoir été méconnu.

La magnésie se place naturellement après la chaux, qu'elle accompagne presque toujours dans la nature; elle paraît jouer un rôle identique avec celui de cette dernière et quelquefois même elle semble pouvoir la remplacer. C'est ainsi que, dans le sol, les carbonates de chaux et de magnésie provoquent les mêmes modifications physiques et les mêmes réactions chimiques. Dans les végétaux cependant, cette substitution n'a pas lieu; la magnésie se trouve là au même titre que les autres substances dites fertilisantes et son importance n'est pas moindre.

La magnésie dans les roches et dans les terres. — La magnésie est très abondamment répandue dans la nature; on la rencontre à l'état de silicate presque pur dans le péridot, l'olivine, la serpentine, l'asbeste, la magnésite, le talc; à l'état de silicate double d'alumine et de magnésie dans le mica; à l'état de silicate double de chaux et de magnésie dans le pyroxène et l'amphibole.

La plupart des roches primitives et volcaniques contiennent des proportions plus ou moins élevées de cette base :

Les granits	0.5 à 1	%
Les gneiss	0.5	—
Les schistes et micaschistes	2.5	—
Les porphyres	1:0 à 2	—
Les basaltes	6.0 à 10	—
Les trachytes	1.0 à 2	—
Les laves	2.0 à 5	—

La magnésie combinée avec la silice fait donc partie intégrante de presque toutes les roches et par conséquent de presque tous les terrains.

Les silicates de magnésie se décomposent très difficilement au contact des agents atmosphériques; pourtant ils finissent par donner naissance à du carbonate de magnésie, par une réaction identique avec celle qui fournit le carbonate de chaux, aux dépens des silicates calcaires. Souvent on voit dans les roches primitives coexister les silicates de chaux et de magnésie (pyroxène, amphibole); quand ce fait se produit, la décomposition lente de la roche donne naissance simultanément à des bicarbonates de chaux et de magnésie qui, dissous par les eaux, se déposent ensemble par le départ de l'acide carbonique. Aussi voit-on fréquemment la magnésie accompagner le calcaire, quelquefois seulement en petite quantité, quelquefois aussi en quantité considérable; dans ce dernier cas, elle forme des roches particulières, connues sous le nom de dolomies, dans lesquelles le carbonate de chaux est associé à de grandes quantités de carbonate de magnésie.

Les calcaires dolomitiques sont très répandus; ils constituent des couches puissantes dans le lias inférieur du sud et du sud-ouest de la France, dans les départements de la Dordogne, de la Corrèze, du Lot, de l'Aveyron, du Tarn et de l'Hérault. Les carbonates de chaux et de magnésie existent en général à équivalents égaux dans la dolomie: mais souvent aussi ces proportions varient.

Laissant de côté les silicates, qui agissent très lentement et envisageant seulement la magnésie dégagée de sa combinaison avec les éléments de la roche, examinons sa diffusion dans les terres. La similitude des réactions chimiques des composés calcaires et des composés magnésiens nous fait prévoir que la magnésie doit être aussi diffusée que la chaux dans les diverses formations géologiques; mais elle est généralement beaucoup moins abondante et ne se présente à doses massives que dans des cas tout à fait particuliers. Il ne faudrait cependant pas croire que, parce que des causes analogues ont présidé à leur dissolution et à leur dépôt, les carbonates de chaux et de magnésie se trouvent toujours ensemble. Il n'est pas rare, en effet, de rencontrer des sols calcaires d'où la magnésie est presque totalement absente; cependant là où le carbonate de magnésie est abondant, on le trouve toujours associé au calcaire. Il est donc irrégulièrement disséminé, et beaucoup de sols n'en ont que des quantités extrêmement minimes. Sa plus grande rareté est d'ailleurs une cause d'élimination plus rapide par les eaux pluviales; tandis que la chaux, se présentant en quantité plus notable, n'est complètement enlevée d'une terre qu'au bout d'une longue période, la magnésie, n'existant déjà qu'en très minime proportion, peut être totalement dissoute et entraînée au bout de peu de temps.

On doit donc s'attendre à rencontrer plus de sols dépourvus de magnésie que de sols dépourvus de calcaire. On ne trouve souvent dans la terre, comme magnésie utilisable, que celle qui se dégage graduellement de sa combinaison silicatée, sous l'influence des agents atmosphériques et qui seule présente de l'intérêt comme élément fertilisant des terres. En traitant le sol par un acide, on ne fait pas entrer en solution les silicates; la magnésie carbonatée est seule attaquée; dans les procédés d'analyse des terres, on ne compte comme magnésie disponible ou utilisable, que celle dissoute dans ces conditions.

Jusqu'à présent les agriculteurs n'ont pas attaché assez d'importance à la présence de la magnésie. Quelques expérimentateurs ont cependant appelé l'attention sur cette question; nous citerons les résultats qu'ils ont obtenus et les conclusions qu'ils en ont tirées.

M. P. de Gasparin a recherché la quantité de magnésie contenue dans les terres; il donne les chiffres suivants rapportés à 1000.

	Chaux.	Magnésie
Terre de Vaucluse (diluvium)	18.13	4.44
— du Loiret (marne)	330.06	2.48
— de la Savoie (argile glaciaire)	214.20	5.14
— du Gers (bolbènes)	0.00	1.34
— du Calvados (diluvium)	7.98	2.76
— du Gard (arène de mer)	154.12	4.23
— de l'Hérault (diluvium)	14.20	4.67
— de Suisse (moraine)	155.57	14.15
— de Roville (sol dolomitique)	76.19	35.10
— — (vallée fertile)	33.97	21.17
— — (marne)	90.78	3.41

	Chaux.	Magnésie.
Terre de Vaucluse (alluvions).........	125.94	5.57
— de l'Ardèche (—).........	67.87	9.06
— — (granitique)........	0.00	1.93
— de la Haute-Loire (gneiss).......	1.61	13.41
— du Puy-de-Dôme (basaltique)...	38.53	7.62
— de Lacryma-Christi (volcanique).	21.06	7.79
— de la Camargue (terrain salant).	175.00	2.81
— de Vaucluse (argile plastique) ..	1.05	1.55

M. P. de Gasparin tire de ses analyses la conclusion suivante : « Les exemples pris dans toutes les formations prouvent d'abord qu'il n'y a aucune relation entre le dosage de la chaux et celui de la magnésie... En mettant de côté les terres de Roville, qui sont parsemées de débris dolomitiques, les plus forts dosages se trouvent indifféremment dans les sols siliceux et dans les sols calcaires. Les plus faibles sont dans les bolbènes et les argiles plastiques du grès vert..... On peut affirmer que la magnésie attaquable est répandue en quantité assez uniforme et suffisante dans tous les sols arables et que les agriculteurs n'ont pas à s'en préoccuper. Quant à l'influence de la magnésie sur la fertilité, évidemment, si elle sert dans une certaine mesure, son abondance ne nuit pas, car les sols les plus fertiles du tableau en sont largement pourvus. Je citerai, parmi ceux-ci, une terre de la vallée de Roville, une alluvion de l'Ardèche et une terre de la Limagne d'Auvergne, renommées pour leur fécondité. »

MM. Risler et Colomb-Pradel ont trouvé pour 1000 de terre fine :

	Minimum.	Maximum.	Moyenne.
	—	—	—
Terres de Wattines (Nord).........	0.76	1.02	0.93
Limon des plateaux (Oise)........	0.65	1.10	0.83
— (Seine-et-Marne).	0.40	0.75	0.60
— (Seine-et-Oise)...	0.50	0.70	0.58
Terre crayeuse de Champagne....	3.12	4.06	3.96

M. Joulie, dans l'analyse de 125 échantillons de terres de prairies, constate que la proportion de magnésie est :

Au-dessus de.......	3 p.	1000 pour	77	échantillons.
Entre...............	1 et 3	—	36	—
Au-dessous de......	1	—	12	—

« Les terres de prairie sont, dit-il, généralement riches en magnésie, comme du reste la plupart des terres cultivées. » M. Joulie déclare que dans ses très nombreuses analyses de terres, il n'avait observé que tout à fait exceptionnellement le manque de magnésie.

M. Petermann, dans 17 analyses de sols de la Belgique, trouve des quantités comprises entre 0,02 et 5 pour 1000 :

8 terres ont de 1 à 5 pour 1000.
5 — de 0.5 à 1 —
4 terres ne contiennent que des traces.

Certaines terres sont constituées presque exclusivement par les produits de la décomposition sur place des roches magnésiennes ; aussi les appelle-t-on *terres magnésiennes*. Elles contiennent la magnésie sous forme de silicate, comme les arènes dérivées des talcs, des serpentines, des micas, des amphiboles ; elles sont maigres, sèches, généralement compactes, et dénuées de fertilité.

L'infertilité de ces terres ne tient point à la présence

de la magnésie; celle-ci, sous la forme de silicate, n'exerce pas d'influence fâcheuse sur la végétation. Si les terres magnésiennes sont stériles, cela tient à l'absence, par le fait même de leur origine géologique, des principaux éléments de la fertilité; l'apport des engrais naturels et des engrais chimiques peut les transformer en bonnes terres de culture, lorsqu'elles se trouvent dans des conditions physiques convenables.

Lorsque les terres contiennent la magnésie sous forme de carbonate, comme celles qui dérivent des dolomies, elles sont généralement moins mauvaises et peuvent aussi s'améliorer davantage sous l'influence des engrais. Ainsi voyons-nous, dans les couches dolomitiques du Muschelkalk, des terres renfermant 10 pour 100 de carbonate de magnésie, devenir d'un excellent rapport, lorsqu'on leur donne les fumures nécessaires.

Rôle de la magnésie dans le sol. — Si le silicate de magnésie reste dans le sol à un état inerte, le rôle de la magnésie à l'état de carbonate paraît être analogue à celui du calcaire, au point de vue des effets sur les éléments du sol. L'action physique du carbonate de magnésie sur les éléments argileux conduit également à une coagulation et par suite à un ameublissement. De même, les matières organiques des terres acides se trouvent saturées par lui et forment des humates de magnésie; l'alcalinité reparaît dans le sol et les phénomènes de la nitrification s'y reproduisent. Tous ces effets sont ceux que nous avons longuement développés en parlant du calcaire et, si le carbonate de magnésie était aussi abondant que ce dernier, on pourrait le lui substituer sans inconvénient. Mais la magnésie carbonatée est plus rare dans la nature et il n'y a point lieu de s'adresser à elle comme succédanée de la chaux; celle que nous trouvons dans les amendements calcaires se comporte comme le carbonate de chaux lui-même.

Le carbonate de magnésie, qui se trouve généralement dans les terres, influe donc sur les réactions chimiques et sur la constitution du sol comme le calcaire lui-même; mais, en raison de sa proportion beaucoup moindre, on ne doit lui attribuer à ce point de vue qu'un rôle tout à fait secondaire. C'est surtout comme aliment des plantes que nous devons le considérer au même titre que l'acide phosphorique et que la potasse, et c'est comme engrais proprement dit que nous étudierons l'emploi des sels magnésiens.

Élimination par les eaux. — Disons d'abord quelques mots de son élimination par les eaux de drainage. Le carbonate de magnésie se dissout à la faveur de l'acide carbonique libre, qui forme un bicarbonate; il peut être également solubilisé, de la même manière que la chaux, par les engrais salins et s'éliminer ainsi sous forme de sulfate, de chlorure, etc.

M. Way a trouvé dans 1 litre d'eau de drainage de 3 à 35 milligr. de magnésie, c'est-à-dire une quantité 5 à 10 fois moindre que celle de la chaux; mais, étant donné que la magnésie est beaucoup moins abondante que cette dernière, on conçoit facilement que son entraînement soit vite produit. Comme c'est surtout à l'état de bicarbonate que la magnésie est enlevée, cet épuisement est d'autant plus rapide que l'atmosphère du sol contient plus d'acide carbonique.

Les fleuves charient ces composés solubles, qui se réunissent dans la mer; aussi les eaux marines sont-elles très chargées de chlorure de magnésium et de sulfate de magnésie. Ces sels viennent se concentrer dans les eaux mères des marais salants; quelquefois la concentration devient telle qu'on les trouve à l'état cristallisé, associés à d'autres sels qui les accompagnaient dans leur solution; c'est le cas du gisement de Stassfurt. La magnésie, sous cette forme saline et soluble dans l'eau, s'est localisée en masses considérables.

Magnésie dans les récoltes. — La magnésie se rencontre dans tous les organes végétaux, ainsi que dans les tissus animaux et particulièrement dans les os; elle joue donc un rôle évident et nécessaire dans l'alimentation animale et dans l'alimentation végétale.

Elle se répartit dans le végétal d'une façon assez uniforme, et on a cru remarquer une relation entre le taux d'acide phosphorique et celui de la magnésie. Tandis que la chaux se concentre presque exclusivement dans les parties feuillues, on trouve la magnésie dans le grain, en proportion souvent plus élevée que dans les pailles et les fanes; son rôle ne paraît pas tout à fait identique avec celui de la chaux.

Nous donnons ci-dessous la contenance en magnésie des diverses récoltes, ainsi que l'exportation moyenne pour un hectare :

Céréales.

	Magnésie p. 100.		Magnésie enlevée par hectare.
	Grain.	Paille.	kil.
Blé	0.22	0.11	5.7
Seigle	0.19	0.13	7.8
Orge	0.18	0.11	6.0
Avoine	0.18	0.18	5.9
Maïs	0.18	0.26	12.4
Sarrasin	0.29	0.89	22.1

Légumineuses cultivées pour leurs graines.

			kil.
Haricot	0.41	0.38	9.7
Pois	0.12	0.19	16.1
Féverole	0.20	0.30	11.3
Lentille	0.04	0.12	2.5

Plantes industrielles.

	Grain.	Paille.	Magnésie enlevée par hectare.
	—	—	—
			kil.
Colza	0.46	0.21	30.2
Pavot	0.50	0.43	18.9
Lin	0.42	0.23	10.2
Chanvre	0.27	»	34.0
Tabac (feuilles sèches)	0.87		13.1

Racines et tubercules.

	Racines ou tubercules.	Feuilles ou fanes.	
	—	—	
			kil.
Carotte	0.05	0.12	27.0
Navet	0.01	0.06	11.5
Rutabaga	0.02	0.10	29.0
Betterave fourragère	0.04	0.14	44.0
— à sucre	0.07	0.33	60.6
Pomme de terre	0.04	0.27	18.5
Topinambour	0.02	0.09	6.0

Plantes fourragères.

		kil.
Foin de prairie	0.26	15.6
Seigle vert	0.05	10.0
Maïs vert	0.09	54.0
Choux fourrage	0.05	28.5
Trèfle en foin	0.69	55.2
Luzerne	0.35	35.0
Sainfoin	0.30	13.5
Vesces	0.50	20.0

Cultures arbustives.

Vigne...	Vin	0.02	kil. 12.6	pour 50 hectol. de vin.
	Marc	0.10		
	Feuilles	0.28		
	Sarments	0.08		

On voit que si les quantités de magnésie absorbées par les graines sont peu importantes et n'atteignent pas en moyenne 20 kilog. par an et par hectare, il n'en est pas de même des autres cultures, telles que celle des betteraves et surtout celle des plantes fourragères, qui en enlèvent jusqu'à 60 kilog., c'est-à-dire autant que d'acide phosphorique.

Si pour la production des céréales et des légumineuses à graines, il y a moins à s'inquiéter de la présence de la magnésie dans la terre, il n'en est pas ainsi des racines et des prairies naturelles ou artificielles, qui en exportent des quantités importantes.

Au point de vue de la production des récoltes, il n'est donc nullement indifférent que le sol contienne ou non de la magnésie.

Les documents pour étudier l'effet des sels magnésiens sur les récoltes manquent à peu près complètement; les expériences directes sur l'emploi de ces engrais sont peu nombreuses ou peu satisfaisantes. Il est à désirer que l'attention des agronomes se porte sur ce point peu connu de la chimie agricole.

Engrais magnésiens. — La magnésie est très répandue dans la nature; nous avons à examiner les sources auxquelles l'agriculteur peut l'emprunter dans des conditions économiques.

Les cas où il convient d'avoir recours aux engrais magnésiens sont, il est vrai, assez rares, parce que la plupart des sols en renferment suffisamment, et que la restitution par les engrais naturels suffit, la plupart du temps, pour compenser les pertes et satisfaire aux besoins des récoltes.

Le fumier de ferme contient des quantités de magnésie qui, sans être élevées, ne sont pas négligeables (près de 2 pour 1,000); une fumure ordinaire de 10,000 kilog.

par an fournit au sol environ 20 kilogrammes de magnésie.

Les différents engrais apportent tous avec eux une quantité sensible de cet élément; les phosphates d'os en contiennent une proportion notable; dans le plâtre, la chaux et la marne, on en trouve de 0,5 à 5 pour 100.

Les sels potassiques, surtout les chlorures, sont également accompagnés de sels de magnésie.

La restitution de la magnésie se fait donc par tous ces engrais; si, malgré ces apports, le besoin de magnésie était démontré, soit par l'analyse chimique du sol, soit par des expériences directes, on ne serait point embarrassé pour trouver cet élément sous les formes les plus variées.

Carbonate de magnésie. — La source la plus importante c'est le carbonate de magnésie, qui est très abondant dans la nature. Les dolomies, formées par un carbonate double de chaux et de magnésie, sont pour certaines contrées la matière première toute désignée. On peut les appliquer après cuisson; en parlant du chaulage, nous avons signalé l'emploi des chaux magnésiennes, dont l'activité paraît très grande, quoique leur foisonnement soit peu accentué. Ces chaux magnésiennes présentent une partie des défauts des chaux hydrauliques, c'est-à-dire qu'elles font prise avec la terre. C'est donc après un délitement préalable qu'on doit les répandre sur le sol.

On peut encore se servir directement de marnes ou de calcaires magnésiens, et opérer comme pour un marnage ordinaire.

Nous avons fait observer qu'en général les terres bien pourvues de calcaire sont riches en carbonate de magnésie, quoique l'inverse ne soit pas toujours vrai. On peut cependant admettre que les terres dans lesquelles la chaux manque, sont ordinairement pauvres en magnésie assimilable. Le chaulage et le marnage ont souvent le double avantage d'apporter simultanément les éléments calcaire et magnésien.

L'emploi des calcaires magnésiens est le procédé le plus économique de donner au sol la magnésie; mais dans les cas où on ne disposerait pas de ces produits naturels, on trouverait la magnésie abondamment et à bas prix sous différentes formes.

Magnésie. — M. Schlœsing a imaginé un procédé simple et économique pour extraire la magnésie de ses solutions. Il suffit de traiter l'eau mère des marais salants, ou même l'eau de mer ordinaire, par de la chaux; en opérant dans les conditions déterminées par l'auteur, on obtient un précipité de magnésie facile à laver et à sécher.

On produit encore, dans les salins du Midi et à Stassfurt, de la magnésie, par la calcination du chlorure de magnésium.

Cette magnésie devrait s'employer comme la chaux et donnerait vraisemblablement des résultats analogues. Mais jusqu'ici elle a été réservée à des usages industriels et non à des usages agricoles.

Nous avons dit ailleurs quel parti on pourrait tirer de la magnésie pour extraire l'ammoniaque des liquides étendus, sous forme de phosphate ammoniaco-magnésien.

Sulfate de magnésie. — La magnésie à l'état de sulfate est extrêmement répandue; on la rencontre très souvent combinée ou mélangée à différents sels. Dans le procédé Balard, par exemple, la concentration pendant l'été donne naissance à un sel formé par un mélange de sulfate de magnésie et de chlorure de sodium et à un autre sel employé en agriculture sous le nom d'engrais alcalin brut; ce dernier en contient près de 20 pour 100 de son poids.

Dans les gisements de Stassfurt, la polyhalite et la grugite présentent la magnésie à l'état de sulfate triple de chaux, de magnésie et de potasse :

	Polyhalite.	Grugite.
	—	—
Sulfate de potasse....................	27	18.0
— de magnésie................	20	13.5
— de chaux.....................	43	63.5
Eau..................................	7	0.0

Le sulfate de potasse brut, très employé en agriculture, contient 15 à 20 pour 100 de sulfate de magnésie.

Le kaynite est également constitué par un sulfate double de potasse et de magnésie, contenant 16 à 18 pour 100 de sulfate de magnésie.

On trouve enfin le sulfate de magnésie à l'état de sel concentré, que l'agriculture pourrait utiliser comme engrais magnésien. Ainsi l'obtient-on en grande masse pendant le traitement d'hiver des eaux mères des marais salants; il existe à Stassfurt, soit à l'état naturel (kiésérite), soit comme sous-produit de la fabrication des sels potassiques. Le sel, renfermant 80 pour 100 de sulfate réel, se vend environ 4 francs les 100 kilog.

Le sulfate de magnésie ou sel de Glauber est blanc, d'une saveur très amère, très soluble dans l'eau; il contient à l'état pur : 33 pour 100 de magnésie et 67 d'acide sulfurique.

Examinons le cas de son emploi soit à l'état pur, soit en mélange avec les engrais potassiques. En contact avec le sol, il ne tarde pas à se décomposer et à former avec le carbonate de chaux de la terre, du sulfate de chaux et du carbonate de magnésie, c'est-à-dire deux sels qui peuvent l'un et l'autre servir à l'alimentation du végétal.

Le sulfate de magnésie, ou les engrais qui en contiennent, doivent être toujours enfouis avant les semailles, jamais employés en couverture ou en même temps que les semences. Quoique par lui-même et par le produit de sa réaction, ce sel ne présente pas grand danger pour le végétal, il est cependant prudent d'éviter le contact direct avec des organes jeunes.

Dans le cas où le sulfate de magnésie donne des résultats avantageux, on peut se demander si le surcroît de rendement obtenu est attribuable à la magnésie ou à l'acide sulfurique. Pour lever ce doute, il faut faire un essai comparativement avec un autre engrais sulfaté, tel que le plâtre, dont l'emploi, beaucoup plus économique, devrait être préféré, s'il donnait les mêmes résultats.

Chlorure de magnésium. — Le chlorure de magnésium se rencontre presque toujours dans les engrais potassiques, en même temps que le sulfate de magnésie; ainsi les sels d'été des marais salants contiennent 20 pour 100 de sulfate de magnésie et environ 15 de chlorure de magnésium; le kaynite contient 15 à 20 pour 100 de sulfate de magnésie et 13 de chlorure de magnésium. En quantité plus ou moins grande, le chlorure de magnésium accompagne presque toujours les sels potassiques livrés à l'agriculture.

A l'état de sel pur, extrait, soit de la carnallite, soit des autres sels de Stassfurt, le chlorure de magnésium n'offre pour l'agriculteur aucun intérêt. Il est très hygroscopique; exposé à l'air humide, il ne tarde pas à tomber en déliquescence; c'est à sa présence dans les nitrates et les engrais potassiques qu'est due en grande partie l'hygroscopicité de ces sels et leur difficile conservation; son transport, son emmagasinage et sa manipulation sont très difficiles. Cette considération seule suffirait à faire rejeter son emploi comme engrais chimique. Si nous nous occupons de ce sel, c'est que nous le rencontrons fréquemment dans les engrais potassiques et que nous devons, par suite, signaler son influence sur le sol et sur les récoltes.

En contact direct avec les parties aériennes, le chlorure de magnésium exerce une action fâcheuse, une sorte de grillage. Cela n'est pas douteux; aussi l'emploi en couverture des sels riches en chlorure de magnésium ne doit-il jamais être effectué sur de jeunes plantes ; quand on les jette sur les prairies, il faut les diluer avec de la terre et les répandre dans une saison encore pluvieuse. Nous savons en outre que dans le sol le chlorure de magnésium se transforme en chlorure de calcium et en carbonate de magnésie; une graine ou une jeune racine mise en contact avec une solution quelque peu concentrée, soit de chlorure de magnésium, soit de chlorure de calcium, ne germera que difficilement. Nous ne conseillons dans aucun cas de rapprocher la graine et l'engrais. Tout danger disparaît, si on a soin d'employer, longtemps avant la semaille, l'engrais chargé de chlorure de magnésium; dans ce cas la transformation en carbonate de magnésie a eu tout le temps de s'effectuer ; les chlorures nuisibles ont été dilués dans la masse de terre ou même enlevés par les eaux pluviales et aucun accident n'est à craindre ; on peut même espérer une action favorable par suite de l'apport de magnésie.

L'emploi des engrais riches en chlorure de magnésium exige donc certaines précautions; depuis quelques années, on a soin de leur faire subir un grillage léger, qui décompose le chlorure de magnésium et, chassant l'acide chlorhydrique, laisse la magnésie libre.

La question de la nocuité des sels magnésiens intéresse peu le cultivateur français, qui utilise surtout les engrais potassiques concentrés et relativement purs ; elle intéresse davantage les agriculteurs allemands, qui se servent des engrais bruts plus ou moins chargés de sels magnésiens. Aussi, en Allemagne, cette question a-t-elle fait l'objet d'études nombreuses ; elles semblent montrer que l'influence de ces sels n'est pas aussi fâcheuse que nous l'avons admis. Mais il s'agit là probablement de terres légères, qui sont facilement lavées par les eaux.

En règle générale, il est prudent d'employer les sels magnésiens solubles ou les engrais qui en contiennent de grandes quantités, à un moment éloigné de la végétation, afin qu'ils aient le temps de subir les transformations qui les rendent inoffensifs. Sous cette réserve, nous croyons que, dans beaucoup de cas, l'apport d'engrais magnésiens a son utilité, et nous attirons l'attention des agriculteurs sur cette substance fertilisante trop négligée jusqu'à présent.

TROISIÈME PARTIE.

ENGRAIS DIVERS.

Outre les engrais azotés, phosphatés, potassiques, calcaires et magnésiens, apportant aux plantes les principaux éléments que la nature ne met pas en quantité suffisante à leur disposition, il y a d'autres substances dont le rôle est moindre, soit parce qu'elles sont répandues plus abondamment dans le sol, soit parce que leur insuffisance ne se traduit pas, comme pour les premières, par un abaissement aussi considérable de récolte. Ces substances cependant ne doivent pas être négligées; leur absence totale serait une cause d'infertilité, et si leur effet sur la végétation n'est pas aussi manifeste que celui des engrais proprement dits, elles méritent cependant de préoccuper les agriculteurs, par la raison que l'insuffisance d'un des éléments constitutifs des plantes se traduit forcément par une diminution de récolte; peut-être même leur absence totale rendrait-elle toute culture impossible.

Nous devons examiner ces diverses substances et voir quels sont les cas dans lesquels il y a intérêt à s'adresser à elles, pour maintenir ou pour augmenter les rendements de nos récoltes. Les principales de ces matières sont le soufre, le silicium, le fer, le manganèse. Nous avons déjà eu l'occasion de parler du rubidium, qui est de la famille du potassium; du fluor, de l'iode, du brôme, qui appartiennent à la famille du chlore. D'autres substances existent encore dans les végétaux en très petites quantités; on ne sait pas si elles sont indispensables.

CHAPITRE PREMIER.

PLATRE.

Le plâtre ou sulfate de chaux est un sel formé par la combinaison de l'acide sulfurique et de la chaux. On en rencontre dans la nature deux variétés : 1° l'anhydrite, ou sulfate de chaux anhydre, variété assez rare et n'ayant pas d'importance au point de vue agricole; 2° le sulfate de chaux hydraté, ou gypse, ou pierre à plâtre, qui contient deux équivalents d'eau; c'est ce dernier qui seul offre pour nous de l'intérêt.

Le gypse se présente parfois en cristaux prismatiques volumineux, ou bien en fines aiguilles, en lames, en rosaces, en lentilles; par le clivage il affecte tantôt la forme d'un fer de lance ou d'un fer de flèche, tantôt celle de feuilles minces et transparentes. Mais la pierre à plâtre proprement dite est constituée par l'agrégation de cristaux de gypse d'un grain plus ou moins grossier, rarement feuilletés; elle se présente en masses d'un blanc jaunâtre, dans lesquelles on voit miroiter de petites lames brillantes et nacrées; ces masses sont assez friables et se laissent facilement rayer par l'ongle.

Gisements. — Le gypse doit être considéré comme le résultat de l'évaporation des eaux qui le tenaient en dissolution; il est assez répandu dans toutes les formations géologiques, mais les gisements importants de gypse ne se rencontrent guère que dans le terrain triasique et dans l'Éocène.

On en a signalé toutefois dans le Silurien (groupe salifère d'Onondaga, Amérique du Nord).

En Allemagne, l'assise supérieure du *Zechstein* (système permocarbonifère) renferme le gisement de Stassfurt, où le gypse est abondant.

Gisements du Trias. — L'étage supérieur du Trias (Keuper) contient presque partout des gisements de gypse.

Le Keuper lorrain renferme les gîtes salifères les plus importants; des couches de marnes, d'argile, avec gypse anhydre, séparent les couches de sel; le gypse y affecte la forme de gros tubercules. Dans le Jura, l'assise moyenne du Keuper est gypsifère. Sur les confins du Morvan, à Couches-les-Mines, le Keuper, très développé, se présente sous la forme de marnes bariolées, avec rognons de calcaire saccharoïde et de gypse; ce dernier est exploité dans la vallée de la Dheune.

Le Keuper des environs de Mâcon est composé en grande partie de marnes bariolées gypsifères.

Dans l'Aveyron, on trouve des argiles gypseuses, où le plâtre à l'état de lentilles est exploitable.

Dans la Nièvre, le Trias est formé de grès micacés siliceux, avec argiles rouges gypsifères contenant la pierre à plâtre exploitée à Decize.

En Provence, aux environs d'Aix, le gypse et l'anhydrite accompagnent les cargneules du Keuper.

Dans le Gard, au sommet du Trias, on rencontre des grès et des marnes gypsifères bariolées.

Près de Lodève, à Fozère, il y a au milieu des marnes bariolées, de puissants amas de gypse saccharoïde.

Dans les Corbières, le Keuper, divisé en trois sousétages, est composé à la partie supérieure d'argile bariolée avec dépôts gypseux.

Dans les Pyrénées, les affleurements du Trias renferment du gypse.

Dans l'Ariège, les marnes bariolées du Trias en renferment également.

Dans les Alpes occidentales, près de Moutiers-Bourg-Saint-Maurice, on trouve dans les dépôts du Trias de puissants amas de gypse et d'anhydrite intercalés dans des schistes gris lustrés.

Gisements du Jurassique. — Au sommet du Jurassique dans le Purbeckien et le Portlandien supérieur, on a signalé en quelques points du gypse. C'est ainsi que dans les environs de Hastings, en Angleterre, dans les couches du Purbeck, il y a des amas gypseux.

Dans le Jura, aux environs de Pontarlier, on a rencontré des couches gypsifères du Purbeckien et des marnes gypsifères (Villers-le-Lac).

Dans l'oolithe des Charentes (à Raix, près de Ruffec), ainsi que dans l'île d'Oléron, on a signalé quelques couches gypsifères, qu'on exploite au milieu des argiles.

Gisements de l'étage tertiaire. — Mais c'est surtout dans l'étage tertiaire qu'on trouve les immenses gisements de plâtre et particulièrement dans l'éocène, (étage dit des marnes à gypse ou travertin de Champigny).

L'assise du gypse parisien, dont l'épaisseur est de 50 mètres à Montmartre, 55 mètres à Sannois, 30 mètres à Enghien, 15 mètres sous le plateau de Carnelle, est constituée par des couches alternatives de marnes et de gypse.

On trouve dans les environs immédiats de Paris quatre masses principales de gypse, mais sur les bords du bassin elles disparaissent. A Méry-sur-Oise, la troisième et la quatrième masse ont disparu, et plus au nord, des marnes ont remplacé le gypse.

Les carrières les plus importantes sont celles de Montmartre, qui fournissent du plâtre à presque toute la France et même à l'Angleterre et à l'Amérique. Le gypse y est déposé en quatre étages séparés par des marnes : 1° le *banc blanc*, où le plâtre est compact à grains très serrés, blanc et presque pur; 2° le *banc cheveux*, formé de cristaux agglutinés par une légère couche de carbonate de chaux; 3° le *banc mouton*, constitué par le mélange des deux bancs précédents; 4° le *banc marabais*, qui affleure presque à la surface du sol et renferme toujours une proportion notable de carbonate de chaux.

On exploite également le gypse dans d'autres carrières voisines de Paris et moins importantes : à Villejuif, aux Buttes-Chaumont, à Triel, à Argenteuil, etc.

Dans le Midi, correspondant à ce même sous-étage, on a rencontré le gypse en Périgord (Sainte-Sabine), dans le bassin d'Alais, à Barjac et Célas.

Dans le bassin d'Aix, les couches du Tongrien de l'Oligocène renferment des argiles et des marnes gypsifères, à Gargas et à Sainte-Radegonde.

Enfin il y a dans le Jura et sur les bords du Plateau central, un grand nombre de points, recouverts à l'époque oligocène par une formation spéciale, à laquelle l'abondance du minerai de fer en grains a fait donner le nom de terrain sidérolithique. Ces dépôts de fer sont associés assez souvent à des amas de gypse (Ain).

Cuisson du plâtre. — Le plâtre, tel qu'il sort des carrières, n'est pas propre aux usages industriels; il ne possède pas cette faculté remarquable, qui le rend si précieux, de faire prise au contact de l'eau. Aussi presque toujours le livre-t-on au commerce à l'état cuit.

La cuisson du plâtre s'opère à peu près comme celle

du calcaire, mais à une température beaucoup plus basse, dans des fours de différents systèmes. Souvent on emploie les fours ouverts, où, sur des voûtes en briques percées de trous et servant de grille à charbon ou à bois, on entasse les pierres à gypse par ordre croissant de grosseur; on charge à raison de 10 à 20 mètres cubes, la cuisson durant douze à seize heures.

Le feu est difficile à conduire; le bas est souvent surchauffé et contient des proportions élevées de sulfure de calcium. A la température de 115° le plâtre commence à perdre son eau de cristallisation; au delà de 225 à 250°, une modification importante se produit: le plâtre ne s'hydrate plus; enfin, porté à une haute température, il se fritte et fond. Les coups de feu doivent donc être soigneusement évités, surtout pour la préparation des plâtres industriels.

Les fours employés à Montmartre sont un perfectionnement du système précédent. Pour les grandes exploitations, on se sert des fours fermés; leur établissement est coûteux, mais permet d'utiliser mieux la chaleur, d'économiser le combustible et de régulariser la cuisson. Ces différents systèmes intéressent seulement l'industrie; nous n'y insisterons pas.

La cuisson des plâtres destinés à l'agriculture s'opère souvent dans des fours à feu continu, dans lesquels on alterne la pierre à plâtre et le combustible. On obtient ainsi un produit moins blanc et renfermant du sulfure de calcium, qui provient de la réduction du sulfate par le charbon.

Le plâtre, après cuisson, est retiré des fours à l'état de pierres; il n'a pas changé d'aspect. On le conserve généralement sous cette forme, parce qu'il est moins hygroscopique et ne *s'évente* pas. On doit le broyer au moment de l'emploi; l'on se sert à cet effet d'instruments puissants, de moulins en fonte ou en pierre, et plus souvent de broyeurs; un tamisage termine l'opération. Pour la maçonnerie, le degré de finesse du plâtre est peu important; on évite même de pousser le broyage trop loin, car on a reconnu que les parties grossières jouent dans la prise du plâtre un rôle utile, analogue à celui du sable dans les mortiers. Pour l'agriculture, au contraire, il est préférable d'avoir du plâtre aussi fin que possible.

Composition. — Il ne faut pas confondre le plâtre cuit et le plâtre cru.

Plâtre cuit. — Le plâtre cuit est livré à l'agriculture en poudre blanche ou grisâtre, plus ou moins fine. Il doit théoriquement correspondre à la formule, CaO, SO^3 et contenir pour 100 : 41,2 de chaux et 58,8 d'acide sulfurique.

Mais en réalité il n'en est pas ainsi; l'eau de combinaison de la pierre à plâtre n'a pas été complètement chassée par la cuisson, et de plus la matière réduite en poudre en absorbe des quantités variables. Il y a donc de l'eau, dans une proportion allant de 5 à 12 pour 100, en moyenne; pour les plâtres de Paris, elle est généralement de 10 pour 100.

Ce qui fait varier plus encore la composition, c'est le mélange des matières étrangères qui accompagnent la pierre à plâtre. Ces matières étrangères sont l'oxyde de fer et l'alumine, le sable et l'argile, mais surtout le carbonate de chaux.

Voici, d'après M. Landrin, la composition de plâtres cuits provenant des carrières d'Argenteuil :

	Bancs blanc.	Bancs chevoux.	Bancs mouton.	Bancs marabais.	Plâtre à modeler.
Sulfate de chaux	92.56	89.78	90.37	87.99	89.80
Carbonate de chaux	0.32	2.37	1.80	4.34	1.85
— de magnésie	»	0.05	0.06	»	0.02
Silice	0.02	0.30	0.10	traces.	0.50
Eau	7.10	7.50	7.67	7.67	7.83

M. Joulie donne la moyenne suivante de composition pour l'ensemble des plâtres parisiens :

Sulfate de chaux	82.28
Carbonate de chaux	7.42
Eau	10.30

Le plâtre cuit a pour propriété spécifique de faire prise au contact de l'eau; cette propriété est précieuse pour les usages industriels, mais elle ne présente aucun intérêt pour l'agriculteur.

Plâtre cru. — On s'est demandé s'il n'y avait pas économie à s'adresser au plâtre cru, au gypse natif, tel qu'il sort des carrières. Celui-ci, en effet, est d'un prix moins élevé, puisqu'il n'a subi aucun frais de cuisson; sa pulvérisation, il est vrai, est un peu plus coûteuse, car il est moins friable et plus dur que le plâtre cuit.

Le plâtre cru, à l'état pur, correspond à la formule $CaO\,SO^3$, 2 HO; il contient pour 100 :

Chaux	32.56
Acide sulfurique	46.51
Eau	20.93

Il diffère du plâtre cuit simplement par la proportion

plus élevée d'eau qu'il renferme, et par conséquent par une teneur plus faible en sulfate de chaux; les mêmes impuretés s'y rencontrent.

La composition moyenne des plâtres crus de Paris est la suivante :

Sulfate de chaux....................	70.4 %
Carbonate de chaux..................	7.6 —
Argile, sable, etc..................	3.2 —
Eau.................................	18.8 —

Il est facile de distinguer ces deux produits; il suffit, en effet, d'en gâcher une petite quantité avec de l'eau; le plâtre cru restera en bouillie, tandis que le plâtre cuit se prendra en masse compacte.

Achat. — Le plâtre est sujet à des variations de composition notables; sa forme pulvérulente permet en outre d'y introduire frauduleusement des matières inertes, telles que sable, chaux, calcaire pulvérisé, etc.

Pour ce produit, comme pour les autres engrais, il est donc nécessaire d'avoir recours à l'analyse chimique, qui s'attachera surtout à déterminer la teneur en acide sulfurique, c'est-à-dire en sulfate de chaux réel. Le dosage de la chaux ne serait pas suffisant, car ce n'est pas la chaux totale qui doit fixer la valeur du produit, mais seulement la chaux sous forme de sulfate. On doit également tenir compte de l'état de finesse, et donner sans hésitation la préférence aux produits les plus fins, qui se répartissent mieux dans le sol. Comme pour la chaux, il faut toujours acheter le plâtre au poids et non pas à l'hectolitre.

On offre souvent aux cultivateurs, sous le nom de plâtre pour l'agriculture, des produits d'un prix minime; c'est pour ceux-là qu'il convient surtout de prendre les précautions que nous avons indiquées; afin d'éviter les fraudes. S'il s'agit simplement d'une substitution du plâtre cru au plâtre cuit, le préjudice porté à l'agriculteur n'est pas grand. Il est en effet démontré, par les expériences d'Isidore Pierre, qu'il n'y pas lieu d'établir de différence entre les deux produits; à égalité de sulfate de chaux et à égalité de finesse, le plâtre cru et le plâtre cuit s'équivalent.

On a avantage à faire voyager le plâtre cuit plutôt que le plâtre cru; ce dernier est grevé de plus de 10 pour 100 de frais, par le transport de l'eau. C'est surtout quand on achète le plâtre au loin qu'on doit attacher de l'importance à sa pureté. Dans les cas où cette considération n'a pas à intervenir, on peut économiser les frais de cuisson et donner la préférence au plâtre qui livre au prix le plus bas le kilog. de sulfate de chaux.

Plâtres résiduaires. — Dans certaines conditions, on fait avantageusement usage des plâtres résiduaires provenant des diverses industries. Nous énumérerons ceux de ces produits qui présentent quelque importance.

Plâtres provenant des salines. — L'agriculture des régions voisines des salines trouve, à bas prix, des engrais plâtrés dans les résidus de la fabrication du sel.

L'évaporation de l'eau salée donne naissance à des dépôts dans lesquels la proportion de sulfate de chaux est ordinairement voisine de 75 pour 100, avec 20 pour 100 d'eau; on y rencontre en outre de petites quantités de sulfate de potasse (0,3 à 1 pour 100) et de chlorure de potassium (0,5 pour 100).

La concentration du sel par la chaleur dans les chaudières d'évaporation donne des incrustations connues sous le nom de *schlot*. Ce produit est depuis longtemps utilisé à la fumure des prairies artificielles; sa composition est variable, mais le sulfate de chaux et le sulfate de soude en constituent la partie la plus importante. Voici, d'après Isidore Pierre, la composition moyenne de cette substance :

Sulfate de chaux	40 à 41 %
— de soude	25 à 53 —
Chlorure de sodium	6 à 10 —

L'analyse des incrustations provenant de l'évaporation des sels gemmes, indique une forte teneur en sulfate de chaux (66 à 78 pour 100).

Résidus des fabriques de soude. — Les usines qui fabriquent la soude par le procédé Leblanc laissent des charrées et des résidus qui, après oxydation des sulfures, des sulfates et hyposulfites, peuvent être utilisés comme plâtre. Wolff donne l'analyse suivante d'un produit de nature :

Eau	9.00
Matières organiques	4.00
Acide phosphorique	0.10
Soude	2.20
Chaux	34.50
Acide sulfurique	41.30
Sable	4.00

Vieux plâtras. — On a souvent observé l'action fertilisante des débris provenant des démolitions. Rien n'est plus variable que la composition de ce mélange formé de plâtre, de débris de pierre, de sable, de mortier, etc.; mais presque toujours on y a constaté la présence des nitrates de potasse et de chaux. Aussi doit-on plutôt considérer les plâtras comme engrais azoté; au lieu de les laisser perdre, il convient de les recueillir avec soin et de les introduire dans les composts.

Cendres. — Nous avons, à propos des chaux résiduaires, parlé des cendres de houille et de tourbe; les analyses que nous avons citées montrent que la proportion de sulfate de chaux y est souvent très élevée. On pourrait donc considérer les cendres comme engrais à base de plâtre, tout aussi bien que comme amendement calcaire ; c'est en effet sur les légumineuses que leur action semble la plus marquée.

Nous n'insisterons pas davantage sur ces produits, qui ont une importance secondaire et ne sont utilisés qu'exceptionnellement par l'agriculture.

Mais nous dirons quelques mots d'une matière qui, encore peu répandue en France, se trouve au contraire en grande quantité en Belgique, en Allemagne et en Angleterre, c'est le résidu de la fabrication des superphosphates riches (voir tome II, page 471).

Plâtre phosphaté. — Le phosphate naturel est attaqué par l'acide sulfurique ; de la bouillie obtenue, on extrait, par des lavages méthodiques et par des filtres-presses, l'acide phosphorique en dissolution. Le tourteau sortant des filtres-presses constitue du sulfate de chaux, en poudre grisâtre, plus ou moins riche et à réaction acide.

Voici la composition de ces plâtres phosphatés :

	PETERMANN.		WOLFF
		Moyenne.	Moyenne.
Sulfate de chaux.............	57.16 à 75.14	63.80	61.7
Acide phosphorique soluble dans le citrate..............	1.09 à 1.52	1.28	5.7
Acide phosphorique insoluble.	1.04 à 1.81	1.39	
Sable et silice................	8.52 à 23.62	16.88	20.2
Oxyde de fer et alumine, eau et non dosés...............	9.58 à 17.09	13.33	26.1

Dans ce produit le sulfate de chaux est sous forme de précipité chimique, c'est-à-dire à un grand état de division. La quantité d'acide phosphorique qui l'accompagne augmente notablement sa valeur comme engrais.

On préconise en Allemagne son emploi en mélange avec le fumier, pour éviter les déperditions d'ammoniaque. Il est possible en effet que l'acidité de ce produit, se joignant à l'action du plâtre, puisse jouer un rôle utile dans la conservation du fumier. Nous ne croyons pas devoir insister sur une substance encore rare sur les marchés français.

Théorie du plâtrage. — Le plâtre est depuis de longues années utilisé en agriculture avec un grand succès; si tout le monde est d'accord pour reconnaître les bons effets qu'il produit dans des conditions déterminées, on l'est bien moins lorsqu'il s'agit d'expliquer les causes de son efficacité. Nous allons examiner la question du plâtrage, successivement au point de vue théorique et au point de vue pratique.

De nombreuses expériences ont été faites pour expliquer l'effet du plâtrage; certains auteurs admettent qu'il agit uniquement par la chaux, en la présentant sous une forme plus soluble et peut-être plus assimilable que le carbonate de chaux. D'autres, au contraire, attribuent son action à l'acide sulfurique et ont observé, comme l'a fait I. Pierre, que des sulfates d'une autre base, tels que ceux de soude, de magnésie, de potasse, produisent les mêmes résultats. Nous croyons qu'on aurait tort de généraliser et qu'il ne faut pas attribuer exclusivement à l'un des deux éléments du plâtre son effet utile. Tous les deux sont nécessaires à la végétation, et l'on peut admettre que tous les deux concourent à l'augmentation des récoltes; mais il est probable que tantôt l'action de la chaux prédomine, tantôt celle de l'acide sulfurique, suivant l'absence de l'un d'eux dans le sol et suivant les besoins des végétaux.

On doit donc considérer le plâtre comme un engrais à deux fins, dans lequel les effets de l'un des constituants s'exagèrent, lorsque la pauvreté du sol ou la nature de la récolte l'exige.

Examinons d'abord comment le plâtre se comporte vis-à-vis du sol, et voyons si une action indirecte, produite sur les éléments terreux, suffirait à expliquer les bons effets qu'on observe.

Réactions du plâtre dans le sol. — Le plâtre, répandu sur le sol, se dissout dans les liquides qui y circulent, à la manière d'un engrais salin de faible solubilité. Il a une tendance à se diffuser uniformément dans la terre, puisque les propriétés absorbantes de l'argile et de l'humus ne s'exercent point à son endroit; ni la base, ni l'acide ne sont fixés par une de ces doubles décompositions, dont la potasse et l'ammoniaque nous ont donné des exemples.

Son inertie vis-à-vis des principes absorbants et sa solubilité relativement grande dans l'eau le prédisposent à descendre dans les couches inférieures; aussi les eaux de drainage et les eaux courantes en renferment-elles toujours de fortes quantités, lorsque le sol lui-même en contient. Le sulfate de chaux, peu décomposable de sa nature, a donc une grande tendance à circuler; on peut dire qu'il ne fait que traverser le sol, cédant aux végétaux, pendant son court passage, du soufre et de la chaux, lorsqu'ils en ont besoin.

On a cependant cherché à expliquer autrement que par l'apport direct de ces deux éléments, les effets souvent considérables qu'il exerce sur la végétation.

De Saussure estime que le plâtre agit sur le terreau dont il hâte la décomposition; nous ne croyons pas à une action sensible de ce chef.

Boussingault pensait, d'après ses expériences, que

les plantes peuvent tirer du sol, lorsqu'il a été plâtré, de bien plus grandes quantités de chaux et de potasse; tandis que la proportion d'acide sulfurique n'augmente pas sensiblement dans leurs cendres.

Liebig admettait une action dissolvante spéciale des liquides contenant du plâtre, sur les éléments de la terre et en particulier sur les silicates; il a montré qu'une solution de plâtre mise en contact avec la terre fait entrer en dissolution des quantités de magnésie beaucoup plus grandes que ne le ferait de l'eau pure, la chaux s'étant substituée à la magnésie dans la combinaison qu'elle affectait dans le sol. D'autres éléments minéraux entrent également en dissolution.

M. Dehérain a donné l'explication de quelques-uns des bons effets du plâtrage, en montrant qu'une plus grande quantité de potasse est absorbée sous son influence par les plantes. Ce savant admet que le sulfate de chaux dissous par l'eau agit sur le carbonate de potasse fixé sur les particules terreuses. Une double décomposition donne naissance à du carbonate de chaux et à du sulfate de potasse; ce dernier, étant moins retenu par le pouvoir absorbant, peut descendre dans le sous-sol et se diffuser ainsi davantage dans la masse terreuse; les racines des légumineuses, s'enfonçant à de grandes profondeurs, rencontrent de la potasse sur tout leur parcours et peuvent en tirer profit.

Liebig attribuait encore une partie des effets du plâtre à sa faculté d'absorber le carbonate d'ammoniaque; en effet, lorsque le sulfate de chaux se trouve en présence de ce dernier composé, il y a une double décomposition : le carbonate d'ammoniaque primitivement volatil se transforme en sulfate d'ammoniaque, sel fixe. Bien qu'il soit exact que le plâtre retienne le carbonate d'ammoniaque apporté par les eaux pluviales, empêche sa volatilisation et absorbe l'ammoniaque de l'air, nous n'hésitons cependant pas à dire que ce n'est pas à son rôle de fixateur de l'ammoniaque que le plâtre doit son action. On sait combien est faible la quantité d'ammoniaque contenue dans l'atmosphère; on sait aussi que le plâtre n'absorbe pas cette ammoniaque avec une énergie plus grande que la terre elle-même, qui, d'après les expériences de M. Schlœsing, peut soutirer à l'air des quantités très importantes d'ammoniaque. D'ailleurs, il ne paraît pas que son rôle de fixateur de l'azote soit prépondérant; en effet, le plâtre s'applique de préférence aux cultures reconnues pour demander le moins de fumures azotées, et il est sans résultat sur celles qui en demandent le plus.

On a encore pensé que le plâtre favorise la nitrification.

Nous ne savons pas au juste dans quelle mesure ces diverses actions peuvent intervenir; mais nous pensons qu'elles sont seulement accessoires. Suivant nous, l'action prédominante du plâtre est bien celle des engrais proprement dits, qui consiste à apporter au sol des substances que celui-ci ne contient pas en quantité suffisante pour les besoins des récoltes. Le plâtre pourrait être placé à côté du phosphate de chaux; comme ce dernier, il apporte deux éléments, l'acide sulfurique et la chaux, et on est souvent embarrassé de dire auquel des deux il doit sa principale action.

S'il y a beaucoup de sols qui manquent de chaux, il y en a beaucoup aussi qui manquent d'acide sulfurique; le soufre étant un des éléments des plantes, et pouvant être considéré à ce titre comme indispensable à la production végétale, c'est, au moins dans beaucoup de cas, au soufre que le plâtre doit son activité. Ce n'est donc pas exclusivement un amendement calcaire; nous devons le considérer au double point de vue de l'apport du soufre et de l'apport de la chaux.

Le plâtre envisagé comme engrais calcaire. — La première action manifeste du plâtre sera de fournir aux récoltes la chaux dont elles peuvent avoir besoin. Envisagé seulement comme engrais à base de chaux, on peut placer le plâtre parmi les plus efficaces des engrais calcaires; nous savons, en effet, qu'il se diffuse rapidement dans le sol en vertu de sa solubilité, et qu'il est par suite dans les meilleures conditions d'assimilabilité pour les racines des végétaux.

Nous devons nous demander si le plâtre pourrait avantageusement être substitué aux autres engrais calcaires, chaux et marne. La considération de prix permettrait seule de conclure d'une façon négative. Mais il en est une autre plus importante qui s'oppose à cette substitution.

A la chaux et à la marne nous avons pu attribuer la dénomination générale d'amendement; nous ne pouvons pas l'appliquer au plâtre. En effet, le terme d'amendement convient spécialement aux substances qui modifient le sol dans sa nature, qui le transforment au point de vue de ses aptitudes physiques et qui le rendent susceptible d'acquérir des propriétés chimiques nouvelles. A ce titre, la chaux, sous la forme caustique ou carbonatée, constitue un véritable amendement, modifiant les qualités et les fonctions de la terre. Il n'en est pas ainsi du plâtre qui, apportant simplement les éléments qu'il renferme, comme le fait le phosphate de chaux, constitue un engrais chimique proprement dit.

Le plâtre, quoique contenant de la chaux, n'agit pas de la même façon que les vrais amendements calcaires, chaux caustique, marne, etc. Il est vrai que dans les sols manquant totalement de chaux, il apporte avec lui cet élément, que les plantes trouvent alors à leur disposition. Mais nous avons vu que les amendements calcaires agissent surtout en produisant l'humate de chaux, en saturant les terres acides, en permettant la décomposition et la nitrification des matières organiques, en augmentant le pouvoir absorbant du sol. Aucune de ces importantes fonctions ne se retrouve dans le plâtre, qui ne peut donc pas être assimilé aux amendements calcaires.

Dans les sols très riches en matières organiques, où la chaux et la marne ont une action fertilisante si énergique, le sulfate de chaux resterait complètement inerte; et même, là où l'aération est insuffisante, comme c'est souvent le cas dans les terres acides ou mal assainies, il se transformerait en sulfure de calcium par une véritable réduction et donnerait ainsi naissance à un composé dont l'action pernicieuse sur la végétation est bien connue. Dans des sols pareils, ainsi que dans toutes les terres très humides, il ne produirait que des effets nuisibles.

Le plâtre ne peut donc pas être assimilé aux engrais calcaires étudiés plus haut; la chaux qu'il contient agit seulement d'une façon directe comme aliment du végétal.

Ce serait donc une erreur de croire que le plâtrage peut être substitué au chaulage ou au marnage, et qu'il modifie les sols dans leur constitution physique et dans leur fonction chimique.

Le plâtre envisagé comme engrais sulfurique. — Nous devons, à présent, examiner le plâtre comme engrais sulfaté, en recherchant tout d'abord quelle est l'importance de l'acide sulfurique dans l'alimentation végétale.

L'acide sulfurique est une combinaison de soufre et d'oxygène (SO^3); c'est un acide énergique qui se combine facilement aux bases, chaux, magnésie, potasse, pour former des sulfates. On rencontre, dans les produits de l'incinération de tout végétal, des proportions plus ou moins grandes de sulfates. Une partie de ces sulfates existent tout formés dans le végétal; mais sous cet état on peut dire qu'ils ne sont là qu'accidentellement et ne jouent pas un rôle essentiel. L'acide sulfurique que révèlent les analyses chimiques provient aussi et surtout de l'oxydation du soufre qui, accompagnant la matière quaternaire, fait partie intégrante de la substance azotée et joue sous cet état un rôle comparable à celui du phosphore, puisque, comme ce dernier, il entre dans la constitution même des principes essentiels de la vie des plantes. On trouve, du reste, le soufre et le phosphore associés à la matière azotée, aussi bien dans le règne animal que dans le règne végétal.

La répartition de l'acide sulfurique dans nos principales récoltes présente donc de l'intérêt; voici quelques chiffres à ce sujet :

	Acide sulfurique pour 100.	
	Grain.	Paille.
Céréales	0.02 à 0.05	0.10 à 0.27
Légumineuses cultivées pour leurs graines	0.08 à 0.28	0.02 à 0.28
Plantes industrielles diverses	0.01 à 0.13	0.20 à 0.34
	Racines.	Feuilles.
Plantes à racines et à tubercules	0.03 à 0.08	0.11 à 0.30

Plantes fourragères graminées, en vert	0.02 à 0.12
Plantes fourragères légumineuses, en vert.	0.15 à 0.37

Si on calcule l'exportation moyenne d'acide sulfurique par hectare, on arrive aux résultats suivants :

		Moyenne
	kil.	kil.
Céréales	4 à 11	5.8
Légumineuses graines	id.	6.1
Plantes industrielles	2 à 12	7.0
— à racines	29 à 95	43.4
— à tubercules	10 à 13	12.0
— fourragères graminées	4 à 20	14.1
— — choux	»	57.0
— — légumineuses	7 à 37	17.1

Les quantités d'acide sulfurique enlevées par les récoltes sont donc en général peu importantes; cependant il y a de ce chef une cause d'appauvrissement. La présence constante de cet élément dans le végétal doit nous amener à étudier si la terre en contient des proportions suffisantes.

Voici à ce sujet quelques analyses de MM. Risler et Colomb Pradel :

	Acide sulfurique pour 1000 de terre.
Terre de Calève	0.823 à 1.583
— du Lauragais	0.583
— de Blanzac (Gard)	0.583
— de la Ferté-sous-Jouarre	2.125 à 2.380
— de Trappe	traces.
— de la Touraine	0
— du limon des plateaux (Chartres)	0
— d'Isigny	2.450 à 3.670
— d'Osmanville (conquise sur la mer)	7.820
— de Watines (Nord)	0.137 à 0.240
— crayeuse de Champagne	traces.
— — —	traces.

Nous avons nous-mêmes constaté l'absence d'acide sulfurique dans beaucoup de terres, et particulièrement dans les sols très calcaires.

Il ne faut pas s'étonner de la rareté de l'acide sulfurique; nous savons qu'il est rapidement enlevé par les eaux de drainage. N'étant pas retenus par les agents absorbants du sol, les sulfates subissent des déperditions continuelles, qui s'opposent à leur accumulation.

On est alors en droit de se demander si la fertilité n'est pas de ce chef fortement influencée; si, dans de pareils cas, les bons effets du plâtre ne doivent pas être attribués à l'apport d'acide sulfurique et s'il n'y a pas lieu de donner des sulfates, comme on donnerait des phosphates, pour introduire dans le sol un élément fertilisant qui manque. Ce n'est pas à tort qu'on s'inquiète de l'absence du soufre, et là où le sol en est à peu près dépourvu, il y a intérêt à appliquer du plâtre. Lorsque dans une terre l'analyse ne nous montre que de faibles traces de sulfate, lorsque, par exemple, le calcul nous conduit à admettre que le sol d'un hectare renferme moins de quelques centaines de kilog. d'acide sulfurique, l'apport du plâtre doit être conseillé, surtout si on n'emploie pas dans ces sols d'autres composés sulfatés, tels que les superphosphates, le sulfate d'ammoniaque, le sulfate de potasse, etc. En délayant les engrais chimiques avec du plâtre, comme on le fait souvent, on suit une pratique qui est utile dans les sols pauvres en sulfate.

Étant donné que le sol manque d'acide sulfurique, le plâtre est, de tous les engrais, celui que son bas prix et la facilité de son approvisionnement et de son emploi désignent le mieux pour pourvoir à l'insuffisance de la terre.

Action du plâtre sur les différentes récoltes. — Le plâtre ne se comporte pas, vis-à-vis des récoltes, d'une façon identique. Son action semble exclusivement réservée à une catégorie de plantes, et presque indépendante de la nature du sol et de la composition même des récoltes.

L'expérience a montré que le plâtre agit efficacement sur les plantes de la famille des légumineuses, et quelquefois sur les crucifères; quant aux racines, aux céréales, et en général aux plantes de la famille des graminées, elles paraissent assez indifférentes à son application.

Nous examinerons ces diverses cultures, en constatant les faits qui semblent nettement acquis, sans trop nous attacher à interpréter les résultats.

Légumineuses fourragères. — C'est sur ces plantes que s'applique de préférence le plâtre, et c'est sur elles qu'on constate les effets les plus frappants. Les démonstrations qu'on en a faites et qu'il est facile de répéter, en semant du plâtre sur des soles de luzerne ou de trèfle, ne peuvent laisser aucun doute à ce sujet. Sous l'influence de cet engrais, on voit la végétation prendre un développement beaucoup plus grand et une vigueur qu'elle n'avait pas auparavant. C'est sur les parties foliacées qu'elle se fait surtout sentir; les feuilles s'élargissent, deviennent plus vertes et donnent à la plante un aspect luxuriant.

Nous citerons quelques résultats d'expérience, pour montrer l'influence du plâtre sur le rendement. Voici une démonstration très frappante, due à Boussingault :

	1841.	1842.
	—	—
	kil.	kil.
Foin de trèfle; partie non plâtrée...	1.100	1.100
— partie plâtrée........	5.000	5.908

M. Pincus, en Allemagne, obtient :

	kil.
Foin de trèfle; partie non plâtrée.............	2.160
— partie plâtrée.................	3.060

MM. Lawes et Gilbert, en Angleterre, arrivent aux chiffres ci-dessous :

	Années	Sans engrais.	Plâtre.
	—	—	—
Foin de trèfle............	1856	10.870	12.487
—	1857	15.330	16.863
—	1858	7.709	10.780
—	1859	5.964	8.412

La démonstration des bons effets du plâtre appliqué aux légumineuses fourragères n'est plus à faire; la fameuse expérience de Francklin, en Amérique, a pu être mille fois répétée avec succès.

Mais il faut dire que l'action du plâtre est quelquefois plus apparente que réelle ; le fourrage produit sous son influence est plus aqueux, et si la récolte à l'état vert est plus abondante, la proportion de matière sèche est souvent moins élevée. Nous citons à l'appui de cette opinion quelques chiffres empruntés à Rithausen :

	Parcelle non plâtrée.	Parcelle plâtrée.
	—	—
	quint.	quint.
Fourrage vert..................	219.0	259.0
— sec..................	60.5	55.9

Lorsqu'un pareil fait se produit, le plâtrage n'a donc eu que des inconvénients, parce que le fourrage, plus chargé d'humidité, peut provoquer la météorisation; parce qu'en outre sa dessication est plus lente et plus difficile; si on ne la prolonge pas plus que celle d'un fourrage non plâtré, on voit le foin se recouvrir de moisissures, qui forment à la surface des feuilles une couche gris blanc et altèrent la qualité du produit.

Mais si la proportion d'eau contenue dans la récolte

plâtrée est généralement plus grande, il ne s'en suit pas d'habitude que la proportion de récolte réelle, c'est-à-dire de récolte sèche, soit toujours inférieure. S'il en était ainsi, le plâtrage devrait être absolument condamné. Les nombreuses données pratiques montrent, au contraire, qu'à de très rares exceptions près, l'action du plâtre est réellement efficace pour augmenter les rendements de la luzerne, des trèfles, des sainfoins, des vesces.

La richesse en matières azotées s'élève par le plâtrage, ce qui donne une valeur nutritive supérieure aux fourrages plâtrés. La proportion des principes hydrocarbonés décroît, au contraire.

Plusieurs auteurs, cherchant à expliquer l'action si manifeste du plâtre sur les légumineuses, ont poussé plus loin leurs analyses. Boussingault s'est inquiété de savoir si l'augmentation de récolte est attribuable à l'action de la chaux ou bien à celle de l'acide sulfurique. En analysant les cendres des fourrages plâtrés et non plâtrés, il a obtenu pour l'ensemble de la récolte les quantités suivantes :

	1841.		1842.	
	Sole non plâtrée.	Sole plâtrée.	Sole non plâtrée.	Sole plâtrée.
	kil.	kil.	kil.	kil.
Acide sulfurique...	3.9	3.4	3.1	3.2
Chaux............	28.5	29.4	33.2	36.7
Potasse..........	23.6	35.4	29.4	34.7

On voit dans la récolte plâtrée, le taux de la chaux et surtout celui de la potasse augmenter; celui de l'acide sulfurique semblerait indépendant du plâtrage.

Légumineuses cultivées pour leurs graines. — L'action du plâtre est encore très marquée sur cette catégoric de plantes; mais elle se fait sentir plus sur les tiges et les feuilles que sur le grain proprement dit, dont la proportion n'est pas considérablement augmentée. Le plâtre retarde la maturation par l'exubérance de la végétation qu'il provoque; la plante reste plus longtemps en fleurs et la maturité, trop avancée pour une partie des graines, est trop tardive pour l'autre partie. On l'accuse aussi d'empêcher les graines de se ramollir suffisamment par la cuisson; on sait, en effet, que le plâtre forme avec la légumine, matière azotée des graines de légumineuses, un composé insoluble. Lorsque ce composé se produit à l'intérieur des grains, que le plâtre soit apporté par l'eau ou qu'il existe primitivement dans les grains, ceux-ci ne peuvent pas se ramollir et ne sont pour ainsi dire pas comestibles. Mais il est facile de corriger cet effet par l'addition, avant la cuisson, d'une très petite quantité de carbonate de soude, qui décompose le plâtre et le transforme en carbonate de chaux. Il n'y a donc pas à s'inquiéter beaucoup de l'action du plâtre au point de vue de la cuisson, puisqu'il est toujours facile de l'annihiler. Cependant il n'est pas à conseiller de plâtrer des légumineuses cultivées pour leurs graines, puisque ce sont les parties inutiles de la plante qui en profitent et qu'il en résulte des inconvénients, pour la partie utilisée de la récolte.

Prairies naturelles. — Les graminées et la plupart des autres plantes des prairies naturelles ne sont pas influencées par le plâtrage; seules les légumineuses prennent un plus grand développement. En plâtrant, on renforce donc la proportion de ces espèces et on augmente ainsi la qualité du fourrage. Le plâtrage doit être réservé aux prairies naturelles dans lesquelles les légumineuses peuvent prospérer, ce qui est surtout le cas pour les prairies sèches et les sols calcaires; dans les prairies humides, d'où les légumineuses sont absentes, le plâtrage ne produit aucun effet.

Crucifères. — Les diverses crucifères cultivées pour leurs graines ou pour leurs feuilles se montrent souvent sensibles à l'action du plâtre. Ce sont des plantes à soufre, c'est-à-dire dans lesquelles cet élément entre en proportion assez élevée; on sait, en effet, qu'il existe dans presque toutes les crucifères, des essences sulfurées. L'usage du plâtre, pour ces cultures, ne semble cependant pas s'être beaucoup développé.

Quelques autres cultures, telles que le tabac, le lin, le chanvre, le sarrasin, paraissent quelquefois profiter du plâtrage.

Céréales et racines. — Il est généralement admis que les céréales se montrent indifférentes à l'apport du plâtre, ainsi que les plantes à racines, qui pourtant contiennent des proportions d'acide sulfurique plus élevées que les autres récoltes.

Nous pensons cependant, qu'il y a lieu de ne pas généraliser ces conclusions; d'après ce que nous avons dit sur l'absence de l'acide sulfurique dans certains terrains et particulièrement dans les terrains calcaires, nous ne serions pas surpris de voir le plâtre produire de bons effets indifféremment sur toutes les récoltes et se comporter comme un véritable engrais, apportant à la plante l'élément nécessaire qu'elle ne trouve pas dans la terre.

De même que dans un sol pauvre, le plâtre peut donner de bons résultats sur toutes les récoltes, de même dans un sol naturellement riche, ou ayant subi des plâtrages fréquents, on constate son inutilité, même pour les légumineuses. Les cas où le plâtre reste sans action sur les plantes ne sont pas rares; c'est ainsi que dans des sols siliceux de Joinville-le-Pont, abondamment fumés, nous n'avons obtenu aucun effet de son application à diverses légumineuses.

Pratique du plâtrage. — L'expérience directe ayant établi l'utilité du plâtre dans certains cas, nous devons étudier les meilleures conditions de son emploi.

Époques de l'épandage. — L'époque la plus propice pour l'application du plâtre, est le commencement du printemps, d'avril à mai, au moment où les jeunes feuilles commencent à pousser. On le met alors en couverture, en saupoudrant la récolte d'une façon aussi uniforme que possible. On choisit de préférence un temps humide et calme, quand les feuilles sont mouillées par le brouillard ou par la rosée.

Beaucoup d'agriculteurs s'imaginent que l'action du plâtre sur les feuilles, est directe, et qu'il y a, par ce contact, soit une absorption du plâtre, soit une irritation de la surface des feuilles qui augmente leur vitalité et leur fonctionnement. Il n'en est pas ainsi; le plâtre arrive au sol et se comporte comme les autres engrais. Si l'on choisit de préférence les temps humides, c'est que, dans ces conditions, le plâtre n'est pas entraîné par le vent; mais on peut le semer aussi bien par les temps secs, pourvu qu'il survienne des pluies après son application, car ce n'est que sous l'influence de l'humidité du sol qu'il agit efficacement sur la végétation.

Souvent, on répand le plâtre en automne, soit en l'enfouissant au moment des labours qui précèdent les semailles, soit en le semant en couverture après la levée. Le plâtrage d'automne, qui s'applique surtout au trèfle incarnat, donne aux plantes une plus grande précocité; la coupe du printemps peut se trouver avancée de 15 jours. Cet avantage est souvent détruit par l'effet des gelées tardives, qui ont une action d'autant plus nuisible que les plantes sont plus précoces.

Les insuccès des plâtrages du printemps sont attribuables aux sécheresses qui surviennent; lorsque l'année est chaude et humide, leur efficacité est augmentée; par les années sèches, elle est presque nulle. Les insuccès des plâtrages d'automne sont dus surtout aux pluies hivernales qui, lorsqu'elles sont très abondantes, enlèvent le plâtre avant qu'il ait pu remplir ses fonctions. Dans l'incertitude où l'on se trouve des conditions climatériques qui surviendront, il faut donc abandonner au hasard l'époque du plâtrage; ou mieux, semer la moitié du plâtre en automne et l'autre moitié au printemps, afin d'avoir plus de chance de succès.

On doit également savoir que non seulement dans les prairies naturelles, mais aussi dans les prairies artificielles, le plâtre n'a souvent aucune efficacité, lorsqu'on le donne à une terre trop humide.

Quand on sème le plâtre sur une légumineuse associée à une céréale, la première peut prendre un développement très grand et empêcher la réussite de la seconde, qui se trouve étouffée; il vaut mieux, dans ce cas, ne faire le plâtrage qu'après la coupe de la céréale, et on peut obtenir alors, si les pluies surviennent en temps propice, une bonne récolte au mois d'octobre.

Ce n'est pas toujours à la première coupe qu'on donne le plâtre, soit par crainte d'un développement trop précoce, soit par crainte d'avoir un fourrage un peu grossier; on préfère alors l'appliquer seulement à la deuxième.

Dans les terres où les prairies artificielles sont vigoureuses naturellement, le plâtrage, appliqué dès la première année, nuit à la qualité du fourrage, et pousse trop à la végétation; il vaut mieux dans ce cas ne l'appliquer qu'à la seconde et même à la troisième année.

Au contraire, s'il s'agit de sols, où les trèfles, les sainfoins et les luzernes réussissent médiocrement, il est important de plâtrer la première année, afin de donner à la plante, dès sa naissance, une plus grande vigueur, et d'assurer le tallement et la prise de possession du sol.

Doses à employer. — Les quantités de plâtre à employer ne peuvent pas être fixées d'une façon absolue; on regarde comme un plâtrage moyen l'application d'environ 400 kilog. à l'hectare. Il ne nous semble pas utile de dépasser ce chiffre, et les doses plus élevées qu'on donne quelquefois ne produisent pas des résultats supérieurs. Comme le plâtre s'élimine du sol assez rapidement, on n'a pas avantage à lui en confier d'un coup une forte dose. Un plâtrage de 200 kilog. est très faible, un plâtrage de 600 kilog. est, au contraire, élevé; c'est entre ces deux limites qu'il convient de se tenir, suivant la nature de la terre, qui peut recevoir d'autant plus de plâtre qu'elle est elle-même plus riche en principes fertilisants divers.

Durée d'action. — Le plâtre étant enlevé par l'eau qui traverse le sol, son action est limitée à une faible durée. C'est sur la récolte même à laquelle il est fourni, qu'il produit la plus grande partie de ses effets; la récolte suivante n'en profite que faiblement et celle de la troisième année ne semble plus s'en ressentir. Aussi est-il nécessaire d'en renouveler la dose au bout de la seconde ou de la troisième année, pour les légumineuses qui occupent le terrain pendant plusieurs années consécutives, comme les luzernes. Quant aux légumineuses qui entrent ordinairement dans l'assolement, comme les trèfles, les vesces, les sainfoins, il convient de n'appliquer le plâtrage qu'au moment où leur tour revient.

Lorsque le sol est naturellement pauvre en principes fertilisants, ou lorsqu'il est épuisé, les plâtrages doivent être plus espacés; ils ne produiraient aucun effet s'ils revenaient trop fréquemment, sans être accompagnés de fumures. Dans les sols où l'abus du plâtre avait permis l'assimilation plus grande des éléments fertilisants, on observe souvent par la suite des insuccès; aussi, dans certaines régions où autrefois le plâtrage donnait des résultats, constate-t-on aujourd'hui son inefficacité.

En résumé, quoique les bons effets du plâtrage aient été reconnus d'une façon générale pour certaines cultures, la théorie de son application laisse encore à désirer, et les règles d'emploi ne peuvent pas être basées sur des raisonnements aussi rigoureux que ceux qui s'appliquent aux engrais et amendements précédemment étudiés.

CHAPITRE II

FER ET SULFATE DE FER. — MANGANÈSE. — SILICE.

Fer.

Dans ces dernières années, on a beaucoup préconisé l'emploi des composés ferreux comme engrais; aussi devons-nous insister sur cette question, qui offre un caractère d'actualité.

Le fer dans les plantes. — Les quantités de fer que contiennent les plantes ne sont pas considérables. C'est surtout dans les feuilles et spécialement dans la matière verte, la chlorophylle, où résident les fonctions d'assimilation du carbone, que le fer est concentré. Une plante, atteinte de chlorose par suite du manque de chlorophylle, attribuable à l'insuffisance du fer, peut retrouver son état de santé et reprendre sa couleur verte normale, si on lui donne un composé ferrique ; c'est ce qu'ont démontré les expériences d'Eusèbe Gris. Le rôle du fer dans la nutrition végétale, et plus spécialement dans l'assimilation du carbone par les organes foliacés, est donc très important. De même que le fer est indispensable à la production végétale et qu'il est concentré dans des organes remplissant les fonctions les plus importantes, de même il est nécessaire aux animaux ; il se concentre dans le sang et particulièrement dans l'hémoglobine, qui est le principal agent de l'acte respiratoire.

Mais, malgré son importance physiologique, au point de vue qui nous occupe, c'est-à-dire au point de vue des matières fertilisantes qu'il faut ajouter à la terre pour en augmenter la fertilité, le fer ne joue qu'un rôle très effacé, puisque d'un côté la proportion que les plantes en exigent est extrêmement minime, et que de l'autre son abondance et sa diffusion dans le sol le mettent en quantité suffisante à la portée des végétaux.

Cependant, pour donner une idée de l'exportation produite par les récoltes, nous indiquerons les quantités de fer, calculé à l'état métallique, que renferment les principales plantes cultivées :

	Dans 100 kil. de graines.	Dans 100 kil. de paille ou feuilles.
	kil.	kil.
Céréales	0.015	0.030
Légumineuses	0.010	0.050
Plantes industrielles	0.030	0.065
Racines et tubercules	0.006	0.030
Foin		0.050

Une récolte moyenne de céréales n'exportera pas plus de 1 kilog. à 1 kilog. 5 de fer ; chez les légumineuses, cette quantité n'est pas même atteinte ; elle est un peu supérieure pour les plantes industrielles. Dans les plantes à racines, feuilles comprises, l'exportation peut aller de 5 à 10 kilog.; dans les foins de 3 à 5 kilog. On voit donc que les quantités de fer enlevées sont loin d'atteindre celles des principales matières fertilisantes, telles que l'acide phosphorique, la potasse, etc.

Le fer dans les terres. — Le fer, du reste, est présent dans presque toutes les roches primitives, en combinaison avec la silice; par la désagrégation de celles-ci, il se répand dans les terres arables, soit entraîné mécaniquement ou déposé sur place sous sa forme première, soit dégagé de la combinaison silicatée à l'état d'oxyde, ou bien encore dissous dans l'eau à la faveur de l'acide carbonique. Sa diffusion se fait donc avec facilité. Dans beaucoup d'endroits, le fer s'est localisé par des phénomènes que nous n'avons pas à envisager ici et forme alors des gisements qui servent à l'extraction du métal.

Le fer est un des éléments les plus répandus dans la nature, et il y a peu de terres dans lesquelles on n'en trouve pas des quantités notables. Aucun sol n'en est à tel point dépourvu que les récoltes les plus exigeantes n'y puissent encore trouver à satisfaire les besoins de leur alimentation. Ce n'est pas, en effet, par millièmes que cet élément existe, mais les doses qu'on constate sont généralement élevées et dépassent la proportion de 1, 2, 3 et même de 10 pour 100. Ainsi, sur soixante-trois terres analysées, M. P. de Gasparin constate que la proportion de sesquioxyde de fer est au-dessous de 1 pour 100 dans deux cas seulement; qu'elle varie de 1 à 5 pour 100 dans quarante cas; de 5 à 10 dans seize cas, qu'elle est au-dessus de 10 pour 100 dans cinq cas.

C'est sous la forme de silicate, d'oxyde anhydre ou hydraté, qu'on le rencontre le plus souvent; il est également combiné avec la matière organique et avec l'acide phosphorique. Quel que soit son mode de combinaison, le fer ne s'élimine, par les eaux de drainage, qu'en quantité minime, et il n'y a pas à s'inquiéter de sa déperdition ; on peut admettre que celui qui existe dans le sol, lui reste définitivement acquis.

En résumé, si nous considérons le fer seulement au point de vue de la nutrition des plantes, nous pouvons dire qu'il existe en telle quantité dans le sol, que dans aucun cas on n'a à se préoccuper de sa restitution comme engrais.

Mais outre son rôle comme aliment de la plante, il en a un autre qui consiste à insolubiliser l'acide phosphorique donné à la terre; en effet, le phosphate de chaux, soluble dans l'eau chargée d'acide carbonique, serait entraîné dans le sous-sol si l'oxyde de fer et l'alumine n'étaient point là pour se combiner avec l'acide phosphorique et pour former une sorte de laque que l'acide carbonique du sol ne dissout plus, et qui arrive aux plantes par l'intermédiaire des matières humiques.

L'oxyde de fer hydraté, concurremment avec l'alumine, peut aussi retenir les alcalis, potasse et ammoniaque, par une propriété absorbante comparable à celle de l'argile.

Le fer considéré comme amendement. — Le fer contenu dans le sol ne doit pas être seulement considéré au point de vue de la nutrition végétale et comme fixateur des matières fertilisantes; sous les divers états dans lesquels il se trouve, il communique à la terre des propriétés physiques qui ne sont point sans importance. C'est à l'état d'oxyde, sous une forme hydratée, qu'il joue le principal rôle; il peut alors remplacer l'argile, comme ciment servant à agglomérer les particules terreuses. Aussi, dans beaucoup de terres fines, est-ce lui qui donne une certaine compacité; on a pu même constater que les sols riches en matières impalpables semblent d'autant plus tenaces que la proportion d'oxyde de fer et d'alumine y est plus élevée.

L'oxyde de fer a encore la propriété de communiquer une coloration à la terre et, par suite, de la rendre plus apte à absorber les rayons solaires. On sait, en effet, que les terres plus colorées, en s'échauffant davantage, donnent à la végétation une activité plus grande. M. Foex cite un exemple intéressant de cette action de l'oxyde de fer : certains cépages de vignes américaines ne prospérant que dans des terres très ferrugineuses, on en avait conclu qu'ils avaient besoin pour leur développement de grandes quantités de fer; suivant M. Foex, il n'en est rien, et l'action favorable constatée tient uniquement à ce que ces terres, étant plus colorées, deviennent plus chaudes et se trouvent ainsi favoriser le développement végétal.

Le fer se présente à nous sous des formes différentes, naturelles ou artificielles, d'un prix assez peu élevé pour qu'on puisse songer à les employer aux usages agricoles.

Oxyde de fer. — Nous avons d'abord l'oxyde de fer anhydre ou hydraté, qui existe en abondance dans la nature et qui constitue les minerais de fer utilisés par la métallurgie. Sous cette forme, le fer ne paraît pas avoir été donné au sol; mais fréquemment on trouve des terres très ferrugineuses, trop pauvres pour être traitées au point de vue de l'extraction du métal, mais pouvant contenir cependant jusqu'à 20 pour 100 d'oxyde ferrique. On a quelquefois employé ces produits; leur coloration est assez accentuée pour modifier la nuance, et par suite les propriétés calorifiques des terres blanches ou peu colorées.

Pour améliorer le sol par l'apport de terres ferrugineuses, il faut en employer de grandes quantités, et alors cette application devient onéreuse par les transports qu'elle nécessite. Nous ne la conseillerons jamais que dans le cas où ces produits seraient à proximité des sols qu'on veut amender, et nous ne saurions affirmer l'efficacité de ce traitement.

Nous en dirons autant des rognures de fer qu'on a quelquefois introduites dans le sol et qui se transforment lentement en oxyde hydraté; ces matières ne peuvent jouer qu'un rôle tout à fait secondaire et ne méritent pas de nous arrêter plus longtemps.

Il en est de même des laitiers; ces derniers, cependant, contenant beaucoup de silicate de chaux facilement décomposable, peuvent quelquefois agir comme amendement calcaire.

Sulfate de fer. — Nous arrivons maintenant à un produit dont les producteurs ont préconisé l'usage agricole et qui s'est répandu dans ces dernières années.

Le sulfate de protoxyde de fer ou sulfate ferreux, connu sous le nom de vitriol vert ou de couperose verte, se présente en gros prismes rhomboïdaux, transparents, d'un beau vert d'émeraude, d'une saveur d'encre très prononcée. Ces cristaux offrent la composition suivante :

Acide sulfurique	29.00 %
Protoxyde de fer	25.42 —
Eau	45.58 —

Les couperoses du commerce sont plus ou moins souillées par un excès d'acide, par du sulfate ferrique, des sels de chaux, de manganèse; leur réaction est acide; leur teneur en sulfate de protoxyde de fer pur et sec varie de 40 à 50 pour 100.

Elles sont obtenues soit en lessivant les pyrites effleuries spontanément au contact de l'air, soit en traitant les vieilles ferrailles par l'acide sulfurique faible. Leur prix est peu élevé, et si leur action fertilisante était bien reconnue, leur emploi ne serait pas très onéreux.

Réactions dans le sol. — Lorsqu'on introduit du sulfate de fer dans une terre contenant du calcaire, et suffisamment perméable, il se produit une oxydation; en même temps, le carbonate de chaux opère une double décomposition avec le sulfate de sesquioxyde formé. Il en résulte du sulfate de chaux, du sesquioxyde de fer hydraté et de l'acide carbonique qui se dégage. Mais cette décomposition n'est pas immédiate, puisque l'oxydation du protoxyde de fer exige un certain temps; le sulfate de fer reste donc jusqu'à ce moment dans le sol à son état primitif et peut y exercer, par ses propriétés acides, une action sur les éléments minéraux, tels que les silicates, contenant de la potasse, et les phosphates, dont il peut mettre de petites quantités en circulation. On a beaucoup insisté sur l'action dissolvante que le sulfate de fer exerce à l'égard du phosphate de chaux et on a même conseillé le mélange intime des deux matières. Toutes ces affirmations demandent à être confirmées par des expériences directes.

Les produits de la réaction principale sont essentiellement le sulfate de chaux, c'est-à-dire le plâtre, le sesquioxyde de fer hydraté, pouvant jouer un rôle physique comme agglutinant, et l'acide carbonique qui, s'ajoutant à celui du sol, peut aider à la solubilisation des éléments minéraux. Aucune de ces réactions ne nous semble assez énergique pour produire un effet sensible sur la fertilité de la terre.

Dans les sols acides, ainsi que dans tous ceux où le calcaire manque, il faut proscrire l'emploi du sulfate de fer qui, tout en s'oxydant dans une certaine mesure, garderait ses propriétés acides, et aurait un effet fâcheux sur les racines.

Dans les terres peu perméables, l'oxygène, qui déjà y pénètre si difficilement, est absorbé par le composé ferreux; l'atmosphère y devient alors impropre à la vie végétale.

L'infertilité de certains sols est souvent attribuable à la présence naturelle du sulfate de fer; lorsque la proportion de ce sel dépasse 1/2 à 1 pour 100, la terre est frappée de stérilité; le cas se présente assez souvent dans les terres chargées de pyrite. Le sulfure de fer, s'oxydant lentement, donne naissance à du sulfate de fer qui, répandu à l'état d'extrême division dans la couche arable, constitue un véritable poison pour les plantes. Nous empruntons à Voelcker un exemple frappant de ce fait; il se rapporte à un sol du lac de Harlem, admirablement pourvu de principes fertilisants, mais imprégné de sulfate de protoxyde de fer; en voici l'analyse :

Matières organiques	147.10	pour 1000
Azote	5.20	—
Acide phosphorique	2.70	—
Potasse	5.30	—
Carbonate de chaux	»	—
Sulfate de protoxyde de fer	7.40	—
Bisulfure de fer	7.10	—

Le sulfate de fer s'ajoutant au sulfure qui, ramené à la surface par les labours, s'oxyde à l'air, rend toute végétation impossible; c'est au chaulage et au marnage qu'on doit avoir recours pour améliorer de pareils sols.

Il faudra donc se garder d'employer le sulfate de fer dans les terrains manquant de perméabilité ou d'aération, ainsi que dans les sols chargés de matières organiques et dépourvus de chaux.

Action sur les plantes. — Des expériences, faites en Angleterre par M. Griffiths, tendent à montrer que l'application du sulfate de fer peut augmenter dans une proportion notable la récolte, tant pour les céréales que pour les racines et pour les prairies ; non seulement la récolte serait plus abondante, mais encore les produits auraient une valeur alimentaire plus grande par l'augmentation des matières albuminoïdes. A l'appui de ce dernier fait, M. Griffiths donne les chiffres suivants, se rapportant aux matières azotées contenues dans 100 de récolte :

	Avec sulfate de fer.	Sans sulfate de fer.
Foin	13.10	9.68
Betteraves	2.89	1.90
Pommes de terre	3.92	2.24

L'augmentation du fer et de l'acide phosphorique dans les cendres des récoltes sulfatées semble ressortir assez nettement de l'ensemble des essais de M. Griffiths.

Voici les conclusions générales des expériences de ce savant :

« Le sulfate de fer est favorable aux plantes à chlorophylle, fèves, choux, navets ; il augmente la proportion d'hydrate de carbone, et dans certains cas celle de l'acide phosphorique.

« Une solution à 1/5 pour 100 est fatale à la plupart des végétaux.

« Le soufre du sulfate de fer active la formation du protoplasma, le fer celle de la chlorophylle. Le sulfate de fer augmente l'azote dans une certaine mesure. Il semble agir comme antiseptique contre la rouille ».

Les résultats intéressants obtenus par M. Griffiths ne nous semblent pas pouvoir être généralisés. Dans certains cas, le sulfate de fer employé à une dose ne dépassant pas 65 kilog. par hectare, a donné des résultats avantageux, particulièrement dans les terrains calcaires. Dans beaucoup d'autres, au contraire, on a constaté des effets nuisibles, surtout lorsqu'on augmentait la dose de sel. Cela ressort d'observations de M. Dehérain, de M. Grandeau, de MM. Wrightson et Munro, et d'autres expérimentateurs.

Le plus généralement, le sulfate de fer à doses modérées s'est montré absolument indifférent aux récoltes. C'est ainsi que dans les expériences que nous avons faites en terre légère, contenant entre 3 et 4 pour 100 d'oxyde de fer, quelques-uns des résultats ont été favorables au sulfate de fer, d'autres ont été négatifs, et de l'ensemble de nos observations, portant sur un grand nombre de plantes, nous pouvons conclure que dans le sol envisagé, le sulfate de fer n'a pas produit un effet manifeste. Dans un vignoble situé dans la Gironde, en terre forte et assez ferrugineuse, nous n'avons constaté aucun résultat positif, par l'application du sulfate de fer, ni sur la quantité de la récolte, ni sur la qualité de la vendange, ni sur l'état de la vigne.

L'action du sulfate de fer sur la végétation, en particulier l'augmentation de la quantité et l'amélioration de la qualité, ne nous semble donc pas aussi bien constatée que les partisans de sulfate de fer l'annoncent; aujourd'hui on fait entrer le sulfate de fer dans beaucoup de formules d'engrais, et les agriculteurs s'engagent ainsi dans une dépense qui nous semble inutile. Sans vouloir détourner les agriculteurs des essais qu'ils peuvent tenter dans cette voie, nous leur conseillons de ne pas trop s'engager dans l'application de ce produit et de se borner à des expériences sur une petite échelle, jusqu'au jour où leur opinion sera faite sur l'efficacité réelle de ce produit.

On a discuté pour savoir si l'action du sulfate de fer était attribuable au fer ou bien à l'acide sulfurique, et on a généralement conclu en faveur du premier; sans vouloir nous prononcer à cet égard, l'action générale du sulfate de fer lui-même restant problématique pour nous, nous pensons que dans bien des cas où une efficacité réelle s'est manifestée, l'acide sulfurique a dû jouer le principal rôle, comme il eût fait dans un plâtrage. Nous savons que c'est dans les sols calcaires que l'on observe parfois les bons effets du sulfate de fer; si on rapproche de ce fait l'action favorable du plâtre sur les mêmes sols, on est tenté d'attribuer à l'acide sulfurique les résultats avantageux obtenus. Mais dans un sol qui manque d'acide sulfurique, il est toujours plus rationnel de recourir au plâtre, dont le prix est beaucoup moins élevé.

Si l'efficacité du sulfate de fer comme engrais nous semble encore douteuse à l'heure qu'il est, son action est cependant manifeste à d'autres points de vue. On sait, en effet, depuis longtemps, qu'en l'appliquant sur des prairies couvertes de mousse, soit en poudre, soit en solution, on peut détruire cette plante parasite qui entrave la venue de l'herbe. On sait encore que le sulfate de fer peut servir pour la destruction de la cuscute, et qu'on l'emploie avec succès contre l'anthrachnose de la vigne. Mais ce sont là des questions spéciales que nous n'avons pas à envisager ici.

Cendres pyriteuses. — Après le sulfate de fer, nous pouvons placer les cendres et les terres pyriteuses, contenant originairement le fer à l'état de sulfure, qui se transforme graduellement en sulfate.

Les cendres ou terres pyriteuses, connues encore sous la dénomination de cendres noires, de cendres rouges, se trouvent dans certaines localités en gisements importants. On les considère comme une variété de lignites pyriteux de formation tertiaire, postérieure à la craie et antérieure au calcaire grossier. Elles se présentent sous forme de poudre noirâtre, imprégnée de sulfate de fer et de sulfate d'alumine; elles sont souvent accompagnées de coquillages, de débris végétaux de différentes natures, de bois bitumineux plus ou moins décomposés.

C'est surtout dans les départements de l'Aisne et de la Somme, aux environs de Soissons, de La Fère, de Laon, de Noyon, qu'on les trouve en abondance, généralement à une petite profondeur.

Ces cendres pyriteuses ne sont pas employées immédiatement après leur extraction; leur effet serait nuisible, par suite de l'introduction dans le sol du sulfure de fer; on les met en tas; elles subissent une combustion lente; au bout de quinze jours, elles s'échauffent et s'enflamment même; la surface se couvre d'efflorescences en forme de petits cratères. La combustion dure de quinze jours à un mois; le monceau exhale une forte odeur sulfureuse; pendant le jour, on voit à la surface une vapeur légère, et la nuit on aperçoit parfois une petite flamme. Ces cendres sont retournées plusieurs fois et accumulées ensuite en gros tas. Au bout d'un an à dix-huit mois, elles sont transformées en cendres rouges; après criblage, on les vend directement aux cultivateurs au prix moyen de 10 francs la tonne, en gare d'origine. Souvent aussi on les raite part l'eau pour en extraire le sulfate de fer et le sulfate d'alumine; dans ce cas, les charrées font retour à l'agriculture.

Sous ces deux formes principales, les cendres pyriteuses ont une composition centésimale assez variable, dont voici quelques exemples :

	Cendre rouge de Forges-les-Eaux.	Cendre rouge de Picardie.	Cendre rouge lessivée.
Eau	24.0	10.0	30.0 à 31.0
Sulfate de chaux	»	»	2.7 à 4.2
— de protoxyde de fer.	1.6	14.0	4.4 à 4.6
— de peroxyde de fer.		2.0	0.6 à 1.0
— d'alumine	»	11.0	»
Sulfure de fer	5.0	»	4.0 à 5.0
Sesquioxyde de fer			3.2 à 4.3
Acide phosphorique	»	»	traces.
Silice et silicate	29.5	45.0	28.0 à 36.0
Matières organiques	40.0	18.0	16.0 à 24.0
Azote	2.7	0.65	0.5 à 0.6

Dans la cendre noire, le taux d'azote est très élevé; la combustion lente à l'air et la lixiviation? le diminuent beaucoup; mais il reste assez élevé pour expliquer en partie les bons effets obtenus par l'emploi de ces cendres pyriteuses, qui nous semblent agir surtout par l'azote et par l'acide sulfurique qu'elles renferment.

Les cultivateurs du Nord estiment beaucoup ces produits; ils emploient tantôt les cendres noires incomplètement brûlées, le plus souvent les cendres rouges; ils vont les chercher quelquefois jusqu'à 20 lieues de distance. Il se fait en Picardie un grand usage des cendres pyriteuses, à la dose de 10 à 12 hectolitres par hectare. C'est particulièrement aux prairies artificielles qu'elles conviennent; elles se comportent alors à la manière du plâtre, et très probablement en apportant de l'acide sulfurique. On s'en sert avantageusement aussi pour les prairies naturelles (4 à 6 hectolitres par hectare); leur effet se rapproche de celui du sulfate de fer et consiste surtout à faire disparaître les mousses et lichens. Employées pour la fumure des plantes sarclées et des céréales, elles peuvent agir par l'azote et la matière organique qu'elles renferment. Leur effet se manifeste surtout dans les sols calcaires; dans les terrains crayeux de la Champagne, par exemple, on fait usage de cendres pyriteuses du Soissonnais, qui agissent par l'acide sulfurique, peut-être par le fer, et certainement aussi comme amendement, en modifiant la coloration du sol.

Manganèse.

Après le fer, nous devons placer le manganèse, qui entre également dans la constitution des végétaux. Ce métal, très voisin du fer, est répandu dans le sol à un grand état de diffusion; il est rare qu'on n'en trouve pas quelques traces, au moyen des réactifs sensibles. Comme ce n'est aussi qu'à l'état de traces qu'il existe généralement dans les végétaux, il semble que le sol en contienne suffisamment pour qu'on n'ait pas besoin de penser à une restitution; cependant, on ne trouve pas d'expérience suivie, permettant d'affirmer que l'emploi des sels de manganèse serait, dans tous les cas, sans effet sur l'augmentation des récoltes. A notre avis, ces essais mériteraient d'être faits, en même temps que ceux de l'application du sulfate de fer.

M. Leclerc a trouvé les proportions suivantes d'oxyde de manganèse dans les sols et les produits végétaux :

	Pour 100 de terre.
Grès vosgien	0.04 à 0.18
Marnes irisées	0.18 à 0.22
Terrain crétacé	0.11 à 0.28
Alluvions	0.08
Terre granitique	0.06 à 0.14
Coprolithes	0.15
Poudre d'os	0.006

	Pour 100 de grains.
	—
Blé	0.011
Orge	0.006
Jarosse	0.004
Maïs	0.002
Riz	0.001

	Pour 100 de cendres.
	—
Sapin	4.51
Hêtre	5.31
Vigne	0.19
Tabac	0.18

Le manganèse se révèle dans les cendres végétales par la teinte verte qu'il leur communique; en incinérant des produits végétaux, on est parfois étonné de voir une coloration extrêmement accentuée et on pourrait supposer que cet élément joue un rôle particulier dans l'alimentation minérale de quelques-unes de nos récoltes.

Le sulfate de manganèse est d'un prix relativement peu élevé; et, sans nullement engager les agriculteurs à y avoir recours d'une façon générale, nous pensons que des expériences entreprises sur une petite échelle ne manqueraient pas d'intérêt, surtout au point de vue physiologique, car pratiquement, il est permis de dire que les cas où l'addition d'engrais à base de manganèse est utile, doivent être exceptionnels.

Silice.

On a attribué à la silice une action importante sur la végétation et on a cru pendant longtemps qu'elle était un principe constituant des plantes. On lui accordait la propriété de concourir à la formation des cellules et de donner à celles-ci plus de rigidité; on expliquait la verse des céréales par l'absence de cet élément. Aujourd'hui, la lumière est faite sur le rôle de ce corps, qui n'est là que comme un produit accidentel et ne remplit aucune fonction utile. On sait, en effet, que les plantes peuvent acquérir tout leur développement, même lorsqu'elles n'ont pas de silice à leur disposition.

La silice existe dans les plantes en proportion telle, qu'elle forme souvent plus de la moitié des cendres. Même si cette silice était nécessaire au développement végétal, on n'aurait pas besoin de se préoccuper d'en donner comme engrais, puisqu'elle est très répandue dans le sol, soit à l'état libre, soit en combinaison avec des bases, à l'état de silicates. C'est elle qui forme la principale masse de la terre; elle constitue le support inerte, autour duquel viennent se grouper les éléments fertilisants et le milieu dans lequel s'enfoncent les racines des plantes.

On ne sait point de quelle manière elle pénètre dans les végétaux; ses propriétés colloïdales sembleraient s'opposer à son introduction à travers les membranes des racines.

Si l'on a préconisé l'emploi des silicates, c'est qu'on a pu penser que la silice contenue dans le sol n'était pas assimilée par les végétaux et que ceux-ci, d'autre part, en avaient un besoin impérieux pour la constitution de leur charpente. Mais aujourd'hui que nos connaissances sur ce sujet sont mieux établies, il n'y a plus aucune raison de ranger la silice parmi les engrais.

QUATRIÈME PARTIE

ENGRAIS COMPOSÉS.

Classification des engrais. — Les engrais commerciaux que nous avons étudiés jusqu'à présent, se groupent en plusieurs catégories ; la première comprend les engrais ne contenant qu'un seul élément vraiment utile ; tels sont :

Le nitrate de soude Le sulfate d'ammoniaque La chair et le sang desséchés La corne et le cuir torréfiés Les déchets de laine, de drap, de corne, etc.	Engrais azotés.
Les phosphates de chaux naturels Les scories de déphosphoration Les cendres d'os et les os dégélatinés Les superphosphates Les phosphates précipités	Engrais phosphatés.
Le chlorure de potassium Le sulfate de potasse Les salins ; les sels de Stassfurt bruts ; les potasses brutes, etc	Engrais potassiques.
La chaux La marne et ses analogues	Engrais calcaires.

On trouve dans cette catégorie les matières fondamentales qui fournissent, séparément et à l'état concentré, l'azote minéral ou organique, l'acide phosphorique, la potasse, la chaux; ce sont les engrais simples.

La seconde catégorie comprend les engrais contenant à la fois deux ou plusieurs éléments fertilisants; nous y trouvons :

Les guanos..........................	Engrais azotés et phosphatés.
Les poudres d'os......................	
Les noirs de raffinerie..................	
Les superphosphates d'os...............	
— de guanos.........	
Le nitrate de potasse..................	Engrais azoté et potassique.
Les cendres de bois....................	Engrais potassique et phosphaté.

Enfin une dernière catégorie comprend tous les produits dont la valeur est à la fois constituée par la présence de trois éléments : azote, acide phosphorique, potasse. Ces produits peuvent être considérés comme des engrais complets; tels sont :

Les fumiers, matières de vidange, poudrettes, gadoues, etc.
Les tourteaux, les résidus des industries végétales, etc.

Les engrais naturels se divisent donc en engrais simples et engrais complexes.

Engrais naturels complexes. — Il ne nous appartient pas de changer la nature de ceux-ci; nous devons les utiliser tels qu'ils se présentent à nous, malgré les inconvénients qu'ils offrent et que nous ferons mieux ressortir, en établissant le parallèle avec les engrais simples.

Avec les engrais simples, rien n'est plus facile que de répondre à tous les cas de la pratique agricole ; on peut les employer isolément ou les combiner deux à deux, trois à trois, dans la proportion voulue pour obtenir le maximum de résultats avec le minimum de dépenses ; on peut aussi à sa volonté donner exactement la quantité de principes fertilisants qu'on juge nécessaire. S'agit-il, par exemple, d'une terre de défrichement, riche en azote et en potasse ? on s'adressera au phosphate naturel, qui apportera le seul élément utile dans cette circonstance, c'est-à-dire l'acide phosphorique. S'agit-il d'un sol calcaire, où seule l'addition d'engrais potassique est reconnue nécessaire? on s'adressera au chlorure de potassium ou au sulfate de potasse. Dans chaque cas, on donnera donc uniquement l'élément qui fait défaut, et toute la dépense faite pour l'achat de l'engrais sera productive.

Si le sol manque de deux principes à la fois, on peut combiner les engrais simples de manière à ne donner de chacun d'eux que la quantité réellement utile.

Avec les engrais de la deuxième catégorie, la même facilité n'existe pas ; pour fournir l'élément nécessaire, on donne souvent en surplus une substance inutile qui occasionne une dépense sans résultat. Dans le cas des terres de défrichement, par exemple, la poudre d'os n'est pas à sa place, parce qu'en même temps que l'acide phosphorique, réellement nécessaire, elle apporte de l'azote, principe coûteux dont l'emploi constituera une véritable superfétation. Pour une terre qui réclame exclusivement l'engrais azoté, le nitrate de potasse sera encore aussi déplacé, parce qu'il apporte, en même temps que l'azote, de la potasse, dont cette terre n'a pas besoin. Considérons même le cas où l'on doit fournir à la fois les deux éléments contenus dans une matière fertilisante, de la potasse et de l'azote nitrique, par exemple; ce ne sera pas encore le nitrate de potasse qui aura nos préférences, en admettant même que les questions de prix n'aient pas à intervenir, parce qu'avec ce sel on n'est pas libre de faire varier la proportion des deux principes suivant les besoins, lié qu'on est par la composition du produit.

L'agriculteur, en un mot, aura toujours une plus grande facilité d'appliquer les matières fertilisantes de la manière la plus judicieuse et suivant les exigences des récoltes, lorsqu'il s'adressera aux engrais simples, fournis par le commerce à des cours bien établis; il peut les employer soit isolément, soit réunis dans des proportions calculées; avec eux, il donne au sol ce que celui-ci exige, et rien que ce qu'il exige.

Ce qui précède, ne nous conduit pas à proscrire l'emploi des engrais qui sont complexes par leur nature même; nous avons montré tout le parti qu'on peut en tirer, lorsqu'on sait les utiliser rationnellement, et nous nous garderions bien de nous priver de ces matières, dont il ne nous appartient pas de changer la composition, et qui ont une place importante parmi les matériaux fertilisants. Mais ces considérations nous amènent à déconseiller l'achat des engrais artificiels complexes ou complets, que le commerce offre à l'agriculteur et qui sont constitués par la réunion de divers engrais simples. Ces mélanges ont tous les inconvénients que nous avons signalés; ils en ont d'autres encore que nous mettrons en relief.

CHAPITRE PREMIER

ENGRAIS COMPOSÉS DU COMMERCE.

Les inconvénients que présente l'utilisation des engrais complexes naturels sont très réels, et cependant le commerce s'est pour ainsi dire ingénié à augmenter encore les difficultés de l'emploi des matières fertilisantes, en créant une vaste catégorie d'engrais, connus sous le nom général d'engrais composés ou complets.

Jamais l'agriculteur ne doit s'adresser à de pareils produits, non seulement parce que ceux-ci ont au plus haut degré l'inconvénient que nous venons de signaler, dans les engrais qui sont complexes de leur nature même; mais encore, parce que ces mélanges lui sont toujours vendus à un prix hors de proportion avec leur valeur réelle, le fabricant faisant payer d'une façon excessive l'opération du mélange qu'il a effectuée et que l'agriculteur pouvait faire lui-même presque sans frais. A vrai dire, nous aurions volontiers passé sous silence cette catégorie d'engrais, en nous bornant à conseiller aux agriculteurs de n'y avoir recours dans aucun cas et de s'adresser exclusivement aux engrais simples, qu'ils peuvent eux-mêmes mélanger à volonté. Mais l'abondance de ces produits sur les marchés, la faveur dont ils jouissent au près du public agricole insuffisamment éclairé, et l'insistance mise par le commerce à les faire entrer de plus en plus dans la consommation, nous obligent à nous y arrêter et même à en faire une étude approfondie.

Dénominations. — Les engrais complexes se présentent dans le commerce sous les noms les plus variés; ceux-ci tantôt en rappellent plus ou moins l'origine, tels que : *engrais animal ou animalisé, engrais organique complet*, etc., etc.; ou la composition, tels que : *engrais phospho-azoté, phospho-potassique*, etc.; ou la destination, tels que : *engrais pour la vigne, pour la betterave*, etc. Souvent on les désigne seulement par des lettres ou par des numéros, chaque maison ayant sa marque propre; tantôt ils portent le nom d'une région, d'une ville ou d'un fabricant; tantôt enfin ils ont un nom de fantaisie. Ces dénominations sont souvent de nature à induire l'acheteur en erreur sur l'origine et la valeur de l'engrais.

Fabrication — Ces produits sont le résultat du mélange d'engrais simples ou complexes et quelquefois de matières inertes. Leur fabrication est des plus simple; elle consiste à incorporer les unes aux autres les matières premières préalablement pulvérisées, par un pelletage à bras d'hommes ou par des procédés mécaniques, sur lesquels nous n'avons pas à nous étendre. Pour rendre ces matières plus homogènes, on a souvent recours à un broyage, en les faisant passer, par exemple, plusieurs fois à travers un applatisseur ou un concasseur; puis on les tamise à la claie ou sur des tamis métalliques analogues à des bluttoirs. Le matériel employé n'est ni compliqué, ni dispendieux; les diverses opérations sont simples et rapides, elles peuvent s'effectuer à la ferme presque sans frais; elles ne sont donc pas de nature à augmenter dans une proportion appréciable la valeur de l'engrais ; aussi la plus-value donnée à ces produits par les vendeurs n'est-elle point réelle et se traduit-elle pour l'acheteur par un sacrifice d'argent inutile.

Aspect extérieur. — Ces engrais ont les aspects les plus variés, suivant la nature des matières qui entrent dans leur composition ; le plus souvent, ils sont pulvérulents ; quelquefois pâteux ou cristallins ; parfois aussi, ils se prennent en masses dures et compactes, qu'on est obligé de pulvériser avant l'épandage. Leur homogénéité est plus ou moins grande ; tantôt il est facile d'opérer le triage des matières premières ; tantôt la finesse est telle qu'il est impossible de les distinguer ; c'est là évidemment une condition avantageuse, et nous devons à la vérité de dire que, sous le rapport de la finesse et de l'homogénéité, les grandes fabriques d'engrais sont arrivées à des résultats très satisfaisants.

La couleur de l'engrais va du noir au gris-blanc, suivant la proportion relative des matières organiques, des sels, des phosphates et du plâtre. Obéissant, il faut en convenir, à des préjugés invétérés dans certaines régions, les fabricants cherchent à se rapprocher de la couleur la plus estimée, par l'introduction de matières diverses ; ici, l'agriculteur n'accorde sa confiance qu'aux engrais d'un aspect foncé ; là, il refusera tout engrais qui n'a pas une couleur claire.

Il n'est pas jusqu'à l'odeur dont on ne tienne compte. L'odeur peut, il est vrai, fournir, à l'acheteur expérimenté, des indications utiles ; elle révèle nettement la présence du superphosphate et des engrais organiques. Si l'odeur ammoniacale ou l'odeur nitreuse se perçoit, l'engrais doit être rejeté, parce qu'il y a eu un vice dans sa fabrication ; ou s'il est acheté, il doit être employé immédiatement, pour éviter des déperditions d'azote.

Mais ces modes d'appréciation, basés sur l'aspect extérieur, sont absolument défectueux ; ils ont été introduits dans les campagnes, par le commerce déloyal pour faciliter les fraudes. Un seul point doit préoccuper l'agriculteur, c'est la composition chimique de l'engrais.

Composition. — La plupart des engrais complexes du commerce sont le résultat du mélange de superphosphate, de sulfate d'ammoniaque ou de nitrate de soude, de chlorure de potassium, souvent associés à des engrais organiques, tels que le sang desséché, ou à des matières de faible valeur, telles que le plâtre.

On comprend aisément que leur composition soit variable à l'infini, et que les formules puissent être très nombreuses. Nous nous bornons à donner quelques exemples de composition, en choisissant au hasard dans les prospectus de quelques maisons d'engrais :

	Azote.	Acide phosphorique.	Potasse.
1.	4 %	10 %	4 %
2.	6 —	10 —	4 —
3.	3 —	6 —	14 —
4.	5 —	6 —	8 —
5.	3 —	2 —	7 —
6.	9 —	9 —	0.5 —
7.	1.5 —	2.5 —	10 —
8.	7 —	5 —	6 —
9.	3 —	9 —	5 —
10.	6.5 —	6.5 —	8 —

Ces engrais peuvent toutefois se ranger en trois catégories :

Engrais où l'azote domine, engrais où l'acide phosphorique domine, engrais où la potasse domine.

Par suite de la composition même des matières premières et de la règle des mélanges, il n'est pas possible de forcer la dose d'un élément sans diminuer beaucoup celle des autres principes, et la latitude laissée aux fabricants n'est pas aussi grande qu'on pourrait le croire. Il leur est permis, par l'introduction de matières inertes, d'abaisser les titres aussi bas qu'ils le désirent; mais non d'élever à leur gré la richesse. Ainsi la fabrication d'engrais contenant :

20 % d'acide phosphorique.
10 — d'azote.
5 — de potasse.

est impossible à réaliser; en choisissant les matières premières les plus riches, les 20 pour 100 d'acide phosphorique et les 10 pour 100 d'azote seraient obtenus par le mélange de 50 kilog. de phosphate précipité et de 50 kilog. de sulfate d'ammoniaque; il n'y aurait donc pas place pour la potasse.

En résumé, il est plus difficile qu'on ne pense de réaliser des engrais d'un titrage élevé, dans lesquels les diverses matières fertilisantes se trouvent en proportions convenables.

Réactions entre les nitrates et les superphosphates. — En parlant de la composition des engrais complexes, nous devons signaler une circonstance qui fait encore varier cette composition et vient apporter une complication dans l'achat de ces produits.

Le plus souvent on réunit, dans le même mélange, du nitrate de soude et du superphosphate; dans ce cas, l'acide sulfurique et l'acide phosphorique du superphosphate réagissent sur le nitrate, dont ils mettent l'acide en liberté; cet acide nitrique, rencontrant des matières organiques, les oxydes en dégageant lui-même du bioxyde d'azote qui part dans l'air à l'état de vapeurs rutilantes. Il y a donc, de ce chef, une déperdition d'un élément fertilisant des plus précieux. M. Andouard a attiré l'attention sur ce fait dans des expériences que nous allons résumer.

Un engrais formé par un mélange de superphosphate et de nitrate de soude, contenait :

	Azote nitrique.
6 juin	6.17 %
14 —	5.74 —
26 —	4.90 —
30 —	4.30 —
4 juillet	3.86 —
12 —	3.78 —

Un engrais analogue, venant de la même fabrication industrielle, perdait en trois semaines 64 pour 100 de son azote; ces chiffres s'appliquent à des produits d'usine.

Dans des expériences de laboratoire, M. Andouard constate des pertes d'azote nitrique variant de 6 à 24 pour 100 de l'azote total, suivant que le mélange a été effectué avec des superphosphates de fabrication plus ou moins récente. Si, dans un semblable mélange de nitrate et de superphosphate, on introduit des engrais organiques et même des sels ammoniacaux, on voit s'opérer la destruction de l'azote ammoniacal et surtout de l'azote organique; ce dernier, attaqué par les vapeurs nitreuses, subit des déperditions allant jusqu'à 70 pour 100 de son poids initial. Ces réactions sont favorisées par l'entassement des matières, par l'échauffement, par l'état d'humidité, par une conservation prolongée, de telle sorte que des contestations fâcheuses peuvent surgir dans l'achat de pareils mélanges. L'agriculteur qui aura acheté son engrais à un titre déterminé, ne retrouvera pas ce titre au bout d'un certain temps.

Pour éviter ces déperditions importantes, le fabricant est obligé de substituer l'azote ammoniacal à l'azote nitrique, ce qui ne laisse pas que de présenter des inconvénients à plusieurs points de vue ; ou bien, s'il veut conserver l'azote sous forme nitrique dans son engrais, il doit, à la place de superphosphate, employer le phosphate précipité, dont la production est restreinte.

Nous avons insisté ailleurs sur le phénomène de la rétrogradation, qui se produit dans les engrais complets comme dans les superphosphates, et qui, du reste, étant donnée l'habitude d'apprécier le phosphate d'après sa solubilité au citrate d'ammoniaque, ne porte pas un préjudice sensible à la qualité de l'engrais.

Prix. — Le véritable inconvénient que présentent les engrais complets du commerce, celui qui doit faire renoncer complètement l'agriculteur à leur achat, c'est le prix auquel ils se vendent.

Voici quelques exemples que nous choisissons dans les prospectus des grandes fabriques d'engrais, et qui montrent, de la manière la plus nette, qu'il y a lieu de déconseiller l'emploi de ces produits.

Engrais complet, dosant :

10.5 à 11.5 %	d'acide phosphorique soluble dans le citrate.
3	d'azote ammoniacal.
5	de potasse.

Le prix en est fixé à 19 fr. 50 les 100 kilogrammes. En attribuant :

		fr.	
à l'acide phosphorique, le prix élevé de		0.70	le kil.
à l'azote ammoniacal	—	1.80	—
à la potasse	—	0.50	—

et en additionnant les résultats, nous arrivons au prix total de 15 fr. 50 les 100 kilog.; la différence de 4 francs par 100 kilog., représente la plus-value de l'engrais par suite du mélange et constitue pour l'acheteur une perte sèche.

Autre exemple :

Engrais complet, dosant : 6 pour 100 d'acide phosphorique soluble au citrate, 3 pour 100 d'azote et 14 pour 100 de potasse.

Le prix en est fixé à 19 fr. 75 les 100 kilog. ; la valeur, calculée sur les bases précédentes, est de 16 fr. 60 ; c'est encore, du simple fait du mélange, un bénéfice supérieur à 3 francs par 100 kilog., que le vendeur réalise, en plus de celui que lui procurerait la vente des mêmes engrais non mélangés.

Ces exemples sont choisis dans les catalogues des maisons connues pour la correction de leurs procédés commerciaux. Il n'y a là ni fraude, ni intention frauduleuse ; mais il n'en est pas moins vrai que l'agriculteur a payé ces produits au-dessus de leur valeur.

Que dirions-nous, si nous prenions nos exemples là où les scrupules n'existent pas et où, sous des noms pompeux, on vend aux agriculteurs, au prix de 25 francs les 100 kilog., l'engrais suivant ?

Azote	2 %
Acide phosphorique total..................	15 —
Potasse	2 —

Calculé au plus haut cours, ce prix est surfait d'environ 50 pour 100. On trouverait facilement dans les prospectus envoyés aux agriculteurs, des exemples encore plus frappants, montrant que souvent des engrais prétendus complets se vendent avec une majoration de 75 pour 100 de leur valeur réelle.

Malgré la nouvelle législation sur la répression de la fraude, de pareils agissements continuent à se produire ; ils sont basés sur l'ignorance de l'agriculteur, qui ne saurait trop se hâter d'apprendre à connaître la nature des engrais et leur véritable valeur.

Au point de vue du prix, il n'y a donc que des désavantages à s'adresser à ces produits; si, au lieu d'établir les prix arbitrairement, comme cela se pratique à peu près toujours, on assignait à ces engrais une valeur proportionnelle à la quantité réelle des principes fertilisants qu'ils contiennent, c'est-à-dire en calculant la valeur de chacun d'eux au cours des matières fertilisantes sous leur forme simple, ce reproche disparaîtrait. Mais alors aussi les fabricants d'engrais n'auraient plus aucun avantage à offrir aux cultivateurs des mélanges tout préparés et l'on verrait disparaître une pratique qui a causé de graves préjudices aux intérêts agricoles.

Fraude. — D'autres raisons militent encore en faveur de la suppression des mélanges faits d'avance; la principale, c'est que, sur des produits déjà plus complexes par leur nature, la fraude peut s'exercer plus facilement, par le mélange des matières inertes ou de moindre valeur. Un engrais complexe n'offrant jamais les caractères propres et définis, que présentent le plus souvent les engrais simples, il y a à redouter, outre la fraude sur la composition chimique du produit, celle qui porte sur la qualité, déterminée généralement par l'origine des matières premières employées.

Ainsi, en achetant du phosphate d'os, par exemple, lorsqu'il n'y aura pas de mélange, on se rendra compte par le simple aspect si c'est réellement du phosphate d'os qui est livré; car la distinction avec le phosphate minéral est extrêmement facile. Mais dans le cas de mélanges complexes, on aura pu remplacer le phosphate d'os de valeur plus élevée, par le phosphate naturel, de valeur moins élevée, sans que cette substitution puisse être facilement remarquée. De la même manière, des engrais organiques qui se distinguent facilement quand ils sont isolés, peuvent être substitués les uns aux autres dans les mélanges; par exemple, le sang qui est très assimilable, sera remplacé par le cuir torréfié, qui l'est beaucoup moins.

Il y a donc pour l'acheteur une plus grande incertitude sur la qualité des produits qu'il emploie, lorsqu'il s'adresse aux mélanges tout faits. Il est vrai que la loi sur la répression de la fraude des engrais oblige les vendeurs à indiquer sur leur facture, non seulement la composition de l'engrais, mais encore l'origine ou la provenance des matières qui entrent dans leur fabrication. Mais la vérification de ces garanties n'est pas facile et les marchands qui voudront substituer, aux produits annoncés, des produits de composition identique, mais de valeur agricole moindre, peuvent le faire très aisément dans les mélanges, mais non dans les engrais simples.

Inconvénients au point de vue cultural. — Les engrais complexes offerts par le commerce présentent, au point de vue agricole proprement dit, de très graves inconvénients.

Les formules des engrais destinés aux diverses cultures sont établies, la plupart du temps, d'une manière tout à fait arbitraire par les fabricants; ceux d'entre eux qui sont plus instruits et plus soucieux de l'intérêt de leurs clients, tiennent compte de la composition des récoltes auxquelles on les destine, et de la proportion des éléments fertilisants nécessaires à la végétation. Admettons même que ces formules aient été établies sur des bases scientifiques, par des industriels au courant des principes de la physiologie végétale et de la chimie agricole; nous ne les critiquerons pas moins. Il ne faut pas, en effet, considérer seulement les besoins de la récolte, mais encore et surtout la richesse du sol, qui varie à l'infini et que les formules d'engrais ne peuvent pas prévoir.

Choisissons comme exemple un engrais destiné à la betterave, à la dose de 700 kilog. par hectare, et contenant pour 100 kilog. :

	kil.		kil.
Azote	6.5	soit par hectare.	45.5
Acide phosphorique soluble.	5.0	—	35.0
Potasse.	8.0	—	56.0

Appliquons cet engrais à une terre qui renferme par elle-même suffisamment de potasse; c'est une somme d'environ 25 francs par hectare que le cultivateur aura dépensée en pure perte; si l'azote est en excès dans le sol, c'est environ 75 francs qui ont été payés sans aucun profit, ni pour la récolte, ni pour la terre.

Pour édifier l'agriculteur sur la valeur de ces engrais, nous mettrons en parallèle les formules recommandées pour les mêmes cultures par d'importantes maisons, que nous désignerons sous le nom de *a*, *b*, *c*, *d*.

		Azote.	Acide phosphorique.	Potasse.
		—	—	—
		%	%	%
Engrais pour prairies naturelles..	*a*,	3	10	12
—	*b*,	6.5	5	8
—	*c*,	3	12	5
Engrais pour vignes	*a*,	4.5	5	13.5
—	*b*,	3	2	7
—	*c*,	5	6	12
Engrais pour betteraves	*a*,	6	10	4
—	*b*,	8	5	6
—	*c*,	7	5	8
—	*d*,	3	12	5

Ainsi, suivant qu'on adoptera l'une ou l'autre de ces

formules, on aura augmenté du simple au double le taux d'azote, d'acide phosphorique ou de potasse ; si l'agriculteur fait une dépense double ou triple de celle qui est vraiment utile, son bénéfice en sera réduit d'autant.

Dans les exemples ci-dessus, on a cherché plus ou moins à tenir compte de la nature de la récolte ; mais, dans la plupart des formules, on ne s'inquiète ni du sol, ni de la récolte, et nous voyons circuler des prospectus offrant aux agriculteurs *des engrais s'appliquant à tous les sols et à toutes les cultures*. Il y a là un triste abus de l'ignorance des agriculteurs. Dans ce cas, on raisonne comme si tous les éléments de fertilité étaient absents du sol, aussi ces engrais produisent-ils généralement de l'effet. Mais il n'en est pas moins vrai que l'agriculteur qui les emploie est fortement lésé dans ses intérêts, en ce sens qu'il aura ajouté des éléments inutiles, et qu'il se sera imposé de la sorte un sacrifice sans compensation. Il aurait obtenu le même résultat avec une dépense bien plus minime, s'il avait opéré avec des éléments simples, à l'exclusion de ceux qui existent déjà en assez grande abondance dans la terre. Aussi ne saurions-nous trop blâmer l'adoption des formules toutes faites.

Enfin le dernier reproche que nous adressons aux engrais complexes, c'est de contenir des éléments différents, qui ne devraient pas être appliqués simultanément à la terre. Nous avons vu, en effet, que certaines matières fertilisantes, telles que les phosphates, doivent être répandues à l'avance et qu'il y a intérêt à les donner avant l'hiver pour les récoltes de l'année suivante ; d'autres, au contraire, telles que les nitrates, qui sont enlevés facilement par les eaux pluviales, ne doivent être répandues qu'après l'hiver, au début de la végétation. En semant des engrais complexes en automne, on risquera donc de voir l'azote disparaître sans avoir pu produire son effet; en les donnant au printemps, on s'exposera à voir les phosphates rester sans action. Si l'on avait employé les matières fertilisantes isolément, on aurait pu donner chacune d'elles en son temps, le phosphate en automne, le nitrate au printemps suivant, et l'on aurait eu ainsi une plus grande garantie du maximum d'effet.

En résumé, les engrais complexes offerts par le commerce doivent être rejetés par l'agriculteur; celui-ci cherchera à donner à son sol les éléments vraiment utiles et dans des proportions variables avec le but à atteindre, sans se laisser imposer des produits qui ne répondent pas à cette condition. L'instruction agricole fera de plus en plus diminuer leur vente, et déjà les régions où la culture est avancée, en restreignent l'usage. La décroissance de l'achat des engrais à formule est la véritable mesure de la diffusion des sciences agricoles dans les campagnes.

CHAPITRE II

ENGRAIS COMPOSÉS A LA FERME.

Si nous condamnons d'une façon formelle l'achat des engrais complexes, nous n'en proscrivons nullement l'emploi ; mais à la condition qu'ils auront été fabriqués à la ferme d'une façon judicieuse; ils ne seront plus alors grevés de la plus-value excessive que les marchands leur donnent, et ils auront pu être réellement appropriés aux besoins de la culture, en tenant compte également de la nature de la récolte et de la composition de la terre.

Utilité des engrais composés. — Dans le cours de cet ouvrage, en parlant de l'application des matières fertilisantes, nous avons toujours dû admettre, pour simplifier la discussion, que le sol était suffisamment pourvu des autres éléments de la fertilité; les raisonnements à ce sujet avaient donc une forme un peu abstraite; ils avaient besoin d'être synthétisés pour l'application à la pratique agricole. Ce n'est pas toujours un élément seul qui manque à la terre; souvent plusieurs à la fois font défaut, et, ainsi que nous avons eu maintes fois l'occasion de le dire, aucun d'eux pris isolément ne produit tout son effet, si les autres sont absents; généralement ce sont donc plusieurs engrais différents qu'il faut donner à la terre, pour obtenir des résultats rémunérateurs. Ce que nous avons dit de l'emploi des engrais isolés, s'applique à l'emploi des engrais multiples, chacun d'entre eux agissant pour son propre compte et cela d'autant plus énergiquement que la présence des autres lui permet de développer tous ses effets. Nous verrons plus loin, en parlant de l'établissement des champs d'expérience, comment, à côté des données fournies par l'analyse chimique, on peut déterminer s'il y a lieu d'appliquer simultanément plusieurs principes fertilisants. Nous rappellerons ici quelques exemples destinés à montrer quel peut être l'effet des engrais, lorsque ceux-ci sont donnés de manière à se compléter les uns les autres.

Dans leurs expériences, MM. Lawes et Gilbert ont obtenu les résultats suivants par hectare :

	Blé.	Orge.	Avoine.
	Hectol.	Hectol.	Hectol.
Sans fumure	15.09	17.96	17.84
Engrais minéral seul	15.90	24.70	22.00
— azoté seul	23.81	29.26	42.26
— minéral + engrais azoté.	28.29	41.5 à 44.7	52.32

L'influence de la réunion des matières fertilisantes est tout à fait manifeste. Voici un exemple encore plus frappant ; dans les sols tourbeux de Cunrau, on a obtenu pour le colza les résultats suivants :

Sans fumure	1.0
Avec l'acide phosphorique seul	1.7
Avec la potasse seule	1.9
Avec l'acide phosphorique et la potasse réunis	6.2

Nous pourrions multiplier à l'infini les expériences de ce genre; mais le fait est trop bien acquis pour que nous ayons à y insister.

Nous avons surtout envisagé les engrais chimiques, comme des engrais complémentaires du fumier de ferme; ce dernier, formant la base de la fumure, le sol recevra en supplément, sous forme d'engrais chimiques, les matières fertilantes qui manquent au sol et qui sont nécessaires à une production végétale abondante. Mais dans beaucoup de cas, on peut employer les engrais chimiques, non seulement comme adjuvants, mais encore comme succédanés du fumier de ferme, c'est-à-dire comme pouvant se substituer entièrement à celui-ci. On peut, en effet, mélanger les différents engrais chimiques, de manière à se rapprocher de la composition du fumier de ferme, les plantes trouvant dans ce mélange artificiel les mêmes éléments que ceux qu'il eût fournis lui-même. Il ne faut cependant pas oublier que ce dernier outre l'azote, le phosphate, la potasse, etc., qu'il introduit dans le sol, lui apporte une grande quantité de matières organiques et y entretient ainsi l'humus. Quand on remplace le fumier par les engrais chimiques, même par ceux qui sont formés de matière organique comme les engrais animaux, on ne donne jamais au sol cet humus qui est un des principaux facteurs de la fertilité des terres. Pour que celles-ci ne soient pas indéfiniment appauvries en humus, il faut, à défaut de fumier, y incorporer des matières végétales, soit en recourant à l'emploi des engrais verts, soit en multipliant la culture des prairies artificielles. Quand on veut opérer le remplacement du fumier de ferme par les engrais chimiques, on n'est pas tenu de combiner le mélange de manière à imiter exactement celui-ci. Pour beaucoup de terres, en effet, le fumier n'apporte pas dans les proportions exigées par les récoltes, les différents éléments de la fertilité, les uns y étant tantôt plus abondants qu'il n'est nécessaire, alors que les autres y sont rares, et il faut accepter cet état de choses sans pouvoir y remédier; au contraire, dans le mélange artificiel destiné à remplacer le fumier de ferme, on peut faire entrer les matières fertilisantes dans les proportions voulues, augmentant celles dont les plantes ont un plus grand besoin, diminuant celles qui n'ont à intervenir qu'en moindre quantité. Au point de vue de l'utilisation des principes fertilisants, l'emploi de pareils mélanges est donc plus rationnel que celui du fumier.

Ces considérations justifient donc l'emploi des engrais composés; et puisque, pour les raisons exposées précédemment, nous devons renoncer à nous adresser au commerce pour la fourniture de ces mélanges, nous allons exposer les principes qui doivent diriger les cultivateurs dans leur fabrication à la ferme.

Fabrication. — Étant donné, d'une part, que l'agriculteur doit toujours acheter les engrais simples, d'après leur richesse en éléments utiles et d'après les cours du moment; étant donné, d'autre part, que la nature et la quantité des matières premières devant entrer dans la fumure d'un hectare ou de plusieurs hectares auront été au préalable déterminées, examinons la manière dont il faut opérer le mélange à la ferme pour obtenir les résultats les plus avantageux.

Les matières premières se présentent sous des formes assez différentes : tantôt à l'état pulvérulent, comme les phosphates naturels et les phosphates précipités ; tantôt plus ou moins agglomérées, comme les superphosphates ; tantôt en masses salines plus ou moins agrégées, comme le nitrate de soude et le chorure de potassium; tantôt aussi en fragments plus ou moins légers, plus ou moins divisés, comme certains engrais organiques. L'incorporation de ces diverses matières, les unes aux autres, n'est pas toujours facile ; elle est même souvent impossible.

Envisageons d'abord ce dernier cas, pour éliminer immédiatement les engrais qui ne sont pas susceptibles d'entrer dans les mélanges. Les chiffons de laine, la tournure et la rapûre de cornes, en général tous les produits légers et volumineux, ne peuvent pas s'incorporer aux substances plus lourdes ; ils s'en séparent, quelles que soient les précautions prises, et on ne saurait alors compter sur une répartition uniforme. Il faut donc répandre à part de pareilles matières, en se bornant à faire des mélanges avec les produits qui ont quelque similitude de densité et qui n'ont pas cette tendance à se séparer.

Les matières fines, comme les phosphates, le sang desséché, les cuirs torréfiés, et en général tous les engrais pulvérulents que nous avons étudiés, se mélangent avec la plus grande facilité. On choisit une aire plane et régulière et on vide les sacs, en formant un tas distinct de chaque substance en poids voulu ; on dispose l'un des engrais en couche assez mince, au-dessus une couche du second engrais est étalée, puis une troisième, si l'on a trois matières à incorporer. Cette superposition sur une épaisseur de 25 à 30 cm. une fois achevée, on recoupe à l'aide d'une pelle, puis on reforme un tas, qu'on défait et refait plusieurs fois par des pelletages. Au bout de peu de temps, on a obtenu un mélange aussi parfait qu'on peut le désirer.

Les engrais salins, tels que les nitrates, chlorures, sulfates, superphosphates, présentent souvent des morceaux compacts et plus ou moins durs. Pour en obtenir la pulvérisation, on passe la matière à la claie, en séparant les parties pulvérulentes ; puis on écrase les parties grossières à l'aide d'une batte ou d'un maillet; on recommence le tamisage, jusqu'à ce que la matière soit amenée au degré de finesse voulu. Alors on procède au mélange comme il est dit ci-dessus.

Pour que ces opérations se fassent sans difficulté, il importe que les matériaux constitutifs soient secs; si l'on rapprochait par exemple une matière très hygroscopique, comme le nitrate ou le sel de Stassfurt, d'une matière humide, il se formerait une bouillie difficile à manier et plus difficile encore à répandre uniformément. Ce cas se présente souvent avec les superphosphates mal fabriqués ou de fabrication trop récente. Dans les périodes de fortes livraisons, les marchands expédient souvent des superphosphates qni viennent d'être fabriqués et qui sont encore très humides; si l'on tente d'effectuer leur mélange avec du nitrate, on obtient une bouillie, et l'effet de l'engrais peut être de ce fait sensiblement diminué.

Quand une faute de ce genre a été commise, on peut, dans une certaine mesure, la corriger, en incorporant du plâtre cuit, qui assèche le produit et le rend plus maniable. Mais ce n'est là qu'un pis-aller, car il faudrait de nouveau diviser le mélange, qui fait prise, pour le rendre plus pulvérulent. On peut encore employer de la terre sèche, de la tourbe ou toute autre matière inerte.

Pour répandre les engrais d'une façon plus uniforme, il est souvent nécessaire d'en augmenter le volume par une addition de terre sèche, de plâtre, de sable, etc ; cette précaution est indispensable, lorsqu'on a affaire à des ouvriers peu habitués à se servir d'engrais concentrés.

Quelles que soient la nature des matières premières, leurs qualités, leurs proportions, il faut s'attacher à obtenir un mélange absolument homogène, et ne pas ménager la peine pour arriver à ce résultat. On aura soin de ne pas incorporer les engrais longtemps avant leur emploi, car il n'est pas rare d'observer que les matières se reprennent en masse, et dans ce cas, on est obligé de recourir à une seconde pulvérisation.

Il convient d'examiner ici les incompatibilités qui peuvent exister entre engrais de natures différentes.

Nous rappelons que les superphosphates agissent sur les nitrates, en éliminant l'acide nitrique, et que, par suite, il ne faut faire leur mélange qu'au moment même de l'emploi, de crainte de perdre une certaine proportion d'azote nitrique.

Nous savons également que les engrais contenant de la chaux et en général les engrais à réaction alcaline, peuvent agir sur le sulfate d'ammoniaque et sur les matières organiques très facilement décomposables, telles que les guanos, ou ayant subi un commencement de fermentation. Les substances alcalines qui sont le plus à redouter sous ce rapport, sont la chaux vive ou éteinte, les scories de déphosphoration, les salins, les cendres ; il faut donc s'abstenir de mélanger ces produits aux matières pouvant dégager de l'ammoniaque. Il est même imprudent de laisser longtemps en contact avec le sulfate d'ammoniaque, et surtout à l'humidité, des matières contenant du carbonate de chaux.

Les déperditions d'azote soit à l'état nitrique, soit à l'état ammoniacal, sont d'autant plus à craindre que l'engrais est plus humide, et que, par suite, les réactions peuvent s'y accentuer. Cette considération nous oblige à attirer l'attention des agriculteurs sur l'achat de matières parfaitement sèches.

Tous les engrais à azote organique et à azote ammoniacal, tous les phosphates et superphosphates, tous les sels potassiques et les sels de fer, ainsi que le plâtre, peuvent se mélanger entre eux, sans qu'aucune réaction nuisible soit à craindre.

Les nitrates craignent seulement le contact des superphosphates.

La chaux vive ou éteinte doit être proscrite de toutes sortes de mélanges, les sels potassiques exceptés; non seulement elle déplace l'azote, mais encore elle provoque la rétrogradation des superphosphates.

En résumé, rien n'est plus facile que la préparation des engrais complexes à la ferme; on estime que deux hommes peuvent, dans une journée, opérer le mélange de 5,000 à 10,000 kilog. d'engrais. Il est donc inutile d'avoir recours aux machines perfectionnées qu'emploie l'industrie, et dont elle fait payer le travail à un prix exagéré.

Engrais d'automne et engrais de printemps. — Nous avons adressé aux engrais complexes du commerce le reproche grave d'obliger l'agriculteur à donner à la terre tous les éléments fertilisants à la même époque. Nous savons que certains d'entre eux, comme les phosphates, ont besoin de subir une préparation dans le sol, et par conséquent doivent être répandus longtemps à l'avance; ceux, au contraire, qui sont très solubles et facilement entraînés par les pluies, ne doivent être donnés qu'au moment même où les plantes en ont besoin, afin d'être le moins possible exposés aux causes de déperdition. L'agriculteur pourra facilement se conformer à ces principes et n'aura pas, avec les engrais qu'il prépare lui-même, à subir les inconvénients que lui imposait l'emploi des engrais du commerce. Il devra donc ne pratiquer ses mélanges que sur les produits qui doivent être appliqués à la même époque, c'est-à-dire ne mélanger entre eux que les engrais d'automne d'un côté, les engrais de printemps de l'autre, en tenant compte de la nature de la terre, qui peut, par ses propriétés physiques et par sa composition chimique, retenir ou laisser passer certains éléments fertilisants.

Dans les formules d'engrais à appliquer à l'automne, on doit faire entrer tous les phosphates, qu'ils soient naturels ou qu'ils aient subi des traitements chimiques; nous savons, en effet, qu'ils ne sont pas sujets à être entraînés dans le sous-sol. Nous en dirons autant des engrais organiques azotés, qui ont besoin de subir la nitrification pour être assimilés par les plantes.

Le sulfate d'ammoniaque et le chlorure de potassium peuvent également entrer dans les formules des engrais à donner à l'automne, lorsqu'ils sont destinés à une terre forte ou même à une terre franche ordinaire; car nous savons que dans de pareils sols, réside un pouvoir absorbant, suffisant pour retenir l'ammoniaque et la potasse, et pour empêcher l'entraînement dans le sous-sol. Si, au contraire, la terre était très légère, douée d'une grande perméabilité, et ne possédait pas assez d'argile et d'humus pour avoir des propriétés absorbantes, il faudrait se garder de donner ces deux matières fertilisantes en même temps que les phosphates et l'azote organique, et on devrait les appliquer seulement au printemps, afin d'éviter leur entraînement dans le sous-sol.

Quant au nitrate de soude, dont la grande solubilité nous est connue et qui n'est point absorbé par les terres, quelle que soit d'ailleurs la constitution de celles-ci, il ne faut jamais le faire figurer dans les formules d'engrais à appliquer avant l'hiver, puisqu'on ne le retrouverait pas au printemps. Tout au plus peut-on en mettre une petite quantité, pour fortifier la végétation du blé avant l'arrivée des froids.

Les différentes matières fertilisantes se comportent

dans les mélanges, comme si elles étaient isolées, c'est-à-dire que pour chacune d'elles, on appliquera, quant à l'époque d'emploi, les règles que nous avons données précédemment.

Il est d'usage de répandre en automne les engrais destinés aux céréales et au printemps ceux destinés aux plantes sarclées; cet usage doit être soumis à certaines restrictions, sur lesquelles nous avons insisté, en parlant de l'époque d'emploi des diverses matières fertilisantes. Ainsi pour les céréales, même pour celles qui sont semées à l'automne, ne doit-on donner le nitrate qu'au printemps et pour des plantes sarclées, qu'on sème après l'hiver, est-il souvent utile de répandre les phosphates, les engrais organiques, et quelquefois les sels potassiques, dès le labour d'automne.

En ce qui concerne la détermination de la nature des matières premières à employer, l'agriculteur devra se guider sur les considérations que nous avons exposées en étudiant chaque engrais et la manière dont il se comporte vis-à-vis des différents sols et vis-à-vis des différentes récoltes. Dans tel cas, le phosphate naturel sera plus avantageux que le superphosphate; dans tel autre, l'engrais azoté organique sera préférable à l'azote salin. Nous ne reviendrons pas sur ce sujet.

Établissement de la formule d'engrais. — Nous venons de rappeler les principes qui déterminent l'époque d'application des engrais; c'est là un point important; mais ce qui doit surtout préoccuper l'agriculteur, c'est le choix même des matières premières, c'est la proportion à en employer, c'est en un mot l'établissement de la formule d'engrais.

L'opinion la plus communément répandue et que les fabricants ont beaucoup contribué à propager parmi les agriculteurs, c'est que l'engrais doit s'appliquer uniquement d'après la nature des récoltes; chacune d'elles aurait d'après cela son engrais spécifique.

Cette théorie, connue sous le nom de théorie des dominantes, a eu une influence considérable sur l'agriculture moderne, et cette influence persiste non seulement auprès des praticiens, mais encore dans l'enseignement agricole. Certes, il est vrai que chaque plante a des besoins différents de principes fertilisants, en quantité et en qualité. Notre intention n'est pas de dire que la formule d'engrais est indépendante de la nature de la récolte, et nous n'avons pas négligé, dans le cours de cet ouvrage, de donner des chiffres moyens permettant de calculer les exigences des diverses cultures et de fournir au cultivateur tous les renseignements qui lui sont utiles sur ce point. Mais ce que nous ne pouvons admettre, c'est l'absolutisme de cette théorie, qui fait abstraction de la composition du sol et qui subordonne tout à la composition du végétal. Si cette opinion était adoptée d'une façon aussi exclusive, il faudrait ne plus regarder la terre que comme un simple support des plantes, ce qui est manifestement contraire à la vérité, et il faudrait admettre que la source d'alimentation des plantes réside uniquement dans les engrais. Établir une formule générale devant s'appliquer à chaque récolte déterminée, c'est ne tenir aucun compte de la composition chimique du sol, qui est cependant et qui restera, même dans la culture intensive, le vrai réservoir des matières fertilisantes.

Les engrais ne peuvent et ne doivent être qu'un adjuvant à la richesse primitive du sol, et leur rôle principal est de corriger l'insuffisance de celui-ci en principes alimentaires. « L'engrais, comme l'a dit Chevreul, est le complément du sol ». Cette thèse est si vraie que, lorsqu'une terre est absolument dépourvue de principes fertilisants, aucun résultat économique avantageux ne peut y être obtenu par l'emploi des engrais commerciaux, et que, partout où des essais dans ce sens ont été tentés, les sacrifices ont été hors de proportion avec les produits obtenus. Il faut donc avant tout se préoccuper de la composition de la terre et ne pas appliquer toutes les matières fertilisantes, là où l'une ou l'autre existerait déjà en quantité suffisante ; ce n'est pas seulement un inconvénient au point de vue de la dépense, c'en est quelquefois un aussi au point de vue de la récolte. Si, par exemple, on applique au blé des formules d'engrais complets et que le sol contienne déjà en proportion satisfaisante de l'azote assimilable, on s'expose à voir la verse se produire, ou la paille se développer au détriment du grain.

Les engrais composés qu'on a vendus aux agriculteurs ont jeté un certain discrédit sur les engrais chimiques en général, malgré les résultats qu'ils donnaient; c'est qu'en effet leur prix de revient est trop élevé, par la double raison que les éléments fertilisants y sont vendus plus cher, et qu'on est souvent forcé d'y payer des matières dont le sol n'a point besoin et qui, par suite, sont inutiles.

Au point de vue économique, comme au point de vue cultural, c'est une règle que l'agriculteur doit toujours observer, de ne donner au sol que les matières fertilisantes nécessaires pour compléter le stock des principes assimilables utiles à la production de la récolte. Quand il se départit de cette règle pour établir les formules et qu'il envisage seulement la composition de la récolte, l'agriculteur s'expose à des erreurs économiques considérables. Nous regrettons qu'il soit entraîné dans cette voie par des publications accréditées. Après les travaux de M. P. de Gasparin et de M. Risler, il n'est point permis de faire abstraction de la composition du sol dans l'application des engrais.

On a cherché encore à propager cette idée que, dans les formules d'engrais, il est nécessaire qu'il y ait une sorte d'équilibre entre les principes fertilisants, qu'il faille, par exemple, pour un d'azote, nécessairement deux d'acide phosphorique, qu'il y ait en un mot une relation forcée entre les proportions de chacun des principes fertilisants; cela ne serait encore vrai que si l'on faisait abstraction complète de la terre et si on ne tenait compte que de la composition des récoltes.

En résumé, l'établissement de la formule d'un engrais est plus complexe qu'on ne le croit généralement. C'est en combinant ces deux déterminations : d'un côté, la richesse du sol (richesse naturelle et richesse acquise) en éléments fertilisants et, de l'autre, les exigences de la plante envisagée, qu'on appliquera judicieusement chacun des engrais nécessaires pour produire les résultats les plus avantageux.

Nous ne pouvons ici qu'exposer des principes généraux; nous nous abstiendrons de donner, comme on le fait souvent, des chiffres qui aient la prétention de s'adapter à chacune des cultures. L'agriculteur qui nous lira, comprendra combien il est difficile, sinon impossible, de répondre d'une façon précise à la question qu'il pose si souvent : « Quel est l'engrais qu'on doit employer pour telle culture? » C'est déjà un résultat très utile que de lui montrer les difficultés de son métier et de le mettre en garde contre les théories trop absolues.

Application des engrais composés. — Le mélange d'engrais étant effectué, nous devons étudier les règles de son application au sol, qui, du reste, ne diffèrent pas de celles que nous avons exposées à propos de chacun des engrais.

Épandage à la main. — La matière doit être répandue à la volée, par un semeur habitué à cette opération, avec autant de régularité et de soins que s'il s'agissait de graines.

Il importe, en effet, que chaque surface reçoive, aussi exactement que possible, la même quantité de chacun des principes fertilisants, car toute irrégularité de fumure se traduirait dans la suite par une irrégularité dans la végétation. Pour obtenir ce résultat, il est recommandable d'étendre l'engrais d'un volume de terre assez considérable; de semer seulement par bandes étroites de 2 mètres environ; ou bien encore de diviser le tas d'engrais en deux lots : le premier sera répandu dans un sens, le second dans l'autre sens, perpendiculaire au premier, en ayant soin de corriger par le second semis les irrégularités du premier. On choisit de préférence, pour cette opération, un temps calme et humide.

Enfouissement. — Nous savons que, parmi les engrais, seul le nitrate pouvait être sans inconvénient répandu en couverture; mais que tous les autres doivent être enterrés et enfouis par le labour. L'engrais complet obéit à cette dernière règle et nous blâmons la pratique des cultivateurs qui se bornent à l'emploi en couverture; un coup de herse n'est pas même suffisant. La plupart des matériaux de l'engrais n'ayant aucune tendance à circuler dans le sol et à y pénétrer profondément par l'action des pluies, nous pensons qu'il y a tout intérêt à faire suivre l'épandage par un coup de charrue.

Nous possédons, du reste, sur ce point de pratique, des essais qui paraissent très concluants. M. Petermann a expérimenté, pendant trois années, sur des betteraves cultivées en sols légers; l'augmentation de récolte produite par l'engrais enterré à la herse a été :

En 1881 de........................... 27.9 %
En 1882 de........................... 3.1 —
En 1883 de........................... 18.7 —

tandis que l'augmentation obtenue par la même dose d'engrais, mais enterré par un labour, a atteint les chiffres suivants :

En 1881 de.................. 85.1 et 118.3 %
En 1882 de.................. 66,4 et 79.3 —
En 1883 de.................. 33.3 et 41.1 —

Même pendant les années pluvieuses, il faut avoir recours au labour pour faire pénétrer l'engrais dans le sol, à la portée des racines, dont on assure ainsi l'alimentation abondante; ceci est vrai, non seulement avec les engrais organiques, mais encore avec les engrais chimiques proprement dits. Le rendement croît avec la profondeur d'enfouissement de l'engrais complet :

Années.	Engrais enterré de 0m10 à 0m12.	Engrais enterré de 0m2E 0 0m22.	Augmentation pour cent.
	kil.	kil.	kil.
1881	32.674	38.543	17.96
1882	36.217	39.030	7.77
1883	65.726	69.596	5.89

M. Petermann conclut ainsi : « L'engrais artificiel, composé de superphosphate de chaux et de nitrate de soude, ou de superphosphate, de nitrate, de sulfate d'ammoniaque et d'azote organique, appliqué au printemps en terre sablo-argileuse à la culture de la betterave à sucre, doit être enterré par un labour profond. L'enfouissement à la herse ou par un labour superficiel est insuffisant pour retirer de l'engrais son maximum d'effet ».

Ces conclusions ont été confirmées par M. Guinon, qui a obtenu, pour la betterave, les résultats suivants :

	Rendements à l'hectare.
	kil.
Engrais enfoui à $0^m.10$	23.560
— à $0^m.15$	27.020
— à $0^m.20$	31.400

M. Van der Berghe, expérimentant sur la pomme de terre en sol sableux très léger, a constaté que l'augmentation de rendement attribuable à l'enfouissement de l'engrais a été de 4,70, 9,90 et 10,10 pour 100.

Fumure en plein. — Au lieu d'enfouir l'engrais à la charrue et en plein sur toute la surface du champ, on conseille pour certaines cultures de déposer les matières fertilisantes autour du pied. Pour la vigne, par exemple, on pratique une sorte de cuvette de $0^m.50$ à 1 mètre de diamètre, et on y répand uniformément, à l'aide d'une mesure, la quantité voulue d'engrais, qu'on recouvre ensuite de terre; cette opération coïncide avec le déchaussage de la plante. D'autres viticulteurs préfèrent répandre l'engrais uniformément sur toute la surface du champ que la charrue peut fouiller; c'est cette dernière pratique que nous conseillons d'adopter.

Pour les pommes de terre, on recommande souvent de déposer l'engrais dans le poquet qui reçoit le tubercule, ou dans le sillon où sont déposées les semences; les expériences de M. Wolny démontrent que cette méthode n'est nullement supérieure à la fumure en plein, dans les années ordinaires, et qu'elle est nettement défavorable dans les années sèches; elle doit donc être rejetée.

Pour les betteraves, on a conseillé d'employer l'engrais au moment du repiquage, en trempant la racine dans une bouillie de matière fertilisante; dans ce cas, les engrais solubles se montrent franchement nuisibles et les engrais insolubles indifférents.

Enfin certains systèmes de semoirs à engrais, que nous allons étudier, déposent en même temps dans le même sillon l'engrais et la semence, ou bien intercalent l'engrais et la semence. En répandant la même quantité d'enrgrais su la même surface de terre, d'une manière uniforme, ou en déposant dans le même sillon engrais et semence, M. Wolny a constaté que cette dernière méthode fournissait des résultats peu constants, tantôt supérieurs, tantôt inférieurs. Quoique dans bien des cas, on puisse employer indifféremment les deux systèmes, il est plus prudent de pratiquer la fumure uniforme. C'est seulement dans les sols humides et très absorbants, qu'on aura quelque avantage à adopter la fumure en sillons.

Il résulte de ce qui précède, que l'enfouissement de l'engrais répandu au préalable sur toute la surface du terrain, est le procédé le plus recommandable; il permet d'obtenir la diffusion la plus complète possible des matières fertilisantes dans le cube de terre fouillé par les racines.

Semoirs à engrais. — Dans la petite culture, le seul système pratiqué pour l'épandage des engrais pulvérulents, c'est la semaille à la main et à la volée; mais dans les grandes exploitations, où l'on recherche les procédés de nature à abréger et aussi à perfectionner le travail, on se sert d'instruments spéciaux que nous allons rapidement décrire, et qui sont appelés distributeurs ou semoirs d'engrais.

Les indications qui suivent sont dues à l'obligeance de

M. Ringelmann, dont la compétence en ces matières est bien connue.

Les distributeurs d'engrais pulvérulents répandent uniformément les matières sur toute leur largeur, qui est d'environ deux mètres.

Réservoir. — Le réservoir contenant les engrais, ou *coffre*, est généralement en bois et monté parallèlement à l'essieu. Dans tous les distributeurs (sauf ceux du type dit à hérisson), le coffre est fixe et communique, par des vannes réglables à volonté, avec le distributeur.

Certains engrais humides ou collants se prennent en masse dans le coffre et forment des voûtes que les cahots de la machine sont impuissants à détruire; aussi les bons modèles sont pourvus d'agitateurs chargés de régulariser l'arrivée de l'engrais au distributeur. Ces agitateurs, qui doivent être de préférence à mouvement alternatif, affectent souvent la forme d'une grille animée d'un lent mouvement de va-et-vient, communiqué par bielle et manivelle placées à l'extérieur du coffre.

Distributeur. — L'organe distributeur est la partie la plus essentielle de la machine; il varie suivant les constructeurs. Il est doué d'un mouvement circulaire continu, dont l'origine est prise sur une roue porteuse; un débrayage permet d'arrêter son fonctionnement. La transmission a lieu par un certain nombre de roues dentées, dont deux sont amovibles et peuvent se remplacer par d'autres d'un nombre de dents différent, afin de faire varier le rapport entre les vitesses du distributeur et de la roue, et par suite le débit même de la machine.

Le distributeur est formé :

Tantôt d'une série de *chaînes sans fin* à la Vaucanson, qui traversent le fond de la trémie et retirent entre leurs maillons une certaine quantité d'engrais. Si ce système

(Josse) fonctionne bien avec des matières absolument sèches, il n'en est plus de même lorsque les engrais sont humides; dans ce cas, les maillons s'engorgent et ne retirent plus rien du coffre.

Tantôt de *disques circulaires* dont la périphérie est garnie d'encoches ou de saillies : ce sont les *palerons* ou les *palettes* (machines Smyth, Holmes, Derome, Chambers, Magnier), chargés d'extraire de la trémie une certaine quantité d'engrais. Afin d'éviter les engorgements, chaque palette, après avoir déversé l'engrais qu'elle portait, passe devant des grattoirs en acier qui la nettoient constamment; ces grattoirs sont placés au-dessus du distributeur (Smyth) ou en dessous (Chambers), ils sont réglés par des contre-poids ou mieux par des ressorts.

Tantôt de *cylindres* (Couteau, Grandrille); le fond du coffre est constitué par un gros cylindre qui entraîne une couche d'engrais dont l'épaisseur est réglée par une vanne mobile. Une brosse rotative en fils de piasava (Grandrille, Albaret) ou un deuxième cylindre, de plus petit diamètre que le précédent (L. Couteau), sont chargés d'enlever la couche d'engrais et de la projeter sur le sol.

Tantôt de *deux ou trois axes parallèles,* garnis de petites broches ou de saillies, tournant en sens contraire l'un de l'autre, dans le fond du coffre (Oudin et l'Hérondelle).

Tantôt d'une série de *vis d'Archimède* à axe vertical, tournant chacune dans un petit cylindre également vertical, dont le fond est percé de trous. Ce système, qui doit forcer l'engrais à passer par les orifices inférieurs, ne fonctionne pas très bien et n'est pas à conseiller, par suite de la grande complication du mécanisme.

Tantôt d'un *coffre-mobile*, système employé depuis

plusieurs années en Allemagne et connu en France sous le nom de distributeur à hérisson (Faul, Hurtu, Puzenat). Dans cette machine, l'engrais à répandre est placé dans un coffre rectangulaire, dont le fond mobile remonte lentement au moyen de pignons et de crémaillères; une certaine quantité d'engrais s'élève donc au-dessus du bord supérieur fixe du coffre; un axe horizontal supérieur garni de palettes ou de broches radiales est chargé de niveler sans cesse la couche d'engrais, en rejetant sur le sol la quantité élevée. Lorsqu'il n'y a plus d'engrais dans le coffre, un débrayage automatique l'indique au conducteur.

Trémie de descente. — Quel que soit le genre de distributeur employé, l'engrais est rejeté dans une trémie de descente d'où il tombe sur le sol. La trémie de descente, chargée d'assurer la régularité de l'épandage, est généralement constituée par deux planches verticales maintenues à une certaine distance l'une de l'autre et garnies d'une série de fils de fer ; cette trémie qui règne sur toute la largeur du distributeur, descend jusqu'à 0^{m}, 10 ou $0^{m}.20$ du sol; elle est souvent prolongée par une toile, afin d'éviter l'action du vent.

Le coffre et le train des distributeurs doivent être en bois; le mécanisme sera aussi simple que possible; toutes les pièces métalliques se détériorent rapidement au contact de l'engrais, surtout lorsque la machine n'est pas nettoyée après chaque travail, ce qui est le cas le plus fréquent.

Réglage du distributeur. — Pour régler le distributeur, de manière à obtenir le débit voulu par hectare, M. Ringelmann indique la méthode suivante :

1° Soulever le distributeur, de telle façon que la roue motrice ne porte plus sur le sol, tout en maintenant la trémie horizontale.

2° Placer sous le distributeur un coffre, une bâche ou une toile, tarés d'avance, et destinés à recevoir l'engrais.

3° Faire faire à la roue motrice un certain nombre de tours (que nous fixerons à 50 pour la facilité des calculs).

Si l'on désigne par :

Q, la quantité d'engrais à semer par hectare, estimée en kilog.;

L, la largeur estimée en mètres, sur laquelle le distributeur sème l'engrais (cette dimension est ordinairement égale à l'écartement inférieur des roues);

R, le rayon de la roue motrice;

N, le nombre de tours que l'on fait faire à la roue motrice pendant l'essai;

P, le poids d'engrais fourni par le distributeur dans les conditions de l'essai, pendant le nombre N de tours de roue;

on doit avoir la relation suivante :

$$Q = \frac{10.000 \ P}{L \ 2\pi R \ N}$$

Comme on se donne la quantité Q à répandre par hectare, le problème revient à chercher le poids P d'engrais que l'expérience doit fournir :

$$P = \frac{Q \ L \ 2\pi R \ N}{10.000}$$

Si dans l'essai, on fait $N = 50$, on remarque qu'il y a un terme constant $\frac{2\pi N}{10.000}$, égal à 0,0314, et la formule simplifiée revient à :

$$P = 0{,}0314 \ Q \ L \ R$$

C'est-à-dire que le poids d'engrais donné par l'expérience, pour 50 tours de roue, doit être égal au produit de multiplication de 0,0314 par le nombre de kilog. d'engrais à répandre par hectare, la largeur semée (en mètres) et le rayon de la roue (en fraction décimale de mètre).

Si l'essai donne un poids P' supérieur à celui nécessaire P, il faut soit diminuer la vitesse du distributeur, soit la vitesse d'ascension du coffre dans le cas des systèmes à hérisson. Si, au contraire, l'essai donne un poids P" inférieur à celui nécessaire, il faut augmenter ces vitesses. A cet effet, les distributeurs d'engrais sont pourvus d'un certain nombre de pignons de rechange.

En vue de faciliter les calculs, on peut de suite évaluer le produit (Q × 0,0314); à cet effet, M. Ringelmann a dressé des coefficients consignés dans le tableau suivant, de sorte qu'il suffira, pour obtenir le poids P d'engrais à trouver dans l'essai, de multiplier ce coefficient par le rayon de la roue et la largeur du semoir.

DÉSIGNATION DES ENGRAIS.	Kilogrammes d'engrais à répandre par hectare.	Coefficients.
Sulfate d'ammoniaque; nitrate de soude	50	1.570
	60	1.884
	70	2.198
	80	2.512
	90	2.826
	100	3.140
	150	4.710
	200	6.280
Supersphosphates; phosphate précipité; noir animal	250	7.850
	275	8.635
	300	9.420
Guanos divers	325	10.205
	350	10.990
	375	11.775

Phosphates fossiles; scories; poudrettes; tourteaux......	400	12.560
	450	14.130
	500	15.700
	525	16.485
	550	17.270
	575	18.055
	600	18.840
	625	19.625
	650	20.410
	675	21.195
	700	21.980
	725	22.765
	750	23.550
	775	24.335
	800	25.120
	825	25.905
	850	26.690
	875	27.475
	900	28.260
	925	29.045
	950	29.830
	975	30.615
	1.000	31.400

Exemple. — Soit à régler un distributeur devant semer 600 kilog. de phosphate fossile par hectare ; ayant 2 mètres de largeur et $0^m,80$ de rayon de roue motrice.

Le coefficient indiqué par le tableau, correspondant à 600 kilog., étant 18,840, le semoir pendant les 50 tours de roue de l'expérience doit donner :

$$18,840 \times 2 \times 0,8 = 30^k,144$$

On peut également régler le distributeur de la façon suivante :

1° Mettre dans le coffre un poids P_1 d'engrais ;

2° Faire parcourir à la machine un certain chemin soit 100 mètres;

3° Peser à la fin de l'essai le poids d'engrais p resté dans la trémie.

Le poids distribué sur une surface égale à 100 L (L étant la largeur du semoir) est donné par la différence : $P_1 - p$. Dans ces conditions, la quantité Q répandue par hectare, dans les mêmes conditions de réglage de l'essai, est donnée par la formule :

$$Q = \frac{10.000 \, (P_1 - p)}{100 \, L}$$

Connaissant la quantité Q à répandre par hectare, la machine tirée sur une longueur de 100 mètres doit donner un poids :

$$(P_1 - p) = \frac{100 \, Q \, L}{10.000} = \frac{Q \, L}{100}$$

Ce procédé, on le voit, est moins expéditif que le premier.

Les distributeurs d'engrais demandent en général peu de traction ; dans les terres moyennes, un cheval marchant au pas allongé suffit ; mais dans les terres collantes, après les pluies, on est quelquefois obligé de mettre deux chevaux. Le travail journalier dépend de la largeur de la machine. Avec $2^{m}.30$ de largeur, on peut facilement semer, avec un homme et un cheval, 4 hectares en dix heures. L'épandage est donc très rapide et, de plus, avec les bons systèmes de semoirs, il est extrêmement régulier.

Le prix de ces distributeurs d'engrais est relativement élevé ; il varie de 500 à 600 francs ; ces instruments sont donc réservés à la grande culture.

Distributeurs mixtes. — Les précédents systèmes déposent simplement l'engrais à la surface du sol, mais sans l'enfouir ; dans le double but de pratiquer d'un même coup l'enterrage de l'engrais et de la graine, et de diminuer le prix de l'appareil, on a cherché à combiner aux semoirs ordinaires à grains, un semoir à engrais, et on a construit le semoir ou le distributeur mixte.

Le distributeur d'engrais est monté sur le même bâti que le semoir à grains. L'engrais est enfoui par des socs avant les graines et à une plus grande profondeur que ces dernières ; les graines sont donc placées au-dessus de l'engrais et en sont séparées par un peu de terre tombée pendant le temps qui sépare le passage des deux socs (Smyth). Certains semoirs mixtes sèment en bandes alternatives l'engrais et la graine (Derome).

Ces semoirs, surtout employés pour les betteraves, sont construits de manière à ce qu'on puisse à volonté rendre fixe l'un des distributeurs et s'en servir comme d'une machine simple, soit pour les graines, soit pour les engrais ; ils exigent par conséquent une moindre dépense d'achat. Mais ils sont lourds et ne réalisent par cet épandage uniforme sur toute la surface, que nous préférons à l'épandage en sillons.

Puisque nous parlons ici des systèmes mécaniques d'épandage des engrais, nous jugeons intéressant d'ajouter quelques mots relatifs aux distributeurs d'engrais liquides et aux distributeurs de fumier de ferme.

Distributeurs d'engrais liquides. — Ces machines sont généralement composées d'un tonneau en bois ou en métal, posé sur deux roues ; à la partie inférieure du tonneau, est fixé un robinet chargé de déverser le liquide dans l'appareil distributeur. Celui-ci est formé : soit d'un *champignon ;* soit d'une *planche triangulaire* inclinée, pourvue de cannelures; soit d'une *caisse rectangulaire,* parallèle à l'essieu, dont la partie inférieure est percée d'ouvertures variables à volonté (Coleman) ; ou encore d'une *palette* inclinée, placée devant un orifice horizontal (jet Raveneau, distributeur Faul).

Avec ces différents systèmes, la largeur arrosée ou la quantité de liquide fournie par unité de surface diminue avec la charge au-dessus des orifices, c'est-à-dire à mesure que le niveau du liquide baisse dans le tonneau. Pour obtenir une distribution régulière, on a proposé une noria ou chaîne à godets, mue par une des roues porteuses; cette chaîne prend uniformément le liquide dans le tonneau, l'élève et le répand sur le sol. Ce système, trop coûteux, a été abandonné par la pratique.

Les tonneaux des distributeurs d'engrais liquides sont quelquefois pourvus d'une pompe aspirante chargée du remplissage. Quelques bons modèles, appelés *tonneaux pneumatiques* (Lalis), sont munis, à leur partie supérieure, d'une pompe à air; dans ce cas, au moment du remplissage, on met, à l'aide d'un tuyau, la partie inférieure du tonneau en communication avec la citerne ou la fosse à purin; la pompe aspire l'air du tonneau, y produit un vide relatif qui fait monter le liquide. Une soupape à flotteur arrête le fonctionnement de la pompe, lorsque le liquide atteint un certain niveau dans le tonneau, et évite la détérioration du piston et des soupapes.

Distributeurs de fumier de ferme. — Cette machine, d'origine américaine (Kemp et Burpée), ne s'est pas répandue en France, quoiqu'un modèle ait été introduit en 1883. Elle consiste en un chariot pouvant contenir de 1 à 1 mètre cube 1/2 de fumier; le fond est constitué par une toile sans fin, tendue entre deux rouleaux mis en mouvement (très lent) par les roues porteuses; à l'arrière, se trouve un râteau alternatif qui divise l'engrais et le jette sur le sol en nappe régulière. Le grand avantage de cette machine réside dans la promptitude et la régularité de son travail.

Appareils pour enfouir le fumier. — A côté de ce distributeur, il y a lieu de signaler les appareils destinés à enfouir le fumier et qui font corps avec une charrue. Le problème est le suivant : le fumier étant uniformément réparti au moyen de la fourche, à la surface du champ, le mécanisme enfouisseur doit prendre des bandes de fumier égales à la largeur de la raie de charrue (environ 0m20), pour les déplacer latéralement et les faire tomber, soit dans la raie précédente (mécanisme fixé en avant du corps de charrue, syst. Quignot), soit dans la raie qui vient d'être ouverte (mécanisme fixé derrière le corps de charrue, syst. Leclerc).

En général, ces mécanismes sont formés de disques circulaires ou coniques pourvus d'un certain nombre d'ailettes et tournant dans un plan vertical ou oblique. Dans la première disposition (Quignot), le disque est perpendiculaire à l'essieu de l'avant-train et est mis en mouvement par l'essieu et deux engrenages d'angles. Le second système (Leclerc) a l'avantage de pouvoir se fixer sur une charrue quelconque et c'est le mouvement de rotation que prend le disque en roulant sur le sol qui est chargé d'entraîner le fumier dans la raie. Ce système fonctionne très bien avec du fumier fait et court ; il est préférable au premier ; il économise au moins une personne.

CINQUIÈME PARTIE

GÉNÉRALITÉS SUR LES ENGRAIS. ACHAT, CONTROLE EXPÉRIMENTATION DES ENGRAIS.

Nous avons, dans le cours de cet ouvrage, passé successivement en revue les matières fertilisantes dont l'agriculture peut disposer ; nous avons étudié leur composition, leur prix, leurs falsifications, leur mode d'emploi ; mais il y a des indications d'ordre général, s'appliquant à toutes les matières fertilisantes sans distinction, que nous avons cru devoir réunir dans une partie spéciale qui terminera cet ouvrage.

Ces indications sont relatives aux règles que doit suivre l'agriculteur : pour acheter ses engrais dans les conditions économiques les plus favorables ; pour les faire parvenir des centres d'approvisionnement jusqu'à sa ferme ; pour se mettre à l'abri des fraudes nombreuses et des manœuvres déloyales dont il est souvent victime.

Nous lui indiquerons les précautions que le législateur a prises pour le soustraire à des agissements condamnables et pour défendre des intérêts qui sont d'une si haute importance pour la richesse nationale.

Nous parlerons aussi des Stations agronomiques, dont

l'agriculteur doit savoir mettre à profit les ressources, pour se guider dans l'achat et dans l'emploi des matières fertilisantes. Nous aurons également à étudier l'organisation des syndicats pour l'achat des engrais, leur mode de fonctionnement et les avantages nombreux qu'ils présentent.

Enfin, nous traiterons la question si importante de l'expérimentation agricole pour éclairer certains points de la pratique des engrais, dont la théorie ne peut pas toujours donner la solution, et nous exposerons les règles que doit suivre le cultivateur, pour tirer de ses essais des renseignements précis, qu'il pourra appliquer à l'exploitation de son domaine.

CHAPITRE PREMIER

ACHAT ET TRANSPORT DES ENGRAIS.

§ I. — ACHAT DES ENGRAIS.

Nous avons précédemment condamné l'achat des engrais composés du commerce et posé comme une régle générale, dont il ne faut jamais se départir, que l'agriculteur doit toujours s'adresser aux engrais simples, pour constituer ensuite, et comme il le juge convenable, les mélanges appropriés à son sol et à ses cultures. Les considérations que nous allons exposer, s'appliqueront donc uniquement à l'achat des matières premières : nitrates, sulfate d'ammoniaque, sels potassiques, engrais organiques, poudrettes, tourteaux, guanos, phosphates naturels, produits d'os, scories de déphosphoration, superphosphates, etc. C'est à se procurer dans les meilleures conditions de prix ces différents engrais, que l'agriculteur doit s'attacher.

Centres d'approvisionnement des engrais. — Pour chacune de ces substances, il y a des lieux d'approvisionnement, que nous avons fait connaître autant que possible en étudiant chacune d'elles. Pour le nitrate de soude, par exemple, c'est à Dunkerque que se trouve le principal marché; les ports du Havre, de

Bordeaux et de Marseille, constituent des centres moins importants de ce commerce.

Les nitrates de potasse se rencontrent dans deux points principaux : à Marseille, pour les salpêtres originaires de l'Orient; dans les villes du Nord, pour ceux qui proviennent de l'industrie sucrière. C'est aussi, d'un côté à Marseille, de l'autre dans le Nord, qu'on achète les tourteaux de graines oléagineuses.

Le sulfate d'ammoniaque se produit en abondance dans les grandes villes, où les usines ont assez d'importance pour en permettre l'extraction économique. Ce sont également les cités populeuses qui fournissent les poudrettes et les engrais organiques de même nature. On trouvera les produits d'os et les phosphates precipités dans les régions où existent des fabriques de gélatine; les engrais de poissons, dans quelques ports de l'Atlantique; les scories de déphosphoration, principalement dans les départements du Nord, de Meurthe-et-Moselle, de la Meuse et de Saône-et-Loire.

Les engrais potassiques sont presque exclusivement produits par les usines de Stassfurt, par les salins de la Méditerranée et par les sucreries du Nord de la France.

Quant aux phosphates naturels, dont le prix à pied d'œuvre est tellement influencé par les frais de transport, nous avons en France l'avantage de posséder des gisements dans un grand nombre de régions. Le Nord, l'Est et l'Ouest sont alimentés par les gisements de la Meuse, des Ardennes, du Pas-de-Calais, de l'Oise, de la Somme, de la Marne, des Vosges, de la Haute-Saône; le Centre, par les gisements du Cher, de l'Yonne, de la Côte-d'Or; le Sud-Est, par les gisements de l'Ain, de l'Ardèche, de la Drôme et de Vaucluse; le Midi par ceux du Gard; le Sud-Ouest par ceux du Quercy. Toutefois, ces diverses régions ne s'approvisionnent pas toujour aux gisements les plus voisins; les considérations de qualité, de composition, de frais de transport, les portent souvent à s'apresser à d'autres centres de production.

Les lieux d'approvisionnement des superphosphates sont situés, tantôt près des gisements de phosphates naturels; tantôt près des fabriques d'acide sulfurique, suivant qu'il est plus économique de faire voyager l'une ou l'autre matière. Dans tous les cas, cette fabrication est aujourd'hui assez répandue, pour que l'agriculteur ne soit jamais embarrassé de trouver non loin de lui d'importantes usines.

Suppression des intermédiaires. — Ce court exposé a pour but de montrer que, pour chaque matière fertilisante, il existe des centres d'approvisionnement. Nous ne pouvons, dans cette étude d'ensemble, envisager à ce point de vue chaque région en particulier; mais il sera très facile à l'agriculteur de se rendre compte des ressources de sa contrée, sous le rapport des usines ou des maisons d'importation qui, étant les plus rapprochées, peuvent lui fournir les diverses matières premières dont il a besoin, sans qu'il ait à supporter de trop grands frais de transport.

C'est aux maisons mêmes qui fabriquent ou à celles qui reçoivent les produits de première main, qu'il faut s'adresser, parce que, supprimant tout intermédiaire, on est assuré de trouver des conditions de prix et de pureté plus satisfaisantes. C'est là une règle constante, toutes les fois que les achats à faire ont quelque importance.

Il arrive parfois que la vente de certaines matières ne s'opère pas par les usines mêmes, mais par des grandes maisons qui ont le monopole de la vente; c'est ce qui se passe, par exemple, pour les sulfates d'ammoniaque; c'est alors aux représentants directs des fabriques qu'il convient de s'adresser.

Avant de passer un marché, l'agriculteur qui achète directement ses engrais, doit établir une sorte de concurrence entre les différents fournisseurs et mettre pour ainsi dire sa commande en adjudication.

Ainsi l'acheteur d'engrais en gros, devra toujours s'adresser aux grandes maisons; quant au petit cultivateur, qui, lui, ne peut songer à faire venir des chargements complets, les syndicats agricoles lui offrent, comme nous le verrons, le même avantage; c'est ainsi que disparaîtront peu à peu toute cette série d'intermédiaires qui, en prélevant des bénéfices exagérés et en faisant subir aux produits des adultérations, sont arrivés dans beaucoup de régions à détourner l'agriculteur de l'emploi des engrais commerciaux.

Ce serait sortir de notre sujet, que de développer ici cette idée, qui commence à pénétrer dans la masse agricole, que dans la plupart des transactions, le cultivateur trouve ses bénéfices absorbés par les intermédiaires. Nous nous bornons à constater qu'il peut très facilement supprimer ceux-ci, en ce qui concerne les engrais.

Nous devons appeler l'attention des agriculteurs sur un fait qui se produit dans certaines régions : les marchands d'engrais établissent entre eux un syndicat, de manière à maintenir les cours au taux qui leur convient et s'interdisent entre eux toute concurrence de prix. La création des syndicats d'acheteurs rend aujourd'hui plus difficiles ces opérations. Si cependant une tentative générale de monopole se produisait parmi les marchands, l'agriculteur ne serait point pour cela à leur merci, parce que l'étranger, grâce aux facilités de transport, ne tarderait pas à alimenter notre marché. Nous pourrions citer de nombreux exemples d'agriculteurs qui n'ont pas hésité, devant les prétentions de leurs fournisseurs, à faire venir d'Angleterre le nitrate de soude et les scories de déphosphoration; de Belgique, le superphosphate. L'établissement des syndicats agricoles faciliterait ces opérations, s'il en était besoin.

Moment des achats. — Il y a dans le commerce des matières fertilisantes des variations de cours, souvent très importantes; les journaux agricoles et certaines feuilles spéciales tiennent au courant de ces fluctuations. Il est difficile de les prévoir à l'avance et d'en déterminer les causes; la loi de l'offre et de la demande ne suffit pas toujours pour les expliquer. Nous avons vu, par exemple, le prix des nitrates s'abaisser à 21 francs les 100 kilog., et monter à 26 fr. 70, dans la même année; le sulfate d'ammoniaque varier, toujours dans le cours d'une même année, de 34 à 26 fr. 50. La même observation a pu être faite pour les superphosphates, dont le prix, à une certaine époque, s'est abaissé à 0 fr. 42 le kilog. d'acide phosphorique soluble. Les variations dépendent souvent de l'importance des stocks en magasin, d'opérations commerciales plus ou moins heureuses, de l'importance des exploitations ou des arrivages, de l'état plus ou moins prospère de l'agriculture et de l'industrie, de la concurrence ou de l'entente des fabricants, etc. Quelle qu'en soit la cause, c'est à l'agriculteur intelligent à savoir en profiter, en achetant aux cours les plus bas.

Actuellement, il y a des habitudes invétérées pour l'achat des engrais chimiques; on observe très nettement deux saisons, où la vente est particulièrement active; elles correspondent aux semailles de printemps et à celles d'automne. Il est d'usage de ne s'approvisionner jamais à l'avance et d'attendre, pour acheter les engrais, le moment même où l'on doit s'en servir; dans ces conditions, le commerce peut montrer des prétentions plus grandes, et le moment de s'en défendre est mal choisi pour l'agriculteur. Nous ne saurions trop conseiller de contracter les achats à l'avance, en profitant des périodes de baisse qui se produisent assez fréquemment. Souvent ces achats se font en stipulant des délais de livraison, de telle sorte qu'on peut s'approvisionner à mesure des besoins, sans s'encombrer.

Conservation des engrais. — Quand on garde les engrais en magasin, il y a des précautions à prendre, dont nous avons déjà parlé en traitant de chaque engrais. Il en est qui ne subissent aucune altération, tels sont les phosphates; d'autres, plus ou moins hygroscopiques, suintent à travers les toiles, tels sont les nitrates, les sels potassiques; d'autres enfin peuvent, sous l'influence de l'humidité, entrer en fermentation et subir des pertes d'azote, tels sont les guanos, les poudres d'os et les engrais organiques en général.

Les engrais doivent toujours être conservés en lieux très secs, par exemple dans un grenier bien clos. Ceux qui ont des tendances à suinter seront déposés sur de la paille, qui sera ensuite mise sur le tas de fumier. Pour éviter la perte des sacs, on vide leur contenu dans des grandes caisses ou dans des barriques sans valeur.

Les phosphates et les superphosphates, lorsqu'ils sont secs, comme ils doivent l'être, peuvent sans inconvénient être mis en tas.

Quant aux engrais qui sont sujets à fermenter et à dégager de l'ammoniaque, comme les engrais animaux, on les entassera dans des barriques qu'on fermera en les couvrant avec un fond de bois ou encore avec une couche de terre ou de plâtre.

Nous rappelons ici que la conservation et la manutention des engrais est d'autant plus facile que la matière est plus sèche, et nous recommandons aux acheteurs de prendre toutes garanties sur ce point. La fermentation et la déperdition subséquente de matière fertilisante est, en effet, due en partie à l'humidité ; il en est de même de la prise en masse des superphosphates.

L'agglomération des engrais plus ou moins humides, ou susceptibles d'absorber de l'humidité, comme les sels en général, rend nécessaire avant l'épandage, une main-d'œuvre destinée à diviser les blocs. Si l'on veut éviter cet inconvénient, on peut, au moment d'emmagasiner les engrais, les mélanger avec des matières pulvérulentes inertes, telles que de la terre sèche, ou du plâtre, ou mieux encore de la tourbe pulvérisée, qui absorbent l'humidité.

Avec quelques précautions et quelques soins, il est donc permis de faire les approvisionnements à l'avance; l'intérêt du capital dormant sera, dans bien des cas, largement compensé par l'économie de l'achat.

Ce qui, très souvent, empêche l'agriculteur de faire des achats en gros, c'est le manque de capitaux ; les agronomes qui engagent l'agriculteur à entrer dans la voie de la culture intensive négligent trop ce point de la question. Il appartient à l'économie rurale d'enseigner que le capital d'exploitation est la base de la culture perfectionnée et d'encourager les entreprises de crédit agricole.

Production et consommation des engrais. — Nous empruntons à un intéressant rapport de M. Grandeau, les renseignements suivants relatifs à la production et à la consommation des engrais chimiques :

« Le facteur prédominant des récoltes est, à coup sûr, toutes choses égales d'ailleurs, l'engrais que reçoit le sol. A quel degré, dans l'état actuel de l'agriculture française, a lieu la restitution, par la fumure naturelle, des matériaux enlevés annuellement par les récoltes ? Quelles sont les ressources principales auxquelles peut s'adresser le cultivateur pour effectuer cette restitution et pour accroître la fécondité de ses champs ? Tels sont les deux points fondamentaux à examiner, avant d'aborder les questions relatives au régime douanier, en ce qui regarde les engrais.

« Trois substances constituent, à elles seules, presque tous les engrais du commerce ; ce sont : le phosphate de chaux, l'azote à divers états et les sels de potasse, les autres matériaux nécessaires au développement des plantes étant, presque sans exception, fournis gratuitement à ces dernières par l'atmosphère et par le sol. L'expérience a montré que l'acide phosphorique et l'azote ont, pour le cultivateur français, une importance beaucoup plus grande que la potasse, cette base se rencontrant en quantité insuffisante dans nos terres, seulement dans des cas assez restreints (craie, sables purs ou tourbe).

« La première chose à constater, est le prélèvement annuel des récoltes en acide phosphorique, en azote et en potasse.

« Si complexe que puisse paraître la solution de la question ainsi posée, il est possible d'y trouver une réponse dans la comparaison de quelques chiffres.

« Le travail si précieux et si bien ordonné, que nous devons à M. E. Tisserand sur la statistique agricole de la France, servira de point de départ à l'établissement de ces chiffres.

« La surface cultivée de la France comprend, dans ses grandes lignes, une étendue de 24,262,500 hectares ainsi répartis (vignes, pâturages et forêts non compris) :

	Hectares.
Céréales	14.772.000
Pommes de terre et betteraves fourragères.	1.750.000
Prairies naturelles et artificielles	7.304.000
Plantes industrielles	436.500
Total	24.262.500

« Si on applique aux produits d'une bonne année moyenne, les résultats fournis par l'analyse chimique de chacune des récoltes, et qu'on totalise les poids d'acide phosphorique, d'azote et de potasse qu'elles renferment, on trouve que les quantités des trois principes fertilisants par excellence s'élèvent respectivement, et par an, aux chiffres approximatifs suivants :

	Tonnes métriques.
Azote	600.000
Acide phosphorique	300.000
Potasse	755.000

« En divisant chacun de ces nombres par celui des hectares en culture, le prélèvement en chacun de ces principes, représenterait une moyenne, par hectare et par an, de :

	kilog.
Azote	25.5
Acide phosphorique	12.7
Potasse	31.1

« Telle est, en grande moyenne, la quantité de principes fertilisants emportés chaque année par une récolte, sur un hectare.

« De quelles ressources dispose la culture française pour opérer cette restitution sans recourir aux engrais chimiques?

« Il est aisé de l'établir.

« L'enquête, magistralement résumée par M. E. Tisserand, a montré que la production totale du fumier de ferme s'élève annuellement en France, à 84 millions de tonnes métriques.

« En appliquant à ce poids la composition moyenne du fumier frais, on trouve que les 84 millions de tonnes renferment, en nombres ronds :

	Tonnes.
Azote	327.600
Acide phosphorique	151.200
Potasse	378.000

« En supposant, ce qui malheureusement est loin d'être, qu'aucune quantité de fumier ne reste inutilisée, et en admettant que la totalité de cet engrais retourne aux 24 millions d'hectares considérés, ce qui n'est point davantage exact (les vignes et les cultures maraîchères n'étant point comprises dans notre évaluation), il est facile de mesurer approximativement le déficit *minimum* subi annuellement par le sol français en azote, acide phosphorique et potasse.

		Tonnes.
Ce déficit s'élève	pour l'azote, à	272.400
	pour l'acide phosphorique, à	148.800
	pour la potasse à	377.000

« Soit, par hectare moyen, un déficit :

	kil.
En azote, de	11.23
En acide phosphorique, de	6.13
En potasse, de	15.56

« La quantité de fumier, produite annuellement en France, est donc absolument insuffisante pour restituer aux sols en culture les principes enlevés par les récoltes, et cette insuffisance est d'environ 50 pour 100. Pour la combler, le cultivateur doit s'adresser aux engrais chimiques, dont l'emploi seul lui permet de maintenir la fertilité de ses terres et, *a fortiori*, de l'augmenter.

« A quelles quantités d'engrais chimiques correspondent les tonnages d'azote, d'acide phosphorique et de potasse exportés chaque année de nos exploitations rurales par les récoltes? Les voici :

« *Azote*. Les 272,400 tonnes manquantes représentent 1,740,000 tonnes de nitrate de soude ou 1,362,000 tonnes de sulfate d'ammoniaque.

« *Acide phosphorique*. Les 148,800 tonnes manquantes représentent 1,240,000 tonnes de superphosphate à 12 pour 100 ou 676,000 tonnes de phosphate minéral à 22 pour 100 (48 pour 100 de phosphate pur).

« *Potasse*. Les 377,000 tonnes correspondent à 754,000 tonnes de chlorure à 50 pour 100, ou à 2,217,000 tonnes de kaïnite (sulfate double de potasse et de magnésie à 17 pour 100 de potasse).

« Tels sont les chiffres énormes d'engrais chimiques ou d'engrais minéraux naturels nécessaires pour combler le vide laissé par l'insuffisance du fumier de ferme dans l'entretien de nos terres.

« Où le cultivateur peut-il se les procurer?

« Pour l'AZOTE, la source la plus abondante et la plus économique est incontestablement le *nitrate de soude*, dont l'extraction annuelle ne suffirait pas, à beaucoup près, aux besoins de la seule agriculture française, si celle-ci lui demandait de couvrir son déficit en azote. Le Chili et le Pérou sont les seuls pays producteurs de nitrate, sur une échelle considérable.

« L'extraction annuelle du nitrate de soude monte à 800,000 tonnes métriques environ.

« Le *sulfate d'ammoniaque*, dont la production indigène est tout à fait insuffisante, nous vient principalement d'Angleterre (crud ammoniac, ammoniac sulfat).

« On peut évaluer la production totale, en Europe, du sulfate d'ammoniaque, aux chiffres suivants :

	Tonnes.
Angleterre	132.000
France	20.000
Belgique	5.000
Allemagne	15.000
Autres pays d'Europe	15.000
Total	187.000

« Les SELS DE POTASSE (notamment le chlorure et la kaïnite) nous sont fournis par l'Allemagne, l'industrie française ne pouvant pas suffire à la consommation de ces sels, si restreinte encore qu'elle soit.

« D'après le relevé officiel du syndicat des ventes de Stassfurt, l'exploitation des sels de potasse de ces mines s'est élevée, en 1889, aux chiffres suivants :

	Tonnes.
Chlorure de potassium	123.000
Sulfate de potasse	6.221
— et de magnésie	9.886
Sels divers de potasse pour engrais	2.238
Kiésérite en roches	31.824

« La France a reçu de Stassfurt, en 1889, 10,700 tonnes de chlorure de potassium. L'agriculture allemande seule a consommé, dans la même année, 200,000 tonnes de kaïnite.

« Restent les PHOSPHATES. De nombreux et importants gisements de phosphates naturels existent dans beaucoup de régions de la France. Malheureusement, grâce à l'ignorance et à l'insouciance d'un trop grand nombre de cultivateurs, une proportion énorme (75 pour 100 des phosphates riches extraits dans la Somme, par exemple) des phosphates extraits du sol français, est achetée par l'étranger et nous revient, en partie, sous forme de superphosphate.

« Les scories de déphosphoration de la fonte, engrais phosphaté de premier ordre, représentent une production annuelle, pour l'Europe, de 700,000 tonnes environ, dont les neuf dixièmes sont produits en Allemagne, Autriche, Luxembourg et Angleterre.

« La production des scories phosphatées s'est élevée, pour l'Allemagne seule, en 1889, à 430,000 tonnes.

« En 1889, l'Europe a produit 2,274,552 tonnes d'acier basique (procédé Thomas-Gilchrist). La proportion des scories phosphatées correspondant à l'acier produit, est presque rigoureusement égale à 30 pour 100 du poids du métal. La quantité de scories produites, en 1889, a donc dépassé 750,000 tonnes.

« Voici, d'ailleurs, par pays, la répartition de la production de l'acier Gilchrist pour l'année 1889, avec l'indication des quantités correspondantes de scories phosphatées :

	EN TONNES MÉTRIQUES.	
	Acier.	Scories.
Allemagne, Luxembourg, Autriche	1.481.642	493.527
Angleterre	493.919	164.636
France	222.392	74.130
Belgique et autres pays	76.599	25.533
Totaux	2.274.552	757.826

« L'Allemagne et l'Angleterre ont, à elles seules, consommé pour la fumure des terres, près des deux tiers des scories phosphatées produites en 1889 ».

Quant à la fabrication des superphosphates, elle est évaluée de la manière suivante par M. A. Girard, dans un rapport adressé au conseil des Douanes :

« La fabrication française des produits chimiques d'une part, d'une autre la fabrication anglaise, et surtout la fabrication belge concourent toutes trois à l'approvisionnement du marché français en superphosphates.

« En 1887 et 1888, l'importation de ces produits et des analogues (phospho-guanos, etc.) s'était élevée à 87,636 et 87,666 tonnes; en 1889, elle a atteint le chiffre de 127,781 tonnes...

« ... En fin de compte, 90,000 tonnes de pyrites sont restées disponibles pour la production de l'acide sulfurique destiné à la transformation des phosphates naturels en superphosphates.

« Or, en moyenne, on compte qu'une tonne de pyrites, rendant un peu plus d'une tonne d'acide sulfurique à 66 degrés Baumé, fournit, en réagissant sur les phosphates naturels, quatre tonnes de superphosphate au moins.

« D'où, pour la fabrication nationale, un chiffre de 400,000 tonnes de superphosphates ou analogues.

« Si, à ces 400,000 tonnes, on ajoute les 127,000 tonnes d'importation, c'est au chiffre de 527,000 tonnes qu'on voit s'élever le poids des superphosphates qui, en 1889, se sont présentés sur le marché français.

« L'exportation, d'ailleurs, n'a pas sensiblement diminué l'importance de ce chiffre; c'est, en effet, à 15,000 tonnes seulement que cette exportation paraît s'être élevée en 1889.

« D'où résulte que la masse de superphosphates offerte à nos cultivateurs s'est élevée, pour la dernière campagne, à 512,000 tonnes environ ».

On voit, d'après ce qui précède, que la France ne produit pas, à beaucoup près, les quantités d'engrais chimiques nécessaires à sa consommation; celle-ci est tout à fait hors de proportion avec ce qu'elle devrait être, et on ne saurait trop chercher à la développer.

Le rapport de M. Grandeau a été rédigé en vue de faire repousser par le Conseil supérieur de l'agriculture tous droits de douane sur les engrais chimiques. Jusqu'ici en effet, ces produits entraient en franchise et les documents que nous avons reproduits ne sont pas faits pour amener les législateurs à établir des droits élevés sur les matières fertilisantes, que notre agriculture est obligée de demander à l'étranger.

§ II. — Transport des engrais.

Les frais de transport ont une grande influence sur le prix de revient des engrais, surtout de ceux qui ne sont pas très concentrés; aussi devons-nous entrer dans quelques détails sur ce sujet et fournir au cultivateur les moyens d'apprécier les dépenses qui lui incomberont de ce chef.

Tarifs des Compagnies de chemins de fer pour le transport des grandes quantités. — Nous pensons qu'il sera utile de réunir ici les tarifs adoptés par les différentes Compagnies de chemins de fer, pour le transport des matières fertilisantes. A cause du rôle important que jouent les engrais commerciaux dans l'augmentation du rendement des récoltes, les Compagnies de chemins de fer ont établi des tarifs spéciaux et réduits; l'excès de production que l'agriculture peut obtenir par l'usage des matières fertilisantes doit d'ailleurs amener un trafic d'autant plus considérable que, par l'économie de leurs transports, les engrais pourront être employés plus généralement et plus abondamment.

Des efforts sont faits pour obtenir des réductions encore plus notables des tarifs. Il a même été question, dans ces derniers temps, de demander aux Compagnies le transport gratuit, ce qui permettrait à des régions entières de recourir aux engrais complémentaires et aurait certes une influence très grande sur la mise en valeur de terrains incultes. Il n'est point à douter que les Compagnies elles-mêmes trouveraient là un avantage, car, pour chaque quantité de matière fertilisante transportée gratuitement, elles auraient des quantités cinq fois, dix fois supérieures de produits récoltés, à charrier des lieux de production aux centres de consommation. Ce serait un prêt avantageux à la fois pour l'agriculture et pour les Compagnies elles-mêmes. Un exemple de ce système nous a été donné par la Compagnie de Paris à Lyon et à la Méditerranée, quand elle a transporté gratuitement le sulfure de carbone, destiné à maintenir la production vinicole.

Quoi qu'il en soit, voici quelles sont, à l'heure actuelle, les conditions auxquelles les différentes Compagnies transportent les engrais :

Tarifs des chemins de fer de l'Ouest.

La Compagnie des chemins de fer de l'Ouest applique dans toutes les sections de son réseau, un tarif spécial (P. V. n° 22) qu'on peut subdiviser en trois paragraphes :

Le premier, *Barême G,* comprend les engrais suivants :

Chlorure de potassium brut, (en fûts ou en sacs).
Déchets de boucherie.
— de cornes.
— de cuirs.
— d'os.
— de peaux.
Guano.
Nitrate de soude.
Os bruts.
Os concassés.
Sang desséché.
— liquide.
Sulfate d'ammoniaque.
Tourteaux.
Plâtre cuit (en sacs).

Ce barême est applicable à des chargements de 5,000 kilog. pour le plâtre, ou seulement de 1,000 kilog. pour les autres engrais, lorsqu'ils sont remis en balles.

Le deuxième, *Barême H,* comprend :

Engrais animalisés.
Résidus de boucherie.
Noir animal.
Phosphate de chaux.
Poudrette.
Sulfate de chaux.
Superphosphate.
Chaux.
Plâtre cru broyé (en sacs).
— en pierres.

Le troisième, *Barême I,* comprend :

Boues et gadoues.
Cendres.
Suie.
Coprolithes.
Scories de déphosphoration.
Déchets de poissons.
Terreau, terres, tourbes.
Engrais de mer, sables et tangues.
Feuilles.
Fumier.
Marcs d'olives et de raisins.
Marne.

Les barêmes H et I s'appliquent à des chargements complets d'au moins 5,000 kilog. ou payant pour ce poids. Tous les prix précédents ne comprennent pas les frais accessoires.

Pour faciliter les évaluations des frais de transport,

nous extrayons des barêmes quelques chiffres indiquant le prix à payer pour 1,000 kilog. de gare en gare, non compris les frais de chargement, de déchargement et de gare.

Distances kilométriques.	Barème G.	Barème H.	Barème I.
	fr.	fr.	fr.
6	0.40	0.35	0.30
10	0.70	0.60	0.60
20	1.40	1.20	1.00
30	2.00	1.70	1.45
40	2.50	2.10	1.85
50	2.95	2.50	2.25
60	3.35	2.80	2.55
70	3.75	3.10	2.85
80	4.15	3.40	3.10
90	4.55	3.70	3.30
100	4.95	4.00	3.50
150	6.50	5.00	4.40
200	8.00	6.00	5.25
300	10.50	7.50	7.00
400	13.00	9.00	8.75
500	15.50	10.50	10.50
600	17.50	12.00	12.00
700	19.50	13.50	13.50
800	21.25	15.00	15.00

Pour les sables de mer, tangues, etc., expédiés dans un rayon de 100 kilomètres, au départ des gares du Légué, de Lannion et de Moidrey, un barême spécial est appliqué pour expéditions d'au moins 10,000 kilog. ou payant pour ce poids; et par train complet de 100,000 kilog. pour les provenances de Moidrey. Ce barême a pour base le prix de 0 fr. 03 par tonne et par kilomètre.

Tarifs des chemins de fer d'Orléans.

Dans le tarif spécial aux engrais (D. n° 22), le *Barême I* comprend :

Boues et vases.
Cendres.
Phosphates non pulvérisés.
Déchets de boucherie.
Écume et résidus de sucreries.
Engrais de mer et de poissons.
Feuilles.
Fumiers.
Marne.
Poussière de laines.
Sablon calcaire et tangues.
Tourbes.
Terreaux et terres.

Un barême spécial, dit *Barême d'autre part*, comprend :

Déchets de cuir.
Déchets de peau.
Noir animal.
Eau ammoniacale.
Os concassés et en poudre.
Phosphates de chaux pulvérisés.
Poudrette.
Rapure de cornes.
Sang desséché (emballé).
Sang liquide (en fûts).
Scories de déphosphoration.
Suie.
Superphosphate de chaux.
Tourteaux.

Ce barême est établi sur les bases suivantes :

0 fr. 045 par tonne et par kilomètre	de 0 à 150	kilomètres.
Taxe de la 6° série	de 151 à 215	—
Taxe du barême G au delà	de 215	—

Pour les engrais ci-dessous :

Nitrate de soude,
Sulfate d'ammoniaque,
Chlorure de potassium,
Os bruts,
Plâtre,
Guano,
Sulfate de fer,
Superphosphate (sans condition de tonnage).

on applique le *Barême de la 6e série* du tarif général jusqu'à 215 kilomètres; au delà, on applique le *Barême G*, comme pour les précédents.

Dans tous ces tarifs, les prix s'appliquent à des chargements de 5,000 kilog. au minimum par wagon, ou payant pour ce poids; ils ne comprennent pas les frais accessoires qui sont fixés à 0 fr. 40 pour frais de gare, le chargement et le déchargement étant effectués par les soins et aux frais des expéditeurs et des destinataires.

Pour les chaux destinées à l'agriculture, transportées en vrac, en wagons découverts, ou wagons à houille non bâchés, par chargement de 8,000 kilog. au minimum par wagon, ou payant pour ce poids, la taxe ne pourra être supérieure à 3 fr. 40 par tonne, frais de gare compris, pour les parcours jusqu'à 100 kilom. sans interruption. Pour les parcours supérieurs à 100 kilom., effectués sans interruption, la taxe, frais de gare compris, sera calculée en ajoutant à celle de 3 fr. 40, 0 fr. 02 par kilomètre au delà de 100. Jusqu'à 60 kilom., on applique le *Barême H*.

Voici les différents barêmes donnant, pour des distances déterminées, les prix de transport d'une tonne, frais accessoires non compris :

Distances kilométriques.	Barème G.	Barème H.	Barème I.	Barème dit d'autre part.	Barème 6.
	fr.	fr.	fr.	fr.	fr.
6	»	0.50	0.25	0.25	0.50
10	»	0.80	0.45	0.45	0.80
20	»	1.60	0.90	0.90	1.60
30	»	2.15	1.35	1.35	2.20
40	»	2.45	1.80	1.80	2.60
50	»	2.75	2.25	2.25	3.00
60	»	3.00	2.55	2.70	3.40
70	»	»	2.85	3.15	3.80
80	»	»	3.15	3.60	4.20
90	»	»	3.45	4.05	4.60
100	»	»	3.75	4.50	5.00
110	»	»	3.95	4.95	5.35
120	»	»	4.15	5.50	5.70
130	»	»	4.35	5.85	6.05
140	»	»	4.55	6.30	6.40
150	»	»	4.75	6.75	6.75
160	»	»	4.95	»	7.10
170	»	»	5.15	»	7.45
180	»	»	5.35	»	7.80
190	»	»	5.55	»	8.15
200	»	»	5.75	»	8.50
215	»	»	»	»	9.05
250	9.75	»	6.75	»	»
300	10.75	»	7.75	»	»
350	11.75	»	8.75	»	»
400	12.75	»	9.75	»	»
450	13.75	»	10.75	»	»
500	14.75	»	11.75	»	»
600	16.75	»	13.75	»	»
700	18.75	»	15.75	»	»
800	20.75	»	17.75	»	»
900	22.75	»	19.75	»	»
1.000	24.75	»	21.75	»	»

Tarifs des chemins de fer de l'État.

Le tarif spécial P. V, n° 2 est établi ainsi : le poids du wagon complet est de 4,000 kilog. au minimum pour toutes les marchandises, à l'exception de celles qui sont transportées aux prix du barême n° 9 ; ce dernier barême n'est applicable que sous la condition d'un chargement de 8,000 kilog. au minimum.

Les expéditions inférieures au poids minimum fixé pour un wagon complet sont taxées pour ce poids minimum, lorsqu'il y a avantage pour l'expéditeur.

Le *Barême* 7 comprend :

Boues.
Déchets de corne, d'os et de tannerie.
Engrais de mer.
Engrais non dénommés.
Guano.
Marne.
Nitrates.
Os bruts et en poudre.
Sulfate d'ammoniaque.
— de chaux.
— de potasse.
— de fer.
Terres.
Tourteaux.

Le *Barême* 8 comprend :

Coprolithes.
Feuilles.
Fumier.
Noir animal.
Phosphate de chaux.
Poudrette.
Superphosphate.
Terreaux.
Tourbe.

Le *Barême* 9 comprend :

Chaux et pierre à chaux.
Engrais de mer.
Sable calcaire.
Tangue.
Cendres.
Boues.

Le *Barême* 6 comprend :

Nitrate.................... } sans condition de tonnage.
Sulfate d'ammoniaque......
Sulfate de potasse...........
Sulfate de chaux............

Le *Barême* 5 comprend :

Sang desséché (emballé.)   Sang liquide (en fûts.)

Le chargement est fait par l'expéditeur et le déchargement par le destinataire, à leurs frais, risques et périls.

Voici, calculés d'après ces barêmes, les prix de transports par tonne, frais accessoires non compris :

Distances kilométriques.	Barême nº 5.	Barême nº 6.	Barême nº 7.	Barême nº 8.	Barême nº 9.
	fr.	fr.	fr.	fr.	fr.
6	0.55	0.50	0.40	0.40	»
10	0.90	0.80	0.50	0.50	»
20	1.80	1.60	1.00	1.00	1.00
30	2.65	2.35	1.50	1.40	1.00
40	3.35	2.95	2.00	1.90	1.20
50	4.00	3.50	2.40	2.25	1.50
60	4.55	3.95	2.80	2.65	1.80
70	5.05	4.35	3.15	3.00	2.10
80	5.45	4.65	3.45	3.25	2.40
90	5.75	4.90	3.75	3.55	2.70
100	6.00	5.00	4.00	3.80	3.00
125	7.35	6.10	4.90	4.55	3.60
150	8.65	7.15	5.65	5.25	4.15
175	9.90	8.15	6.40	5.65	4.60
200	11.00	9.00	7.00	6.00	5.00
250	13.15	10.65	8.15	6.90	5.65
300	15.00	12.00	9.00	7.50	6.00
400	20.00	16.00	12.00	10.00	8.00
500	25.00	20.00	15.00	12.50	10.00
600	30.00	24.00	18.00	15.00	12.00
700	35.00	28.00	21.00	17.50	14.00

Tarifs des chemins de fer du Midi.

Les tarifs de cette Compagnie ont été homologués depuis le mois de septembre 1890 sur les bases suivantes, en ce qui concerne les engrais (Tarif P. n° 22) :

Le *Barême I* comprend :

Balayures de rues.	Faluns.
Boues.	Feuilles pour engrais.
Chaux en vrac, en wagons découverts non bâchés.	Fumiers.
Plâtre en poudre, en wagons découverts non bâchés.	Marne.
Coprolithes.	Scories de déphosphoration.
Engrais de mer.	Suie.
	Vases et terres.
	Vidanges.

Il s'applique aux expéditions par wagon chargé d'au moins 5,000 kilog. ou payant pour ce poids, et ne comprend pas les frais accessoires de gare, de chargement et de déchargement.

Le *Barême F*, s'appliquant aux expéditions d'au moins 1,000 kilog. ou payant pour ce poids, comprend :

Chiffons de laine.	Os en poudre (emballés).
Chlorure de potassium.	Sang desséché.
Débris de chaussures.	Sulfate d'ammoniaque.
Déchets de boucherie (emballés).	Tourteaux.
— de tannerie.	Noir animal.
— d'os.	Guano.
Nitrates bruts.	Phosphate de chaux.
Os bruts ou concassés (emballés ou en vrac).	Poudrette.
	Superphosphate.

Lorsque l'expédition se fait par wagon chargé d'au moins 5,000 kilog. ou payant pour ce poids, on applique le *Barême H* aux cinq dernières matières et le *Barême G* aux précédentes.

Le *Barême H* s'applique intégralement aux marchandises suivantes par wagon d'au moins 5,000 kilog. :

Cendres.
Déchets de poissons.
Eaux ammoniacales.
Eau de désuintage.
Marcs d'olives, de pommes et de raisins.
Terreau.
Tourbe.

Le *Barême G*, pour wagon d'au moins 5,000 kilog., comprend :

Engrais non dénommés (emballés).
Fèces.
Sang liquide (en fûts).

L'indication des bases kilométriques de ces différents barêmes, nous dispensera de transcrire ici la série des barêmes faciles à construire sur ces données :

Barême F.

			fr.
Par kilomètre		jusqu'à 40 kilom.	0.10
Par kilom. en excédent au delà de	40 kilom.	— 100 —	0.05
	100 —	— 200 —	0.03
	200 —	— 300 —	0.025
	300 —		0.02

Barême G.

			fr.
Par kilomètre		jusqu'à 50 kilom.	0.08
Par kilom. en excédent au delà de	50 kilom.	— 65 —	0.04
	65 —	— 200 —	0.03
	200 —	— 290 —	0.025
	290 —		0.02

Barême H.

				fr.
Par kilomètre		jusqu'à	25 kilom.	0.07
Par kilom. en excédent au delà de	25 kilom.	—	90 —	0.04
	90 —	—	210 —	0.03
	210 —			0.02

Barême I.

				fr.
Par kilomètre		jusqu'à	50 kilom.	0.05
Par kilom. en excédent au delà de	50 kilom.	—	100 —	0.03
	100 —			0.02

Tarifs des chemins de fer de Paris à Lyon et à la Méditerranée.

La Compagnie applique sur tout son réseau pour le transport des engrais un tarif spécial, correspondant à plusieurs barêmes.

Le *Barême E* comprend :

Chaux en vrac (non bâchée).
Poudrette.
Os dégélatinés.
Pierre à plâtre.
Plâtre.
Pierre à chaux.

Ces prix comprennent les droits de gare, de chargement et de déchargement pour la pierre à chaux, la pierre à plâtre et le plâtre. Le chargement et le déchargement sont à la charge de l'expéditeur et du destinataire, pour la chaux, la poudrette et les os dégélatinés.

Le *Barême F* comprend :

Boues de villes.
— de sucreries.
Cendres.
Feuilles.
Fumiers.
Marne.
Suie.
Terreaux et terres.

Ces prix comprennent les droits de gare :

Le *Barême n°* 6 comprend :

Chiffons de laine.
Coprolithes.
Déchets de corne ou d'os.
— de cuir et de peau (en sacs ou en vracs).
Engrais de mer et de poissons.
— fabriqués.
Guanos.
Noir animal.
Os bruts, concassés ou en poudre.
Sang desséché (emballé).
Sang liquide (en fûts).
Tourteaux.
Phosphates et superphosphates.

Ces prix ne comprennent pas les droits de gare, qui sont fixés à 0 fr. 40 par tonne.

Tous les tarifs s'appliquent à des expéditions de 5,000 kilog. ou payant pour ce poids ; les frais de chargement et de déchargement incombent aux expéditeurs et aux destinataires ; la Compagnie s'en charge au prix des 0 fr. 30 par tonne et par opération.

Les prix par tonne de 1,000 kilog., non compris les frais accessoires, sont calculés comme ci-après :

Distances kilométriques.	Barème B.	Barème E.	Barème F.
	fr.	fr.	fr.
6	0.50	0.50	0.50
10	0.80	0.80	0.80
20	1.60	1.60	1.60
30	2.20	2.20	2.20
40	2.60	2.60	2.60
50	3.00	3.00	3.00
60	3.40	3.30	3.20
70	3.80	3.60	3.40
80	4.20	3.90	3.60
90	4.60	4.20	3.80
100	5.00	4.30	4.00
110	5.35	4.75	4.20
120	5.07	5.00	4.40
130	6.05	5.25	4.60
140	6.40	5.50	4.80
150	6.75	5.75	5.00
160	7.10	6.00	5.20
170	7.45	6.25	5.40
180	7.80	6.50	5.60
190	8.15	6.75	5.80
200	8.50	7.00	6.00
250	10.25	8.25	7.00
300	12.00	9.50	8.00
350	13.50	10.75	9.00
400	15.00	12.00	10.00
450	16.50	13.25	11.00
500	18.00	14.50	12.00
600	21.00	17.00	14.00
700	23.50	19.50	16.00
800	26.00	22.00	18.00
900	28.50	24.00	20.00
1.000	30.50	26.00	22.00

Tarifs des chemins de fer du Nord.

Le tarif spécial (P. V. n° 22) comporte deux barêmes. Le *Barême n°* 4, pour wagons d'au moins 5,000 kilog. comprend :

Boues.
Chlorure de potassium (en fûts ou en sacs).
Déchets de boucherie, de poissons, d'os, de tannerie.
Eau de désuintage.
Engrais non dénommés.
Guano (en sacs ou en tonneaux).
Nitrates (en fûts ou en sacs).
Noir animal.
Os en poudre.
Phosphate de chaux.
Poudrette.
Sang desséché.
— liquide (en tonneaux).
Suie.
Sulfate d'ammoniaque (en fûts ou en sacs).
Superphosphate (en fûts ou en sacs).
Terreaux et terres.
Tourteaux.
Cendres.
Coprolithes.
Engrais de mer.
Feuilles.
Marne.
Plâtre.
Déchets de chaux.

Lorsque le chargement par wagons est d'au moins 10,000 kilog., on applique le *Barême n°* 6 aux huit dernières matières et le *Barême n°* 5 aux autres.

Les prix par 1,000 kilog., non compris les frais de manutention et de gare, se calculent comme suit :

Distances kilométriques.	Barême n° 4.	Barême n° 5.	Barême n° 6.
	fr.	fr.	fr.
1	0.40	0.40	0.40
10	0.60	0.50	0.40
20	1.20	1.00	0.80
30	1.80	1.50	1.15
40	2.40	2.00	1.45
50	3.00	2.50	1.75
60	3.40	2.90	2.05
70	3.80	3.30	2.35
80	4.20	3.70	2.65
90	4.60	4.10	2.90
100	5.00	4.50	3.15
110	5.30	4.75	3.40
120	5.60	5.00	3.65
130	5.90	5.25	3.90
140	6.20	5.50	4.15
150	6.50	5.75	4.40
160	6.80	6.00	4.65
170	7.10	6.25	4.90
180	7.40	6.50	5.15
190	7.70	6.75	5.40
200	8.00	7.00	5.65
250	9.00	7.75	6.65
300	10.00	8.50	7.40
400	12.00	10.00	8.90
500	14.00	11.50	10.40

Tarifs des chemins de fer de l'Est.

Cette Compagnie applique sur tout son réseau, pour le transport des engrais, un tarif spécial (P. V. n° 22) qui se subdivise en deux paragraphes.

Le paragraphe I, *Barême H,* comprend :

Chlorure de potassium (en fûts ou en sacs

Déchets de poissons.

Guanos (en sacs ou en tonneaux).

Nitrate de soude (en sacs ou en tonneaux).
Noir animal.
Poudrette (en fûts).
Superphosphate (en fûts).
Tourteaux.
Sulfate d'ammoniaque.

Par expédition d'au moins 1,000 kilog.

Coprolithes.
Phosphate de chaux.
Carbonate de chaux (en caisses, sacs ou tonneaux).
Chaux (en caisses, sacs ou tonneaux).
Chaux (en vrac avec bâche fournies par l'expéditeur).
Pierre à chaux.
— à plâtre.
Plâtre.

Par wagon d'au moins 5,000 kilog., ou payant pour ce poids, s'il y a avantage pour l'expéditeur.

Ce barême est dressé d'après les bases suivantes :

	fr.	
Jusqu'à 25 kilomètres....	0.06	par tonne et par kilomètre.
De 25 à 100 kilom..	0.03	par chaque kilom. en sus.
De 100 à 200 — ..	0.025	—
Au dessus de 200 — ..	0.02	—

Dans ces prix, ne sont pas compris les frais de chargement et de déchargement pour le phosphate de chaux, les coprolithes, le plâtre et la chaux. Ces opérations sont faites aux frais, risques et périls de l'expéditeur et du destinataire, sous la surveillance de la Compagnie qui perçoit 0 fr. 40 par tonne.

Pour les autres engrais, les prix ci-dessus seront majorés de 1 fr. 50 par tonne, pour frais de chargement, de déchargement et de gare.

Le paragraphe II, *Barême I,* pour wagons d'au moins 5,000 kilog., ou payant pour ce poids, comprend :

Boues.
Cendres.
Écumes de sucrerie.
Engrais marins.
Feuilles.
Fumiers.
Marne.
Sang liquide (en tonneaux).
Sang desséché.
Suie.
Terreaux et terres.

Ce barême correspond aux prix ci-dessous :

	fr.	
Jusqu'à 25 kilomètres.....	0.04	par tonne et par kilomètre.
De 25 à 50 kilom...	0.03	par chaque kilom. en sus.
De 50 à 100 — ...	0.025	—
Au-dessus de 100 — ...	0.02	—

Les frais de chargement, de déchargement et de gare (0 fr. 40 par tonne) ne sont pas compris dans ces tarifs.

Pour le transport des gadoues, par expéditions d'au moins 400 tonnes, la Compagnie a proposé à la Ville de Paris les tarifs suivants, qui ne sont pas encore en vigueur :

	fr.	
Jusqu'à 25 kilomètres.....	0.04	par tonne et par kilomètre.
De 25 à 50 kilom	0.02	par chaque kilom. en sus.
Au dessus de 50 —	0.015	—

Pour faciliter les évaluations des frais de transport, nous extrayons des barêmes, quelques chiffres indiquant le prix à payer par 1,000 kilog. de gare en gare, non compris les frais de chargement, de déchargement et de gare.

Distances kilométriques.	Barême H.	Barême I.	Distances kilométriques.	Barême H.	Barême I.
	fr.	fr.		fr.	fr.
6	0.35	0.25	140	4.65	3.80
10	0.60	0.40	150	4.90	4.00
20	1.20	0.80	160	5.10	4.20
30	1.65	1.15	170	5.35	4.40
40	1.95	1.45	180	5.55	4.60
50	2.25	1.75	190	5.80	4.80
60	2.55	2.00	200	6.00	5.00
70	2.85	2.25	250	7.00	6.00
80	3.15	2.50	300	8.00	7.00
90	3.45	2.75	350	9.00	8.00
100	3.75	3.00	400	10.00	9.00
110	4.00	3.20	450	11.00	10.00
120	4.20	3.40	500	12.00	11.00
130	4.45	3.60			

Outre ces tarifs généraux, qui sont les plus importants à connaître, chaque Compagnie a des prix exceptionnels pour certaines marchandises, voyageant d'un point déterminé du réseau à un autre. Nous ne pouvons ici reproduire ces tarifs exceptionnels ; on les trouve dans le tarif général des chemins de fer, publié par la maison *Chaix*, comme d'ailleurs tous les renseignements sur les transports par voie ferrée.

Nous devons ajouter qu'en consentant ce tarif spécial des engrais, toutes les Compagnies se réservent formellement le droit de pouvoir dépasser de 5 à 10 jours (suivant les Compagnies) le délai réglementaire pour l'expédition et le transport des marchandises, sans que cet excédent de délai puisse donner lieu à une indemnité. Ordinairement aussi, elles ont la faculté de fixer, dans la limite de ces délais, les jours et heures où les opérations de chargement et de déchargement pourront avoir lieu.

Tarifs pour petites quantités. — Tous les tarifs que nous avons donnés s'appliquent à des chargements par wagons complets, qui sont généralement de 5,000 kilog. ; si l'on voulait faire voyager des quantités moindres, les frais de transport seraient plus élevés, ainsi que les frais de gare (1 fr. 50 en général au lieu de 0 fr. 40) :

Voici la base des tarifs adoptés par différentes compagnies :

Chemins de fer de l'Ouest. — Pour chargements inférieurs à 7,000 kilog. (6e série) :

De	1 kilom.	jusqu'à	65 kilom.	0.08	par tonne et par kilom.
—	15	—	300 —	0.05	—
—	300	—	au delà	0.04	—

Chemins de fer d'Orléans. — Pour chargements inférieurs à 5,000 kilog. (6e série) :

De	1 kilom.	jusqu'à	25 kilom.	0.08	par tonne et par kilom.	
—	26	—	100 —	0.04	—	en sus.
—	101	—	300 —	0.035	—	—
—	301	—	600 —	0.03	—	—
—	601	—	1.200 —	0.025	—	—

Chemins de fer de Paris à Lyon et à la Méditerranée. — Pour chargements inférieurs à 5,000 kilog. (barême 6).

De	1 kilom.	jusqu'à	25 kilom.	0.08	par tonne et par kilom.	
—	26	—	100	0.04	—	en sus.
—	101	—	300	0.035	—	—
—	301	—	600	0.03	—	—
—	601	—	900	0.025	—	—
—	90	—	au delà	0.02	—	—

Chemins de fer du Nord. — Pour chargements inférieurs à 5,000 kilog., on applique la 6e série du tarif général :

De 1 kilom.	jusqu'à	25 kilom.	0.08	par tonne et par kilom.		
— 26	—	100	—	0.04	—	en sus.
— 101	—	300	—	0.035	—	—

Chemins de fer de l'Est. — Pour chargements inférieurs à 1,000 kilog. (6e série) :

De 1 kilom.	jusqu'à	23 kilom.	0.08	par tonne et par kilom.		
— 26	—	100	—	0.04	—	en sus.
— 101	—	300	—	0.035	—	—
— 301	—	au delà		0.03	—	—

Si l'on compare ces bases kilométriques à celles qui s'appliquent aux transports par chargements complets, on voit que ces dernières sont de beaucoup inférieures et donnent à l'acheteur en gros de sérieux avantages. Les syndicats agricoles, en groupant les commandes des petits cultivateurs, de manière à faire profiter chacun d'eux des tarifs les plus réduits, rendent sous ce rapport d'importants services par la diminution du prix de revient de l'engrais rendu à pied d'œuvre.

Considérations générales sur les transports. — Pour montrer combien il est important pour l'agriculteur d'être au courant de la question des tarifs de transport, nous choisirons un exemple, afin de fixer les idées. Supposons qu'une maison offre le sulfate d'ammoniaque, pris sur place, à 37 fr. les 100 kilog., alors que dans les centres de production de la région du Nord, à 300 kilom. par exemple, cette marchandise se vend 32 fr., et appliquons le tarif de la Compagnie du Nord (barême IV). L'acheteur qui peut faire un chargement de 5,000 kilog. payant 1 fr. de frais de transport et 0 fr. 10 de frais accessoires, soit 1 fr. 10 par 100 kilog., réalisera une économie de 3 fr. 90 par 100 kilog., soit de 195 francs sur l'ensemble de la livraison.

Sans multiplier ces exemples, nous pouvons poser en principe que l'acheteur en gros doit s'adresser directement aux lieux de production, toutes les fois que le calcul des frais de transport lui indique qu'il y trouve un avantage.

C'est ici également le lieu de faire ressortir l'importance qu'il y a d'acheter des engrais aussi concentrés que possible. Ainsi le phosphate fossile, contenant 30 pour 100 de phosphate réel, subit les mêmes tarifs de transport que les produits en contenant 60 pour 100; dans le premier cas, chaque kilog. de produit utile aura supporté deux fois plus de frais de transport que dans le second; comme souvent, surtout pour des produits de faible valeur, les frais de transports sont presque aussi élevés que les frais d'achat, il arrive fréquemment que rendu à pied d'œuvre, l'élément utile coûte plus cher dans les produits peu concentrés que dans les autres.

Si l'on achète des engrais humides, le prix de revient de l'élément utile sera majoré de tous les frais de transport de l'eau.

En résumé, il faut, au point de vue des transports, tenir compte de la concentration et de la siccité de l'engrais, pour éviter de faire voyager coûteusement de l'eau, du sable ou d'autres matières inertes. Cette considération est tellement vraie qu'elle entrave la propagation de certaines matières fertilisantes, telles que les engrais marins, les cendres, les gadoues, les fumiers et, en général, les matières contenant sous un grand poids une faible quantité de principes utiles.

Prise de livraison des engrais. — Les Compagnies de chemins de fer sont responsables des avaries de route et du poids de la marchandise qui leur est confiée. C'est au moment de la prise de livraison que le destinataire doit constater l'identité de la marchandise, car souvent des substitutions peuvent être faites par suite d'erreurs; inspecter la marque des sacs ou des tonneaux, et vérifier leur nombre. Il ne faut jamais négliger de peser la marchandise à l'arrivée; cette précaution est indispensable, aussi bien pour contrôler la livraison du fournisseur, que pour s'assurer si dans le trajet il n'y a eu aucune perte de matière. Dans le cas où on constate un manquant à la pesée, on est en droit de refuser la marchandise. Il en est de même si l'on observe des avaries qui ont altéré la qualité des engrais.

C'est toujours lors de la prise de la livraison que ces vérifications sont faites; car on n'a plus aucun recours, soit contre le vendeur, soit contre la Compagnie, du moment que les marchandises ont quitté la gare.

Transports par eau. — Les transports par eau sont généralement plus économiques que les transports par voie ferrée; mais ils présentent l'inconvénient d'être moins rapides et plus irréguliers que les précédents. On doit conseiller d'y avoir recours, surtout lorsqu'on n'est pas pressé par le temps et que les quantités à transporter sont importantes.

Il n'entre pas dans le cadre de cet ouvrage d'envisager les conditions très multiples et très variables de ce mode de transport. Les mers, les canaux, les cours d'eau navigables, offrent souvent sous ce rapport un avantage marqué sur les voies ferrées.

CHAPITRE II

FRAUDES DES ENGRAIS. — CONTROLE. LÉGISLATION.

Il n'y a pas de commerce qui ait pratiqué les fraudes sur une plus vaste échelle que celui des engrais. Nous devons faire connaître en quoi consistent ces fraudes, comment elles se pratiquent, quels sont, par contre, les moyens dont dispose le cultivateur pour les prévenir et quel est le rôle que jouent les Stations agronomiques. Nous indiquerons enfin comment la législation est intervenue pour sauvegarder les intérêts de l'agriculture.

§ I. — Fraudes.

Le commerce des engrais s'est, dans ces dernières années, avantageusement modifié, grâce à une législation sévère, à la diffusion de l'instruction, à l'intervention de la Science, grâce aussi à la centralisation de ce commerce entre les mains de négociants qui ont cherché dans l'exécution loyale de leurs engagements le succès de leur industrie. Aujourd'hui, on voit peu à peu disparaître les établissements qui vivent de la fraude et qui par l'intermédiaire de leurs agents, inondent les campagnes de produits de mauvaise qualité.

Quoique la législation nouvelle, la diffusion de l'enseignement agricole, la création des syndicats, tendent à rendre les fraudes de plus en plus rares, de plus en plus difficiles, nous croyons cependant devoir signaler celles qui, il y a peu de temps encore, se sont pratiquées le plus communément et qui aujourd'hui encore sont loin d'avoir disparu. Ce sont ces fraudes mêmes qui ont nécessité une législation spéciale et particulièrement sévère, à laquelle cependant arrivent à se soustraire de nombreux agents commerciaux. Les renseignements que nous donnons à ce sujet ne sont donc nullement dépourvus d'actualité.

Manœuvres employées pour tromper le cultivateur. — Il existe encore, particulièrement dans les grands centres de la France et de l'étranger, des fabriques d'engrais qui écoulent au loin, sous un nom de fantaisie, des matières plus ou moins fraudées, par l'entremise d'agents dont le concours, ou plutôt la complicité, est payé par des remises très élevées. C'est aux petits cultivateurs qu'ils s'adressent; c'est à domicile, au fond des campagnes, qu'ils vont chercher leurs commandes, abusant de la crédulité des paysans, leur faisant croire que les *guanos* qu'on leur vend ordinairement — car le nom de *guano* dans les campagnes s'applique à tous les engrais — sont beaucoup plus chers que ceux qu'ils leur offrent. Ils exhibent des certificats d'analyses et des attestations qui s'appliquent à des produits autres que ceux qu'ils présentent. Le plus généralement, ils vendent au comptant, sous le prétexte que cette manière d'opérer est pour eux le seul moyen de livrer à si bon marché. Souvent aussi ils vendent à crédit à très long terme; dans beaucoup de régions, c'est ce procédé qui réussit le mieux; le cultivateur n'ayant à débourser l'argent que dans un avenir assez long, achète plus facilement.

Il n'est pas de moyens qui n'aient été mis en œuvre pour exploiter la bonne foi et l'ignorance des paysans. Le prix des engrais ainsi acquis est généralement surfait de 50, 75, 80 pour 100 de leur valeur réelle.

Le cultivateur n'a qu'une seule manière d'échapper aux fraudes de cette nature, c'est de refuser de parti pris les offres qui n'émanent pas de maisons honorablement connues. Il est peu de régions où l'on ne puisse en trouver; les agriculteurs devront à cet effet consulter des personnes compétentes et désintéressées.

Dépositaires. — Ce n'est pas toujours aux cultivateurs, devenus méfiants, qu'on s'adresse; c'est souvent aux petits industriels ou commerçants des villages : aubergistes, épiciers, maréchaux-ferrants, etc. On les constitue dépositaires de l'engrais, en leur proposant la condition, extrêmement avantageuse en apparence, de ne payer qu'après l'écoulement complet de la marchandise; mais pour la régularité de l'opération, on leur demande une signature. Quelque temps après, un chargement d'engrais arrive, la facture ou la traite ne tarde pas à suivre; on leur a fait signer, à leur insu, un acte de vente parfaitement légal, qu'aucun tribunal ne saurait annuler. Cette manœuvre s'est produite maintes fois; elle a des conséquences désastreuses pour celui qui a engagé si légèrement sa signature et qui est obligé d'écouler sous sa seule responsabilité un engrais souvent sans aucune valeur.

Vente à la mesure. — La vente des engrais à l'hectolitre était pendant longtemps uniquement en usage dans certaines régions, particulièrement en Bretagne, pour transactions sur les noirs d'os. La garantie donnée portait seulement sur le tant pour cent en poids. Or, comme on ne garantit nullement le poids de l'hectolitre, on conçoit facilement combien les fraudeurs avaient libre carrière; tout leur talent consistait à amener l'engrais au volume le plus grand possible, à le faire foisonner pour ainsi dire. Pour cela ils se servaient de tourbe divisée, de charbon de bog-head, de charbons divers, etc. On livre ainsi à l'agriculteur, sous une garantie qui paraît élevée, une très faible quantité de principes fertilisants, dont le prix se trouve surfait d'une manière excessive. La vente à l'hectolitre, même avec garantie du poids de l'hectolitre, doit être absolument rejetée; seule la vente aux 100 kilog. doit être acceptée.

Dans les ventes au paysan, qui achète l'engrais sac par sac, les commerçants peu scrupuleux ne parlent pas de composition chimique; les mots azote, acide phosphorique, potasse n'ont aucun sens pour lui; seul le mot de *guano* exprime pour lui la valeur fertilisante d'un produit. L'ignorance du petit cultivateur sur ce point est complète. Nous avons pu maintes fois constater, par exemple, combien était répandu ce préjugé que tout engrais analysé devait par cela même être considéré comme de qualité supérieure, quel que soit d'ailleurs le résultat de l'analyse.

Même les agriculteurs déjà plus instruits, et qui cherchent à contracter leurs achats d'après l'analyse chimique, ne sont pas tout à fait à l'abri de la fraude.

Vente au titre sec. — Une des manœuvres les plus usitées consiste à leur vendre l'engrais au titre sec, c'est-à-dire que la garantie porte sur la matière desséchée à 100°. Voici, par exemple, un engrais vendu avec la garantie de 5 pour 100 d'azote et de 25 pour 100 de phosphate à l'état sec.

L'agriculteur, auquel les mots *à l'état sec*, écrits en

toutes petites lettres, échappent le plus souvent, ou qui ne comprend pas bien ce qu'ils signifient, croit acheter un engrais contenant par 100 kilog. : 5 kilog. d'azote et 25 kilog. de phosphate; l'analyse lui révèlera un titre de 4 pour 100 d'azote et de 20 pour 100 de phosphate. L'engrais, en effet, contenait 20 pour 100 d'eau, et si l'analyse, au lieu de porter sur l'échantillon naturel, s'était effectuée sur l'échantillon sec, on aurait bien trouvé les chiffres indiqués.

La garantie doit toujours s'appliquer à la matière telle qu'elle est livrée, et les chiffres doivent exprimer directement le taux des éléments fertilisants dans 100 kilog. de matière. Nous proscrivons sans réserve la vente au titre sec, qui a servi de couvert à des fraudes sans nombre, particulièrement en Bretagne pour les ventes du noir animal.

Vente à la mesure et au titre sec. — Pour accentuer encore cette fraude et pour réaliser des bénéfices plus considérables, on a été jusqu'à vendre les noirs à l'hectolitre, en faisant porter la garantie relative à l'acide phosphorique sur la matière sèche. On mélangeait un peu de noir à une matière très volumineuse, légère, et pouvant absorber par imbibition beaucoup d'eau; la tourbe remplissait ce but. On livrait ainsi, par exemple, au cultivateur, au prix de 8 fr. l'hectolitre, un engrais dont la teneur garantie était de :

30 de phosphate de chaux et de 2 d'azote, pour 100 de matière sèche.

Cet engrais, renfermant 30 pour 100 d'eau et pesant 70 kilog. par hectolitre, ne contient donc en réalité que :

kil. 14.7 de phosphate de chaux et kil. 1.0 d'azote par hectolitre;

il vaut à peine 4 fr. l'hectolitre, au lieu de 8 fr.

Le trafic des fraudeurs au titre sec consiste à faire absorber à un engrais riche la plus grande quantité possible d'eau ; ils achètent, par exemple, du noir animal contenant 80 pour 100 de phosphate ; cette matière très sèche peut absorber 25 et 30 pour 100 d'eau ; on arrose les sacs et sans changer le titre sec de la marchandise, on en augmente considérablement le poids et on vend ainsi de l'eau pour du noir.

Vente à la matière organique. — Nous signalerons un artifice du même genre, qui a fait de nombreuses victimes. L'engrais est vendu avec garantie de :

30 pour 100 de matières organiques,
renfermant 6 pour 100 d'azote.

Sans s'apercevoir que la quantité d'azote garantie se rapporte non à l'échantillon tel quel, mais seulement à la matière organique, on croit acheter un engrais contenant 6 kilog. d'azote par 100 kilog. ; or l'analyse constatera seulement un taux de 1,8 pour 100 d'azote.

Substitution de garantie. — Voici encore un autre genre de tromperie ; on annonce l'engrais comme devant contenir :

2 à 3 pour 100 d'azote et 12 à 14 pour 100
d'acide phosphorique *soluble.*

et on a soin de faire sur la facture la réserve suivante :

Minimum garanti : 2 pour 100 d'azote et 12 pour 100
d'acide phosphorique *total.*

Comme on le voit, la fraude ici consiste à substituer l'acide phosphorique, à l'état tribasique, valant 0 fr. 20 le kilog., à l'acide phosphorique des superphosphates, valant 0 fr. 70 le kilog. Le bénéfice illicite provenant de ce chef se chiffre pour le marchand par 12 fois 0 fr. 50, c'est-à-dire par une majoration de 6 francs les 100 kilog.

Il est encore un moyen bien simple de tromper les cultivateurs peu au courant des termes scientifiques, c'est de confondre les termes phosphate et acide phosphorique et de doubler ainsi le prix de l'unité vendue. C'est toujours sur l'acide phosphorique et non pas sur le phosphate, sur l'azote et non pas sur l'ammoniaque ou l'acide nitrique, que doit porter la garantie.

Souvent aussi on a pu constater que, dans un but frauduleux, on indique la teneur en alcalis, réunissant ainsi pour les vendre au même prix la potasse et la soude; cette expression doit être absolument rejetée et on ne doit accepter que la teneur en potasse soluble.

Écarts de composition. — Au lieu de faire porter la garantie sur un chiffre précis, on la formule souvent de la manière suivante :

Azote	4 à 6 %
Acide phosphorique soluble........	12 à 15 —
Potasse...........................	6 à 8 —

La valeur de l'engrais passe ainsi de 17 à 23 fr., suivant qu'on calcule d'après le premier ou d'après le second chiffre.

Il est vrai qu'on doit tolérer un certain écart dans la composition de l'engrais et que, malgré les soins apportés au mélange des matières premières, on ne peut obtenir une fixité absolue dans le titrage; c'est pour cela que, dans les marchés, on doit convenir que le manquant ou l'excédent sur les chiffres garantis entrera dans le calcul de la valeur, suivant des prix débattus à l'avance.

Vente à l'analyse commerciale. — Nous avons, à propos des phosphates (t. II, p. 415), parlé de l'analyse dite *commerciale*. Il n'est pas de procédé qui ait été plus favorable à la fraude, et qui ait causé de préjudices plus sérieux aux cultivateurs. La méthode d'analyse dite commerciale consiste à dissoudre le phosphate dans l'acide chlorhydrique bouillant, à filtrer et à ajouter de l'ammoniaque dans la liqueur filtrée. On obtient ainsi un précipité qui renferme le phosphate de chaux, en même temps que tout l'oxyde de fer et toute l'alumine que l'acide chlorydrique avait dissous.

Dans beaucoup de cas, l'erreur atteint des proportions énormes; ainsi, d'après Bobierre, sur 17 échantillons de phosphates pauvres du Lias, la méthode commerciale donnait les excédents suivants :

	Par 100 kil.	Pour 100 du phosphate réel.
	—	—
Excédent maximum	11.80	27.00
— minimum	5.49	13.00
— moyen	8.61	22.45

Sur 15 échantillons de phosphates riches, on a obtenu :

Excédent maximum	9.61	19.60
— minimum	4.70	8.40
— moyen	6.93	12.70

Dans des argiles phosphatées du Lot, M. Joulie a trouvé des résultats encore plus frappants :

Phosphate de chaux réel pour 100	17.35	44.50	35.50
Dosage commercial	38.00	64.00	51.60
Écart en plus	20.65	19.50	16.10

Il peut même arriver que des matières ne contenant aucune trace d'acide phosphorique accusent par ce procédé des quantités de phosphate considérables. La vente des noirs d'os et des phosphates, si importante en Bretagne, a été pendant longtemps contractée avec garantie d'analyse par le procédé commercial. L'usage de ce procédé, qui conduit à des erreurs si préjudiciables aux intérêts de l'acheteur est aujourd'hui interdit, et les chimistes qui consentiraient à l'employer devraient être considérés comme les complices de la fraude.

Tromperie sur le poids de la marchandise. — Il est utile de mettre les acheteurs en garde contre une tromperie qui se produit assez fréquemment sur le poids même de la marchandise livrée.

Livraisons incomplètes. — Les tarifs que nous avons étudiés s'appliquent à des marchandises mises en wagons par l'expéditeur et déchargées par le destinataire; ils s'appliquent à des chargements en gros, soit 5,000 kilog. ou 10,000 kilog. ou payant comme tels. La Compagnie se contente généralement de pesages très grossiers et quelquefois même vérifie simplement si la limite de charge n'est pas dépassée. Le vendeur peut profiter de cet état de choses pour expédier un poids inférieur à celui qu'il a facturé et ne charger, par exemple, que 4,800 kilog., au lieu de 5,000 qu'il a déclarés. L'agriculteur néglige le plus souvent de faire la vérification de poids. La pesée en dehors de la gare, c'est-à-dire après la prise de livraison, n'a plus aucune valeur auprès du vendeur, qui rejettera la faute sur la Compagnie.

Prévenu de cette manœuvre assez fréquente, tout acheteur doit formellement exiger le pesage à la gare de départ et à la gare d'arrivée. C'est la Compagnie de chemin de fer qui, rendue ainsi responsable du poids de la marchandise vis-à-vis de l'acheteur, aurait, en cas de fraude, à exercer un recours contre le vendeur.

Introduction, dans la livraison, de matières sans va-

leur. — Une autre fraude se produit assez fréquemment dans les fortes livraisons; elle consiste à y introduire, comme par hasard, quelques sacs de matières sans valeur et d'un aspect analogue à l'engrais acheté; dans un chargement de 50 sacs de chlorure de potassium, on mêlera 5 ou 6 sacs de chlorure de sodium, ou, pour que la fraude soit encore plus difficile à constater, on placera dans quelques sacs un mélange de sel et de chlorure. Cette tromperie passe ordinairement inaperçue. Si dans l'échantillonnage, on rencontre fortuitement un de ces sacs, le titre de l'ensemble est abaissé dans de trop faibles proportions pour que l'éveil soit donné; et si on les découvre, le marchand attribue l'erreur à ses employés et offre une compensation.

Une supercherie de même nature se produit assez fréquemment, notamment dans la vente des guanos. Ceux-ci, en effet, contiennent des mottes agrégées ressemblant à des pierres, mais qui offrent une richesse souvent supérieure à celle de la partie fine. Les marchands décousent souvent les sacs et introduisent dans le fond, dans les coins ou dans le milieu, des pierres ou des blocs argileux et augmentent ainsi le poids de l'engrais sans presque changer son aspect. L'introduction dans le fond des sacs de matières de faible valeur est très fréquente; cette fraude peut passer inaperçue, si l'échantillonnage n'est pas fait dans les conditions qui seront indiquées plus loin.

§ II. — Législation.

Le meilleur moyen de supprimer la fraude des engrais, c'est d'instruire le cultivateur; mais en attendant le jour où il sera capable de discuter lui-même ses intérêts, il était urgent d'arrêter des manœuvres qui avaient pris un développement considérable et menaçaient une des forces vives de l'agriculture. Le point de départ des récoltes élevées et rémunératrices, c'est l'engrais chimique, complément et adjuvant du fumier de ferme. L'adultération des engrais conduit non seulement à augmenter le prix de revient des récoltes, mais aussi à en diminuer la quantité et, lorsqu'elle se renouvelle dans une région, à détourner complètement et pour longtemps le cultivateur de l'emploi des matières fertilisantes du commerce. Nous avons vu dans certains pays un véritable discrédit jeté sur les engrais chimiques.

Ces faits ont attiré l'attention des agronomes, qui ont agi auprès du législateur pour obtenir des mesures contre des manœuvres portant atteinte à la richesse nationale.

Législation ancienne. — Avant 1850, la vente des engrais était soumise uniquement à l'article 405 du Code pénal, qui condamne toute adultération de marchandise et à l'article 423 qui punit la tromperie sur la nature de toute espèce de marchandises.

Loi du 27 *mars* 1851. — La loi du 27 mars 1851, qui intervint ensuite, s'applique plus particulièrement aux denrées alimentaires et médicamenteuses. Elle punit ceux qui trompent ou qui essaient de tromper l'acheteur sur la quantité des choses livrées, par addition d'eau, par mesurage faux et par addition frauduleuse de matières inertes. Nous transcrivons l'article 3, que la loi nouvelle du 4 février 1888 conserve en vigueur :

« 3. Sont punis d'une amende de 16 francs à 25 francs et d'un emprisonnement de six à dix jours, ou de l'une de ces deux peines seulement, suivant les circonstances, ceux qui, sans motifs légitimes, auront dans leurs magasins, boutiques, ateliers ou maisons de commerce, ou dans les halles, foires ou marchés, soit des poids ou mesures faux, ou autres appareils inexacts servant au pesage ou au mesurage.... »

Loi du 23 juin 1857. — Il y eut ensuite la loi du 23 juin 1857 sur les marques de fabrique et de commerce, dont les articles 7, 8 et 9 sont encore appliqués à la vente des engrais :

« 7. Sont punis d'une amende de 50 francs à 3,000 francs et d'un emprisonnement de trois mois à trois ans, ou de l'une de ces peines seulement : 1° ceux qui ont contrefait une marque ou fait usage d'une marque contrefaite; 2° ceux qui ont frauduleusement apposé sur leurs produits ou les objets de leur commerce une marque appartenant à autrui; 3° ceux qui ont sciemment vendu ou mis en vente un ou plusieurs produits revêtus d'une marque contrefaite ou frauduleusement apposée.

« 8. Sont punis d'une amende de 50 francs à 2,000 fr. et d'un emprisonnement d'un mois à un an ou de l'une de ces peines seulement : 1° ceux qui, sans contrefaire une marque, en ont fait une imitation frauduleuse, de nature à tromper l'acheteur ou ont fait usage d'une marque frauduleusement imitée ; 2° ceux qui ont fait usage d'une marque portant des indications propres à tromper l'acheteur sur la nature du produit; 3° ceux qui ont sciemment vendu ou mis en vente un ou plusieurs produits revêtus d'une marque frauduleusement imitée ou portant des indications propres à tromper l'acheteur sur la nature du produit.

« 9. Sont punis d'une amende de 50 francs à 1,000 francs et d'un emprisonnement de quinze jours à six mois ou de l'une de ces peines seulement : 1° ceux qui n'ont pas apposé sur leurs produits une marque déclarée obligatoire; 2° ceux qui ont vendu ou mis en vente un ou plusieurs produits ne portant pas la marque déclarée obligatoire pour cette espèce de produits; 3° ceux qui ont contre-venu aux dispositions des décrets rendus en exécution de l'art. 1 de la présente loi ».

« Mais la jurisprudence, dit M. Gauwain, avait démontré l'inanité de ces efforts. Pour que l'application de ces articles puisse être encourue, il faut que la fabrication ait altéré non seulement la *qualité* du produit, mais sa *nature* même, son *essence*, son *identité;* il faut que la chose eût été donnée frauduleusement pour ce qu'elle n'a jamais été, ou que par le mélange dont elle a été l'objet, elle se trouve tellement altérée, que sa nature première a disparu et qu'elle a été rendue impropre à l'usage auquel elle était destinée. Il suffisait donc de ne pas pousser la fraude jusque-là pour qu'elle demeurât impunie ».

En résumé, il était facile à un fraudeur habile de passer à travers les mailles d'une législation peu précise; la fraude pouvait s'exercer librement; elle prit des proportions telles, qu'un concert de plaintes se produisit; que les hommes les plus dévoués aux intérêts agricoles, parmi lesquels il faut surtout citer le nom de Bobierre, firent entendre les protestations les plus énergiques; que dans certains départements de l'Ouest, l'administration préfectorale prît des arrêtés, pour obliger les vendeurs à placer sur leurs produits des écriteaux indiquant leur composition chimique et nommât des inspecteurs autorisés à en vérifier l'exactitude. Ces arrêtés furent déclarés illégaux.

Loi du 27 juillet 1867. — Enfin le Gouvernement, ému de cet état de choses, nomma une commission qui, presidée par Dumas, fit une enquête sur les engrais industriels et proposa au Gouvernement la révision des lois antérieures, qui étaient insuffisantes pour protéger les cultivateurs contre les fraudes de plus en plus nombreuses. C'est sous son inspiration que fut rédigée, puis votée la loi du 27 juillet 1867 relative à la fraude sur la vente des engrais.

Nous en donnons le texte :

« Art. 1er. Seront punis d'un emprisonnement de trois mois à un an et d'une amende de 50 francs à 2,000 francs : 1° ceux qui, en vendant ou mettant en vente des engrais ou amendements, auront trompé ou tenté de tromper l'acheteur, soit sur leur nature, leur composition ou le dosage des éléments qu'ils contiennent, soit sur leur provenance, soit en les désignant sous un nom qui, d'après l'usage, est donné à d'autres substances fertilisantes; 2° ceux qui, sans avoir prévenu l'acheteur, auront vendu ou tenté de vendre des engrais ou amendements qu'ils sauront être falsifiés, altérés ou avariés. Le tout sans préjudice de l'article 1er, § 3, de la loi du 27 mars 1851, en cas de tromperie sur la quantité de la marchandise.

« 2. En cas de récidive commise dans les cinq ans qui ont suivi la condamnation, la peine pourra être élevée jusqu'au double du maximun des peines édictées par l'article 1er de la présente loi.

« 3. Les tribunaux pourront ordonner que les jugements de condamnation soient, par extraits ou intégralement, aux frais des condamnés, affichés dans les lieux et publiés dans les journaux qu'ils détermineront.

« 4. L'article 463 du Code pénal est applicable aux délits prévus par la présente loi ».

C'est cette loi qui, jusqu'en 1888, a régi le commerce des engrais; elle mit à l'abri des fraudeurs les cultivateurs assez instruits pour s'entourer dans leurs achats des précautions indiquées par la loi et pour exiger sur la facture, en termes clairs et précis, les garanties de composition. Mais ce n'est pas à cette catégorie d'acheteurs que les fraudeurs s'adressent, c'est à celle, beaucoup plus considérable, qui ignore la loi et qui n'a aucune connaissance des expressions chimiques. Aussi la fraude continua-t-elle son cours. Ce qui la favorisait surtout, c'est que le petit cultivateur, achetant son engrais seulement en petite quantité, néglige le plus souvent d'en faire faire l'analyse, et s'aperçoit seulement à la récolte qu'il a été lésé. Mais à ce moment toute poursuite est devenue impossible, puisque le corps du délit a disparu. Dans le cas où l'analyse lui avait dévoilé la fraude, il renonçait la plupart du temps à se porter partie civile et à courir les risques d'un procès, dont l'issue n'était pas toujours certaine.

Poursuites d'office. — Aussi de toutes parts, les directeurs des stations agronomiques, les conseils généraux, les chambres consultatives d'agriculture, les sociétés agricoles exprimèrent le vœu que l'initiative des poursuites, pour la répression des fraudes dans le commerce des engrais, pût partir du ministère public. Les circulaires ministérielles du 23 mars et du 25 juillet 1875 y donnèrent satisfaction : les hommes compétents et ayant qualité pour prendre en main les intérêts des cultivateurs, c'est-à-dire les membres des chambres consultatives d'agriculture, les membres des bureaux des associations agricoles, les professeurs d'agriculture ou de chimie agricole, les directeurs des stations agronomiques furent autorisés à dénoncer au parquet les fraudes qui se produisaient, et la poursuite était faite d'office par le procureur de la République, sans intervention de la partie civile.

Armés de ce pouvoir, les directeurs de stations purent obtenir des condamnations, dont le retentissement jeta pour un certain temps une crainte salutaire dans le monde des fraudeurs d'engrais.

Cependant la loi de 1867, qui paraît si formelle et si tutélaire, ne produisit pas tous les effets qu'on en attendait. Les campagnes étaient toujours exploitées; les fraudeurs trouvaient encore moyen de tourner la loi. Ils continuèrent à vendre, sous des noms trompeurs, des engrais, au triple et au quadruple de leur valeur.

Insuffisance de la législation ancienne. — Dans un moment où l'agriculture nationale était aux prises avec la concurrence étrangère et devait porter tous ses efforts sur une culture plus rationnelle et plus économique, le législateur n'hésita pas à substituer à la loi de 1867 une loi plus sévère, plus précise, plus protectrice.

Projet de loi de 1884. — A la suite d'un rapport présenté par M. Barral, au nom d'une commission prise dans le sein du Conseil supérieur de l'agriculture, M. Méline déposa à la Chambre, en 1884, un projet de loi sur la répression de la fraude des engrais, précédé d'un exposé des motifs. Nous croyons devoir faire connaître ces documents qui montrent les imperfections de la loi antérieure et la nécessité de la modifier.

Exposé des motifs. — « Les progrès de l'agriculture et surtout la nécessité d'accroître la puissance productive du sol, afin de pouvoir, en élevant la fertilité, produire plus économiquement et lutter ainsi contre la concurrence étrangère, ont déterminé l'emploi d'une plus grande quantité d'engrais.

« Les cultivateurs ont donc dû rechercher un complément des fumiers de ferme dans les substances minérales, végétales et animales pouvant leur apporter de nouveaux éléments fertilisants. C'est ainsi que l'extraction des phosphates minéraux, l'usage du guano, de la poudre d'os, des sels ammoniacaux et des nitrates, l'emploi des débris d'animaux et celui des résidus de toutes sortes provenant des usines ont pris, depuis une vingtaine d'années surtout, un développement considérable.

« L'industrie s'est mise à l'œuvre pour répondre aux demandes, de plus en plus nombreuses, adressées par l'agriculture; les fabriques d'engrais se sont multipliées et de nombreux entrepôts se sont organisés dans les campagnes. De leur côté, les Compagnies de chemins de fer ont, pour la plupart, favorisé le transport des matières fertilisantes par des abaissements de tarifs.

« Mais, ainsi qu'il arrive malheureusement trop souvent, en pareil cas, l'accroissement de la consommation a surexcité, avec la concurrence, l'esprit de fraude, et, si des fabricants et des commerçants loyaux ont toujours agi, dans leurs opérations, avec une entière bonne foi, il en est d'autres, trop nombreux, qui n'ont pas craint, pour grossir leurs profits, d'exploiter scandaleusement les besoins et la confiance des cultivateurs.

« Or, en cette matière, le fraudeur est d'autant plus coupable que la falsification ne se révèle, le plus souvent, qu'après l'emploi de la substance sophistiquée et alors qu'il est bien difficile, sinon impossible, de faire contrôler les déclarations du vendeur d'engrais.

« La fraude ne produit pas seulement une perte matérielle pour l'acheteur, elle arrête encore le progrès, elle compromet la richesse même du pays, en appauvrissant la terre à la longue et en affectant ainsi pour longtemps la production générale. En effet, craignant d'être trompés, la plus grande partie des agriculteurs s'abstiennent d'acheter et de fournir au sol les matières fertilisantes qui en augmenteraient la puissance productive. L'emploi des engrais complémentaires reste donc très limité ; au lieu d'être de 30 à 40 francs par hectare, comme cela serait désirable et possible, cet emploi atteint à peine 3 à 4 francs.

« Quoi qu'il en soit, le commerce des engrais industriels a pris une extension considérable. On peut évaluer à environ 5,000,000 de quintaux métriques, représentant une valeur de plus de 100,000,000 de francs, la consommation annuelle de ces matières.

« On comprend, dès lors, toute l'importance que l'on doit attacher à l'exactitude et à la sincérité dans la préparation et dans la vente des engrais commerciaux.

« Pendant longtemps l'article 423 du code pénal, ainsi que les lois du 27 mars 1851 et du 23 juin 1857 constituaient les seuls moyens d'action dont les tribunaux pouvaient disposer pour réprimer les fraudes et les falsifications en matière d'engrais et d'amendements. La jurisprudence prouva que l'ensemble de ces dispositions n'avait pas toute l'efficacité nécessaire pour arrêter les fabricants ou marchands déloyaux, et le Gouvernement, après une enquête administrative qui justifia cette insuffisance, se détermina, en 1866, sur l'avis d'une Commission extra-parlementaire, à saisir les Chambres d'un projet de loi spéciale sur la matière. Ce projet, légèrement amendé dans quelques-unes de ses parties, fut adopté et devint la loi du 27 juillet 1867.

« L'expérience a permis de reconnaître que les mesures édictées par le législateur de 1867 étaient restées impuissantes pour réprimer les falsifications commises dans le commerce des engrais et que l'esprit inventif des fraudeurs savait les éluder.

« En effet, la loi du 27 juillet 1867 punit d'un emprisonnement et d'une amende :

« 1° Ceux qui, en vendant ou en mettant en vente « des engrais ou des amendements, auront trompé ou « tenté de tromper l'acheteur, soit sur leur nature, leur « composition ou le dosage des éléments qu'ils contien- « nent, soit sur leur provenance, soit en les désignant « sous un nom qui, d'après l'usage, est donné à d'autres « substances fertilisantes;

« 2° Ceux qui, sans avoir prévenu l'acheteur, auront « vendu ou tenté de vendre des engrais ou des amende- « ments qu'ils sauront être falsifiés, altérés ou avariés.

« Le tout sans préjudice de l'application de l'arti- « cle 1er, § 3, de la loi du 27 mars 1851, en cas de trom- « perie sur la quantité de la marchandise ».

« Tous les moyens de tromperie semblaient prévus, dans cette rédaction, et, cependant, les fraudeurs ont su se mettre à l'abri de toute pénalité.

« Ainsi, la défense de désigner un engrais sous un nom appartenant déjà à d'autres substances fertilisantes est restée à peu près lettre morte, parce que le commerce a su tourner la difficulté par l'addition d'épithètes plus ou moins ingénieuses. Des arrêts ont, en effet, décidé qu'on ne pouvait considérer comme constituant une fraude l'emploi, pour spécifier des engrais, des noms qui, d'abord caractéristiques d'une espèce définie, ont ensuite été généralisés dans leur acception, surtout lorsque ces épithètes appelaient suffisamment l'attention de l'acheteur. C'est ainsi qu'on a pu vendre impunément des guanos et des phospho-guanos de tous genres, ne contenant aucune trace de guano, ou des noirs d'os ou du noir animal dans lesquels il n'entrait aucune parcelle d'os d'animal quelconque.

« Les prescriptions relatives à la provenance sont restées également sans efficacité, en tolérant des indications qui, pour cet objet, étaient absolument vagues.

« Les sévérités de la loi ont été également éludées pour le dosage des éléments contenus dans les engrais, puisque les fraudeurs ne fournissent pas l'analyse des engrais vendus, ou jouent sur les mots, lorsqu'ils donnent le titrage des engrais, en déclarant à l'acheteur que les dosages sont faits par des méthodes d'analyses dites commerciales. Or, ces méthodes diffèrent si essentiellement de la véritable analyse, de l'analyse qui fournit la composition réelle de la matière, que, pour les éléments assimilables, elles accusent des proportions supérieures de 20, 40, 60 et mêmes 80 pour cent à celles que devraient contenir les substances vendues.

« La loi de 1867 renferme encore une lacune qu'il est nécessaire de signaler. La science a constaté qu'il est difficile de se prononcer toujours sur la fourniture loyale d'un engrais, d'après les seuls résultats que cet engrais peut avoir produits dans la culture.

« En effet, d'une part, les circonstances météorologiques influent tellement sur les récoltes qu'il arrive, parfois, que dans le même sol, un engrais réussit complètement une année, tandis que, dans une autre année, il ne produit aucun effet sensible.

« D'une autre part, tel engrais qui donne de bons résultats dans un sol, n'en rend que de médiocres ou de nuls dans un autre sol.

« D'un autre côté encore, si certains engrais ont été répandus par un temps très sec ou très humide, ou si, avant leur emploi, ils ont été exposés, pendant un temps assez prolongé, à l'air libre, ou s'ils ont été mouillés par les pluies, ils perdent une partie plus ou moins considérable de leurs éléments fertilisants.

« Certains engrais conviennent à certaines cultures et, appliqués à d'autres cultures, produisent des résultats plus ou moins négatifs.

« Dans une terre humide ou pauvre, les engrais ne produisent pas le même effet que dans les terrains drainés, assainis ou riches et bien cultivés.

« Enfin le moment de l'application a encore un effet sur l'emploi d'un engrais.

« Dans ces différents cas, si le cultivateur se plaint, l'expertise est très difficile à faire sur la légitimité de ses réclamations, alors surtout que l'engrais a été enfoui dans le sol. Il est donc indispensable que le cultivateur, avant de faire l'emploi de l'engrais acheté, puisse s'assurer qu'il renferme bien les éléments fertilisants qu'il demande ou dont il a besoin. Pour cela, il est nécessaire que le marchand d'engrais soit tenu de fournir une facture sur laquelle il devra indiquer le dosage des éléments que renferme l'engrais vendu.

« On adresse encore à la loi de 1867 un autre reproche. En poursuivant les délits commis dans le commerce des engrais, cette loi a admis implicitement que les prévenus pouvaient exciper de leur bonne foi. Il en est résulté que, la plus grande partie des transactions en matière d'engrais s'opérant par des intermédiaires, courtiers ou vendeurs de seconde main, ceux-ci ont su échapper aux pénalités qu'ils encouraient dans leur trafic déloyal, en alléguant leur prétendue bonne foi, en soutenant qu'ils ignoraient la valeur des spécifications chimiques employées, que, loyalement, ils avaient acheté des engrais, ou qu'ils avaient accepté des dépôts d'engrais dont ils n'étaient pas en état de vérifier la composition et la valeur fertilisante. De semblables déclarations, dont il était difficile de contester la sincérité, ont souvent empêché toute répression et déterminé des jugements ou des arrêts dont les cultivateurs, obligés de se porter partie civile, devaient payer les frais. Ainsi deux fois victimes, bien qu'il fût établi qu'ils avaient été trompés et frustrés, ceux-ci se voyaient condamnés à tous les dépens du procès.

« Toutes ces considérations ont frappé le Gouvernement, qui a jugé utile de saisir le Conseil supérieur de l'agriculture de la question. Après un examen attentif des faits qui lui avaient été signalés, cette assemblée, sur le rapport d'une commission composée de chimistes et d'agronomes éminents, a adopté des conclusions tendant à réviser la loi de 1867, en vue de mieux préciser les fraudes et de fournir à l'acheteur, comme aux tribunaux, les moyens de combattre le mensonge et la mauvaise foi.

« C'est un projet rédigé sur ces bases que le Gouvernement vient actuellement soumettre à l'examen du Parlement.

« L'article 1er reproduit presque textuellement l'article 1er de la loi du 27 juillet 1867; il ajoute simplement deux membres de phrase qui ont pour objet de mettre fin aux fraudes commises par des désignations empruntées à d'autres substances fertilisantes. Ainsi, d'après la nouvelle rédaction de cet article 1er, il y aurait délit, non seulement en désignant l'engrais ou l'amendement vendu sous un nom qui, d'après l'usage, est donné à d'autres substances fertilisantes, mais encore en faisant entrer ce nom dans la désignation de cet engrais ou de cet amendement. La bonne foi ne pourra plus ainsi être invoquée pour excuse par le fraudeur.

« L'article 1er contient encore une modification sur laquelle il convient d'appeler l'attention. La loi du 27 juillet 1867 édictait un emprisonnement de trois mois à un an et une amende de 50 francs à 2,000 francs.

« On a dit que la pénalité était trop forte comparativement au délit, que la durée de l'emprisonnement, notamment, était exagérée, et que, dès lors, les tribunaux reculaient devant l'application rigoureuse de semblables dispositions.

« La pénalité est réduite par la nouvelle rédaction, qui abaisse la peine de l'emprisonnement de six jours à un mois et le minimum de l'amende à 16 francs. On ne pouvait aller plus loin, puisque ces peines constituent le minimum de celles applicables, aux termes de l'article 40 du Code pénal, aux actes que cette loi a qualifiés délits. Cette modification de la pénalité permettrait aux tribunaux de se montrer plus sévères dans l'application de la loi.

« L'article 2 du projet prévoit des contraventions dont la répression avait échappé au législateur de 1867. Il fournit, en outre, des moyens authentiques et certains pour apprécier la valeur des déclarations du vendeur d'engrais, son intention frauduleuse ou sa loyauté suivant les circonstances.

« Ainsi, la peine de l'amende de 11 francs à 15 francs et, suivant les cas, celle de l'emprisonnement pendant cinq jours au plus, serait appliquée d'après cet article :

« 1° A ceux qui, au moment de la livraison, n'auraient pas fourni à l'acheteur une facture de l'engrais ou de l'amendement vendu ;

« 2° A ceux qui n'auraient pas indiqué sur la facture le nom, la nature, la provenance, la composition et le dosage de l'engrais vendu, *dans l'état où il est livré*.

« Ainsi, le projet ne distingue pas entre le fabricant d'engrais et l'intermédiaire, courtier, dépositaire ou marchand de seconde main. Tous sont tenus de délivrer une facture au moment de la livraison.

« On pourrait objecter que le vendeur loyal sera exposé à être poursuivi, comme n'ayant pas délivré la facture, soit par un intermédiaire de mauvaise foi cherchant à couvrir une fraude en opposant l'absence de cette facture, soit à la requête d'un acheteur indélicat qui, n'ayant pas su faire un emploi utile de l'engrais, en contesterait l'efficacité. Mais les vendeurs auront toujours un moyen d'échapper à cette poursuite, en adoptant, pour leurs transactions, l'emploi du copie de lettres dont l'usage est prescrit et réglé par les articles 8, 10, 11 et 12 du Code de commerce, et qui fait foi dans les litiges.

« Comme on l'a dit plus haut, le vendeur sera tenu d'indiquer, sur la facture, le nom, la nature, la provenance, la composition et le dosage des éléments fertilisants contenus dans l'engrais vendu.

« Le dosage surtout doit présenter les moyens de contrôle à l'aide desquels l'acheteur peut se rendre compte de la valeur fertilisante de la substance, et l'expert, s'il y a réclamation, reconnaître si celle-ci est fondée, si la fourniture a été loyale ou adultérée.

« L'absence des indications exigées, et dont l'importance ne saurait échapper à l'attention du Parlement, constituera une contravention pour le fabricant, comme pour l'intermédiaire, et, par conséquent, les tribunaux devront toujours condamner et punir, car l'excuse de la bonne foi ne pourra, dans ce cas, être ni invoquée, ni admise. L'exécution de cette prescription nouvelle, en rendant plus facile et plus certaine la constatation du délit, permettra une répression plus efficace des falsifications et la préviendra sans doute dans beaucoup de cas.

« L'adoption d'une semblable disposition n'apportera, d'ailleurs, aucune gêne au commerce loyal, car tout fabricant sait parfaitement, ou peut facilement connaître les dosages en éléments utiles et assimilables, azote, acide phosphorique, potasse, etc., des engrais qu'il livre au commerce. De son côté, l'intermédiaire n'aura à reproduire, sur ses factures, que les indications du fabricant dont la facture sera sa propre garantie en cas de contestation.

« Le Conseil supérieur de l'Agriculture avait admis, mais après beaucoup d'hésitation, et sans méconnaître la gravité de l'incertitude qui en résulterait, que le dosage devrait porter sur les éléments assimilables. Le Gouvernement n'a pas cru devoir maintenir le mot : *assimilable,* en raison des incertitudes qu'il présente.

« Ce que le cultivateur achète, ce sont surtout des substances propres à la nutrition des plantes et, partant, assimilables. Mais toutes les substances ne sont pas également assimilables : l'acide phosphorique de l'apatite l'est moins que celui des phosphates fossiles; ce dernier l'est également moins que celui de l'acide phosphorique des os et surtout de la poudre d'os.

« L'acide phosphorique des superphosphates présente une solubilité plus rapide.

« L'azote de la houille, qui est considéré comme non assimilable, l'est cependant à la longue.

« Les roches les plus dures fournissent également des éléments assimilables à la longue.

« De là résulteraient donc de nombreuses difficultés; d'un autre côté, l'utilité de la qualification susmentionnée cessera d'exister du moment que la facture du vendeur indiquera la nature et la provenance de l'engrais vendu : on saura de la sorte l'assimilabilité de la potasse, de l'acide phosphorique et de l'azote que cet engrais renferme.

« Tels sont les motifs qui ont déterminé le Gouvernement à écarter du texte le mot *assimilable.*

« Le Conseil supérieur s'est arrêté, dans la nomenclature des éléments dont la désignation devrait être faite obligatoirement sur la facture, à trois éléments. Ce sont, dans l'état actuel de nos connaissances, les seuls, en effet, dont la présence et la quotité influent sur la valeur des engrais. A cet égard, le projet reproduit l'avis de la Commission supérieure.

« L'indication du dosage devra être celle de l'engrais « *dans l'état où il est livré* ».

« Cette indication est nécessaire pour éviter toute confusion et empêcher que le vendeur ne porte sur la facture, par exemple, la composition de l'engrais desséché à 120 degrés. Il importe, en effet, que la composition soit celle de l'engrais tel qu'il a été livré, c'est-à-dire avec toute l'eau qu'il renferme : un engrais qui contient 33 pour 100 d'eau donnant 5 pour 100 d'azote, en accuserait 7.6 pour 100 à l'état sec.

« Une instruction ministérielle indiquera le mode suivant lequel les échantillons devront être prélevés, ainsi que les garanties dont la prise d'échantillon devra être entourée. Les directeurs des Stations agronomiques et des Laboratoires agricoles, ainsi que les professeurs des facultés et des lycées, seront les experts tout désignés pour ces analyses.

« A cette disposition dont on vient de signaler les avantages, il y a toutefois à faire une exception en faveur de ceux qui vendraient des engrais ou des amendements à l'état naturel et n'ayant subi aucune transformation industrielle, ainsi : les fumiers d'écurie et d'étable, les gadoues ou boues de ville, les marnes, les tangues, les maërls et autres amendements semblables.

« Le dernier paragraphe de l'article 2 prononce cette exception qui créerait, d'ailleurs, des charges inutiles pour tous, vendeurs et acheteurs, par la nécessité de faire faire des analyses chimiques coûteuses. Toutefois, cette exception n'existerait que dans le cas où les engrais n'auraient subi aucune transformation et où les amendements seraient livrés tels qu'ils auraient été extraits de la carrière ou pris directement sur le littoral de la mer.

« L'article 3 prévoit le cas de récidive. Il reproduit l'article 2 de la loi du 27 juillet 1867 qui était parfaitement justifié. Celui qui, frappé par une première condamnation, a continué l'emploi des mêmes moyens dolosifs, témoigne d'une absence de sens moral et d'un esprit de cupidité qui le portent à répudier tout scrupule, pourvu qu'il s'enrichisse : il faut donc que la loi soit plus sévère à son égard.

« L'article 4 maintient les prescriptions de l'article 3 de la loi du 27 juillet 1867, mais seulement en ce qui concerne les délits prévus à l'article premier. L'article 4 apporte, toutefois, une modification à l'article 3 de la loi de 1867, en ce qu'il détermine plus spécialement les lieux dans lesquels les tribunaux pourraient prescrire l'affichage des jugements, et, surtout, en ce qu'il rend cette pénalité obligatoire en cas de récidive de l'un des délits prévus à l'article premier. Les lieux indiqués pour l'affichage sont, d'abord, l'arrondissement où le délit aura été commis, puis les portes de la maison ainsi que celles des ateliers ou magasins du fraudeur et de la mairie de son domicile.

« Ce châtiment exemplaire est certainement celui qui affecte le plus le vendeur de mauvaise foi, c'est celui qui l'atteint le plus dans ses intérêts, en divulguant ses pratiques déloyales, non seulement dans les localités où habitent ses victimes, mais encore dans celles où il exerce son industrie.

« Le premier paragraphe de l'article 4 laisse aux tribunaux toute latitude pour prononcer cette pénalité, dont l'application serait ainsi subordonnée aux circonstances de la cause; mais le second paragraphe exige que la publication et l'affichage soient toujours ordonnés, en cas de récidive de l'un des délits prévus à l'article premier, parce que la récidive témoigne d'une intention frauduleuse trop persistante pour ne pas être signalée à tous, et que les délits dont il s'agit portent un préjudice très grave contre lequel il faut prémunir les agriculteurs. Quant aux contraventions indiquées à l'article 2, elles n'ont pas une gravité qui puisse justifier un châtiment aussi sévère que celui de l'affichage et de la publication du jugement, et si le législateur doit punir avec rigueur les actes qui témoignent d'une mauvaise foi persistante, il ne doit pas exagérer cette rigueur en frappant de la même peine les auteurs d'actes qui n'ont pas le même caractère frauduleux.

« Ainsi que l'a fait le législateur de 1867, l'article 463 du Code pénal devra, suivant les circonstances dont le tribunal est seul juge, être appliqué pour les délits prévus par le projet. Les avantages de l'adoucissement autorisé par l'article 463 sont parfaitement reconnus et justifiés. Les divers faits incriminés par le projet sous une même dénomination générique, sont loin de peser du même poids, soit par leur valeur morale, soit par les résultats qu'ils produisent. L'inflexibilité dans la fixation de la peine renfermerait dans des catégories trop étroites des faits qui n'ont de ressemblance que dans le nom, mais qui diffèrent par leur essence.

« Les cultivateurs ont besoin plus que jamais d'être défendus contre les fraudes dont ils sont, depuis trop longtemps, les victimes et qui, chaque jour, font des progrès parallèles à ceux de la science. L'agriculteur, en effet, n'a pas la possibilité de reconnaître les falsifications par l'aspect de l'engrais, ni de savoir, par le simple examen des propriétés extérieures des substances qu'on lui propose, si celles-ci ont été altérées. Confiant dans les assertions de son vendeur, il prodigue à la terre son travail, et ce n'est que de longs mois après qu'il se trouve en présence d'une récolte presque nulle. Et, lorsqu'il s'apercoit qu'il a été trompé, il ne peut obtenir justice, car il ne peut justifier que la cause de son insuccès est due à une tromperie.

« Cette situation peut changer par l'application des nouvelles dispositions que le Gouvernement propose à l'examen du Parlement. Il affirmera sa sollicitude envers les cultivateurs par l'adoption de mesures tendant à assurer à ceux-ci une protection plus efficace contre ceux qui veulent abuser de leur confiance et exploiter leurs besoins.

Projet de loi.

« Article unique. — La loi du 27 juillet 1867 est modifiée et complétée ainsi qu'il suit :

« Article premier. — Sont punis d'un emprisonnement de six jours à un mois et d'une amende de 16 francs à 2000 francs :

« 1° Ceux qui en vendant ou en mettant en vente des engrais ou des amendements auront trompé ou tenté de tromper l'acheteur, soit sur leur nature, leur composition ou le dosage des éléments qu'ils contiennent, soit sur leur provenance, soit en les désignant sous un nom qui, d'après l'usage, est donné à d'autres substances fertilisantes, *ou en faisant entrer ce nom dans la désignation de ces engrais ou de ces amendements;*

« 2° Ceux qui, sans avoir prévenu l'acheteur, auront vendu ou tenté de vendre des engrais ou des amendements qu'ils savaient être falsifiés, altérés, avariés ou *faussement désignés*;

« Le tout sans préjudice de la loi du 27 mars 1851

« Art. 2. — Sont punis des peines édictées par l'article 479 du Code pénal, et peuvent même l'être de celles de l'article 480 du même code, ceux qui, au moment de la livraison, n'auront pas fourni à l'acheteur une facture de l'engrais ou de l'amendement vendu, ou qui n'auront pas indiqué, sur cette facture, le nom, la nature, la provenance de l'engrais vendu, ainsi que son dosage en azote, en acide phosphorique et en potasse, pour cent kilogrammes de la marchandise, dans l'état où elle est livrée.

« Toutefois, les dispositions du présent article ne sont pas applicables à ceux qui auront vendu des fumiers, des matières fécales, des composts, des gadoues ou boues de ville, des déchets de marchés, des varechs et autres plantes marines pour engrais, des déchets frais d'abattoirs, de la chaux, de la marne, des faluns, du plâtre, de la tangue, des sables coquilliers ou autres amendements, en tant que ces engrais ou amendements n'auront fait l'objet d'aucune fabrication, soit par mélange, soit par addition, soit par dessiccation, torréfaction ou tout autre procédé pouvant en modifier l'état ou la composition.

« Art. 3. — Lorsqu'il y a récidive dans les cinq ans qui ont suivi la condamnation, la peine peut être élevée jusqu'au double du maximum des peines édictées suivant les cas par les articles 1er et 2 ci-dessus.

« Art. 4. — Dans les cas prévus à l'article 1er, les tribunaux peuvent, en outre des peines ci-dessus portées, ordonner que les jugements de condamnation seront, par extraits ou intégralement, publiés dans les journaux qu'ils détermineront et affichés dans l'arrondissement où le délit a été commis, ainsi que sur les portes de la maison et des ateliers ou magasins du vendeur, et sur celle de la mairie de son domicile. »

Législation actuelle. — Le projet précédent subit quelques modifications, apportées par la Chambre des députés et le Sénat, et le 4 février 1888 fut promulguée la loi suivante :

Loi concernant la répression des fraudes dans le commerce des engrais.

« ARTICLE PREMIER. — Seront punis d'un emprisonnement de six jours à un mois et d'une amende de 50 à 2,000 francs ou de l'une de ces deux peines seulement :

« Ceux qui, en vendant ou mettant en vente des engrais ou amendements, auront trompé ou tenté de tromper l'acheteur, soit sur leur nature, leur composition ou le dosage des éléments utiles qu'ils contiennent, soit sur leur provenance, soit par l'emploi, pour les désigner ou les qualifier, d'un nom qui, d'après l'usage, est donné à d'autres substances fertilisantes.

« En cas de récidive dans les trois ans qui ont suivi la dernière condamnation, la peine pourra être élevée à deux mois de prison et 4,000 francs d'amende.

« Le tout sans préjudice de l'application du paragraphe 3 de l'article 1er de la loi du 27 mars 1851 relatif aux fraudes sur la quantité des choses livrées, et des articles 7, 8 et 9 de la loi du 23 juin 1857 concernant les marques de fabrique et de commerce.

« ART. 2. — Dans les cas prévus à l'article précédent, les tribunaux peuvent, en outre des peines ci-dessous portées, ordonner que les jugements de condamnation seront, par extraits ou intégralement, publiés dans les journaux qu'ils détermineront et affichés sur les portes de la maison et des ateliers ou magasins du vendeur et sur celles des mairies de son domicile et de celui de l'acheteur.

« En cas de récidive dans les cinq ans, ces publications et affichages seront toujours prescrits.

« Art. 3. — Seront punis d'une amende de 11 à 15 francs inclusivement ceux qui, au moment de la livraison, n'auront pas fait connaître à l'acheteur, dans les conditions indiquées à l'article 4 de la présente loi, la provenance naturelle ou industrielle de l'engrais ou de l'amendement vendu et sa teneur en principes fertilisants.

« En cas de récidive dans les trois ans, la peine de l'emprisonnement pendant cinq jours au plus pourra être appliquée.

« Art. 4. — Les indications dont il est parlé à l'article 3 seront fournies, soit dans le contrat même, soit dans le double de commission délivré à l'acheteur au moment de la vente, soit dans la facture remise au moment de la livraison.

« La teneur en principes fertilisants sera exprimée par les poids d'azote, d'acide phosphorique et de potasse contenus dans 100 kilogrammes de marchandise facturée telle qu'elle est livrée, avec l'indication de la nature ou de l'état de combinaison de ces corps, suivant les prescriptions du règlement d'administration publique dont il est parlé à l'article 6.

« Toutefois, lorsque la vente aura été faite avec stipulation du règlement du prix, d'après l'analyse à faire sur échantillon prélevé au moment de la livraison, l'indication préalable de la teneur exacte ne sera pas obligatoire, mais mention devra être faite du prix du kilogramme de l'azote, de l'acide phosphorique et de la potasse contenus dans l'engrais tel qu'il est livré, et de l'état de combinaison dans lequel se trouvent ces principes fertilisants. La justification de l'accomplissement des prescriptions qui précèdent sera fournie, s'il y a lieu, en l'absence de contrat préalable ou d'accusé de réception de l'acheteur, par la production, soit du copie de lettres du vendeur, soit de son livre de factures régulièrement tenu à jour et contenant l'énoncé prescrit par le présent article.

« Art. 5. — Les dispositions des articles 3 et 4 de la présente loi ne sont pas applicables à ceux qui auront vendu, sous leur dénomination usuelle, des fumiers, des matières fécales, des composts, des gadoues ou boues de ville, des déchets de marchés, des résidus de brasserie, des varechs et autres plantes marines pour engrais, des déchets frais d'abattoirs, de la marne, des faluns, de la tangue, des sables coquilliers, des chaux, des plâtres, des cendres ou des suies provenant des houilles ou autres combustibles.

« Art. 6. — Un règlement d'administration publique prescrira les procédés d'analyse à suivre pour la détermination des matières fertilisantes des engrais, et statuera sur les autres mesures à prendre pour assurer l'exécution de la présente loi.

« Art. 7. — La loi du 27 juillet 1867 est et demeure abrogée.

« Art. 8. — La présente loi est applicable à l'Algérie et aux colonies.

« La présente loi, délibérée et adoptée par le Sénat et par la Chambre des députés, sera exécutée comme loi de l'État ».

Le règlement d'administration publique prévu à l'article 6 de la loi a paru le 10 mai 1889. Nous en donnons le texte :

Décret portant règlement d'administration publique pour l'application de la loi concernant la répression des fraudes dans le commerce des engrais.

LE PRÉSIDENT DE LA RÉPUBLIQUE FRANÇAISE,

« Sur le rapport du Ministre de l'agriculture,

« Vu la loi du 4 février 1888 concernant la répression des fraudes dans le commerce des engrais, et notamment l'article 6 ainsi conçu :

« ART. 6. — Un règlement d'administration publique prescrira les procédés d'analyse à suivre pour la détermination des matières fertilisantes des engrais, et statuera sur les autres mesures à prendre pour assurer l'exécution de la présente loi »;

« Le Conseil d'État entendu ,

DÉCRÈTE :

« ARTICLE PREMIER. — Tout vendeur d'engrais ou amendement, autre que l'un de ceux mentionnés à l'article 5 de la loi du 4 février 1888, est tenu d'indiquer, soit dans le contrat de vente, soit dans le double de la commission délivré à l'acheteur au moment de la vente, soit dans une facture remise ou envoyée à l'acheteur au moment de la livraison ou de l'expédition de l'engrais ou amendement :

« 1° Le nom dudit engrais ou amendement;

« 2° Sa nature ou la désignation permettant de le différencier de tout autre engrais ou amendement;

« 3° Sa provenance, c'est-à-dire le nom de l'usine ou de la maison qui l'a fabriqué ou fait fabriquer, s'il s'agit d'un produit industriel, ou le lieu géographique d'où il est tiré, s'il s'agit d'un engrais naturel, soit pur, soit simplement trié et pulvérisé.

« Art. 2. — Les indications prescrites par l'article qui précède doivent être complétées par la mention de la composition de l'engrais ou amendement.

« Cette composition doit être exprimée par les poids des éléments fertilisants contenus dans 100 kilogrammes de la marchandise facturée, telle qu'elle est livrée et dénommée ci-après :

Azote nitrique;

Azote ammoniacal;

Azote organique;

Acide phosphorique en combinaison soluble dans l'eau;

Acide phosphorique en combinaison soluble dans le citrate d'ammoniaque;

Acide phosphorique en combinaison insoluble;

Potasse en combinaison soluble dans l'eau.

« Pour l'azote organique et la potasse en combinaison soluble dans l'eau, l'origine ou l'indication de la matière première dont ils proviennent doit être mentionnée.

« Dans tous les cas, la teneur par 100 kilogrammes d'engrais ou amendement est exprimée en azote élémentaire (Az), en acide phosphorique anhydre (PhO^5) et en potasse anhydre (KO).

« Les mots « pour cent » dans l'indication du dosage doivent être exprimés en toutes lettres.

« Art. 3. — Lorsque la vente est faite avec stipulation du règlement du prix d'après l'analyse à faire sur échantillon prélevé au moment de la livraison, l'indication de la composition de l'engrais ou amendement, telle qu'elle est exigée par l'article 2 qui précède, n'est pas obligatoire; mais le vendeur est tenu de mentionner, en outre des prescriptions de l'article premier :

Le prix du kilogramme d'azote nitrique;

Le prix du kilogramme d'azote ammoniacal;

Le prix du kilogramme d'azote organique;

« Le prix du kilogramme d'acide phosphorique en combinaison soluble dans l'eau;

« Le prix du kilogramme d'acide phosphorique en combinaison soluble dans le citrate d'ammoniaque;

« Le prix du kilogramme d'acide phosphorique en combinaison insoluble;

« Le prix du kilogramme de potasse en combinaison soluble dans l'eau;

« Pour l'azote organique et la potasse en combinaison soluble dans l'eau, l'origine ou l'indication de la matière première dont ils proviennent doit être mentionnée.

« Les prix se rapportent toujours au kilogramme d'azote élémentaire (Az), d'acide phosphorique (PhO^5) et de potasse (KO).

« Art. 4. — Les infractions aux dispositions de la loi du 4 février 1888 et à celles du présent règlement d'administration publique seront constatées par tous officiers de police judiciaire et agents de la force publique.

« S'il y a doute ou contestation sur l'exactitude des indications mentionnées dans les contrats de vente, factures ou commissions destinés à l'acheteur, il peut être procédé, soit d'office, soit à la demande des parties intéressées, à la prise d'échantillon et à l'expertise de l'engrais ou amendement vendu.

« Art. 5. — Au cas où il est procédé à la prise des échantillons, à la demande des parties intéressées, les échantillons sont prélevés contradictoirement par les parties au lieu de la livraison.

« Si le vendeur refuse d'assister à la prise d'échantillon ou de s'y faire représenter, il y est procédé, à la requête et en présence de l'acheteur ou de son représentant, par le maire ou le commissaire de police du lieu de la livraison.

« Art. 6. — Quand il est procédé d'office à la prise d'échantillon, celle-ci est faite par le maire de la localité, ou son adjoint, ou le commissaire de police, soit dans les magasins ou entrepôts, soit dans les gares ou ports de départ ou d'arrivée.

« Art. 7. — Les échantillons sont toujours pris en trois exemplaires; chacun d'eux est enfermé dans un vase en verre ou en grès verni, immédiatement bouché avec un bouchon de liège sur lequel le magistrat qui aura procédé à la prise d'échantillon attachera une bande de papier qu'il scellera de son sceau.

« Une étiquette engagée dans l'un des cachets porte le nom de l'engrais ou amendement, la date de la prise d'échantillon et le nom de la personne ou du fonctionnaire ou agent qui requiert l'analyse.

« Art. 8. — Chaque prise d'échantillon est constatée par un procès-verbal qui relate :

1° La date et le lieu de l'opération;

2° Les noms et qualités des personnes qui y ont procédé;

3° La copie des marques et étiquettes apposées sur les enveloppes de l'engrais ou amendement;

4° La copie du contrat de vente, du double de la commission ou de la facture;

5° La marque imprimée sur les cachets et la couleur de la cire;

6° Le nombre des colis dans lesquels ont été prélevés des échantillons, ainsi que le nombre total des colis composant le lot échantillonné.

7° Enfin toutes les indications jugées utiles pour établir l'authenticité des échantillons prélevés et l'identité industrielle de la marchandise vendue.

« Art. 9. — Des trois exemplaires de chaque échantillon d'engrais ou d'amendement, l'un est remis ou envoyé au vendeur, l'autre est transmis à un chimiste expert pour servir à l'analyse, le troisième est conservé en dépôt au greffe du tribunal de l'arrondissement, pour servir, s'il y a lieu, à de nouvelles vérifications ou analyses.

« Dans le cas où la prise d'échantillon a lieu d'un commun accord ou à la requête de l'acheteur, les parties peuvent convenir du choix du chimiste expert.

« En cas de désaccord, ou en cas de prise d'échantillon d'office, le chimiste expert est désigné par le juge de paix du canton, sur la réquisition du magistrat qui a procédé à l'opération ou, à son défaut, de la partie la plus diligente.

« L'échantillon est remis au chimiste expert; en même temps transmission est faite à celui-ci de la copie des énonciations de provenance et de dosage formulées par le vendeur, conformément aux articles 3 et 4 de la loi et des articles 1, 2 et 3 du présent décret.

« Art. 10. — L'expertise est faite par l'un des chimistes experts désignés par le Ministre de l'agriculture et dont la liste est révisée tous les ans dans le courant du mois de janvier.

« Les frais de l'expertise sont réglés d'après un tarif arrêté par le Ministre.

« Art. 11. — L'analyse de l'échantillon doit être effectuée dans un délai de dix jours, au plus, à partir du jour de la remise de l'échantillon au chimiste expert.

« Art. 12. — L'analyse doit être faite d'après les procédés indiqués ci-après :

I. — Préparation de l'échantillon.

« L'échantillon doit être amené à un état d'homogénéité parfaite.

II. — Dosage des éléments utiles.

1° *Azote.*

« *a*) Azote nitrique.

« On transforme l'acide nitrique en bioxyde d'azote au moyen de l'ébullition avec du protochlorure de fer, et on compare le volume du bioxyde d'azote obtenu au volume que donne une quantité connue de nitrate pur.

« *b*) Azote ammoniacal.

« On distille en présence d'un alcali la matière additionnée d'eau, en se servant d'un appareil à serpentin ascendant.

« L'ammoniaque est recueillie dans l'acide titré.

« *c*) Azote organique.

« On le détermine par le chauffage de la matière avec la chaux sodée, qui le transforme en ammoniaque qu'on reçoit dans une liqueur titrée. Les nitrates qui peuvent se trouver dans l'engrais sont préalablement enlevés.

« On dose encore l'azote organique en traitant la matière par l'acide sulfurique additionné d'un peu de mercure; l'azote, amené ainsi à l'état de sulfate d'ammoniaque, est dosé comme il est dit au paragraphe qui précède; il y a lieu aussi d'exclure l'azote nitrique.

2° *Acide phosphorique.*

« *a*) Acide phosphorique total.

« On dissout l'engrais ou amendement dans l'acide chlorhydrique, et on maintient en dissolution l'oxyde de fer et l'alumine ainsi que la chaux par du citrate d'ammoniaque. On précipite l'acide phosphorique à l'état de phosphate ammoniaco-magnésien, qu'on calcine pour le transformer en pyrophosphate, et on pèse.

« Si la chaux est en trop forte proportion, on l'élimine au préalable par l'oxalate d'ammoniaque.

« *b*) Acide phosphorique en combinaison soluble dans l'eau.

« On traite la matière par l'eau distillée en évitant un contact prolongé; on filtre et, dans la solution filtrée, on précipite l'acide phosphorique et on dose celui-ci comme il est dit dans le paragraphe précédent (*a*).

« *c*) Acide phosphorique en combinaison soluble dans le citrate d'ammoniaque.

« On traite la matière à froid par le citrate d'ammoniaque alcalin, en laissant le contact se prolonger pendant douze heures, et on précipite dans la solution l'acide phosphorique à l'état de phosphate ammoniaco-magnésien.

« Pour les trois dosages *a*, *b* et *c*, au lieu de précipiter directement l'acide phosphorique à l'état de phosphate ammoniaco-magnésien, on peut, au préalable, le précipiter par le nitromolybdate d'ammoniaque en dissolution nitrique. Le précipité obtenu est dissous dans l'ammoniaque, et on détermine l'acide phosphorique en le transformant, comme dans les cas précédents, en phosphate ammoniaco-magnésien.

« 3° *Potasse en combinaison soluble dans l'eau.*

« *a*) Dosage à l'état de perchlorate.

« La potasse est amenée à l'état de perchlorate; celui-ci est lavé à l'alcool, séché et pesé.

« *b*) Dosage par le platine réduit.

« La potasse est précipitée à l'état de chlorure double de platine et de potassium; ce précipité, lavé à l'alcool, est traité par le formiate de soude, qui précipite le platine métallique, dont on prend le poids après lavage et calcination. De la quantité de platine on déduit le poids de la potasse.

« *c*) Dosage à l'état de chlorure double de platine et de potassium.

« On amène les sels de potasse à l'état de chloroplatinate qu'on pèse après lavage à l'alcool et dessiccation.

« Le Ministre de l'agriculture règle, par une instruction, sur l'avis conforme du Comité consultatif des Stations agronomiques et des Laboratoires agricoles, les détails de chacun des procédés d'analyse mentionnés ci-dessus.

« Art. 13. — Le chimiste expert, dans son rapport, indique les tolérances d'écart qui lui paraissent admissibles, en tenant compte :

« 1° Du degré d'homogénéité dont l'engrais est susceptible;

« 2° Des changements qu'il a pu subir suivant sa nature entre la livraison et l'analyse;

« 3° Et enfin du degré de précision des procédés d'analyse suivis.

« Il conclut en donnant son avis sur les circonstances qui ont pu, indépendamment de la volonté du vendeur, modifier la composition de l'engrais.

« Art. 14. — Le rapport du chimiste expert est déposé

au greffe du tribunal qui a procédé à la désignation de l'expert. Avis du dépôt est donné par l'expert aux parties intéressées, au moyen d'une lettre recommandée.

« Si le vendeur conteste l'analyse, il doit faire sa déclation dans un délai de huit jours à partir du jour du dépôt, le jour de la notification non compris. Dans ce cas, le troisième exemplaire de l'échantillon est soumis à une contre-expertise par un chimiste expert choisi sur la liste dressée par le Ministre et désigné par le président du tribunal de l'arrondissement où il a été procédé à la prise d'échantillon.

« Art. 15. — Le chimiste expert qui est chargé de la contre-expertise, fait, dans les huit jours à partir de celui où l'échantillon lui a été remis, l'analyse de l'engrais ou de l'amendement et rédige son rapport dans les formes indiquées à l'article 13 ci-dessus.

« Art. 16. — Le rapport du chimiste expert chargé de la contre-expertise est déposé au greffe du tribunal civil où il a été procédé à la prise d'échantillon.

« Avis du dépôt est donné par l'expert aux parties intéressées, au moyen d'une lettre recommandée.

« Art. 17. — Les rapports des chimistes experts, ensemble les procès-verbaux de prise d'échantillon, sont transmis au procureur de la République pour y être donné telle suite que de droit.

« Art. 18. — Cette transmission a lieu, par les soins du chimiste expert, dans les huit jours qui suivent l'expiration du délai imparti par l'article 15 pour contester l'analyse, quand l'analyse n'a pas été contestée par le vendeur, et par ceux du chimiste chargé de la contre-expertise, au cas où il a été procédé à cette opération, dans les quarante-huit heures qui suivent la clôture du rapport.

« Art. 19. — Le Ministre de l'agriculture est chargé de l'exécution du présent décret, qui sera inséré au *Bulletin des lois* ».

Circulaire ministérielle. — Pour préciser l'esprit et la lettre de la nouvelle loi, le Ministre de l'agriculture adresse aux préfets chargés d'en assurer l'exécution la circulaire suivante :

« Monsieur le préfet, j'ai l'honneur de vous adresser ci-inclus un exemplaire :

« 1° de la loi du 4 février 1888 concernant la répression des fraudes dans le commerce des engrais;

« 2° du décret en date du 10 mai 1889 portant règlement d'administration publique pour l'exécution de la loi précitée;

« 3° du rapport du Comité des Stations agronomiques et des Laboratoires agricoles sur les méthodes à suivre pour la prise d'échantillons et l'analyse des matières fertilisantes, méthodes dont l'application pour les expertises légales est devenue obligatoire en vertu de l'article 12 du décret portant règlement d'administration publique;

« 4° de la liste des chimistes-experts dressée par l'Administration sur l'avis du Comité des Stations agronomiques et des Laboratoires agricoles, en exécution de l'article 10 du règlement susvisé.

« J'appelle tout particulièrement votre attention sur ces divers documents dont l'importance ne saurait vous échapper et qui forment un ensemble de dispositions dont le but est d'assurer à l'agriculture une protection efficace contre les fraudes pouvant être pratiquées dans la vente des engrais.

« Le règlement d'administration publique devait, aux termes de l'article 6 de la loi, prescrire les procédés d'analyse à suivre pour la détermination des matières fertilisantes des engrais et statuer sur les autres mesures à prendre pour assurer l'exécution de la loi.

« L'examen approfondi auquel la préparation de ce document a donné lieu de la part de l'Administration supérieure et du Conseil d'État permet d'espérer que la tâche des fonctionnaires et agents chargés de faire appliquer la loi du 4 février 1888 sera facile.

« Je crois devoir cependant vous soumettre quelques observations sur les principales dispositions du *décret du 10 mai*, afin de mettre bien en lumière l'esprit général qui a présidé à la rédaction de ce document et ne laisser aucune place dans votre esprit aux erreurs d'interprétation.

« Les articles 1, 2 et 3 du décret ont trait aux indications que le vendeur d'engrais est tenu, aux termes de la loi, de faire figurer soit dans le contrat de vente, soit dans le double de la commission, soit dans la facture, afin d'éclairer l'acheteur sur la valeur de l'engrais. Il n'est fait exception à cette règle que pour les engrais ou amendements mentionnés à l'article 5 de la loi, qui sont vendus tels quels et sous leur dénomination usuelle.

« Les indications que le vendeur est obligé de fournir sont : le nom, la provenance, la nature, la composition et la teneur en principes fertilisants de l'engrais ou de l'amendement.

« Il importe tout d'abord, Monsieur le Préfet, de bien définir ces différents termes.

« *Nom.* — Par nom, il faut entendre la désignation sous laquelle l'engrais ou l'amendement est connu ou vendu.

« Vous remarquerez, Monsieur le préfet, que l'article

premier de la loi considère comme une tromperie ou une tentative de tromperie l'emploi pour désigner ou qualifier un engrais, d'un nom qui, d'après l'usage, est donné à d'autres substances fertilisantes.

« Ainsi la vente ou la mise en vente, sous le nom de guano, d'un engrais fabriqué, alors même que cet engrais aurait la richesse du guano en éléments utiles, constitue une tromperie ou une tentative de tromperie sur la dénomination en même temps que sur la nature du produit. Les mots « ou qualifier » dont se sert le législateur ont pour but d'interdire formellement de faire entrer les noms d'engrais déjà connus comme guano, noir d'os, etc., dans la dénomination d'un engrais nouveau.

« *Provenance.* — Le règlement d'administration publique définit suffisamment ce qu'il faut désigner sous ce nom. C'est le lieu géographique d'où est tiré le produit s'il s'agit d'un engrais naturel comme le guano du Pérou, ou le nom de l'usine ou de la maison qui le fabrique ou le fait fabriquer s'il s'agit d'un produit industriel.

« *Nature.* — Par nature, il faut entendre l'ensemble des propriétés qui caractérisent la marchandise et la différencient de toute autre. Il y a tentative de tromperie sur la nature d'un engrais quand l'indication fournie soit dans le contrat, soit dans le double de commission, soit dans la facture, s'applique à une marchandise différente de celle qui est vendue ou mise en vente. Ainsi la désignation du cuir torréfié sous le nom de sang desséché; de la poudre de corozo sous le nom de poudre d'os; de la tourbe torréfiée ou coke de Boghead sous le nom de noir; de schistes pulvérisés sous le nom de phosphates; de terre rougeâtre sous le nom de guano; constituent une tromperie sur la nature de l'engrais, parce que ces diverses matières ne possèdent pas l'ensemble des propriétés des engrais sous le nom desquels elles sont vendues ou mises en vente, bien qu'elles en aient plus ou moins l'aspect extérieur.

« *Composition.* — Les chimistes distinguent deux sortes de compositions : la composition *qualitative* qui est l'énumération des composants essentiels dont une substance est formée, et la composition *quantitative* qui indique pour chaque composant la proportion pour laquelle il entre dans l'ensemble

« Le dosage des éléments utiles qui n'est autre que la composition quantitative dans ce qu'elle a d'essentiel en matière d'engrais, étant spécialement visé dans l'article 1er de la loi, il ne peut être question pour la tromperie sur la composition que de la composition qualitative. On reconnaîtra donc l'existence de cette tromperie lorsque le marchand d'engrais annoncera comme entrant dans la composition de l'engrais mis en vente ou vendu des substances qui ne s'y trouvent pas.

« *Dosage des éléments utiles.* — En ce qui concerne le dosage des éléments utiles qui fait l'objet de l'article 2 du règlement d'administration publique, il y aura tromperie ou tentative de tromperie lorsque l'analyse de l'engrais vendu ou mis en vente révélera pour un ou plusieurs des éléments énumérés à l'article 4 de la loi (azote, acide phosphorique et potasse), un dosage (quantité contenue dans 100 kilogrammes d'engrais à l'état normal) inférieur à celui qui aura été annoncé conformément aux prescriptions de l'article 3 de la loi.

« Toutefois, la tentative de tromperie ou la tromperie ne pourra être admise que si l'écart entre le dosage garanti et le dosage trouvé dépasse les écarts d'homogénéité admissibles pour ces sortes de marchandises et les limites d'erreur inhérentes aux méthodes d'analyse suivies.

« Vous remarquerez que l'article 2 du règlement d'administration publique mentionne, parmi les éléments fertilisants, l'acide phosphorique en combinaison insoluble; il doit être bien entendu que cette mention s'applique à l'acide phosphorique insoluble dans *l'eau* ou dans *le citrate d'ammoniaque,* mais soluble dans les acides minéraux. L'acide phosphorique soluble seulement dans les acides est assimilable par les végétaux et est utilisé par l'agriculture; il a donc une valeur propre; aussi, pour prévenir toute confusion, les marchands d'engrais pourront employer la mention suivante : acide phosphorique en combinaison insoluble dans l'eau et le citrate d'ammoniaque, *mais soluble dans les acides.*

« Aux termes de l'article 4 du décret, tous officiers de police judiciaire, tous agents de la force publique ont qualité pour constater les infractions aux dispositions de la loi et à celles du présent règlement d'administration publique; s'il y a doute ou seulement contestation sur l'exactitude des indications fournies par le vendeur, il peut être procédé, soit d'office, soit à la demande des parties intéressées, à la prise d'échantillon et à l'expertise de la marchandise suspecte.

« Il y a un grand intérêt à distinguer si la prise d'échantillon a lieu dans les conditions prévues par l'article 5 du règlement, c'est-à-dire *à la demande des parties intéressées* ou de l'une d'elles seulement, ou dans les conditions prévues par l'article 6, c'est-à-dire d'*office.*

« Dans le premier cas, en effet, l'opération devra toujours être faite contradictoirement *au lieu de la livraison;* dans le second, elle pourra s'effectuer non seulement au lieu de la livraison; mais encore dans les magasins ou entrepôts, ou dans les gares ou ports de départ ou d'arrivée.

« Il en résulte que l'Administration se trouve investie d'un droit dont elle pourra user sans mise en demeure préalable, mais seulement lorsqu'elle aura de sérieux motifs pour le faire. Il ne faut pas perdre de vue que l'abus de ce droit deviendrait une source de vexations pour les commerçants honnêtes, en même temps qu'il apporterait les plus fâcheuses entraves à la liberté des transactions. L'Administration ne devra donc se servir de l'arme que le législateur a mise entre ses mains qu'avec la plus grande circonspection et lorsqu'elle y sera autorisée par de graves indices ou de fortes présomptions. Dans tous les cas, la prise d'échantillon d'office devra être faite en présence du vendeur ou de son représentant.

« Que la prise d'échantillon ait lieu d'office ou sur la requête de l'acheteur ou de son représentant, c'est le maire ou le commissaire de police qui devra procéder à cette opération. Toutefois, dans la pratique, l'Administration ne saurait trop recommander à ces officiers de police judiciaire de se faire assister, autant que possible, par le chimiste expert ou par le professeur d'agriculture du département ou de l'un des départements limitrophes, de telle façon que la prise d'échantillon s'effectue dans les conditions les plus régulières et d'après les procédés les plus sûrs, afin que l'échantillon soit la reproduction exacte de la marchandise.

« Toutes les fois que la prise d'échantillon aura lieu d'un commun accord, l'Administration n'aura pas à intervenir et les parties pourront convenir du choix de l'expert et s'adresser à tel chimiste qu'elles s'entendront pour désigner.

« Mais dans le cas de désaccord entre l'acheteur et le

vendeur ou de prise d'échantillon d'office, c'est au juge de paix du canton qu'il appartiendra exclusivement de désigner le chimiste expert, sur la réquisition du maire ou de son adjoint, ou du commissaire de police qui aura procédé à la prise d'échantillon, ou, à leur défaut, de la partie la plus diligente. Toutefois le troisième paragraphe de l'article 9 doit être combiné avec l'article 10 et le juge de paix ne pourra choisir l'expert que sur une liste dressée, à cet effet, par le Ministre de l'agriculture. Le désaccord des parties ou la prise d'échantillon d'office constitue, en effet, une présomption de fraude ; il est donc indispensable que dans ce cas l'analyse ne puisse être confiée qu'à des chimistes d'une compétence scientifique indiscutable. Vous remarquerez, Monsieur le préfet, que si l'Administration limite, dans certaines circonstances, le choix des juges de paix aux experts portés sur la liste, elle entend garantir les parties contre les abus du privilège, et l'article 10 du décret stipule que les frais de l'expertise seront réglés d'après un tarif arrêté par le Ministre de l'agriculture.

« Les articles 11 et 12 fixent d'autre part les délais qui seront impartis aux chimistes experts pour effectuer l'analyse des échantillons et déterminent les procédés d'analyse qu'ils devront employer. Il était nécessaire, en effet, de prévenir des lenteurs aussi préjudiciables à l'acheteur, qui a besoin d'être fixé sans retard sur la valeur de l'engrais, qu'au vendeur lui-même, qu'on ne saurait laisser trop longtemps sous le coup d'une suspicion peut-être imméritée. Il importait également de fixer d'avance les procédés d'analyse, afin d'entourer de toutes les garanties désirables des opérations qui seront, dans certains cas, le point de départ et la base des poursuites judiciaires. Il va sans dire que les procédés indiqués ne sont pas immuables et que l'Administration se réserve de modifier ses instructions au fur et à mesure des progrès ou des découvertes de la Science.

« Il était équitable de tenir compte des changements qui peuvent se produire dans la composition des engrais entre le moment de leur mise en vente ou de leur livraison et le moment de l'analyse. Certaines circonstances peuvent, en effet, modifier la proportion primitive des éléments fertilisants contenus dans l'engrais et, d'autre part, il ne faut pas perdre de vue que les procédés d'analyse recommandés, quelle que soit d'ailleurs leur supériorité, ne sont pas susceptibles d'une précision absolue : l'article 13 confère donc aux chimistes experts un certain pouvoir d'appréciation, en vertu duquel ils indiqueront dans leurs rapports les écarts qui leur paraissent admissibles entre les résultats de l'analyse et les déclarations du vendeur.

« Aux termes de l'article 14, le rapport du chimiste expert doit être déposé au greffe du tribunal qui a procédé à sa désignation. Avis de ce dépôt est donné par l'expert aux parties intéressées au moyen d'une lettre recommandée. L'expert, lorsqu'il réside au siège du tribunal qui a procédé à sa désignation, devra, par mesure de prudence, effectuer en personne le dépôt de son rapport et de l'échantillon ; dans le cas contraire, il devra transmettre son rapport par la poste comme pli recommandé et déposer l'échantillon au greffe du lieu où il a fait l'analyse.

« Le deuxième paragraphe de cet article prévoit le cas où le vendeur contesterait les résultats de l'expertise. Le troisième exemplaire de l'échantillon prélevé suivant les prescriptions de l'article 7 doit, dans cette occurrence, être soumis à une contre-expertise confiée à un chimiste expert choisi sur la liste dressée par le

Ministre et désigné par le président du tribunal de l'arrondissement où il a été procédé à la prise d'échantillon.

« Les articles 15 et 16 fixent les règles de la contre-expertise et les articles 17 et 18 s'occupent de la mise en mouvement de l'action publique en prescrivant la transmission au procureur de la République des procès-verbaux de prise d'échantillon ainsi que des rapports des chimistes chargés de l'expertise et de la contre-expertise.

« Les instructions du Comité des Stations agronomiques sur la prise d'échantillon et l'analyse des engrais complètent l'article 12 du décret du 10 mai 1889, en indiquant d'une façon très précise la manière de procéder suivant la nature des engrais ou des amendements; elles permettent aux maires ou à leurs adjoints, ainsi qu'aux commissaires de police qui ne seraient pas familiarisés avec ce genre d'opérations et qui ne pourraient se faire assister d'un chimiste ou d'un professeur d'agriculture, d'effectuer les prélèvements d'échantillons dans des conditions régulières et conformes aux données scientifiques.

« D'autre part, elles constituent un guide certain pour tous les chimistes experts et assurent l'unité et la précision des procédés d'analyse qui sont indispensables pour maintenir l'autorité et l'efficacité des prescriptions du législateur.

« Quant à la liste des experts chimistes, elle sera revisée tous les ans, dans le courant de janvier, afin d'être modifiée ou complétée suivant les circonstances.

« Bien que le règlement ne contienne aucune disposition relative au payement des frais d'expertise, il doit être entendu que l'État supporte les frais des analyses faites à la demande des autorités compétentes, si les résultats de la vérification ne sont pas défavorables au vendeur et que les frais des analyses faites à la requête des particuliers sont payés d'après les conventions des parties, et, en cas de silence à ce sujet, par celle qui, à la suite de la vérification, est reconnue en faute, c'est-à-dire par le vendeur si ses indications sont fausses, par l'acheteur s'il a sollicité à tort une analyse.

« En terminant, je crois devoir vous rappeler que l'article 471, paragraphe 15, du Code pénal demeure applicable à toutes les contraventions auxquelles pourra donner lieu la violation desdites prescriptions.

« Je vous serai obligé, Monsieur le préfet, de donner la plus large publicité à la loi, au décret portant règlement d'administration publique, à la liste des experts et à la présente circulaire. Ces documents, indépendamment de leur insertion dans le Recueil des actes administratifs de votre département, figureront utilement dans le *Bulletin des communes* et dans les principaux organes départementaux. Il est essentiel, en effet, que les agriculteurs connaissent les mesures qui ont été prises par le Gouvernement de la République pour les protéger contre un genre de fraude dont ils n'ont souffert que trop longtemps et qui n'a pas peu contribué à retarder les progrès de la culture.

« Je compte enfin, Monsieur le préfet, sur votre vigilance et sur votre fermeté pour faire produire à l'œuvre du législateur tous ses effets en exerçant une surveillance des plus attentives sur le commerce des engrais, et en usant de toutes les facilités que vous donne la nouvelle législation pour faire constater par qui de droit toutes les infractions aux prescriptions de la loi et du règlement d'administration publique, et vérifier la nature de toutes marchandises qui paraîtraient suspectes aux fonctionnaires ou agents placés sous vos ordres ».

La publication de ces divers documents nous dispense de faire un long commentaire de la nouvelle loi. Elle est à la fois répressive et préventive. Elle est répressive, en punissant (art. 1er et 2) ceux qui sont convaincus de tromperie; et parmi ces pénalités, celle qui consiste dans la publication des jugements et de leur affichage n'est pas la moindre. Elle est préventive (art. 3 et 4), en ce sens qu'elle oblige le vendeur, sous peine d'amende, à faire connaître à l'acheteur d'une façon très précise, la provenance, la nature et la composition de l'engrais vendu. Elle évite toutes les contestations qui ne manqueraient pas de se produire sur la validité de la prise d'échantillon. Enfin elle donne à l'Administration le droit de procéder d'office à la prise d'échantillon et à l'analyse, et d'exercer d'office les poursuites en cas de fraude.

Cette loi et ces règlements n'ont pas été adoptés sans de vives protestations de la part de l'industrie des engrais, qui se prétendait entravée dans ses transactions. Nous croyons, au contraire, que cette réglementation protège les industriels honnêtes, autant que les agriculteurs, contre les commerçants peu scrupuleux, qui disparaîtront peu à peu.

La fraude et la tromperie ne sont pas cependant complètement enrayées; on commence déjà à tourner la loi et à se mettre à l'abri de ses rigueurs en subtituant le terme d'insecticide à celui d'engrais. Dans les campagnes, on offre sous le nom générique d'*insecticide*, des matières qui auraient le double résultat de détruire les ennemis des récoltes et de fertiliser le sol. C'est comme engrais qu'on les présente au cultivateur; c'est sous le nom d'insecticide qu'on les facture, évitant ainsi l'application d'une loi spéciale aux engrais. Cette manœuvre grossière n'est pas appelée à réussir longtemps; et s'il ne suffisait pas de donner l'éveil aux agriculteurs, il y aurait lieu de modifier la loi de manière à y comprendre tous les produits analogues aux engrais.

Mais il y a d'autres raisons qui mettent les fraudeurs à l'abri de la justice : la première, c'est l'ignorance du cultivateur sur la valeur des principes fertilisants. Aucun article de loi ne peut empêcher le vendeur d'écouler sa marchandise à un prix supérieur à sa valeur réelle; il pourra suivre dans sa facture les indications exigées par la loi et se mettre ainsi à l'abri des poursuites; mais rien ne lui interdit d'attribuer à son engrais un prix trop élevé, s'il est librement consenti par l'acheteur. Bien des tromperies de cette nature se produiront, avant que l'agriculteur se rende un compte exact de la valeur des matières fertilisantes, soit par lui-même, soit par l'intervention des syndicats agricoles.

Une autre considération laisse encore place à la fraude : c'est l'espoir du vendeur que l'analyse de contrôle ne sera pas effectuée, et que par suite les effets de la loi disparaissent. Aussi, beaucoup d'agronomes auraient-ils voulu que la loi répressive allât jusqu'au bout, et exigeât des marchands non seulement la facture obligatoire, mais même l'étiquette, indiquant sur la marchandise mise en vente la composition, la provenance et la nature de l'engrais, que les officiers de police auraient pu faire vérifier à tout moment. Il n'est pas besoin d'imposer ces nouvelles obligations; l'article 6 du décret du 10 mai 1889 donne aux autorités municipales ou aux commissaires de police le droit de procéder à la prise d'échantillon pouvant conduire à des poursuites d'office.

§ III. — Contrôle des engrais.

L'analyse des engrais dans le but de vérifier l'exactitude de la garantie fournie par le vendeur coupe court à toutes les fraudes. Il est étonnant qu'un moyen aussi simple n'ait pas été adopté communément par les agriculteurs.

Au début, il est vrai, les laboratoires étaient peu nombreux, assez dispersés, inconnus aux cultivateurs. Leur nombre ne tarda pas à s'accroître avec l'importance du commerce des engrais; mais ils n'étaient pas toujours dirigés avec toute la compétence désirable; les analyses qui en sortaient n'étaient pas toujours dignes de confiance; des contestations nombreuses se produisaient, soit au sujet des résultats mêmes de l'analyse, soit au sujet de l'échantillonnage. La loi nouvelle et les décrets d'administration publique ont cherché à améliorer cet état de choses, par des mesures très simples que nous allons passer en revue.

Prise d'échantillon. — Le point de départ du contrôle, c'est l'échantillonnage. Les difficultés qui autrefois étaient soulevées sur ce point étaient sans nombre : le vendeur exigeait presque toujours que l'échantillonnage ait lieu dans ses magasins ou dans ses entrepôts. Si l'analyse de l'échantillon pris à la livraison en son absence conduisait à une contestation, il ne manquait pas de récuser l'échantillonnage; on prétextait les avaries qui se produisaient en route; on refusait la compétence des personnes présentes à l'opération; ou bien il y avait discussion sur les délais apportés à l'analyse, sur l'empaquetage même des échantillons, etc.; en un mot, il y avait là matière à des procès sans fin. Aussi la loi a-t-elle voulu supprimer ces difficultés;

dans les articles 5, 6 et suivants, du décret du 10 mai 1889, les conditions d'échantillonnage sont rigoureusement déterminées.

C'est au lieu de livraison que la prise est effectuée, contradictoirement par les parties, ou bien par le maire où le commissaire de police, en cas de refus de l'acheteur; d'office au besoin, dans le cas de contestation ou de présomption frauduleuse. Le mode de clôture des échantillons (art. 7), ainsi que la rédaction du procès-verbal (art. 9), sont indiqués en détail. La nature du récipient qui contiendra l'échantillon est déterminée; il arrivait en effet le plus souvent que l'engrais envoyé au chimiste était enfermé dans des sacs en toile ou en papier, exposé à absorber ou à perdre de l'humidité; il pouvait être avec juste raison contesté.

L'échantillonnage en lui-même présente des difficultés sérieuses, et comme il est la base de l'analyse, il convient d'y apporter un soin extrême; le Comité consultatif des Stations agronomiques a donné sur ce point des instructions que nous devons reproduire ici :

« Les engrais peuvent se présenter sous des formes variables; tantôt ils sont pulvérulents, tantôt en masses agglomérées ou pâteuses, tantôt en morceaux durs ou débris plus ou moins gros, tantôt à l'état de pâte plus ou moins liquide, plus ou moins homogène, tantôt enfin à l'état d'un liquide fluide.

« Lorsque les engrais sont pulvérulents, et c'est le cas le plus général, leur prise d'échantillon n'offre pas de difficultés. Quand ils sont en sacs, à l'aide d'une sonde suffisamment longue, on prendra l'échantillon dans le sac lui-même, en procédant de la manière suivante :

« On ouvre un des angles du sac et l'on y plonge la sonde en la dirigeant en diagonale vers l'angle opposé;

on répète la même opération successivement sur chacun des quatre angles du sac; mais, lorsque le lot est considérable, il faut répéter la même opération sur un certain nombre de sacs pris au hasard. On réunit tous les produits de ces prélèvements, on les place sur une toile ou sur un papier, et on les remue à la main ou avec une spatule, assez longtemps pour que l'homogénéité puisse être regardée comme parfaite; une partie de ce mélange, représentant 300 à 400 grammes, est placée dans un flacon de verre qu'on bouche avec un bon bouchon de liège.

« Lorsque les engrais pulvérulents sont en tonneaux, on perce les deux fonds du tonneau de deux trous au moyen d'une vrille; ce trou doit être assez grand pour qu'on puisse y introduire la sonde, ce qu'on fait en s'éloignant autant que possible de l'axe du tonneau. Le mélange se fait d'ailleurs comme précédemment.

« Lorsque l'engrais est en tas, on peut également se servir de la sonde pour y prélever l'échantillon moyen; mais il faut avoir soin de faire pénétrer cet instrument jusque dans les parties centrales du tas, de même que jusque dans les parties inférieures. Si le tas est trop volumineux pour qu'on puisse arriver à ce résultat, le meilleur moyen consiste à faire une tranchée vers le centre du tas et à prélever ensuite dans un grand nombre de points placés dans les diverses parties du tas, en y comprenant ceux que la tranchée a rendus libres, les échantillons au moyen de la sonde.

« Lorsque l'engrais est en masse pâteuse et compacte et qu'il se trouve en sacs ou en tonneaux, il est indispensable de vider plusieurs sacs pris au hasard, sur un plancher ou sur des dalles préalablement balayées; on mélange alors à la pelle le tas obtenu, et l'on prélève, en différents points de ce tas, des pelletées de l'engrais.

Ce nouvel échantillon formé est divisé et mélangé, pulvérisé ou concassé, autant que possible, à l'aide d'une batte ou d'un marteau; on mélange finalement à la main cette matière plus ou moins pulvérulente, et on l'introduit dans un flacon ou dans une boîte métallique.

« Quand l'échantillon est primitivement en tas, on procède de la même manière, en pratiquant une tranchée, comme il a été expliqué plus haut.

« On ne doit dans aucun cas, dans l'une ou l'autre de ces opérations, éliminer les pierres ou les parties étrangères de l'engrais; elles doivent entrer dans l'échantillon prélevé, dans une proportion autant que possible égale à celle dans laquelle elles existent dans l'engrais.

« Les matières peu homogènes, rognures, chiffons, etc. sont disposées en tas et bien mélangées à la pelle; sur ce mélange, on prélève à la main, dans un très grand nombre d'endroits, une poignée de matière; on réunit le produit de tous ces prélèvements, qu'on mélange à nouveau avec la main et sur lequel on prend finalement l'échantillon destiné à l'analyse.

« Moins la matière est homogène, plus considérable devra être l'échantillon destiné à l'analyse; dans quelques cas, il faut prélever jusqu'à 3 et 4 kilogrammes de matière. Cet échantillon est introduit dans une boîte métallique ou dans une caisse en bois hermétiquement fermée.

« Les engrais qui sont en pâte plus ou moins liquide (par exemple les vidanges) peuvent présenter deux cas : ou bien ils sont homogènes, et alors il suffit de les mélanger à la pelle et d'en remplir un flacon; ou bien ils se séparent en deux parties, l'une plus fluide, l'autre plus consistante; dans ce cas, il est indispensable de prélever de l'une et de l'autre dans une proportion égale à la proportion dans laquelle elles existent dans le lot à examiner.

« Les parties liquides sont remuées, et aussitôt, sans laisser le temps de déposer, on en prélève une quantité proportionnelle.

« Les parties solides sont divisées à la bêche; on y prélève un échantillon également proportionnel, et l'on réunit les deux lots dans un grand flacon à large goulot hermétiquement bouché. »

Chimistes experts. — L'analyse des engrais est une opération délicate qui nécessite des études spéciales; on doit donc apporter une grande prudence dans le choix de la personne à laquelle on confie ce travail. Aujourd'hui l'agriculture n'est plus embarrassée pour trouver des hommes ayant toute la compétence désirable, les directeurs des Stations agronomiques et des Laboratoires agricoles reconnus officiellement ont eu à justifier d'études préliminaires qui offrent toute garantie. C'est à eux qu'il faut confier des analyses. Le nombre des établissements ayant un caractère officiel est aujourd'hui assez considérable, pour que l'agriculteur ne soit jamais dans la nécessité de s'adresser ailleurs et les tarifs des analyses y sont extrêmement réduits.

Il existe, en outre, dans les grands centres industriels et agricoles, quelques laboratoires privés, dont les analyses sont également dignes de toute confiance et qui jouissent d'une notoriété justifiée. Mais il est à déplorer qu'à côté des hommes qui ont la compétence voulue, d'autres qui ne sont point préparés par des études antérieures et dont les capacités n'ont été soumises à aucun contrôle, puissent s'arroger le tire de chimistes agricoles et faire pour l'agriculture les diverses analyses dont celle-ci peut avoir besoin. Il est résulté de cet état de choses, c'est-à-dire de l'intervention d'hommes incompétents dans la pratique des analyses agricoles, des préjudices peut-être aussi graves que ceux qui sont attribuables aux fraudeurs d'engrais eux-mêmes. Il ne suffit pas, en effet, d'avoir des notions de chimie générale, il faut s'être spécialisé dans la chimie agricole ; par exemple, un grand nombre de pharmaciens ont établi des laboratoires d'analyses agricoles, sans être au courant des méthodes qui conduisent à des résultats exacts. Aussi devons-nous regretter profondément, pour les intérêts de l'agriculture, leur intervention dans des questions qui n'étaient pas de leur compétence ; les résultats inexacts, qui sont sortis en nombre considérable de ces soi-disant laboratoires agricoles, ont non seulement induit en erreur les agriculteurs trop confiants, mais ils ont encore jeté un discrédit sur les expertises d'engrais. Souvent le prix dérisoire de l'analyse attire le cultivateur ; il vaudrait mieux pour celui-ci renoncer complètement à l'analyse.

Nous le répétons, que ceux qui ont à faire des analyses ne s'adressent qu'aux directeurs des Stations agronomiques et des Laboratoires agricoles, ou encore aux laboratoires spéciaux d'une notoriété reconnue.

C'est pour sauvegarder les intérêts agricoles par l'exactitude des analyses que le législateur a introduit dans le décret d'administration publique l'article 10 :

« L'expertise est faite par l'un des chimistes experts désignés par le Ministre de l'agriculture et dont la liste est révisée tous les ans ».

En effet, un arrêté spécial nomme les chimistes experts dont le rapport fait foi devant les tribunaux. L'application de la loi se trouve donc entourée des garanties désirables.

Les articles 14, 15, 16, 17 et 18 du décret de 1889 fixent la limite accordée à l'expert pour faire l'analyse et déposer son rapport. Il importe, en effet, qu'il n'y ait point de lenteurs préjudiciables dans l'analyse; des délais de dix jours et de huit jours en cas de contre-expertise sont accordés au chimiste. Enfin pour éviter les abus du privilège, un arrêté spécial règle ainsi le tarif des analyses :

« Art. 1. — Le tarif d'expertise des engrais est fixé à 10 francs par élément dosé et à 25 francs pour le rapport. Toutefois les frais d'expertise d'un engrais ou amendement, quel que soit le nombre des éléments dosés, ne pourront s'élever à une somme supérieure à 50 francs.

« Art. 2. — Les prises d'échantillon sont fixées à 6 francs par vacations de trois heures au plus. Les frais de déplacement seront remboursés sur état.

Méthodes d'analyses. — Il y a peu d'années encore, l'exécution des analyses était l'objet de plaintes nombreuses; on constatait trop souvent entre les résultats des différents chimistes des discordances notables, pouvant ébranler la confiance des agriculteurs.

A quoi en attribuer la cause ? En première ligne, pensons-nous, à l'intervention des chimistes malhabiles; nous avons dit plus haut comment on peut se mettre à l'abri de cette cause d'erreur; en seconde ligne à l'imperfection des procédés employés pour la prise d'échantillons; en troisième ligne à la divergence des méthodes analytiques employées pouvant conduire à des résultats différents pour un même produit. Aujourd'hui les méthodes ont été unifiées et le décret d'administration publique annexé à la loi indique celles qui seules peuvent être employées pour l'analyse des matières fertilisantes. Nous ne reproduisons pas ici le détail de ces méthodes, qui n'intéressent que les chimistes agricoles; nous donnerons seulement les considérations générales qui ont été jointes au Rapport fait sur ce sujet par le Comité des Stations agronomiques et des Laboratoires agricoles :

« **Interprétation des résultats de l'analyse.** — « En décrivant les méthodes analytiques qui, dans l'état actuel de nos connaissances, nous paraissent les plus propres à conduire à des résultats exacts, nous avons cru devoir tenir compte des conditions dans lesquelles se trouvent placés les laboratoires d'analyses qui ont à effectuer dans un temps déterminé un certain nombre d'opérations.

« Il ne s'agissait donc pas uniquement de la précision des procédés, mais encore de la facilité et de la rapidité de leur application. C'est à ce double point de vue que la Commission chargée spécialement de cette étude s'est placée et, dans le choix qu'elle a fait parmi les méthodes analytiques, elle a tenu grand compte des nécessités de la pratique du laboratoire; mais elle a toujours subordonné toutes les autres considérations à celle de l'exactitude à obtenir dans le dosage.

« Les méthodes qui n'ont pas été jugées suffisamment précises ont été écartées. Mais la Commission n'a pas la prétention d'avoir fait une œuvre définitive; elle croit devoir laisser ouverte l'inscription de procédés nouveaux ou perfectionnés, lorsque ceux-ci auront fait leurs preuves.

« Il existe quelquefois pour la détermination d'une même substance des moyens différents qui conduisent au résultat exact. Chaque fois que le cas s'est présenté, la Commission a adopté ces diverses méthodes, laissant à l'opérateur le choix de celle que lui indiqueront ses habitudes, ses ressources, ses préférences personnelles. Mais il ne faut pas oublier que la précision absolue est impossible à atteindre.

« L'exactitude des opérations ne dépend pas seulement des méthodes ; elle dépend aussi des opérateurs ; il y a donc deux causes d'erreur qui tendent à éloigner les chiffres, obtenus dans l'analyse, du chiffre vrai : l'erreur inhérente au procédé, l'erreur personnelle à l'analyste. Les chiffres que donne le dosage ne sont donc pas mathématiquement égaux au chiffre exprimant la quantité réelle de la substance envisagée, et les écarts pourront être d'autant plus grands que la méthode est susceptible de moins de précision et l'opérateur moins habile.

« De là résulteront des divergences entre les résultats obtenus par divers chimistes, divergences qui, dans l'esprit de personnes non initiées, pourront ébranler la confiance dans l'utilité et la valeur de l'épreuve analytique et embarrasser les tribunaux chargés de réprimer les fraudes. Les inconvénients de ces divergences sont apparents plutôt que réels, et il convient de les discuter.

« Dans les transactions commerciales, il suffit d'avoir des chiffres se rapprochant assez de la vérité absolue, pour que l'écart soit sans préjudice appréciable pour l'acheteur ou pour le vendeur, et il y a une certaine latitude dans laquelle peuvent se mouvoir les résultats que l'on peut appeler pratiquement exacts. Il faut donc admettre un écart permis, une tolérance, entre le titre indiqué et celui que donne l'analyse.

« De là, la nécessité de se rendre compte du degré de certitude qu'offre l'analyse chimique des matières fertilisantes.

« C'est une tendance des personnes qui ne sont pas initiées aux sciences expérimentales, d'attribuer à celles-ci plus de puissance qu'elles n'en ont en réalité. Il est du devoir de ceux qui sont chargés de préciser les conditions de l'intervention de la Science dans les applications industrielles et commerciales, de prémunir contre une confiance trop absolue dans les résultats de laboratoire.

« On s'imagine souvent que le nombre de décimales est l'indice d'une plus grande exactitude; rien n'est moins vrai, et le chimiste qui se rend compte de la valeur des chiffres ne s'attachera jamais à porter ce nombre au delà de ce qui rentre dans les limites des quantités dont il peut répondre. En général, quand les résultats sont rapportés à 100 de matière analysée, le maximum de précision qu'on puisse espérer ne dépasse pas une unité de la première décimale; il n'y a donc à tenir aucun compte d'une seconde et surtout d'une troisième décimale, et, par suite, il est superflu de les employer en exprimant le résultat d'une analyse.

« Encore, dans la plupart des cas, n'est-ce pas d'une unité de la première décimale, mais de plusieurs, que les chimistes peuvent s'écarter pour un même produit. On doit donc regarder comme pratiquement concordants les résultats qui ne diffèrent entre eux que d'un petit nombre d'unités de la première décimale, et ce nombre d'unités pourra être d'autant plus grand que la quantité du corps à doser est elle-même plus grande par rapport à la matière analysée.

« Pour fixer les idées, nous citons quelques résultats :

Analyse d'un phosphate naturel.

	Acide phosphorique pour 100.
Quantité réelle	17.3
Premier résultat	17.6
Autre résultat	17.0

« Un marchand qui aura vendu avec garantie de 17.3 pour 100 d'acide phosphorique, alors que l'analyse n'aura trouvé que 17.0, n'est donc pas convaincu de fraude, puisque l'écart entre les deux chiffres peut provenir du fait de l'analyse aussi bien que d'un manquant réel. Il n'en serait pas de même si l'écart était plus grand.

Analyse d'un phosphate précipité.

	Acide phosphorique pour 100.
Quantité réelle	37.0
Premier résultat	36.5
Autre résultat	37.5

« Là encore nous devons admettre que ces divers chiffres sont suffisamment concordants pour les besoins du commerce et que le vendeur qui aurait garanti 37.0, alors que l'analyse n'a trouvé que 36.5, n'est pas convaincu de fraude.

Analyse d'un nitrate de soude.

	Nitrate pur pour 100.
Quantité réelle	92.3
Premier résultat	91.8
Autre résultat	92.8

« Mêmes observations que pour les cas précédents.

Dosage d'azote dans un engrais organique.

	Azote pour 100.
Quantité réelle	3.3
Premier résultat	3.4
Autre résultat	3.2

« Ici les quantités étant plus faibles, on ne peut tolérer que de plus faibles écarts.

« Ces exemples ne fixent pas les limites ; ils ne sont destinés qu'à montrer que les analystes peuvent s'écarter, en plus ou en moins, de la vérité absolue.

« Sans multiplier ces exemples, on peut dire que chaque fois que les écarts ne dépassent pas 1 pour 100 de la substance dosée ou deux unités de la première décimale, les résultats doivent être regardés comme concordants.

« Dans certains cas les écarts peuvent être plus grands.

« C'est au chimiste à déterminer, dans chaque cas particulier où il a à se prononcer sur la fraude dans le commerce des engrais, si l'écart entre le chiffre annoncé et le chiffre trouvé est assez faible pour être imputable aux imperfections de l'analyse, ou s'il est de nature à incriminer l'engrais analysé.

« Le chimiste doit donc apporter de la prudence et du tact dans l'interprétation de ses résultats. Aussi est-il à désirer que les personnes chargées de se prononcer sur ces questions aient non seulement la pratique des opérations, mais encore les connaissances scientifiques nécessaires pour attribuer à chaque donnée analytique sa véritable valeur. Le choix de l'expert n'est donc pas indifférent.

« Dans le cas de contestations, une plus grande attention s'impose à ce dernier; aussi ne doit-il pas se borner à un seul essai, afin de se mettre à l'abri des causes d'erreurs accidentelles ».

Nous pensons qu'avec une législation aussi étudiée, avec une réglementation aussi précise que celle que nous venons de faire connaître, la fraude des engrais est bien près de disparaître. Le chemin perdu sera vite rattrapé, la confiance disparue dans les campagnes ne tardera pas à renaître, au grand avantage de l'agriculture nationale.

CHAPITRE III.

SYNDICATS AGRICOLES POUR L'ACHAT DES ENGRAIS.

Avantages que présentent les syndicats. — Leur but. — Dans les chapitres précédents, nous avons fait ressortir tous les avantages que présente l'achat en gros des engrais, au point de vue du prix, des frais de transport et de la sécurité des transactions. Nous avons développé les procédés frauduleux que l'on met en œuvre pour surprendre la bonne foi des agriculteurs, et contre lesquels l'instruction, la connaissance de la législation, le contrôle des laboratoires sont les seuls préservatifs. Mais le petit cultivateur ne peut pas bénéficier des avantages de la vente en gros; il s'adresse surtout aux revendeurs; il est incapable de discuter lui-même les bases d'achat; il ne profite pas des bienfaits d'une législation qu'il ignore; il fait rarement analyser ses engrais. Avant que son éducation sur tous ces points soit faite, il s'écoulera bien du temps. Faut-il que pendant cette longue période, la petite et la moyenne culture, qui occupent la plus grande partie de notre territoire, soient condamnées à acheter des engrais de mauvaise qualité, à des prix exorbitants, ou conduites à renoncer à l'emploi des matières fertilisantes du commerce, et par là-même aux bénéfices d'une culture intensive?

La grande culture peut et doit agir par ses propres moyens et par sa propre initiative ; la grande masse des cultivateurs, au contraire, pour participer aux mêmes avantages, est obligée de solidariser ses intérêts, de former, par exemple, des associations pour l'achat en commun des engrais, semences, machines, etc. C'est là le but des syndicats agricoles, une des œuvres les plus utiles qui ait pris naissance dans ces dernières années et qui est due toute entière à l'initiative privée. Nous allons faire connaître leur organisation, les avantages qu'ils présentent et les services qu'ils rendent à l'agriculture.

Le syndicat n'est autre chose qu'une association de cultivateurs, formée dans le but d'acheter en commun, de grouper les commandes, de manière à s'adresser à des fournisseurs en gros et à obtenir ainsi, par la suppression les intermédiaires qui ruinent la petite culture, les prix les plus réduits. Le cultivateur affilié au syndicat transmet au président ou au secrétaire la commande des engrais qui lui sont nécessaires ; il n'a plus ensuite à s'occuper que de la réception de la marchandise. Aux administrateurs du syndicat incombe, la mission de choisir les fournisseurs qui présentent les conditions les plus avantageuses, de prendre vis-à-vis d'eux toutes les garanties désirables, de faire contrôler par des analyses la qualité des livraisons et d'obtenir les tarifs de transports les plus réduits. Nous verrons plus loin les meilleures dispositions adoptées pour arriver à ces résultats.

Le but des syndicats est multiple, les services qu'ils peuvent rendre à l'agriculture sont de diverses natures ; mais nous ne nous occuperons ici que de ce qui concerne les engrais. Cette institution permet d'abaisser le prix des engrais et de supprimer la fraude ; à ces deux titres seulement, elle mérite d'attirer à elle tous les cultivateurs. La participation aux syndicats est du reste d'un prix infime ; la cotisation des membres dépasse rarement 3 francs par an.

Création des syndicats. — Une loi spéciale a été votée le 21 mars 1884, pour définir le rôle des syndicats, et donner les règles relatives à leur création et à leur fonctionnement. Nous croyons utile d'en reproduire le texte :

« ARTICLE PREMIER. — Sont abrogés la loi des 14-17 juin 1791 et l'article 416 du Code pénal.

« Les articles 291, 292, 293, 294 du Code pénal et la loi du 18 avril 1834 ne sont pas applicables aux syndicats professionnels.

« ART. 2. — Les syndicats ou associations professionnels, même de plus de vingt personnes exerçant la même profession, des métiers similaires, ou des professions connexes concourant à l'établissement de produits déterminés, pourront se constituer librement sans l'autorisation du Gouvernement.

« ART. 3. — Les syndicats professionnels ont exclusivement pour objet l'étude et la défense des intérêts économiques, industriels, commerciaux et agricoles.

« ART. 4. — Les fondateurs de tout syndicat professionnel devront déposer les statuts et les noms de ceux qui, à un titre quelconque, seront chargés de l'administration ou de la direction.

« Ce dépôt aura lieu à la mairie de la localité où le syndicat est établi, et à Paris, à la Préfecture de la Seine.

« Ce dépôt sera renouvelé à chaque changement de la direction ou des statuts.

« Communication des statuts devra être donnée par le maire ou par le préfet de la Seine au procureur de la République.

« Les membres de tout syndicat professionnel chargés de l'administration ou de la direction de ce syndicat devront être Français et jouir de leurs droits civils.

« Art. 5. — Les syndicats professionnels régulièrement constitués, d'après les prescriptions de la présente loi, pourront librement se concerter pour l'étude et la défense de leurs intérêts économiques, industriels, commerciaux et agricoles.

« Ces unions devront faire connaître, conformément au deuxième paragraphe de l'article 4, les noms des syndicats qui les composent.

« Elles ne pourront posséder aucun immeuble ni ester en justice.

« Art. 6. — Les syndicats professionnels de patrons ou d'ouvriers auront le droit d'ester en justice.

« Ils pourront employer les sommes provenant des cotisations.

« Toutefois, ils ne pourront acquérir d'autres immeubles que ceux qui seront nécessaires à leurs réunions, à leurs bibliothèques et à des cours d'instruction professionnelle.

« Ils pourront, sans autorisation, mais en se conformant aux autres dispositions de la loi, constituer entre leurs membres des caisses spéciales de secours mutuels et de retraites.

« Ils pourront librement créer et administrer des offices de renseignements pour les offres et les demandes de travail.

« Ils pourront être consultés sur tous les différends et toutes les questions se rattachant à leur spécialité.

« Dans les affaires contentieuses, les avis du syndicat seront tenus à la disposition des parties, qui pourront en prendre communication et copie.

« Art. 7. — Tout membre d'un syndicat professionnel

peut se retirer à tout instant de l'association, nonobstant toute clause contraire, mais sans préjudice du droit pour le syndicat de réclamer la cotisation de l'année courante.

« Toute personne qui se retire d'un syndicat conserve le droit d'être membre des sociétés de secours mutuels et de pension de retraite pour la vieillesse, à l'actif desquelles elle a contribué par des cotisations ou versements de fonds.

« Art. 8. — Lorsque des biens auront été acquis contrairement aux dispositions de l'article 6, la nullité de l'acquisition ou de la libéralité pourra être demandée par le procureur de la République ou par les intéressés. Dans le cas d'acquisition à titre onéreux, les immeubles seront vendus, et le prix en sera déposé à la caisse de l'association. Dans le cas de libéralité, les biens feront retour aux disposants ou à leurs héritiers ou ayants-cause.

« Art. 9. — Les infractions aux dispositions des articles 2, 3, 4, 5 et 6 de la présente loi seront poursuivies contre les directeurs ou administrateurs des syndicats et punies d'une amende de 16 à 200 francs. Les tribunaux pourront, en outre, à la diligence du procureur de la République, prononcer la dissolution du syndicat et la nullité des acquisitions d'immeubles faites en violation des dispositions de l'article 6.

« Aux cas de fausse déclaration relative aux statuts et aux noms et qualités des administrateurs ou directeurs, l'amende pourra être portée à 500 francs.

« Art. 10. — La présente loi est applicable à l'Algérie.

« Elle est également applicable aux colonies de la Martinique, de la Guadeloupe et de la Réunion. Toutefois, les travailleurs étrangers et engagés sous le nom d'immigrants ne pourront faire partie des syndicats.

Circulaire interprétative. — Le commentaire et l'interprétation de cette loi sont contenus dans la circulaire ministérielle adressée aux préfets, le 25 août 1884, et que nous reproduisons presque en entier :

« La loi du 21 mars 1884, en faisant disparaître toutes les entraves au libre exercice du droit d'association pour les syndicats professionnels, a supprimé dans une pensée libérale, toutes les autorisations préalables, toutes les prohibitions arbitraires, toutes les formalités inutiles. Elle n'exige de la part de ces associations qu'une seule condition pour leur établissement régulier, pour leur fondation légale : la publicité. Faire connaître leurs statuts, la liste de leurs sociétaires, justifier en un mot de leur qualité de *syndicats* professionnels, tel est, au point de vue des formes qu'elles doivent observer, la seule obligation qui incombe à l'association.....

« La pensée dominante du Gouvernement et des Chambres dans l'élaboration de cette loi a été de développer parmi les travailleurs l'esprit d'association.

« Le législateur a fait plus encore. Pénétré de l'idée que l'association des individus suivant leurs affinités professionnelles est moins une arme de combat qu'un instrument de progrès matériel, moral et intellectuel, il a donné aux syndicats la personnalité civile pour leur permettre de porter au plus haut degré de puissance leur bienfaisante activité. Grâce à la liberté complète d'une part, à la personnalité civile de l'autre, les syndicats, sûrs de l'avenir, pourront réunir les ressources nécessaires pour créer et multiplier les utiles institutions qui ont produit chez d'autres peuples de précieux résultats : caisses de retraites, de secours, de crédit mutuel, cours, bibliothèques, Sociétés coopératives, bureaux de renseignements, de placement, de statistique des salaires, etc.....

« Quant à la création des syndicats, laissez l'initiative aux intéressés, qui, mieux que vous, connaissent leurs besoins. Un empressement généreux, mais imprudent, ne manquerait pas d'exciter des méfiances. Abstenez-vous de toute démarche qui, mal interprétée, pourrait donner à croire que vous prenez parti pour les ouvriers contre les patrons ou pour les patrons contre les ouvriers. Il faut, et il suffit, que l'on sache que les syndicats professionnels ont toutes les sympathies de l'Administration, et que les fondateurs sont sûrs de trouver auprès de vous les renseignements qu'ils auraient à demander. Il sera bon qu'un de vos bureaux soit spécialement chargé de répondre à toutes les demandes d'éclaircissements qui vous seraient adressées. Dans ses rapports avec les fondateurs, il s'inspirera de cette idée que son rôle est de faciliter ces utiles créations. En cette matière comme en toute autre, le rôle de l'Administration républicaine consiste à aider, non à compliquer.

« Le syndicat une fois créé, il s'agira de lui faire produire tous ses résultats. Si, comme je n'en doute pas, vous avez pu montrer à ces associations ouvrières à quel point le Gouvernement s'intéresse à leur développement, vous pourrez encore leur rendre les plus grands services, quand il s'agira pour elles d'entrer dans la voie des applications. Vous serez fréquemment consulté sur les formalités à remplir pour l'établissement de ces œuvres et sur les différentes opérations que comporte leur fonctionnement. Il est indispensable que vous vous prépariez à ce rôle de conseiller et de collaborateur dévoué, par l'étude approfondie de la législation qui les régit et des organismes similaires existant en France ou à l'étranger. Cette tâche sera facilitée par les documents que publiera la *Revue générale d'administration* et par le commentaire succinct de la loi du 21 mars que vous trouverez un peu plus loin.

« Cette loi a remis complètement aux travailleurs le soin et les moyens de pourvoir à leurs intérêts. On n'y trouve aucune disposition de nature à justifier l'ingérence administrative dans leurs associations. Les formalités qu'elle exige sont très peu nombreuses et très faciles à remplir. Son laconisme, qui est tout à l'avantage de la liberté, pourra causer au début quelques hésitations et quelques incertitudes. Il serait difficile de prévoir à l'avance toutes les difficultés qui pourront surgir. Elles devront toujours être tranchées dans le sens le plus favorable au développement de la liberté.

« L'article 1er abroge la loi des 14-17 juin 1791, qui défendait aux membres du même métier ou de la même profession de former entre eux des associations professionnelles, et l'article 416 du Code pénal ainsi conçu : « Seront punis d'un emprisonnement de six jours à trois mois et d'une amende de seize à trois cents francs, ou de l'une de ces deux peines seulement, tous ouvriers, patrons et entrepreneurs d'ouvrage qui, à l'aide d'amendes, de défenses, prescriptions, interdictions prononcées par suite d'un plan concerté, auront porté atteinte au libre exercice de l'industrie et du travail ».

« De cette abrogation résultent les conséquences suivantes :

« 1° Le fait de se concerter, en vue de préparer une grève, n'est plus un délit ni pour les syndicats de patrons, d'ouvriers, d'entrepreneurs d'ouvrage, ni pour les ouvriers, patrons, entrepreneurs d'ouvrage non syndiqués;

« 2° Cessent d'être considérées comme des atteintes au libre exercice de l'industrie et du travail, les amendes, défenses, proscriptions, interdictions prononcées par suite d'un plan concerté.

« Mais demeure punissable, aux termes des art. 414 et 415 du Code pénal, quiconque, à l'aide de violences, voies de fait, menaces ou manœuvres frauduleuses, aura amené ou maintenu, tenté d'amener ou de maintenir une cessation concertée de travail dans le but de forcer la hausse ou la baisse des salaires ou de porter atteinte au libre exercice de l'industrie et du travail.

« Le paragraphe 2 de l'art. 1er déclare non applicables aux syndicats professionnels les articles 291, 292, 293, 294 du Code pénal et la loi du 10 avril 1834, qui considèrent comme illicite toute association de vingt personnes formée sans l'agrément préalable du Gouvernement, et frappent de peines exceptionnelles les auteurs de provocations à des crimes ou à des délits faites au sein de ces assemblées, ainsi que les chefs, directeurs et administrateurs de l'association.

« Cet article 1er consacre la liberté complète d'association, mais seulement au profit des associations professionnelles.

« Les articles 2 et 3 définissent les associations appelées à jouir du bénéfice de la présente loi. Ce sont les associations professionnelles dont les membres exercent la même profession ou des professions similaires concourant à l'établissement de travaux déterminés, et qui ont exclusivement pour but, aux termes de l'article 3, l'étude et la défense de leurs intérêts économiques, industriels, commerciaux ou agricoles.

« Les groupements réalisant ces conditions ont le droit, quel que soit le nombre de leurs membres, de se former sans autorisation du Gouvernement.

« Du silence de la loi ou des discussions qui ont eu lieu dans les Chambres, il faut conclure :

« 1° Qu'un syndicat peut recruter ses membres dans toutes les parties de la France ;

« 2° Que les étrangers, les femmes, en un mot tous ceux qui sont aptes, dans les termes de notre droit, à former des conventions régulières, peuvent faire partie d'un syndicat ;

« 3° Que ces mots : « professions similaires concourant à l'établissement d'un produit déterminé », doivent être entendus dans un sens large. Ainsi, sont admis à se syndiquer entre eux tous les ouvriers concourant à la fabrication d'une machine, à la construction d'un bâtiment, d'un navire, etc... ;

« 4° Que la loi est faite pour tous les individus exerçant un métier ou une profession, par exemple, les employés de commerce, les cultivateurs, fermiers, ouvriers agricoles, etc.

« En accordant la liberté la plus large aux syndicats professionnels, la loi, pour toute garantie, leur demande une déclaration de naissance par l'article 4, qui prescrit le dépôt des statuts et des noms de ceux qui, à un titre quelconque, seront chargés de l'administration ou de la direction.

« La publicité est, en effet, le corollaire naturel et indispensable de la liberté d'association ; c'est la seule garantie possible de l'observation de cette condition exigée par la loi, le caractère professionnel de l'association.

« Cette simple formalité ne saurait inspirer aucune inquiétude aux syndicats ni les exposer à aucune vexation. Au contraire, elle présente cet avantage précieux de limiter le champ étroit où peut s'exercer la surveillance de l'État. D'ailleurs, la publicité répugne si peu aux syndicats que, sous le régime de la tolérance, nombre d'entre eux ont spontanément demandé aux préfets de recevoir leurs statuts et de les conserver dans les archives des préfectures.

« Le même article porte que le dépôt doit être renouvelé à chaque changement de la direction ou des statuts.

« La loi ne pouvait être moins formaliste. Elle n'exige ni la rédaction sur papier timbré, ni l'impression. La loi ne fixant pas le nombre des exemplaires qui devront être déposés, il convient de se référer aux précédents et de considérer que le dépôt de deux exemplaires sera suffisant.

« Comme j'attache une grande importance à constituer de sérieuses archives des syndicats professionnels, qui permettront de se rendre compte des effets produits par la loi du 21 mars, vous voudrez bien prendre les mesures nécessaires pour me transmettre copie de ces documents. Vous me renseignerez également sur les institutions fondées par les syndicats

« Toutes ces indicatons, réunies au Ministère et tenues à la disposition de tous les intéressés, seront une source précieuse de renseignements pour ceux qui voudront les consulter.

« L'authenticité des statuts doit être établie par des signatures. La loi est muette sur ce point. Bornez-vous à demander qu'ils soient certifiés par le président et le secrétaire, et donnez à MM. les maires des instructions en ce sens.

« J'ai été consulté sur le point de savoir si le dépôt des statuts ou des noms des directeurs et administrateurs doit être accompagné d'une déclaration spéciale. Cette déclaration est inutile. Il suffit que le règlement statutaire soit certifié au bas du texte et que les noms des directeurs et administrateurs, s'ils ne sont pas mentionnés dans les statuts, soient, dans une seule et même pièce, indiqués et certifiés par le président et le secrétaire.

« Tout dépôt d'un des documents précités doit être constaté par un récépissé du maire et, à Paris, du préfet de la Seine. Ce récépissé est exigible immédiatement. Il suffit de l'établir sur papier libre.

« Il sera indispensable que, dans chaque mairie, il soit tenu un registre spécial, où seront mentionnés à leur date le dépôt des statuts de chaque syndicat, le nom des administrateurs ou directeurs, la délivrance du récépissé. Ce registre fera foi de l'accomplissement des formalités; il permettra de remédier à la perte possible du récépissé de dépôt.

« L'obligation, pour les syndicats en formation, d'opérer le dépôt n'existe qu'à partir du jour où les statuts ont été arrêtés, où, par conséquent, le syndicat est matériellement formé. Jusque-là, les fondateurs ont toute liberté de se réunir pour en concerter les dispositions, sans être exposés aux pénalités des articles 291 et suivants du Code pénal ou à celles de l'article de la présente loi.

« Le dernier paragraphe de l'article 4 écarte des fonctions de directeurs et administrateurs des syndicats, les étrangers, même ceux qui ont été admis à établir leur domicile en France, et les Français qui ne jouissent pas de leurs droits civils, c'est-à-dire auxquels une condamnation a enlevé l'exercice de quelques-uns de ces droits.

« L'article 5 reconnaît la liberté des *unions* des syndicats professionnels régulièrement constitués, aux termes de la présente loi. Elles n'ont besoin, pour se former, d'aucune autorisation préalable. Il suffit qu'elles remplissent les formalités prescrites par les articles 4 et 5 combinés, c'est-à-dire qu'elles déposent à la mairie du lieu où leur siège est établi et, s'il est établi à Paris, à la préfecture de la Seine, le nom des syndicats qui les composent. Si l'union est régie par des statuts, elle doit également les déposer. Il est également nécessaire que l'union fasse connaître le lieu où siègent les syndicats unis.

« Les autres formalités à remplir sont les mêmes pour les unions et pour les syndicats.

« La loi du 21 mars n'accorde, à aucun degré, aux unions de syndicats la faveur de la personnalité civile. Il a été reconnu qu'elles pouvaient s'en passer. Elle a réservé ce privilège aux syndicats professionnels par l'article 6.

« Grâce à lui, le syndicat devient une personne juridique, d'une durée indéfinie, distincte de la personne de ses membres, capable d'acquérir et de posséder des biens propres, de prêter, d'emprunter, d'ester en justice, etc. Ainsi, ces associations professionnelles, d'abord proscrites, puis tolérées, sont élevées par la loi du 21 mars au rang des établissements d'utilité publique, et, par une faveur inusitée jusqu'à ce jour, elles obtiennent cet avantage, non en vertu de concessions individuelles, mais en vertu de la loi et par le seul fait de leur création. Les pouvoirs publics, en aucun temps, en aucun pays, n'ont donné une plus grande preuve de confiance et de sympathie aux travailleurs.

« La personnalité civile n'appartient qu'aux syndicats régulièrement constitués. Elle est pour eux de droit commun et leur est acquise en l'absence de toute déclaration spéciale de volonté dans les statuts.

« La personnalité civile accordée aux syndicats n'est pas complète, mais suffisante pour leur donner toute la force d'action et d'expansion dont ils ont besoin. C'est aux tribunaux qu'il appartiendra de statuer sur les difficultés que pourra soulever l'usage de cette faculté. Je me borne à mettre en relief les dispositions de la loi à cet égard et à déduire leurs conséquences certaines.

« Le patrimoine des syndicats se compose du produit des cotisations et des amendes, de meubles et valeurs mobilières et d'immeubles. A l'égard des immeubles, la loi leur permet d'acquérir seulement ceux qui sont nécessaires à leurs réunions, à leurs bibliothèques et à des cours d'instruction professionnelle. Ces immeubles ne doivent pas être détournés de leur destination. Les syndicats contreviendraient à la loi s'ils essayaient d'en tirer un profit pécuniaire direct ou indirect par location ou autrement.

« Aucune disposition ne leur défend ni de prendre des immeubles à bail, quel qu'en soit le nombre et quelle que soit la durée des baux, ni de prêter, ni d'emprunter, ni de vendre, échanger ou hypothéquer leurs immeubles. Ils font un libre emploi des sommes provenant des cotisations : placements, secours individuels en cas de maladie, de chômage; achats de livres, d'instruments; fondations de cours d'enseignement professionnel, etc. Ces divers actes ne sont soumis à aucune autorisation administrative. Ils seront décidés et réalisés conformément aux règles établies par les statuts. Il en sera de même des procès ou des transactions.

« Il importe que les syndicats prévoient, dans leurs règlements, comment ces actes seront délibérés et votés, et par quels mandataires ils seront représentés, soit dans la réalisation des actes, soit en justice.

« Les syndicats peuvent, sans autorisation, mais en se conformant aux autres dispositions de la loi, constituer entre leurs membres des caisses spéciales de secours mutuels et de retraites.

« Il a été expressément entendu que la loi du 21 mars dernier laissait subsister (sauf la nécessité de l'autorisation préalable) toute la législation relative à ces Sociétés. Si donc rien ne s'oppose à ce que les membres d'un syndicat professionnel forment entre eux des Sociétés de secours mutuels avec ou sans caisse de secours mutuels, il demeure évident que ceux qui voudraient bénéficier des avantages réservés aux Sociétés de secours mutuels *approuvées* ou *reconnues,* devraient se pourvoir conformément aux lois spéciales sur la matière, dont le mécanisme vous est connu et n'a pas à être rappelé ici.

« J'appelle tout particulièrement votre attention sur le point suivant : il résulte tant du texte de la loi (art. 5, § 4; art. 7, § 2) que des discussions, que les Sociétés syndicales de secours mutuels doivent posséder une individualité propre et avoir une administration et une caisse particulières. Il en est de même des Sociétés de retraites, qui peuvent bien se greffer sur les Sociétés de secours mutuels et faire caisse commune avec elles, mais dont le patrimoine ne doit pas se confondre avec celui des syndicats. D'ailleurs, une telle confusion serait fatale à la prospérité de ces œuvres et des syndicats eux-mêmes, et je ne doute pas que les intéressés ne sentent la nécessité de garantir, d'une manière complète, l'affectation exclusive de leurs ressources à l'objet particulier de leur établissement. Mais le syndicat demeure libre de prélever sur son propre fonds des secours individuels et purement gracieux. La pratique de ces libéralités accidentelles ne constitue pas un syndicat à l'état de Société de secours mutuels, tant que le droit de chacun aux secours n'est pas proclamé ni réglé.

« Les trois derniers paragraphes de l'article 6 ne présentent aucune difficulté.

« L'article 7 assure la liberté des syndiqués. Il porte que tout membre d'un syndicat professionnel peut se retirer à tout instant de l'association, mais sans préjudice du droit, pour le syndicat, de réclamer la cotisation de l'année. C'est là tout ce que le syndicat peut obtenir en justice contre le membre qui en sort de son plein gré. En cas d'exclusion, les cotisations arriérées sont seules exigibles.

« Aux termes du paragraphe 2 du même article, toute personne qui se retire d'un syndicat conserve le droit d'être membre des Sociétés de secours mutuels et de pensions de retraite pour la vieillesse, à l'actif desquelles elle a contribué par des cotisations ou versements de fonds. Elle ne saurait être exclue de ces Sociétés que pour une des causes prévues par leur règlement spécial.

« Cette disposition est, on le voit, inconciliable avec l'existence d'une caisse commune aux syndicats et aux Sociétés créées dans leur sein.

« L'article 8 sanctionne les dispositions qui limitent la capacité d'acquérir et de posséder des syndicats professionnels.

« L'article 9 punit de peines relativement légères les infractions aux articles, 2, 3, 4, 5 et 6 de la présente loi. Quant aux associations qui, sous le couvert de syndicats, ne seraient point en réalité des Sociétés professionnelles, c'est la législation générale, et non la loi du 21 mars, qui leur serait applicable.

« L'article 10 n'a pas besoin de commentaire ».

Recrutement du syndicat. — Ainsi, d'après cette loi, peuvent entrer dans un syndicat tous les propriétaires exploitants et non exploitants, les fermiers, les métayers, les maraîchers, vignerons, jardiniers, pépiniéristes, forestiers, tous les ouvriers de la ferme, laboureurs, bergers, etc; les professions connexes comprennent les vétérinaires, professeurs d'agriculture, constructeurs de machines agricoles, marchands d'engrais, bourreliers et charrons, maréchaux-ferrants, et tous sans distinction d'âge, de sexe, de nationalité. Les jurisconsultes admettent que si les Sociétés civiles et commerciales peuvent être affiliées aux syndicats, il n'en est pas de même des associations autorisées, telles que les Comices agricoles et les associations reconnues d'utilité publique et ayant un caractère de perpétuité.

Utilisation des fonds. — Les syndicats jouissent d'une très grande liberté. Comme l'indique la circulaire ci-dessus, ils ne sont pas soumis à la tutelle administrative; ils peuvent acquérir, prêter, emprunter, ester en justice, etc., sans autorisation spéciale. Ils peuvent acheter des immeubles, mais à la condition de les utiliser à leur usage personnel (magasins, lieux de réunions, etc.), mais non pas à une exploitation. Leur patrimoine est constitué par les cotisations des membres, par les dons et legs, qu'ils ont le droit de recevoir sans autorisation préalable du Gouvernement, par les subventions, etc. Il existe des syndicats qui, déjà riches, ont établi de grands magasins à engrais, accepté vis-à-vis des marchands la solidarité des payements, et se chargent gratuitement des analyses.

Les syndicats peuvent, dans la personne de leur président, se comporter vis-à-vis de tous les tribunaux comme un particulier, intenter et soutenir des procès, sans autorisation préalable de l'Administration.

Actes commerciaux. — Les syndicats doivent soigneusement éviter tout acte commercial susceptible de procurer des bénéfices et d'enrichir les adhérents. Toute pensée de lucre doit être proscrite de leurs opérations; il leur est interdit de spéculer sur la différence entre le prix d'achat et de revente de marchandises, de distribuer aux associés aucun dividende; les cotisations ou les commissions ne peuvent servir qu'à couvrir les frais généraux; l'excédent constitue le fonds de réserve. Du reste, la loi serait vigilante pour punir sévèrement tout acte purement commercial. Voici sur ce point très important, une circulaire du Ministre du Commerce qui commente à ce sujet la loi du 21 mars 1884 ; elle répond à une réclamation de certaines chambres de commerce, qui voulaient que les syndicats soient soumis à une patente :

« ..... Aux termes de l'article 632 du Code de commerce, paragraphe 1er, « la loi répute acte de commerce tout achat de denrées et marchandises pour les « revendre soit en nature, soit après les avoir travaillées « et mises en œuvre... »

« Pour constituer l'acte de commerce spécifié par la loi, il faut donc, non seulement qu'il y ait eu achat et que les choses achetées soient des denrées ou marchandises, il faut encore que l'achat soit fait avec l'intention de revendre la marchandise ou la denrée achetée. Il faut donc considérer la destination de l'objet acquis. Tous les auteurs de la jurisprudence s'accordent à reconnaître que celui qui achète pour consommer ne fait pas un acte de commerce, l'intention d'une revente avantageuse étant indispensable pour imprimer à l'achat le caractère commercial.

« Tel est précisément le cas des syndicats agricoles.

« Il paraît établi que les diverses associations qui ont motivé les réclamations parvenues à mon administration se sont bornées à créer des *offices* pour l'achat de matières premières ou de machines utiles à l'agriculture, de manière à les obtenir à meilleur marché et de meilleure qualité, ***au profit de leurs membres;*** que ces associations sont administrées gratuitement et n'ont retiré ***aucun bénéfice*** de leur entremise, faisant simplement profiter les sociétaires de tous les avantages résultant du mode d'achat et que, si parfois elles ont majoré, dans une faible mesure, le prix d'acquisition des produits, rien ne permet d'affirmer que cette majoration ait eu d'autre but que de couvrir leurs frais de gestion. Elles auraient agi, par conséquent, d'une manière désintéressée.

« Ces considérations ont déterminé M. le Ministre des Finances à ne pas assujettir les syndicats agricoles à l'impôt de la patente. Et quand M. le Ministre de l'Intérieur, en énumérant les créations permises à ces associations, mentionnait, par exemple, les offices de renseignements, les bureaux de placement, etc., il ne suivait pas plus étroitement le texte légal que les syndicats qui entendent créer à leur siège social des offices pour étudier les cours des marchés et pour assurer à leurs membres, dans les meilleures conditions de prix et de qualité, l'acquisition des matières premières : graines, engrais, outils, machines agricoles, etc., qui leur sont nécessaires.

« On peut dire que la loi de 1884, si elle ne conférait pas le droit de faire des opérations semblables, ne pourrait être pour les agriculteurs l'objet d'aucune application vraiment pratique. S'il était établi, par exemple, que telle ou telle association ne s'est pas bornée à faire profiter ses seuls adhérents des avantages réalisés par le syndicat, qu'elle en a étendu le bénéfice à des personnes étrangères, que le syndicat en un mot, ou ses membres, se sont livrés à des actes commerciaux tels que le définit le Code de commerce, il est évident que les associations signalées devraient être mises en demeure de se renfermer dans la limite des attributions qui leur ont été assignées par le législateur de 1884 ».

En résumé, pour éviter toute reclamation, les syndicats doivent dans leurs actes observer deux règles :

1° Ne prélever aucun bénéfice, et se borner à couvrir leurs frais généraux, en utilisant les plus-values à des créations d'intérêt commun;

2° Refuser rigoureusement toute livraison à des membres non affiliés et interdire sévèrement à ses membres de céder avec ou sans bénéfices les engrais acquis par leur intermédiaire.

En observant ces règles, rien n'empêche les syndicats d'entreposer des engrais, de faire venir, par exemple, des chargements de scories ou de nitrate, non seulement pour la fourniture d'une année, mais même pour une longue période. Ils peuvent ainsi faire profiter leurs adhérents des cours les plus bas, et élargir beaucoup le cercle de leur action.

Rapports des syndicats avec les fournisseurs. — Nous devons maintenant étudier comment se comportent les syndicats vis-à-vis des fournisseurs, c'est-à-dire comment ils achètent leurs engrais.

Adjudications. — C'est ordinairement par voie d'adjudication qu'on procède pour établir la concurrence entre un grand nombre de maisons, en se réservant toutefois d'écarter celles qui ne présentent pas, au point de vue moral et financier, les garanties désirables. Le système de l'adjudication nous paraît préférable aux achats de gré à gré.

Le plus souvent les achats se font, soit en bloc, soit par catégories de marchandises, deux fois par année, à chaque saison de semaille; parfois aussi on se contente d'une fourniture comprenant l'année entière. Certains syndicats ne garantissent aucun chiffre d'affaires; cette clause écarte souvent les fournisseurs. Il est plus équitable de faire les adjudications sur des chiffres fermes, en fixant un minimum et un maximum, ou bien en se réservant le droit d'augmenter la fourniture de 1/10, de 1/5, de 1/4.

Pour arriver à ce résultat désirable, il convient de réunir au plus tôt toutes les commandes, afin de pouvoir chiffrer l'importance de la fourniture.

Groupement des commandes. — Les prix demandés aux fournisseurs s'appliquent presque toujours aux marchandises rendues franco de port et d'emballage en gare des destinataires, et suivant une échelle variable d'après l'importance des commandes. Ainsi on fixe un prix pour fournitures en bloc de 5,000 kilog., et un autre pour les commandes inférieures; ce dernier est majoré ordinairement de 0 fr. 50 à 0 fr. 75 par 100 kilog., pour couvrir les frais de transports et les frais généraux qui grèvent plus fortement les petites commandes que les grosses. Certains syndicats groupent les commandes de manière à expédier toujours par wagons complets et à donner ainsi aux petits acheteurs réunis en collectivité les mêmes avantages qu'aux acheteurs en gros : réduction de prix, diminution des frais de transport, rapidité de la livraison. Un agent désigné par le syndicat fait à la gare d'arrivée la répartition entre les destinaires.

Dépôts d'engrais. — Plusieurs syndicats ont organisé des dépôts dans les points principaux de leur ressort; ce sont de véritables centres d'affaires qui rendent les plus grands services. Les livraisons par wagons complets sont envoyées directement aux destinataires; le dépôt alimenté à l'avance fournit aux demandes des petits cultivateurs, en faisant directement la livraison ou bien la réexpédition des engrais. C'est là un système excellent, qui simplifie les transactions et dont la généralisation est de nature à favoriser beaucoup le recrutement et l'extension des syndicats.

Délais de livraison. — Les cahiers des charges imposent toujours aux fournisseurs un délai de livraison de

10, 15 ou 20 jours après la réception des bordereaux de commande et fixent d'avance le chiffre de l'indemnité due pour les retards. Pour éviter ces retards, toujours préjudiciables, il est à désirer que les commandes puissent être centralisées et transmises aux fournisseurs dès le début de la saison, afin d'éviter les pertes de temps occasionnées par les encombrements qui ne manquent pas de se produire dans les magasins et dans les gares.

Analyses. — C'est au moment des arrivages que l'on prélève des échantillons; les analyses déterminent si le dosage annoncé est exact. Lorsque les livraisons sont importantes, les analyses doivent être aussi multipliées que possible et c'est d'après la moyenne des résultats qu'on calcule le titre à adopter; en cas de désaccord, on fait procéder à une analyse de départage par un chimiste désigné à l'avance. Les frais d'analyse sont tantôt à la charge des syndicats, tantôt à la charge des fournisseurs, tantôt répartis entre les deux. Si l'écart entre le dosage promis et le dosage trouvé ne dépasse pas un dixième, par exemple, on doit se contenter d'une réfaction proportionnelle de prix. Mais si cet écart est plus considérable, on est en droit d'exiger une réduction de prix fixée à l'avance, et même la résiliation du marché.

Les garanties sur la composition ne sont pas les seules à prendre : il convient de s'entourer de toutes précautions, au sujet de l'état de finesse et de siccité des produits.

Solidarité des syndiqués. — Les factures sont envoyées à chacun des membres du syndicat, après avoir été vérifiées par le président; le recouvrement en est fait par traites à 30, 60, ou 90 jours, avec ou sans escompte, payables à domicile et sans frais.

La plupart des syndicats ont jusqu'à ce jour stipulé formellement qu'ils ne sont nullement responsables vis-à-vis des fournisseurs de la solvabilité de leurs membres. Depuis peu de temps, on voit se produire une tendance vers le principe de la solidarité. Cette tendance ne saurait être trop encouragée; il n'est pas besoin de démontrer que les syndicats solidaires obtiendront de leurs fournisseurs des conditions plus avantageuses; que leur clientèle sera plus recherchée par les grandes maisons, qui seront à l'abri de tout *aléa*, puisqu'elles n'auront, pour régler l'ensemble de leurs livraisons, affaire qu'à une seule personne, le président ou le trésorier, sur laquelle elles feront traite, au comptant, avec escompte, ou à terme. Le bureau centralise les traites et se charge des recouvrements individuels. Dans le cas où des dépôts existent, le dépositaire reçoit la traite et fait les recouvrements de son ressort.

Cahier des charges. — La rédaction d'un cahier des charges, établissant d'une façon précise et équitable les relations du syndicat avec ses fournisseurs, sera l'objet d'une étude approfondie de la part des organisateurs. L'esprit qui doit présider à sa rédaction est un esprit de loyauté, de confiance et de conciliation, afin de ne pas faire reculer les maisons importantes, par des clauses de méfiance ou de rigueur excessives.

Fonctionnement des Syndicats. — L'idée des syndicats a fait rapidement son chemin; il y a longtemps déjà, une tentative de ce genre s'était produite dans la Loire-Inférieure, où une association contre les fraudes commerciales des engrais fut créée par M. de la Roche-Macé. Mais ce n'est qu'à partir de 1883, que des syndicats pour l'achat en commun des engrais commencèrent réellement à fonctionner; le premier fut créé par M. Tanviray; il servit de modèle à ceux qui prirent naissance dans la suite.

	Syndicats.
Avant 1884, il existait	13
En 1884 il se forma	29
— 1885 —	77
— 1886 —	173
— 1887 —	215
— 1888 —	129
— 1889 —	64
— 1890 —	48
En ajoutant les syndicats dont l'origine est mal connue	179
on arrive au total de	927

« On peut, dit M. Hautefeuille, estimer à environ 400.000 membres l'armée actuelle des syndicataires de l'agriculture française. C'est un chiffre encore beaucoup trop faible. La statistique agricole de 1882 a relevé en France 5.672.000 exploitations. Si l'on en retranche 2 millions et demi pour les très petites exploitations, il reste encore plus de 3 millions d'agriculteurs, chefs d'exploitation ou propriétaires eux-mêmes, qui devraient faire partie des syndicats agricoles. On voit que l'idée syndicale n'est pas au terme de ses progrès et qu'elle peut réunir un bien plus grand nombre d'adeptes ».

Si l'on considère dans son ensemble l'action des syndicats agricoles, on doit se féliciter des résultats déjà obtenus; le prix des engrais a diminué notablement et les agriculteurs, qui auparavant ne trouvaient aucune sécurité dans leurs achats, peuvent aujourd'hui en toute confiance, grâce à cette organisation, recourir à l'emploi des matières fertilisantes complémentaires. En étendant leurs opérations à l'achat des semences, des machines agricoles, etc., l'action des syndicats se trouve encore accrue. Il est à désirer que leur influence s'étende de plus en plus, de manière à réunir tous les agriculteurs de notre territoire. Ce sera un des progrès les plus importants réalisés depuis de longues années que cette union, en vue de se procurer à des prix modérés et dans des conditions de qualité satisfaisantes, les matériaux nécessaires à la meilleure exploitation du sol.

Un grand nombre de syndicats fonctionnent déjà de la manière la plus heureuse; mais il ne faut pas se dissimuler que bien des perfectionnements sont encore à introduire. Un des plus grands inconvénients que nous ayons à signaler à l'heure actuelle, c'est la trop grande multiplicité de ces associations dont le chiffre atteint près de mille. Certains départements en comptent jusqu'à 24, et même jusqu'à 28. Cet éparpillement de forces est préjudiciable, en ce qui concerne l'acquisition des engrais; ce n'est pas à multiplier le nombre des syndicats qu'on doit attacher ses efforts, mais plutôt à renforcer leur puissance par une cohésion plus grande.

Il existe des syndicats de canton, d'arrondissement, de département; les syndicats à étendue restreinte peuvent offrir de grands avantages pour les opérations de crédit, par exemple, parce que les membres se connaissent entre eux. Mais pour les opérations d'achats en commun, il est plus avantageux que le syndicat comprenne un très grand nombre de membres, parce que les conditions qu'on obtiendra des marchands, seront d'autant meilleures que les commandes seront plus considérables; parce que les transports s'effectuant toujours par chargements complets, seront moins coûteux; parce que l'importance des opérations permettra de peser sur le marché et même de s'adresser directement aux sources de production; parce qu'enfin, disposant de ressources plus grandes, le syndicat pourra faire les frais d'une organisation plus complète (dépôts d'engrais, bureau de renseignements, publications périodiques), qui rendra, de grands services à chacun de ses membres. C'est ainsi qu'ont procédé les syndicats qui ont eu le plus de succès.

Pour faciliter l'administration des syndicats départementaux, pour rendre leurs renseignements plus précis, leurs relations avec les membres plus fréquentes et plus particulières, on établit dans les cantons et dans les centres importants, des groupes, qui fonctionnent comme mandataires du bureau central, sous sa dépendance. Pour que tous les intérêts soient représentés, on placera à côté du bureau une chambre syndicale, sorte de commission consultative, formée par un représentant de chaque arrondissement ou de chaque canton.

La multiplication à l'infini des syndicats, nous paraît aller à l'encontre de l'esprit même de cette institution; c'est à opérer cette fusion que doivent s'attacher les hommes de progrès.

Mais, hâtons-nous de le dire, les syndicats valent surtout par la valeur même des hommes qui se sont dévoués à cette institution, et qui, par leur énergie et leur compétence, ont dirigé dans une voie féconde les forces mises à leur disposition. Ces hommes n'existent pas partout et leur absence se fait vivement sentir dans beaucoup de régions.

Dans les syndicats qui sont privilégiés sous ce rapport, nous voyons les opérations d'achat se faire de la façon la plus avantageuse; bien plus, ces hommes instruits et dévoués aident les agriculteurs de leurs conseils, les guident dans les tentatives qu'ils font et les amènent ainsi à la culture la plus rationnelle et la plus profitable. Dans ces conditions, le cultivateur trouve dans le syndicat non seulement un remède à la fraude des engrais et à l'exagération de leur prix, mais il y trouve aussi des indications sur la meilleure utilisation des matières qu'il met en œuvre. Dans plusieurs syndicats, les membres reçoivent un questionnaire, où ils inscrivent les renseignements, d'après lesquels il est possible de fournir des données générales sur la qualité et la quantité des engrais à employer. Ces syndicats créent souvent des champs d'expérience et font faire l'analyse des terres, afin d'avoir, pour les conseils à donner, une base d'appréciation plus certaine.

Disons en terminant que les syndicats peuvent encore étendre et affermir leur influence, grâce à la faculté de s'unir entre eux, que leur laisse l'art. 5 de la loi de 1884. Les unions de syndicats n'ont pas de personnalité civile et ne peuvent faire aucune opération d'achat ou de vente ; mais elles ont le droit de discuter les questions d'intérêt économique, commercial et agricole ; les syndicats d'une région, en se groupant, peuvent par conséquent établir entre eux l'entente sur la manière de contracter les achats, et se concerter sur les questions d'intérêt commun.

L'institution des syndicats, par sa souplesse et sa puissance, est donc bien faite pour rendre les plus grands services et les hommes qui en prennent l'initiative, qui consacrent à leur bon fonctionnement, leur temps, leur travail, leur talent, ont accompli une œuvre féconde qui sera un facteur important dans le relèvement de l'agriculture nationale.

CHAPITRE IV.

CHAMPS D'ESSAIS, D'EXPÉRIENCES ET DE DÉMONSTRATIONS.

Utilité de l'expérimentation. — L'étude que nous avons faite de la composition des sols et des besoins des différentes récoltes semblerait de prime abord pouvoir dispenser de l'expérimentation agricole. Si, en effet, nous avons constaté qu'un sol est pauvre en acide phosphorique, et que nous voulions y produire des récoltes exigeant une forte proportion de ce principe fertilisant, il paraît tout indiqué que, sans essai préliminaire, nous pouvons en toute confiance appliquer une fumure phosphatée. Cependant les cas sont nombreux où les données théoriques ne sont pas suffisantes pour faire prévoir les résultats de l'application des engrais. Dans les cas extrêmes, c'est-à-dire lorsqu'un élément fertilisant manque presque totalement, ou dans ceux où il est extrêmement abondant, on peut sans hésitation ou le donner ou le supprimer. Mais ces cas extrêmes sont peu fréquents; le plus souvent, il n'y a ni pauvreté frappante, ni richesse exceptionnelle.

Le problème se complique encore de l'incertitude dans laquelle nous nous trouvons sur l'état d'assimilabilité des principes fertilisants du sol, c'est-à-dire sur la proportion qui peut en être prélevée par les végétaux dans le cours de leur développement.

L'analyse chimique appliquée au sol et aux récoltes, tout en donnant des renseignements de la plus grande utilité, ne fournit donc que des indications générales, souvent insuffisantes dans les cas particuliers. De là une hésitation sur l'opportunité de donner tel ou tel engrais à tel sol ou à telle culture, et la nécessité de recourir à des moyens d'investigation, se rapprochant autant que possible de la pratique culturale, et capables de fournir des données précises sur les résultats qu'on obtiendrait par l'emploi des différents principes fertilisants.

La méthode qui consiste à se baser sur la composition du sol et sur celle des récoltes qu'on veut en obtenir, a pour elle le grand avantage de donner des indications pour ainsi dire immédiates; elle ne doit jamais être négligée, lorsqu'on se trouve en présence de terres dont les aptitudes sont insuffisamment connues.

La seconde méthode, celle de l'expérimentation agricole, demande, au contraire, beaucoup de temps; le plus souvent ce n'est même pas dans l'espace d'une année culturale qu'on est définitivement fixé sur l'utilité des produits qu'on met en œuvre. De plus, les essais ont besoin non seulement d'être continués, mais encore d'être multipliés pour s'appliquer aux diverses récoltes. C'est donc un long travail que celui de l'expérimentation agricole; c'est de plus un travail qui demande de très grands soins, autant dans le choix des parcelles sur lesquelles on veut faire les essais, que dans l'interprétation des résultats numériques fournis par la balance.

Malgré les difficultés que présente ce mode d'investigation, les agriculteurs instruits doivent toujours y avoir recours; car il leur permet souvent d'augmenter notablement leurs récoltes, ou tout au moins de réaliser des économies par la suppression des matières fertilisantes reconnues inutiles.

Cette expérimentation agricole doit surtout se faire dans les terres de composition moyenne, dans lesquelles l'analyse chimique dénote des quantités de principes fertilisants telles, qu'on peut hésiter à classer ces terres parmi celles qui sont abondamment pourvues, ou parmi celles qui ne le sont pas assez. Devant les hésitations que les données scientifiques sont impuissantes à faire disparaître, il vaut mieux essayer sur une petite échelle et, par suite, sans dépense appréciable, si tel engrais produit de bons résultats ; la réponse, pour se faire attendre longtemps, n'en est que plus concluante.

Ce n'est pas seulement la composition du sol qui souvent nous donne des hésitations, c'est encore la nature de la récolte. Quoique nous puissions estimer assez approximativement quelles sont les proportions d'éléments fertilisants nécessaires à une culture déterminée, nous ne savons pas quelle est l'aptitude des différentes plantes à se les assimiler. Une expérimentation spéciale est alors nécessaire, dans laquelle les diverses plantes cultivées doivent intervenir pour montrer, par leur accroissement, si une addition d'éléments nutritifs leur a réellement profité.

Enfin les matières fertilisantes se présentant sous des formes variées, il est souvent nécessaire de les étudier comparativement dans le même sol, pour voir quelles sont celles qui produisent sur la végétation les effets les plus favorables.

Éclairé sur ces différentes questions, l'agriculteur n'introduira dans la terre que des éléments réellement utiles, et de préférence ceux qui, au point de vue économique, donneront les résultats les plus avantageux.

§ I. — Essais agricoles.

Supposons l'agriculteur en présence de son domaine, insuffisamment éclairé sur le manque des principes fertilisants, et ne voulant pas exposer des capitaux pour l'achat des engrais, sans être au préalable fixé sur les résultats qu'il pourra en obtenir. Son premier soin devra être d'instituer un champ d'expérience de dimensions réduites, qui ne l'entraînera qu'à une dépense insignifiante.

Choix et établissement du champ d'essais. — L'emplacement, sur lequel les essais devront se faire, a besoin, avant tout, de représenter aussi exactement que possible l'ensemble du domaine, tant comme composition chimique, que comme nature physique et disposition générale, c'est-à-dire qu'il devra être autant que possible une sorte de réduction du domaine entier. Mais lorsque le domaine n'est pas homogène et qu'il est formé par des terres de qualité différente, un seul champ d'expérience ne suffit plus, il en faut autant qu'il y a de natures de sols. Le domaine a donc besoin d'être divisé par la pensée en autant de parties qu'il y a de constitutions de terrains différents, chacun d'eux ayant son champ d'expériences séparé. Mais il est bien entendu qu'il faut s'en tenir aux grandes lignes, et qu'il serait hors de propos d'établir des essais pour des surfaces de minime importance, n'existant que d'une façon accidentelle. Le plus souvent, on se borne à envisager la partie réellement importante du domaine et à porter sur elle les principaux efforts.

Homogénéité du terrain. — La seconde condition est de choisir, comme terrain d'expérience, une étendue suffisamment homogène, telle que les divisions qui y seront établies soient semblables entre elles, et susceptibles de donner les mêmes résultats culturaux, sous l'influence des mêmes agents. Si, en effet, certaines parties du terrain d'expériences étaient plus riches que d'autres, les résultats seraient voilés et parfois faussés complètement. On ne saurait trop insister sur l'importance de cette homogénéité; il n'est pas rare de voir dans des essais de cette nature, où elle n'est pas parfaite, les parcelles témoins, n'ayant reçu aucune fumure, donner des rendements supérieurs à celles qui en ont reçu et conduire ainsi à des conclusions manifestement absurdes. De même, les inégalités pourraient faire attribuer indûment à une matière fertilisante un effet utile qui ne lui appartient pas. Pour se rendre compte de l'homogénéité d'un terrain qu'on destine aux essais, on observe les récoltes antérieures; lorsque celles-ci présentent sur toute la surface une végétation uniforme, on peut admettre que le sol a une régularité suffisante.

Envisageons d'abord le cas très simple où l'on veut chercher si un engrais, ou la réunion de plusieurs engrais, peut produire un résultat utile. Nous ne recommanderons que les procédés susceptibles d'être appliqués par tous les agriculteurs, sans difficultés et sans dépense appréciable d'argent.

Subdivisions en carrés. — Ce qui nous paraît le plus convenable à ce point de vue, c'est de prendre en pleine culture, au milieu des champs, des carrés d'une petite étendue, marqués aux quatre coins par des piquets, et sur lesquels on applique les matières fertilisantes à essayer. Ces carrés sont cultivés et ensemencés en même temps et de la même manière que l'ensemble du champ, de telle sorte qu'il n'y ait de différence que dans l'apport de principes fertilisants. Le plus souvent, on voit à la simple inspection de la récolte sur pied si un effet favorable s'est produit; mais, pour plus de sûreté, on pèse la récolte, comparativement avec celle d'un carré de même étendue pris dans la partie du champ non traitée.

On peut envisager deux cas : celui où l'on veut partir d'un sol non fumé, pour déterminer l'effet de l'apport des matières fertilisantes ; il sera bon alors d'avoir, outre les parcelles dont nous parlerons plus loin, une parcelle ayant reçu une dose normale et connue de fumier. Le procédé qui consiste à opérer en sol non fumé et particulièrement sur des terres pratiquement épuisées par les récoltes antérieures, donne des indications d'une plus grande netteté.

Dans le second cas, on part d'un sol ayant reçu les fumures au fumier de ferme et on s'attache principalement à déterminer le surcroît dû à l'apport d'engrais complémentaires. Le plus souvent, les résultats obtenus dans ces dernières conditions sont moins nets, mais ils ont l'avantage de résoudre la question à un point de vue plus pratique, les engrais chimiques étant principalement donnés en supplément des fumiers de la ferme.

Lorsqu'on emploie ces engrais en couverture, sur des prairies, par exemple, on peut disposer d'avance les piquets et on retrouve ensuite facilement les parcelles traitées. Mais lorsque les engrais doivent être enfouis, comme c'est le cas le plus fréquent, il faut prendre des précautions spéciales pour en retrouver exactement la place, après labour et hersage, et marquer ensuite par des piquets les surfaces en expérience.

Il est inutile de donner une grande dimension à ces carrés ; il suffit qu'ils aient environ 10 mètres de long sur 10 mètres de large, c'est-à-dire une surface de un are ; on peut d'ailleurs adopter des dimensions plus grandes, mais celles que nous indiquons nous semblent les plus convenables. Il suffit que ces carrés soient déterminés par quatre piquets placés aux angles, et munis d'étiquettes où d'autres signes permettant de reconnaître la nature du traitement. Mais il est encore mieux de relier ces piquets par un fil de fer galvanisé, placé à $0^m,20$ ou $0^m,30$ au-dessus du sol, et qui limite exactement les surfaces.

Suppression des allées. — Dans aucun cas, les carrés ne seront entourés d'un chemin ou d'une zone nue; ils doivent être attenants, sans autre séparation que le fil de fer, à l'ensemble de la culture, c'est-à-dire qu'ils ne doivent présenter aucun bord, et se trouver par suite dans des conditions identiques avec celles des parties qui les entourent.

Cette précaution est indispensable, car, si les bords des carrés étaient dégagés, les plantes se développeraient à ces endroits plus librement et plus luxueusement, et les résultats pourraient se trouver faussés. C'est un grand tort dans les expériences de cette nature de réserver ainsi un espace libre, une sorte d'allée, entre les carrés ou autour des carrés; un nombre considérable d'expériences faites dans ces conditions perdent de leur valeur de ce chef.

Les bords de la parcelle constituant toujours une cause d'erreur, pour la réduire, on doit préférer la forme des carrés à celle des longues bandes recommandées par certains expérimentateurs.

Si l'on veut établir plusieurs carrés, il ne faut pas les juxtaposer, mais les disséminer dans le champ, ou tout au moins les séparer l'un de l'autre, afin de les rendre complètement indépendants et de laisser entre eux des parties non traitées; car les engrais pourraient se diffuser d'un carré dans l'autre, ou les racines pourraient pénétrer de l'un à l'autre et puiser un aliment différent de celui dont on veut étudier l'influence.

Détermination de l'effet des matières fertili-

santes. — Les matières fertilisantes qu'il y a surtout intérêt à expérimenter sont au nombre de trois : l'azote, l'acide phosphorique, la potasse. Si l'on voulait en essayer d'autres, on le ferait dans les conditions analogues à celles que nous prescrivons pour ces principaux éléments des engrais.

Disposition de l'expérience. — Dans l'incertitude sur les besoins d'une terre, on établira séparément des carrés avec chacun des produits que nous venons de nommer, et l'on verra ainsi s'il suffit de l'addition de l'un ou de l'autre, pris isolément, pour augmenter la production végétale. Mais comme souvent ce n'est pas un élément qui manque, mais deux ou même trois à la fois, et que dans ce cas celui qu'on ajoute isolément n'est pas susceptible de produire tous ses effets, il faut les associer de telle sorte, que tous les cas de l'application des engrais soient envisagés. On aura donc ainsi : trois carrés, pour les trois engrais simples; un carré, où les trois engrais, azote, acide phosphorique et potasse, sont réunis; trois carrés, où ils sont associés deux par deux, azote et phosphate, azote et potasse, phosphate et potasse; soit en tout sept carrés, sans compter les parcelles non traitées qu'on prendra comme témoins.

On peut encore employer une autre méthode qui fait peut-être moins ressortir l'influence des engrais pris isolément, mais qui a l'avantage de ne nécessiter que l'emploi de quatre carrés; elle consiste à mettre dans l'un l'engrais complet contenant les trois éléments, tandis que dans les trois autres, l'un des éléments est supprimé. On a ainsi :

Un carré, avec azote, acide phosphorique et potasse.
Un second, avec azote et acide phosphorique.
Un troisième, avec azote et potasse.
Un quatrième, avec acide phosphorique et potasse.

Nature et proportion d'engrais à employer. — Comme il s'agit, avant tout, de voir si ces engrais ont une action favorable sur la végétation, il faut les donner au sol sous la forme la plus assimilable, c'est-à-dire sous celle qui, dans l'espace de temps le plus court, peut produire les résultats les plus frappants. On doit, en outre, préférer les engrais les plus simples, c'est-à-dire ceux qui ne contiennent qu'un élément fertilisant. A ce double titre, on choisira, comme fumure azotée, le nitrate de soude ; comme fumure phosphatée, le phosphate précipité ; comme fumure potassique, le chlorure de potassium.

Afin de rendre plus frappant l'effet des engrais, il convient, en outre, de les appliquer à forte dose ; mais sans cependant en exagérer la proportion, c'est-à-dire en se maintenant dans les limites de la pratique agricole. Si, en effet, on dépassait notablement ce point, il pourrait y avoir une augmentation de récoltes, alors même que le sol serait suffisamment pourvu de principes fertilisants, car on se trouverait dans des conditions exceptionnelles. En employant pour un carré d'un are :

Le nitrate de soude........	à la dose de 4	kilog. soit	620 gr	d'azote,
Le phosphate précipité....	— 2	—	700 gr	d'acide phosphorique,
Le chlorure de potassium	— 2	—	1.000 gr	de potasse,

on se place dans des conditions de très fortes fumures, sans dépasser cependant la limite de la pratique agricole.

L'époque de l'application de ces engrais doit être la même que dans la culture ordinaire, c'est-à-dire qu'on donnera de préférence le phosphate et les sels potassiques en automne, et le nitrate au premier printemps. Suivant la nature de la récolte, on enfouira ou on sèmera en couverture, se conformant d'une façon complète aux règles que nous avons exposées pour l'emploi des engrais.

Façons culturales. — Pendant la végétation, on applique au sol les mêmes façons culturales que dans la grande culture. Mais il convient de dire que les nettoyages et sarclages devront être fréquents ; un effet très manifeste des engrais chimiques, c'est de faire pousser en abondance les mauvaises herbes, qui, lorsqu'elles viennent à dominer, étouffent les récoltes et en compromettent la bonne venue. Beaucoup d'expériences sont faussées par cette cause d'erreur, qu'il faut chercher à éviter.

Pour opérer les sarclages en temps opportun, ce n'est donc pas sur l'état de propreté de l'ensemble du champ que l'agriculteur pourra se fixer ; il devra procéder à l'examen fréquent des carrés d'essais, et éviter leur envahissement par les plantes parasites.

Examen pendant la végétation. — Le plus souvent, lorsqu'un engrais a produit de l'effet, cela se voit à la simple inspection, par l'augmentation de la production végétale, par la vigueur et l'aspect des plantes; même avant l'époque de la récolte, l'action de l'engrais est frappante ; elle s'accentue davantage à la maturité. L'examen au point de vue de la maturité, est particulièrement intéressant; certains engrais exercent une action qui peut avoir son importance. Il est donc utile pour l'agriculteur de suivre les progrès de la végétation, et, pendant son cours, de comparer les carrés en expérience à l'ensemble de ses cultures.

Cependant ces apparences sont quelquefois trompeuses, et il peut arriver, par exemple pour le blé, que la proportion de grains soit notablement plus élevée, sans qu'on puisse s'en apercevoir nettement à la simple inspection; ou inversement, que le développement de la paille soit considérable, sans que la récolte de grains soit augmentée. Il est donc toujours prudent de recourir à un moyen d'appréciation plus certain ; à cet effet, on emploie la pesée, en l'appliquant sinon à la récolte entière, tout au moins au produit qui en représente la principale valeur, c'est-à-dire les grains, les racines ou les tubercules, les fruits; quelquefois aussi il est utile et intéressant de tenir compte de la paille. Quant aux fourrages, il est préférable de les peser à l'état de foin, parce que dans le fourrage frais la proportion d'eau peut varier et induire en erreur sur la quantité réelle de matière alimentaire.

Récolte. — Pour procéder à la récolte, on commence par dégager les carrés, c'est-à-dire par enlever la végétation qui les entoure, sur une largeur de 1 à 2 mètres ; de cette façon, on n'a point à craindre que des produits venant de l'extérieur se mélangent avec ceux qu'on doit peser. Il va de soi, puisque l'on veut opérer sur une surface déterminée, que ce travail se fera avec soin, en se guidant sur le fil de fer qui limite exactement la parcelle en expérience. On enlève alors la récolte par les procédés usuels, et on pèse les produits qu'on a recueillis séparément sur chaque carré.

Dans le cas où l'on ne disposerait pas d'une balance, on pourrait se contenter de mesurer au volume pour les grains, les tubercules, les racines, les fruits; quant à la paille et aux fourrages, on compterait le nombre des bottes, qu'on aurait faites aussi égales que possible.

Mais tous ces résultats n'ont de valeur qu'autant qu'ils sont comparés à ceux que fournit la terre n'ayant pas reçu les mêmes fumures; il faut donc choisir dans le champ, à une distance des carrés d'expérience suffisante pour que les engrais de ces derniers n'aient pas pu y pénétrer, des carrés de même dimension, destinés à représenter la production normale, sans application des fumures qu'on expérimente. Ces carrés témoins seront pris dans des parties du champ ayant rigoureusement la même constitution que les carrés en expérience. Il est prudent de les multiplier et de calculer la moyenne des résultats, qui servira de terme de comparaison.

Discussion des résultats. — Une fois les résultats numériques obtenus, il faut en tirer des conclusions pratiques. C'est par la comparaison des quantités de récoltes des parcelles, et par l'interprétation des différences attribuables à l'un ou à l'autre des engrais, qu'on arrive à déterminer la matière fertilisante qu'il convient de donner au sol. Fixons nos idées par des exemples, en prenant la culture du blé.

Exemple n° 1. — Les résultats obtenus ont été les suivants :

	Poids du grain. — kil.
Carré sans engrais	15
Carré avec nitrate seul	18
— phosphate seul	21
— potasse seule	16
— nitrate, phosphate et potasse	30
— nitrate et phosphate	29
— nitrate et potasse	19
— phosphate et potasse	22

A première vue, nous voyons que la potasse n'a pas produit un résultat appréciable et qu'il n'y a pas lieu de la donner au sol; l'acide phosphorique ainsi que le nitrate, pris isolément, ont donné des résultats incomplets; mais l'association de ces deux éléments a provoqué un surcroît de rendement très important.

Nous pouvons en conclure que, pour obtenir une

récolte abondante, il faut donner simultanément et l'acide phosphorique et l'azote, le premier manquant plus encore que le second; ces deux engrais devront donc être associés pour la culture du blé dans le cas actuel. Quant à la potasse, quoique son introduction ait déterminé un certain effet, nous pouvons la rejeter, l'augmention qui lui est attribuable étant loin d'être suffisante pour donner des résultats rémunérateurs.

Exemple n° 2. — Prenons un autre exemple, dans lequel nous tiendrons compte non seulement du grain, mais encore de la paille. L'examen en cours de végétation nous avait fait penser que le nitrate de soude avait produit des effets extrêmement favorables; à la récolte, on a obtenu les quantités suivantes :

	Poids du grain. — kil.	Poids de la paille. — kil.
Carré sans engrais	13.0	30.0
Carré avec nitrate seul	15.0	42.0
— phosphate seul	27.0	32.0
— potasse seule	14.0	31.5
— nitrate, phosphate et potasse	29.0	41.5
— nitrate et phosphate	28.5	41.0
— — potasse	16.0	42.0
— phosphate et potasse	27.5	32.0

La comparaison de ces chiffres nous montre encore que la potasse, employée seule ou en mélange avec les autres engrais, n'a pas produit un résultat appréciable et que, par suite, son application au blé s'est montrée inefficace dans le terrain dont il s'agit. Le nitrate, donné isolément ou en même temps que la potasse, n'a produit d'effet que sur la paille, la proportion de grains n'en a pas été augmentée sensiblement; ce surcroît de rendement d'un produit de si faible valeur est insuffisant pour payer lès frais de cette fumure azotée. Quant à l'acide phosphorique, son action est manifeste, alors même qu'il est employé isolément; lorsqu'on lui associe des nitrates ou de la potasse ou les deux à la fois, l'augmentation de grains n'est pas sensiblement plus élevée que lorsqu'il est employé seul.

Dans une pareille terre et pour la culture du blé, il est donc inutile de donner de la potasse, inutile aussi de donner des fumures azotées, puisque le sol en fournit assez pour une production intensive; mais il est indispensable de donner de l'acide phosphorique, dont l'action est si manifeste, même lorsqu'il est employé seul.

L'exemple de cette terre est pris sur une défriche de prairie, riche en matières organiques.

Exemple n° 3. — Prenons encore la terre qui nous a servi dans l'exemple n° 1, mais au lieu de l'étudier au point de vue de la culture du blé, étudions-la au point de vue de la culture de la luzerne. Ici l'opération se simplifie, parce que nous savons qu'il est inutile de donner à cette légumineuse des fumures azotées; nous nous trouvons donc seulement en présence de l'acide phosphorique et de la potasse. Voici les résultats que nous avons obtenus en réunissant toutes les coupes :

	Foin. — kil.
Carré sans engrais	40
Carré avec phosphate seul	46
— potasse seule	53
— phosphate et potasse	65

Nous voyons ici que l'acide phosphorique seul a déjà produit un résultat avantageux, que la potasse seule en a produit un encore plus considérable, mais que l'association de ces deux engrais a augmenté considérablement la récolte; les deux étaient donc nécessaires simultanément, la potasse plus encore que l'acide phosphorique. Cet exemple nous montre que cette terre, qui contenait assez de potasse pour la culture intensive du blé, en était insuffisamment pourvue, lorsqu'il s'est agi de produire de fortes quantités de luzerne.

Il ne suffit donc pas d'essayer sur une seule culture l'application des différents engrais, pour pouvoir dire d'une façon générale que le sol a besoin de telle ou telle fumure; il faut tenir compte des exigences spéciales des diverses récoltes.

Mais il n'est point utile d'essayer par ce procédé toutes les plantes qu'on cultive sur le domaine, il y en a qui peuvent servir de type pour toute une série; par exemple, les résultats obtenus pour le blé pourront s'appliquer aux autres céréales; ceux qu'aura donnés la luzerne serviront pour les autres légumineuses; c'est-à-dire qu'il suffit d'étudier l'une des plantes de chacune des catégories qui ont des exigences analogues sous le rapport de la fumure.

Durée des expériences. — Comme on aura choisi pour faire ces essais les matières fertilisantes sous le plus haut degré d'assimilation, c'est dès la première année et sur la récolte même à laquelle on les applique qu'on en constate les effets. Cependant, pour les plantes qui occupent le terrain pendant plusieurs années, comme les prairies artificielles et naturelles, la vigne, etc., il est bon de suivre la végétation pendant deux ou trois saisons; car assez souvent les bons effets ne se manifestent qu'après la première année.

Pour les plantes annuelles, lorsque le résultat de l'application des engrais a été nul ou incertain, il faut toujours se demander si les conditions atmosphériques n'en auraient pas entravé l'action. Souvent, pendant les années sèches, on constate l'inefficacité des engrais; des pluies persistantes peuvent aussi produire des effets analogues, en enlevant les nitrates. En cas d'insuccès, il est donc prudent d'instituer de nouveaux essais l'année suivante, pour lever les doutes sur ce point.

Résultats économiques des fumures. — La simple constatation des résultats bruts n'est pas suffisante pour se rendre un compte exact de l'opération; il est rare, en effet, même dans un sol qui contient en quantité suffisante les principes fertilisants, qu'une addition d'engrais ne produise pas quelques résultats; mais alors ces derniers ne sont pas assez importants pour couvrir les frais de la fumure supplémentaire. Si, par exemple, l'augmentation pour le blé n'est que de deux ou trois hectolitres par hectare, il est rarement avantageux de donner des engrais chimiques, car le prix de ces derniers dépasserait la valeur des deux ou trois hectolitres supplémentaires qui leur sont attribuables, et l'opération se traduirait par une perte. Il faut donc, lorsqu'on veut s'adresser aux engrais chimiques, que ceux-ci donnent des résultats assez accentués pour qu'il en résulte un bénéfice.

Dans les exemples que nous avons donnés ci-dessus, l'avantage d'employer certains engrais chimiques a été manifeste, et le surcroît de récoltes obtenu a payé et au delà les frais de la fumure. Il y a donc eu un intérêt pécuniaire à employer ces engrais. En effet, envisageons l'exemple n° 1, en comparant la parcelle témoin produisant 15 kilog. de grains à la parcelle ayant reçu 4 kilog. de nitrate et 2 kilog. de phosphate précipité, et qui a produit 29 kilog. de grains. En admettant que les 100 kilog. de grains ont une valeur de 25 francs, et en rapportant les résultats à l'hectare, nous voyons que :

La parcelle sans engrais a produit pour........	475 fr.	de grains.
— fumée en a produit pour...........	725	—
En retranchant de ce dernier chiffre, la valeur de l'engrais..............................	150	—
Nous constatons que le bénéfice attribuable à l'emploi des engrais a été de................	100 francs.	

Quoiqu'on ne puisse pas généraliser les résultats obtenus en petit, on est cependant certain, dans le cas actuel, que l'application des engrais conduira à un bénéfice, et on peut sans hésitation les employer sur une grande échelle.

Mais souvent les différences, tout en ressortant clairement des pesées, ne sont pas assez accentuées pour qu'on puisse affirmer que l'emploi des engrais sera réellement rémunérateur. En supposant que dans cette même expérience, au lieu d'avoir obtenu 29 kilog. de grains, nous n'en ayons obtenu que 25 kilog., nous constaterions que les frais occasionnés pour l'achat des engrais ont simplement été couverts par le surcroît de récolte. Dans ces conditions, nous devons répéter l'expérience, mais en la faisant sur une plus grande échelle et en employant des doses d'engrais moins élevées que celles que nous avions mises dans les parcelles d'un are. Nous emploierons, par exemple, sur une surface d'un hectare, 150 kilog. de nitrate et autant de phosphate précipité; n'ayant plus alors par hectare qu'une dépense d'environ 75 francs, soit moitié moindre que dans le cas précédent, il est possible que le surcroît de récolte donne un bénéfice.

L'agriculteur devra toujours se placer au point de vue économique, pour se rendre compte de l'opportunité de l'apport des engrais supplémentaires. Et, à ce point de vue, nous recommandons dans tous les cas de vérifier par des expériences en grand les résultats obtenus par les expériences en petit.

Lorsque l'utilité d'un ou de plusieurs principes ressort d'une manière plus ou moins nette des essais précédents, on doit chercher en grande culture quelle est la condition de son emploi qui permet de réaliser les plus grands bénéfices.

L'expérience n'est point compliquée, elle consiste à faire varier la quantité et, par suite, la dépense d'engrais. Souvent les doses relativement élevées, qu'on emploie à dessein dans le champ d'essais, pour obtenir des résultats plus manifestes, ne sont pas économiques ; il faudra donc s'assurer, avant de les rejeter complètement, si en les diminuant, on ne rendra pas leur emploi avantageux. Inversement, il conviendra d'examiner si des quantités élevées d'engrais ne sont pas capables de fournir des résultats plus rémunérateurs que des doses restreintes. Ces expériences, d'ordre économique, doivent toujours compléter les données fournies par les champs d'essais.

Expériences au point de vue de la comparaison des engrais entre eux. — Dans tout ce que nous avons dit précédemment, nous n'avons envisagé que les engrais se présentant sous l'état le plus assimilable, car nous nous occupions surtout de rechercher si tel ou tel élément peut agir favorablement sur les récoltes. L'agriculteur doit encore se placer à d'autres points de vue, surtout au point de vue de la moindre dépense.

Nous ne nous sommes pas jusqu'à présent préoccupés de fournir les matières fertilisantes au prix le plus bas, ni de les utiliser au maximum, tant pour la culture à laquelle ils sont donnés, que pour les cultures suivantes. Une fois l'avantage de l'introduction d'un principe fertilisant bien démontré, il faut savoir sous quelle forme il y a le plus d'intérêt à l'appliquer ; car suivant la nature du sol, il conviendra de s'adresser à l'un ou à l'autre des engrais commerciaux.

Nous savons, par exemple, que dans les terres légères, l'azote nitrique est enlevé beaucoup plus rapidement que l'azote ammoniacal ou l'azote organique et que, par conséquent, il y aura plus d'avantage à s'adresser à ces deux derniers pour utiliser plus complètement la fumure donnée. Nous savons aussi que dans des sols riches en matières organiques, on peut obtenir avec les phosphates naturels, dans lesquels le kilog. d'acide phosphorique se paye 0 fr. 20, des résultats aussi bons et souvent meilleurs qu'avec les superphosphates, dans lesquels l'acide phosphorique se paye trois ou quatre fois plus cher. Nous savons encore que, dans certaines terres où la matière organique est peu abondante, il vaut mieux employer, au contraire, les superphosphates, malgré leur prix plus élevé, que les phosphates naturels, dont l'effet serait presque nul. L'agriculteur se trouve donc souvent en présence d'un doute sur l'opportunité d'appliquer tel ou tel engrais azoté, tel ou tel engrais phosphaté, et, malgré les indications générales qu'il peut tirer de la connaissance de la nature de son sol, il peut être amené à résoudre par l'expérience la question ainsi posée.

Dans ce cas, il faut opérer autrement que lorsqu'il s'agit simplement de rechercher l'utilité d'un principe fertilisant. Ce n'est plus une question de principe qu'on cherche à résoudre, mais une question d'intérêt, et comme les résultats qu'on obtiendra doivent être des résultats pratiques, on ne se contentera plus d'opérer sur de petites parcelles. Il faut soumettre à l'expérience de plus grandes étendues de terrain, ce qui d'ailleurs n'a pas d'inconvénient grave au point de vue économique; puisqu'on sait déjà, par des expériences préliminaires, que le principe fertilisant appliqué sera utile à la récolte; il n'y a plus à résoudre qu'une question du plus ou moins grand avantage à s'adresser à l'un ou à l'autre des produits offerts par le commerce. On pourra donc, sans inconvénient, opérer comparativement sur des surfaces d'un hectare.

Mais comme certains engrais, tels que les nitrates, ne profitent qu'à la culture de l'année, et que d'autres, comme les engrais organiques, produisent des effets sur plusieurs récoltes successives, ce n'est pas sur une seule année que doivent porter les observations, mais sur plusieurs années successives, comprenant, par exemple, la durée de l'assolement; les résultats seront en quelque sorte totalisés. Afin qu'ils soient plus nets, il est bon d'appliquer la fumure au début de la rotation pour toute la durée de celle-ci; des fumures données en cours d'expériences pourraient venir troubler la netteté des conclusions.

Cependant, on peut aussi remettre des fumures, soit tous les ans, soit tous les deux ans, si la nature des récoltes le demande; dans ce cas, il faut faire entrer en ligne de compte l'état du sol à la fin de l'observation. Supposons, par exemple, qu'il s'agisse de comparer l'effet de l'azote nitrique à celui du sang desséché sur un assolement triennal, comprenant une plante sarclée, du blé, et enfin de l'avoine et que nous ayons donné au début 40 kilog. d'azote, sous l'une ou l'autre forme, et au blé 30 kilog. Le nitrate étant essentiellement soluble ne laissera pas d'azote dans le sol à la fin de la rotation; tandis que l'azote organique en aura laissé, dont l'effet se fera sentir sur les récoltes suivantes. A côté du résultat cultural s'appuyant sur les pesées, il faut donc tenir compte de l'état dans lequel on a laissé la terre et apprécier dans une certaine mesure la valeur de la fumure qui sera restée ainsi disponible pour la suite. Ces considérations s'appliquent d'ailleurs essentiellement aux engrais azotés, dont les uns sont susceptibles d'être partiellement enlevés par les pluies, dont les autres, au contraire, restent pour ainsi dire acquis au sol.

Pour les phosphates et les sels potassiques, nous n'avons pas à entrer dans les mêmes considérations; là, tout l'élément utile reste fixé dans la terre et on n'a point à tenir compte, ultérieurement à la période d'observation, d'une sorte d'amélioration foncière, différente suivant les matières premières employées.

Quantité d'engrais à employer. — Pour que les comparaisons entre les différents engrais aient quelque valeur, il est indispensable d'employer ceux-ci en quantité nettement déterminée. Commençons par dire qu'il faut se maintenir dans les limites moyennes, que nous avons indiquées dans le cours de cet ouvrage, pour les diverses substances fertilisantes, se plaçant ainsi dans les conditions de fumures normales; mais il faut, en outre, opérer de telle sorte que les comparaisons aient une portée pratique réelle.

On peut adopter à cet effet deux procédés : le premier consiste à employer les matières fertilisantes qu'il s'agit de comparer, en quantité telle, qu'une même surface du champ d'essais reçoive une même quantité de l'élément réellement utile : c'est-à-dire d'azote, s'il s'agit de comparer les nitrates, les sels ammoniacaux et les engrais organiques; d'acide phosphorique dans les cas des phosphates naturels, des superphosphates, des scories de déphosphoration; de potasse, pour les différents sels du commerce. Les quantités d'engrais à appliquer seront donc inversement proportionnelles à leur richesse en éléments fertilisants. Ainsi devra-t-on employer deux fois plus de sang desséché à 10,5 pour 100 d'azote, que de sulfate d'ammoniaque à 21 p. 100 d'azote, etc. Cette manière de procéder est plus scientifique et les déductions qu'on peut en tirer sont d'un ordre plus abstrait.

La seconde manière, celle à laquelle nous conseillons au praticien de recourir, consiste à employer les engrais à comparer, non pas à égalité de matière fertilisante, mais à égalité de prix. Ce que doit rechercher surtout l'agriculteur, c'est le résultat économique de ses opérations, et, à ce titre, la dépense pour la fumure supplémentaire est un facteur aussi important que l'excédent de recette qui en est résulté. Le prix des différents engrais, rendus à pied d'œuvre, étant déterminé aussi exactement que possible, on les emploiera donc en proportions telles qu'il en résulte la même dépense pour une même surface de terre. Si, par exemple, on veut comparer le sang desséché au sulfate d'ammoniaque, et qu'on ait mis de ce dernier 200 kilog. à 35 fr. les 100 kilog. représentant une dépense de 70 fr., il faudrait également employer pour 70 francs de sang desséché, soit 350 kilog., si le prix est de 20 fr. les 100 kilog.

Pour les phosphates, dans lesquels le prix de l'acide phosphorique est très différent, on est ainsi amené à donner quelquefois en quantités considérables l'engrais qui se trouve être au prix le plus bas. Prenons comme exemple un phosphate naturel, à 18 pour 100 d'acide phosphorique, le kilog. de ce dernier valant 0 fr. 20; et un superphosphate à 15 pour 100 d'acide phosphorique soluble, dont le kilog. sera coté à 0 fr. 70; on a dans le premier cas, dans 100 kilog. d'engrais, 18 kilog. d'acide phosphorique pour 3 fr. 60, dans le deuxième cas, 15 kilog. d'acide phosphorique pour 10 fr. 50. Si nous avons introduit dans le sol 200 kilog. de superphosphate, contenant 30 kilog. d'acide phosphorique, nous aurons pour la même dépense pu introduire 583 kilog. de phosphate naturel, contenant 105 kilog. d'acide phosphorique. Cet exemple montre l'utilité de ces essais. Si, en effet, dans le sol dont il s'agit, l'acide phosphorique du phosphate naturel avait donné les mêmes résultats que celui des superphosphates, on pourrait en diminuer la quantité et on réduirait ainsi la dépense.

Pour que les différences constatées entre les résultats que donnent les diverses formes de l'engrais soient plus frappantes, il convient de choisir de préférence, pour chaque type d'engrais, les plantes qui répondent le mieux à leur application : c'est-à-dire, pour les engrais azotés et phosphatés, les céréales et particulièrement le blé; pour les engrais potassiques, les légumineuses et principalement la luzerne.

Essai des amendements. — Nous venons d'envisager les engrais proprement dits : azotés, phosphatés, potassiques. Nous devons nous occuper aussi des amendements, parmi lesquels la chaux, la marne, le plâtre, tiennent le principal rang. A proprement parler, nous n'avons pas à insister beaucoup sur le mode d'opérer; les règles générales que nous avons données pour les engrais doivent également nous servir de guide pour les amendements. C'est surtout sur les parcelles prises en pleine culture qu'il faut faire ces essais, quitte ensuite à les appliquer à de plus grandes surfaces, si on veut avoir une confirmation plus complète, ou si on veut opérer des comparaisons.

Chaulage et marnage. — Beaucoup de terres, même de celles qui contiennent des proportions sensibles de calcaire, sont sensibles à l'application de la chaux ou de la marne; l'analyse chimique seule est souvent impuissante à nous dire si une terre est suffisamment calcaire. Ce n'est que dans le cas où la proportion de cet élément est très élevée, c'est-à-dire où elle est au moins de 8 à 10 pour 100, qu'on est certain que l'apport de ces amendements ne produira plus d'effets. Au-dessous de cette limite, il est toujours à conseiller d'essayer, sur quelques parcelles, soit de la chaux, soit de la marne, suivant les facilités de l'approvisionnement de l'une ou de l'autre matière. Ces applications devront d'ailleurs se faire dans les proportions et dans les conditions que nous avons indiquées en parlant du chaulage et du marnage; si l'on veut faire une comparaison entre ces deux amendements, il faut la faire à égalité de dépense. Mais on ne doit pas oublier que la chaux et surtout la marne ne produisent pas tous leurs effets dès la première année, et ne l'épuisent qu'au bout d'une assez longue période; il convient donc de suivre ces essais et de ne se prononcer qu'après la comparaison des résultats de plusieurs cultures successives. Cependant, si le sol manque réellement de calcaire, les effets de son application se manifesteront très vite et on ne gardera aucun doute sur l'utilité de son emploi.

Il est plus convenable de pratiquer ces essais en sols non fumés, le chaulage et le marnage étant surtout destinés à mettre en circulation les richesses accumulées du sol; on verra ainsi, d'une façon plus nette, l'influence directe de l'élément calcaire sur la fertilité. On peut cependant aussi opérer en sol moyennement fumé, l'action de la chaux s'exerçant alors et sur le sol et sur le fumier.

Ce n'est pas seulement la plus-value de la récolte qu'il faut envisager, mais aussi l'amélioration foncière de la terre; les chaulages et les marnages agissent en modifiant la nature du sol qu'ils rendent plus meuble, plus facile à travailler, plus perméable, quand il s'agit de terres fortes, plus consistant, au contraire, lorsqu'il s'agit de terres légères.

Nous insistons sur la nécessité de ces essais ; beaucoup de terres, qui produisent des récoltes satisfaisantes, gagneraient cependant à l'apport d'amendements calcaires, dont on ne soupçonne souvent pas l'utilité.

Plâtrage. — Quant au plâtre, qui s'applique surtout aux légumineuses, on n'a qu'à le répandre en couverture à l'automne ou au printemps, comme nous l'avons dit; si effectivement il produit des résultats, ceux-ci sont accentués dès la première coupe. Mais comme fréquemment le plâtre agit plutôt d'une façon apparente que réelle sur la production de la matière alimentaire, en donnant des récoltes plus gorgées d'eau, on fera bien de comparer entre elles non pas les récoltes fraîches, mais les récoltes fanées, les parties plâtrées se réduisant souvent plus que les autres par la dessication. C'est encore un essai qu'il ne faut pas négliger; le plâtrage s'est perpétué dans certaines régions, sans qu'on se soit jamais assuré si son utilité est toujours réelle.

On opérerait de la même manière pour essayer l'action d'autres substances, telles que les sels magnésiens, le sulfate de fer, et les autres produits dont on voudrait connaître l'effet sur la production des récoltes.

§ II. — Champs d'expériences.

Nous avons envisagé, dans ce qui précède, les résultats que peut obtenir l'agriculteur par l'application des engrais dans son exploitation. Ses voisins pourront profiter des connaissances ainsi acquises, si la nature de leur sol et celle de leur sous-sol est identique avec celle du domaine sur lequel auront porté les expériences, et qui servira en quelque sorte de champ de démonstration.

Les agriculteurs intelligents qui se livrent à ces études rendent donc un véritable service aux cultivateurs du voisinage.

Groupement des terrains. — Mais les directeurs des Stations agronomiques doivent avoir un champ d'études plus vaste, qui embrasse toute la région sur laquelle s'étend leur action. Ils n'ont pas seulement à considérer tel ou tel domaine, ni même telle ou telle commune, mais l'ensemble des principales natures de sols, dans lesquelles la région se subdivise; ce sont donc des questions d'ordre plus général qu'ils auront à aborder, sans entrer dans les détails de l'application à chaque cas spécial. Pour eux, il s'agira, non de savoir quels sont les besoins de telle exploitation, mais quels sont ceux de la région entière. Il est bien rare que dans un département, et surtout dans une réunion de plusieurs départements, la nature du sol soit la même et que, par suite, les mêmes engrais conviennent à tous les points du territoire; là, il s'agira donc de diviser la région en plusieurs parties, comprenant chacune les sols ayant la même origine géologique, le même sous-sol, de telle sorte qu'on aura des séries de terrains présentant les mêmes propriétés, et qu'on pourra regarder comme constituant un lot homogène, que ces terrains forment une zone contiguë ou qu'ils soient disséminés au milieu de terrains de nature différente. Lorsque ce groupement a été opéré, en s'aidant des données géologiques et de l'analyse préalable des terres, on choisit dans chaque groupe un ou plusieurs champs représentant autant que possible une moyenne de composition et on y établit les expériences.

Ce groupement nécessite des études préliminaires longues et délicates, qui ne doivent jamais être négligées, si l'on veut tirer de ces résultats des conclusions pratiques, pouvant être appliquées à toute la zone envisagée. Il vaut mieux n'avoir dans chacune de ces zones qu'un seul champ d'expérience, dans un terrain bien étudié et représentant la nature moyenne du sol, que de multiplier les essais dans des conditions moins bien définies. On doit donc attacher une grande importance à l'étude préliminaire du terrain sur lequel on opère.

Etablissement des carrés d'expériences. — Lorsque l'emplacement est déterminé suivant les indications données, il s'agit d'installer le champ d'expériences. Sa disposition variera avec l'étendue du terrain et avec la nature des essais qu'on veut y entreprendre; nous devons nous borner ici à exposer quelques règles générales, pour arriver aux résultats les plus concluants.

Influence des bords. — Tous ceux qui ont opéré sur des carrés de dimensions restreintes, séparés par des chemins ou des allées, ont dû être frappés de la perturbation qu'apporte l'influence des bords, qui se trouvent toujours dans des conditions plus favorables à la végétation. Même lorsqu'on opère dans un terrain presque stérile, on voit des parcelles n'ayant reçu aucune fumure présenter sur leurs bords une végétation relativement luxuriante, alors qu'au centre elle est extrêmement chétive. Cette influence des bords est de nature à troubler complètement les résultats d'une expérience, et il importe au plus haut point de la faire disparaître.

On y arrive facilement en supprimant les allées et en laissant toutes les parcelles contiguës et formant un champ continu. Mais il y a un autre inconvénient qui s'établit de ce chef, parce que les parcelles ayant reçu des fumures différentes se touchent et que par suite les plantes voisines de la limite peuvent puiser leur nourriture dans deux parcelles à la fois. Il est facile de faire disparaître cette cause d'erreur, en retirant de l'expérience les bandes qui bordent les carrés. On pratique autour de chacun d'eux, avant de procéder à la récolte, des véritables allées qui les isolent et qui ont éliminé les produits poussés sur les terrains intermédiaires.

Pour fixer les idées, supposons que l'expérience doive rouler sur des parcelles de 10 mètres de côté; on commencera par établir des carrés contigus de 12 mètres de côté, de telle sorte qu'autour de chaque parcelle en expérience, il y ait une bande de 1 mètre de largeur, et que ces parcelles soient en réalité séparées l'une de l'autre par une largeur de 2 mètres. Quant au pourtour de l'ensemble de cette disposition, il sera également formé par une bande ayant 2 mètres de largeur. De cette façon, chacune des parcelles en expérience est séparée de la parcelle voisine et des bords extérieurs par une largeur de 2 mètres. L'emploi de fils de fer, tendus entre des piquets, facilitera beaucoup cette disposition; les engrais ne seront répandus que dans des parcelles de 10 mètres, tandis que les semailles se feront d'une façon uniforme sur l'ensemble du champ. Cela revient absolument à établir des carrés séparés par des allées de 2 mètres et entourés d'une allée de 2 mètres, ayant reçu les mêmes façons et les mêmes semences que les carrés en expérience.

Quant aux façons aratoires et aux semailles, tout en

se rapprochant de ce qui se fait dans la pratique, on devra y apporter un plus grand soin et une plus grande régularité, pour rendre les conditions aussi égales que possible. Chaque expérimentateur aura d'ailleurs à déterminer lui-même le mode de procéder le plus favorable à la réussite de ses essais.

Pour éviter que les engrais répandus à la main aillent d'un carré sur l'autre, ou dépassent les limites de la surface qu'ils doivent fumer, il est bon de se servir d'un écran, sorte de planchette posée sur la limite du carré, et empêchant la matière lancée à la main de franchir la ligne de séparation. Il ne faut pas opérer lorsque le vent souffle, afin d'éviter l'entraînement des poussières dans les parcelles voisines.

Il est recommandable d'avoir, pour chaque nature de fumure et pour les témoins, plusieurs carrés en expérience, afin de contrôler les résultats obtenus. Ceux-ci ne doivent pas présenter des écarts supérieurs à 5 %; si cette limite est dépassée, on doit rejeter l'expérience comme défectueuse.

Interprétation des résultats. — Lorsque les pesées des récoltes ont été effectuées avec tous les soins désirables, il s'agit d'interpréter les résultats et là on rencontre quelquefois des difficultés. Les végétations obtenues sur de petites surfaces, qui ont été ordinairement travaillées avec beaucoup plus de soin, ensemencées très régulièrement, sarclées fréquemment, sont généralement plus belles que celles qu'on obtiendrait en grande culture. Si on rapporte à l'hectare le résultat obtenu sur les petits carrés, on arrive presque toujours à des chiffres qui étonnent les praticiens et qu'on ne saurait retrouver, si on appliquait les mêmes fumures à de grandes surfaces. Il vaut donc mieux donner les chiffres qu'on a obtenus sur la parcelle envisagée et ne pas les rapporter à ce qu'eût produit un hectare.

Les champs d'expériences sur de petites surfaces, conduisent plutôt à résoudre des questions de doctrine que des questions économiques; ils ont un intérêt de premier ordre, mais il ne faut leur demander que ce qu'ils peuvent réellement donner. Pour étudier les rendements qu'on obtiendrait en grande culture, il faut opérer sur de grandes surfaces, c'est-à-dire se placer entièrement dans les conditions de la pratique agricole. Les expérimentateurs qui veulent généraliser les résultats fournis par des petites parcelles oublient que, sur de grandes surfaces, on n'est pas maître au même degré des conditions qui doivent favoriser le développement végétal.

Les données économiques des champs d'expérience ont donc toujours besoin d'être confirmées par des essais entrepris dans les conditions de la grande culture.

Expériences scientifiques. — Au lieu de faire les essais en plein champ, comme nous venons de l'indiquer, on a souvent avantage à les faire dans des limites très restreintes, en plaçant les terres dans des pots ou dans des caisses, et en tâchant alors de réunir toutes les conditions favorables à la solution du problème qu'on s'est posé. On peut ainsi soustraire ses cultures à l'action des intempéries, aux ravages des animaux nuisibles et des maladies cryptogamiques, on peut les arroser de manière à activer la végétation, répéter et recommencer les essais pour obtenir des moyennes, déterminer plus rigoureusement les quantités d'engrais donnés, ainsi que le poids de récolte obtenu; l'homogénéité du sol sur lequel on opère peut être rendue parfaite, enfin la surveillance est plus facile et les frais sont beaucoup plus minimes.

Des résultats intéressants sont obtenus par ce procédé, pour étudier l'effet d'un engrais donné sur telle ou telle plante, pour comparer différents engrais appartenant à une même catégorie, etc. Ce qu'on cherche là, ce ne sont pas des chiffres absolus, mais des chiffres comparatifs, et il faudrait se garder, bien plus encore que dans le cas des champs d'expérience, d'appliquer les résultats à de grandes surfaces. Ce qui est indispensable pour l'exactitude de ces comparaisons, c'est d'opérer dans des conditions de forme de vase, de quantité de terre, d'arrosage, d'exposition, de température, absolument identiques, sans autre différence que celle de l'introduction de la substance que l'on veut essayer.

§ III. — Champs de démonstrations.

Leur but. — Les champs de démonstrations ont été institués pour montrer aux agriculteurs, par des exemples entrant dans les conditions de la pratique agricole, les effets produits par l'application des divers engrais, par le choix des semences et le perfectionnement des procédés culturaux; ils constituent pour l'agriculteur, auquel les notions théoriques sont peu familières, et pour celui qui se défie des procédés dont il n'a pas l'usage, des leçons de choses, qui doivent le porter à entrer dans la voie du progrès.

Le champ de démonstrations diffère en cela du champ d'expériences qu'il n'est pas destiné à élucider des questions encore obscures; il ne doit servir qu'à montrer au public, sous une forme frappante, les faits définitivement acquis. C'est en somme la mise en évidence des résultats favorables fournis par les champs d'essais. A ce titre, ils ne doivent jamais présenter d'insuccès, puisqu'on ne doit y établir que des méthodes dont la réussite est certaine.

On sait combien il est difficile de faire entrer dans la pratique agricole et particulièrement chez le petit cultivateur, les perfectionnements qui peuvent résulter des conquêtes de la science; nulle démonstration n'aura sur lui autant d'action que celle qui frappe ses yeux, sous la forme d'une belle récolte. A proprement parler, les cultures bien conduites et dans lesquelles on applique les procédés les plus avantageux, constituent toutes des champs de démonstrations, et là où des propriétaires intelligents exploitent leur sol avec profit, le petit cultivateur sera constamment à même d'observer l'effet des méthodes plus perfectionnées.

Mais dans beaucoup de régions, les exploitations modèles font défaut et rien n'indique au paysan comment il pourrait obtenir de plus belles récoltes ; c'est là qu'il est nécessaire d'instituer des champs de démonstration, destinés à apprendre les procédés auxquels on doit avoir recours, pour améliorer la production du sol. Ici nous n'avons à nous occuper que des engrais; il s'agit de montrer quels sont ceux qui, dans un sol déterminé, produisent les meilleurs résultats sur les différentes cultures.

Choix de l'emplacement. — Les résultats obtenus dans un de ces champs ne peuvent s'appliquer qu'aux terres de même nature; il faudrait donc se garder de généraliser. Dans le choix de l'emplacement, on doit s'attacher à représenter les surfaces les plus importantes de la région, sur laquelle on veut étendre son action. Il faut bien savoir à quelle nature de sol s'appliquent les résultats obtenus. S'il existe, comme c'est presque toujours le cas, des terres de nature différente, il faut établir un champ de démonstration spécial à chaque terre. Il y a donc lieu de disperser ces cultures modèles ; cependant, pour que le plus grand nombre des agriculteurs soient à même de les visiter, il est à désirer qu'elles soient placées au voisinage du centre des affaires, par exemple autour des villes où se tiennent les marchés et autant que possible le long des routes, afin de frapper l'attention du cultivateur, généralement si indifférent; en un mot, il faut les disposer de telle sorte qu'il puisse les voir, sans pour ainsi dire se déranger. Il est, de plus, utile qu'une étiquette fasse connaître la nature et la quantité des engrais qui ont été employés. L'aspect des récoltes suffira généralement pour montrer l'effet qu'on en a obtenu; mais il est bon qu'après la récolte, les indications sur les rendements, et les comparaisons entre les frais et les bénéfices, soient mis à la connaissance des agriculteurs par des communications imprimées ou orales.

Afin que ces résultats inspirent plus de confiance, il est nécessaire d'opérer sur des surfaces qui ne soient pas très restreintes. Puisque, en somme, l'opération du champ de démonstrations doit être bonne et conduire à des bénéfices, il n'y a aucun inconvénient à opérer sur plusieurs hectares. L'agriculteur sera d'autant plus frappé des résultats, qu'il aura pu les constater sur de plus grandes surfaces.

Comme c'est un modèle à suivre qu'on propose aux visiteurs et qu'on ne veut pas seulement leur donner une démonstration théorique de l'effet de tel ou tel principe fertilisant, il n'y a aucun intérêt à séparer l'un de l'autre les divers agents qui concourent à l'augmentation de la production végétale; ainsi doit-on chercher à réunir toutes les conditions favorables au succès des récoltes, tels que les engrais appropriés, les semences choisies, les façons culturales perfectionnées. Il s'agit, en effet, plutôt de montrer à l'agriculteur comment il doit faire pour réussir, que de lui expliquer à quoi tient la réussite.

Il appartient à l'enseignement agricole, qui pénètre de plus en plus dans les campagnes, de former des agriculteurs assez instruits pour comprendre le parti qu'on peut tirer de l'emploi judicieux des engrais.

L'agriculture nationale peut compter sur un avenir d'autant plus prospère, qu'elle s'attachera davantage à utiliser les matières fertilisantes que la nature ou les résidus de l'industrie humaine mettent si abondamment à sa disposition.

TABLE DES MATIÈRES

PREMIÈRE PARTIE.

ENGRAIS POTASSIQUES.

Pages.

Sources d'engrais potassiques. 3

CHAPITRE PREMIER.

GÉNÉRALITÉS SUR L'EMPLOI DES ENGRAIS POTASSIQUES. 6

§ I. — *Rapport de la potasse avec le sol.* 6

Origine de la potasse des sols. 6

Roches primitives. 6
Roches volcaniques. 8
Grès. 8
Roches calcaires. 9

Moyens de déterminer les besoins du sol en potasse. 10

Analyse chimique. 10
Aspect des récoltes. 12
Essais par la culture. 13

Richesse des sols en potasse. 16

Épuisement par la culture. 17
Examen des sols des principales régions. 18

Formes de la potasse dans le sol. 25

Potasse soluble dans l'eau. 26
Potasse soluble dans les acides concentrés. 27
Potasse totale. 28

Pages.
Déperditions de la potasse. 29

§ II. — *Rapport de la potasse avec les cultures*. 31

Teneur en potasse des principales plantes cultivées. 31
Exigences des récoltes en potasse. 33
Céréales 38
Plantes à racines et à tubercules. 40
Tabac. 44
Lin 45
Prairies artificielles. 46
Prairies naturelles. 49
Vigne 50

CHAPITRE II.

Extraction et fabrication des sels potassiques. 53

§ I. — *Extraction de la potasse de la mer*. 54

Extraction de la potasse des eaux marines. 54
Composition de l'eau de mer. 54
Traitement des eaux mères des marais salants. 55
Extraction de la potasse des plantes marines. 57

§ II. — *Extraction de la potasse des produits végétaux*. 58

Extraction de la potasse des cendres de bois. 59
Combustion du bois. 59
Lessivage et concentration. 60
Composition des produits. 61
Potasse extraite des mélasses et vinasses de betteraves. . . . 61
1° Mélasses 62
2° Eaux d'osmose 63
Potasse extraite des résidus de la fabrication du vin. 64
Vinasse 64
Lies, marcs, etc. 64

§ III. — *Extraction de la potasse des produits animaux*. . . . 65

Potasse du suint. 65

§ IV. — *Extraction de la potasse des roches*. 66

Extraction de la potasse des feldspaths. 66

Pages.

§ V. — *Sels potassiques des mines de Stassfurt* 68

Description générale des gisements 68
Origine des dépôts salins 69
Composition générale des différentes couches 70
Composition des différents minerais potassiques 72

Carnallite 72
Polyhalite 73
Sylvine 74
Kaynite 74
Krugite 75

Fabrication du chlorure de potassium 75

Préparation des sels de déblai 75
Préparation du chlorure de potassium 76
Fabrication du sulfate de potasse 78

CHAPITRE III.

Les différents engrais potassiques 79

Chlorure de potassium.

Chlorures de potassium français 80
Chlorures de potassium allemands 81
Prix 82

Sulfate de potasse.

Origine 84
Composition 84
Prix 86

Nitrate de potasse.

Composition 87

Carbonate de potasse.

Composition 89

Insecticides à base de potasse.

Sulfure de potassium 90
Sulfocarbonate de potasse 91

Pages.

Sels potassiques complexes.

Salins du Midi. 92
Cendres 93
Produits végétaux divers. 94
Cendres de varech. 95
Cendres de bois. 96
Suies de cheminées. 99
Potasses brutes. 100
Sels d'osmose. 102
Eaux résiduaires. 103
Sels bruts de Stassfurt. 105

CHAPITRE IV.

Emploi agricole des sels potassiques. 109

§ I. — *Transformations générales des sels potassiques dans le sol.* 109

Mécanisme de la dissolution dans le sol. 110
Pouvoir fixateur du sol vis-à-vis des sels potassiques. 111
Actions mécaniques. 112
Actions chimiques; rôle du calcaire. 112
Déperditions des sels potassiques 114

§ II. — *Conditions et époques de l'emploi des sels potassiques.* 115

Application aux différents sols 115
Terres franches. 115
Terres fortes. 116
Terres calcaires. 117
Terres sableuses. 117
Terres tourbeuses. 118
Terres non calcaires. 118
Entraînement du calcaire. 119
Application aux différentes cultures. 120
Observation générale. 120
Céréales d'hiver. 122
Plantes de printemps. 122
Betteraves à sucre, et pommes de terre. 123
Prairies artificielles. 123

Pages.

Prairies naturelles 123
Vigne 124

§ III. — *Comparaison des différents sels potassiques* 125

1° Comparaison au point de vue de l'action sur le sol 126

Carbonate de potasse 126
Sulfate de potasse 127
Nitrate de potasse 128
Chlorure de potassium 128
Sulfocarbonate de potasse 129
Silicate de potasse 129
Application aux différents sols 131

2° Comparaison au point de vue de l'action sur la végétation 132

Carbonate de potasse 132
Nitrate de potasse 133
Sulfate de potasse 134
Chlorure de potassium 134
Mélanges de sels 135

Expériences culturales 136
Pratique de l'épandage 139

Profondeur à laquelle il faut placer les sels potassiques . . . 139
Pulvérisation des sels 140
Mélange avec des matières inertes 140
Mélange avec des engrais 140
Mélange avec le fumier 141
Mode d'emploi des sulfocarbonates 142

Doses d'engrais potassiques à employer 143

SOUDE.

Diffusion de la soude dans la nature 146

Soude dans les terres arables 147
Soude dans les récoltes 149

Emploi du sel marin 151

Action sur le sol 152
Expériences culturales 152
Composition du sel marin 154
Sels de pêcherie 155

Pages.
Chlore. 156
Brôme, Iode, Fluor. 156
Rubidium. 157

DEUXIÈME PARTIE.

ENGRAIS CALCAIRES OU AMENDEMENTS.

Importance de la chaux; son rôle multiple. 159
Sources d'engrais calcaires. 160

CHAPITRE PREMIER.

GÉNÉRALITÉS SUR L'EMPLOI DES ENGRAIS CALCAIRES. 163

§ I. — *Rapport de la chaux avec le sol* 163

Roches primitives. 163
Roches volcaniques. 165
Grès. 166
Roches calcaires. 166
Formes de la chaux dans le sol. 169

Silicate. 169
Carbonate. 170
Bicarbonate. 172
Nitrate. 172
Chlorure. 173
Sulfate. 173
Phosphate. 174
Fluorure. 175
Humates. 175

Moyens de déterminer les besoins du sol en chaux. 178

Végétation spontanée. 178
Examen chimique du sol. 178
Calcaire actif. 179

Proportions de chaux nécessaires au sol. 181

1° Au point de vue de l'alimentation des plantes. 181
2° Au point de vue des réactions chimiques du sol. 182
3° Au point de vue de l'ameublissement du sol. 183

Principaux types de terres arables. 185

Terres essentiellement calcaires. 185

Pages.

Terres franches. 187
Terres peu calcaires. 188
Terres dépourvues de calcaire. 190
Tourbes. 192

Déperditions de la chaux. 192

1° à l'état de bicarbonate. 193
2° à l'état de nitrate. 194
3° à l'état de sulfate. 195
4° à l'état de chlorure. 195

§ II. — *Rapports de la chaux avec les récoltes.* 196

Formes de la chaux dans le végétal. 196
Teneur en chaux des plantes cultivées. 197

Céréales. 197
Légumineuses cultivées pour leurs graines. 197
Plantes industrielles. 198
Plantes cultivées pour leurs racines et leurs tubercules. 198
Plantes fourragères. 198
Cultures arbustives. 199

Exportation de la chaux par hectare. 199

CHAPITRE II.

CHAULAGE. 205

§ I. — *La chaux*. 206

Fabrication de la chaux. 206

Fabrication industrielle. Fours à chaux. 206
Fabrication agricole. 207
Cuisson en tas. 207
Fours de campagne. 209

Propriétés de la chaux. 211
Différentes qualités de chaux. 213

Chaux grasses. 213
Chaux maigres. 213
Chaux hydrauliques. 213
Chaux magnésiennes. 214

Composition. 214
Précautions nécessaires dans l'achat de la chaux. 216
Transport et conservation. 218

Pages.

§ II. — *Théorie du chaulage* 219

Action de la chaux sur les matières organiques du sol. . . 220

Désagrégation de la matière organique. 220
Arrêt de la nitrification. 222
Reprise de la nitrification. 223
Disparition de la matière organique du sol. 224
Combinaison de la chaux avec la matière organique. 225

Action de la chaux sur les éléments minéraux du sol. . . . 225

Mise en liberté de la potasse. 226
Action sur les sels nuisibles du sol. 227
Action sur les engrais. 227

Action sur le pouvoir absorbant du sol. 228
Action sur les propriétés physiques du sol. 229

Terres fortes. 229
Terres légères. 231
Terres tourbeuses. 231

§ III. — *Pratique du chaulage*. 232

Différents modes d'épandage de la chaux. 232

Remarque pour les chaux hydrauliques. 236

Emploi simultané de la chaux et des différents engrais. . . 236

Engrais chimiques. 236
Fumier de ferme. 237
Engrais verts. 238

Époque de l'épandage. 239
Enfouissement de la chaux. 241
Quantités de chaux employées. 241
Doses rationnelles de chaux à employer. 244

Variations des doses, suivant les qualités de la chaux. . . . 247
Variations des doses, suivant les sols. 248

Effets sur les récoltes. 249
Conséquences économiques du chaulage. 250

Épuisement du sol. 251
Déperditions d'azote. 251

Conditions rationnelles du chaulage. 252

Abus et insuccès du chaulage. 253
La chaux n'agit qu'en présence des autres principes fertilisants. 254

Pages.

CHAPITRE III.

Marnage 256

§ I. — *Marnes proprement dites* 257

Définition de la marne 257
Propriétés physiques de la marne. — Foisonnement 258
Gisements de marnes 258
Exploitation des marnières 260
Différentes qualités de marnes 261
Achat des marnes 265

§ II. — *Théorie et pratique du marnage* 268

Effets sur le sol 268
Terres auxquelles convient le marnage 269
Effets sur les récoltes 270
Pratique de l'épandage 270

Mode d'épandage 270
Enfouissement 271
Époque de l'épandage 271
Emploi simultané de la marne et des différents engrais 271

Quantités de marne à employer 273

Variations suivant la nature de la terre 274
Variations suivant la qualité de la marne 275
Apport d'autres éléments 277
Variations suivant la profondeur des labours 278
Variations suivant les conditions économiques 278

Pratique rationnelle du marnage 279

§ III. — *Marnage par les calcaires marins, les coquilles et les chaux résiduaires* 281

Faluns.

Description et origine 282
Distribution géographique 283
Composition 284
Exploitation 285
Emploi agricole 286

Tangues. — Trez. — Merls. — Coquilles.

Tangues 287

Origine 287

Pages.
Composition 288
Emploi des tangues. 290

Vases et boues de ports de mer. 293
Trez. 293

Composition 293
Emploi agricole. 295

Merl. 295

Origine 296
Composition chimique. 296
Exploitation. Emploi 299
Comparaison entre les trez et les merls. 300

Coquilles diverses. 302

Chaux résiduaires. — Cendres.

Chaux d'épuration du gaz. 304

Composition. 304
Emploi agricole. 305

Écumes de défécation. 306
Produits divers. 307

Scories de fer. 307
Marcs de colle; déchets de tannerie, etc. 308
Chaux des papeteries, etc. 309

Cendres lessivées ou charrées. 310

Composition 310
Emploi. 311

Cendres diverses. 313

Cendres de tourbe. 313
Cendres de houille. 316

§ IV. — *Comparaison entre le chaulage et le marnage*. 318

Comparaison au point de vue des effets sur le sol. 318

Terres fortes 320
Terres légères 321
Terres riches en matières organiques. 322

Comparaison au point de vue de l'épuisement du sol. 322
Comparaison au point de vue de l'effet sur les récoltes. . . 323
Comparaison au point de vue économique. 323

ENGRAIS MAGNÉSIENS. 327

La magnésie dans les roches et dans les terres. 327

Pages.
Rôle de la magnésie dans le sol. 333
Élimination par les eaux. 334
Magnésie dans les récoltes 335
Engrais magnésiens. 337
Carbonate de magnésie. 338
Magnésie 339
Sulfate de magnésie. 339
Chlorure de magnésium. 341

TROISIÈME PARTIE.

ENGRAIS DIVERS.

CHAPITRE PREMIER.

PLATRE. 347
Gisements. 347
Gisements du Trias. 348
Gisements du Jurassique. 349
Gisements de l'étage tertiaire. 349
Cuisson du plâtre. 350
Composition. 352
Plâtre cuit 352
Plâtre cru 353
Achat. 354
Plâtres résiduaires 355
Plâtres provenant des salines 355
Résidus des fabriques de soude. 356
Vieux plâtras 356
Cendres. 356
Plâtre phosphaté. 357
Théorie du plâtrage 358
Réactions du plâtre dans le sol 359
Le plâtre envisagé comme engrais calcaire. 362
Le plâtre envisagé comme engrais sulfurique. 363
Action du plâtre sur les différentes récoltes. 366
Légumineuses fourragères. 367
Légumineuses cultivées pour leurs graines 369

Pages.
Prairies naturelles. 370
Crucifères. 371
Céréales et racines. 371
Pratique du plâtrage. 372
Époques de l'épandage 372
Doses à employer 374
Durée d'action. 374

CHAPITRE II.

Fer et sulfate de fer. — Manganèse. — Silice. 375

Fer.

Le fer dans les plantes. 375
Le fer dans les terres. 377
Le fer considéré comme amendement. 378
Oxyde de fer. 379
Sulfate de fer. 380
Réactions dans le sol 381
Action sur les plantes. 383
Cendres pyriteuses 385
Manganèse. 388
Silice. 389

QUATRIÈME PARTIE.

ENGRAIS COMPOSÉS.

Classification des engrais. 391
Engrais naturels complexes 392

CHAPITRE PREMIER.

Engrais composés du commerce. 395
Dénomination 396
Fabrication. 396
Aspect extérieur. 397
Composition 398
Réactions entre les nitrates et les superphosphates. 399

Pages.
Prix 401
Fraude 403
Inconvénients au point de vue cultural 404

CHAPITRE II.

ENGRAIS COMPOSÉS A LA FERME 408

Utilité des engrais composés 408
Fabrication 411
Engrais d'automne et engrais de printemps 415
Établissement de la formule d'engrais 417
Application des engrais composés 420

Épandage à la main 421
Enfouissement 421
Fumure en plein 423

Semoirs à engrais 424

Réservoir 425
Distributeur 425
Trémie de descente 427
Réglage du distributeur 427
Distributeurs mixtes 431

Distributeurs d'engrais liquides 432
Distributeurs de fumier de ferme 433
Appareils pour enfouir le fumier 434

CINQUIÈME PARTIE.

GÉNÉRALITÉS SUR LES ENGRAIS.

Achat. Contrôle. Expérimentation des engrais 435

CHAPITRE PREMIER.

ACHAT ET TRANSPORT DES ENGRAIS 437

§ I. — *Achat des engrais* 437

Centres d'approvisionnement des engrais 437
Suppression des intermédiaires 439

Pages.
Moment des achats 441
Conservation des engrais 442
Production et consommation des engrais 443

§ II. — *Transport des engrais* 451

Tarifs des Cies de chemins de fer pour le transport des grandes quantités 451

Tarifs des chemins de fer de l'Ouest 452
Tarifs des chemins de fer d'Orléans 455
Tarifs des chemins de fer de l'État 458
Tarifs des chemins de fer du Midi 460
Tarifs des chemins de fer de Paris à Lyon et à la Méditerranée. 462
Tarifs des chemins de fer du Nord 465
Tarifs des chemins de fer de l'Est 466

Tarifs pour petites quantités 470
Considérations générales sur les transports 471
Prise de livraison des engrais 472
Transports par eau 473

CHAPITRE II.

FRAUDES DES ENGRAIS. — CONTRÔLE. — LÉGISLATION 474

I. — *Fraudes* 474

Manœuvres employées pour tromper le cultivateur 475

Dépositaires 476
Vente à la mesure 476
Vente au titre sec 477
Vente à la mesure et au titre sec 478
Vente à la matière organique 479
Substitution de garantie 479
Écarts de composition 480
Vente à l'analyse commerciale 480

Tromperie sur le poids de la marchandise 482
Livraisons incomplètes 482
Introduction dans la livraison de matières sans valeur 483

§ II. — *Législation* 483

Législation ancienne 484

Loi du 27 mars 1851 484
Loi du 23 juin 1857 485
Loi du 27 juillet 1867 486
Poursuites d'office 488

Pages.

Insuffisance de la législation ancienne 489

Projet de loi de 1884 489

Législation actuelle 504

Loi concernant la répression des fraudes dans le commerce des engrais 504
Décret d'administration publique pour l'application de cette loi. 507
Circulaire ministérielle 516

§ III. — *Contrôle des engrais* 528

Prise d'échantillon 528
Chimistes experts 532
Méthodes d'analyses 534
Interprétation des résultats de l'analyse 535

CHAPITRE III.

SYNDICATS AGRICOLES POUR L'ACHAT DES ENGRAIS 540

Avantages que présentent les syndicats. Leur but 540
Création des syndicats 542

Loi du 21 mars 1884 542
Circulaire interprétative 545
Recrutement des syndicats 555
Utilisation des fonds 556
Actes commerciaux 556

Rapports des syndicats avec les fournisseurs 559

Adjudications 559
Groupement des commandes 560
Dépôts d'engrais 560
Délais de livraisons 560
Analyses 561
Solidarité des syndiqués 561
Cahier des charges 562

Fonctionnement des syndicats 562

CHAPITRE IV.

CHAMPS D'ESSAIS, D'EXPÉRIENCES ET DE DÉMONSTRATIONS 567

Utilité de l'expérimentation 567

Pages.

§ I. — *Essais agricoles* 570

Choix et établissement du champ d'essais 570

Homogénéité du terrain 570
Subdivision en carrés. 571
Suppression des allées 573

Détermination de l'effet des matières fertilisantes 573

Disposition de l'expérience. 574
Nature et proportion d'engrais à employer 575
Façons culturales 576
Examen pendant la végétation 576
Récolte 577
Discussion des résultats 578
Exemple n° 1. 578
Exemple n° 2. 579
Exemple n° 3 580
Durée des expériences. 581
Résultats économiques des fumures 582

Expériences au point de vue de la comparaison des engrais entre eux 584

Quantité d'engrais à employer. 587

Essai des amendements. 589
Chaulage et marnage 589
Plâtrage. 591

§ II. — *Champs d'expériences* 591

Groupement des terrains 592
Établissement des carrés d'expériences 593
Influence des bords. 593
Interprétation des résultats 595
Expériences sicentifiques 596

§ III. — *Champs de démonstrations* 597

Leur but 597
Choix de leur emplacement. 598

TABLE DES MATIÈRES DU TOME III. 601
TABLE ALPHABÉTIQUE DES MATIÈRES CONTENUES DANS LES TROIS VOLUMES. 617

TABLE ALPHABÉTIQUE

DES MATIÈRES CONTENUES DANS LES TROIS VOLUMES.

A

Abattis de poissons, t. II, p. 233.
Acétique (acide), t. II, p. 539.
Achat des engrais, t. III, p. 437.
Acidité du sol, t. I, p. 104.
Adjudication d'engrais, t. III, p. 559.
Adler kaynite, t. III, p. 106.
Air, t. I, p. 12, 18, 19, 23, 113, 259.
Albite, t. I, p. 66.
Algues (voir goémons et varechs).
Alumine, t. I, p. 38.
— (sulfate d'), t. I, p. 425.
Amendements, t. III, p. 159, 589.
Ammoniaque (azotate d'), t. II, p. 161.
— (carbonate d'), t. II, p. 165, 169.
— (chlorhydrate d'), t. II, p. 160.
— (oxalate d'), t. II, p. 538.
— (phosphate d'), t. II, p. 162.
— (sulfate d'), t. I, p. 412; t. II, p. 144, 303; t. III, p. 448.
Analyse chimique des terres, t. I, p. 88, 98; t. II, p. 339; t. III, p. 10.
Analyse commerciale, t. II, p. 30, 415; t. III, p. 480.
— des engrais, t. III, p. 512, 534, 561.
Anthyllide, t. I, p. 45; t. III, p. 48.
Apatites, t. II, p. 540.
— du Canada, t. II, p. 384.
— du Nassau, t. II, p. 370.
Appareil à colonnes, t. II, p. 151.
— Mallet, t. II, p. 150.
— Solvay, t. II, p. 151.
— pour enfouir le fumier, t. III, p. 434.
Argiles, t. I, p. 71, 79; t. III, p. 7.
Avoine, t. I, p. 45, 48, 52, 127, 337, 365, 484; t. II, p. 38, 55, 299, 303, 347, 564, 578; t. III, p. 31, 40, 197, 335, 409.
Azote, t. I, p. 17, 89, 255; t. II, p. 17, 22, 57, 268, 279, 326, 349, 574; t. III, p. 251, 447, 512. Voir engrais azotés.
Azote ammoniacal, t. II, p. 142, 292.
— nitrique t. II, p. 89, 292.
— organique, t. II, p. 194, 281, 313.
Azotine, t. II, p. 219.

B

Balayures de rues, t. I, p. 440.
Balles de céréales, t. I, p. 203.
Barêmes pour les transports par chemins de fer, t. III, p. 454.
Basaltes, t. I, p. 73; t. III, p. 8, 165, 328.
Betteraves, t. I, p. 24, 45, 148, 339, 364, 488; t. II, p. 38, 73, 302, 304, 342, 348, 355, 564; t. III, p. 14, 32, 41, 123, 138, 198, 336, 365, 371, 376, 383, 421.
Beurre noir, t. I, p. 232.

Blé, t. I, p. 24, 45, 48, 52, 122, 337, 364, 484, 490; t. II. p. 38, 47, 61, 64, 71, 298, 303, 311, 347, 352, 502, 563, 575, 577; t. III, p. 13, 21, 31, 39, 122, 335, 365, 371, 376, 389, 409.
Binots, t. III, p. 233.
Biscuits, t. III, p. 218.
Blanc du fumier, t. I, p. 255.
Boues des dépotoirs, t. I, p. 413.
— de lavage des laines, t. II, p. 218.
Boues de recense, t. I, p. 523.
— de ports de mer, t. I, p. 552; t. III, p. 293.
— de rivières, t. I, p. 551.
— de villes (voir gadoues).
Bourres de tannerie, t. I, p. 221.
Bouses (voir déjections solides).
Brôme, t. I, p. 33; t. III, p. 156.
Brûlure des céréales, t. II, p. 52.
Bruyère, t. I, p. 205, 493.
Buis, t. I, p. 494.

C

Calcaire actif, t. III, p. 179.
— compact, t. I, p. 77.
— coquillier, t. III, p. 166.
— dolomitique, t. III, p. 329.
— jurassique, t. I, p. 77; t. III, p. 9.
— oolitique, t. I, p. 77; t. III, p. 9.
— marin, t. III, p. 281, 301.
— métamorphique. t. I, p. 77.
Calcium (chlorure de), t. III, p. 173, 195.
— (fluorure de), t. III, p. 175.
Caliches, t. II, p. 116.
Carbone, t. I, p. 10.
Carbonique (acide), t. I, p. 10, 113; t. II, p. 492
Carex, t. I, p. 205.
Carnallite, t. III, p. 71.
Carotte, t. I, p. 45, 146, 488; t. II, p. 38, 348; t. III, p. 32, 198, 336.
Cavernes à ossements, t. II, p. 446.
Cendres, t. III, p. 93, 356.
— d'anthracite, t. III, p. 316.
— de bois, t. III, p. 59, 96.
— de bruyères, t. III, p. 95.
— de feuilles, t. III, p. 97.
— de fougères, t. III, p. 95.
— de fucus, t. III, p. 96.
— de genêts, t. III, p. 95.
— de houille, t. III, p. 316.
— lessivées, t. III, p. 310.
— de marais, t. III, p. 94.
— de mer, t. III, p. 287.
Cendres d'os, p. 446.
— des plantes marines, t. III, p. 57, 310.
— pyriteuses, t. III, p. 385.
— rouges, t. III, p. 387.
— de tannerie, t. III, p. 309.
— de tourbe, t. III, p. 313.
— de varechs, t. I, p. 504; t. III, p. 57, 95.
Centres d'approv. des engrais, t. III, p. 437.
Céréales (voir blé, avoine, etc.).
Chair à l'état frais, t. II, p. 204.
— desséchée, t. II, p. 205.
— de baleine, t. II, p. 235.
— des poissons, t. II, p. 232.
Champs de démonstration, t. III, p. 597.
— d'essais agricoles, t. III, p. 570.
— d'expériences, t. III, p. 591.
Chancissure des fumiers, t. I, p. 255.
Chanvre, t. I, p. 45, 141, 338; t. II, p. 296, 347; t. III, p. 32, 336.
Charrées, t. III, p. 310.
Chaulage, t. II, p. 508; t. III, p. 205, 318, 589.
Chaux, t. I, p. 36, 94, 277, 556; t. II, p. 192, 229; t. III, p. 159, 178, 196, 206.
— animalisée, t. I, p. 395.
— d'épuration du gaz, t. III, p. 304.
— grasses, t. III, p. 213.

Chaux hydrauliques, t. III, p. 213, 236.
— magnésiennes, t. III, p. 214.
— maigres, t. III, p. 213.
— des papeteries, t. III, p. 309.
— (bicarbonate de), t. III, p. 172, 193.
— (carbonate de), t. III, p. 170.
— (humate de), t. III, p. 175.
— (nitrate de), t. III, p. 172, 194.
— (silicate de), t. III, p. 169.
— (sulfate de), t. III, p. 173, 195 (voir plâtre).
Chêne, t. I, p. 181; t. III, p. 97.
Chènevottes, t. I, p. 542.
Chlore, t. I, p. 35; t. III, p. 156.
Chlorhydrique (acide), t. II, p. 227.
Chiffons de laine, t. I, p. 399; t. II, p. 219.
— de soie, t. II, p. 221.
Chimistes experts, t. III, p. 532.
Choux, t. I, p. 160; t. II, p. 39, 348, 358; t. III, p. 33, 198, 336, 365.
Choux navets, t. I, p. 147 (voir rutabagas).
Chrysalides de vers à soie, t. II, p. 210.
Cidre, t. I, p. 340.
Coesium, t. I, p. 33.
Colloïdes, t. I, p. 56.
Colmatage, t. I, p. 552.
Colombine, t. II, p. 258.
Colza, t. I, p. 44, 48, 53, 138, 338, 471, 486; t. II, p. 38, 79, 347; t. III, p. 23, 32, 198, 336, 371, 376, 409.
Compost, t. I, p. 553; t. II, p. 230.
Contrôle des engrais, t. III, p. 528.
Coques d'œufs de sauterelles, t. II, p. 209.
Coquilles fossiles, t. III, p. 282.
— de bucards, t. III, p. 303.
— d'huîtres, 303.
— d'oursins, 303.
Coprolithes (voir phosphates).
Coquins, t. II, p. 401.
Cornailles, t. II, p. 213.
Cornes, t. II, p. 210.
— désagrégées, t. II, p. 212.
Couperose (voir sulfate de fer).
Courte-graisse, t. I, p. 405.
Crabes, t. II, p. 234.
Crags, t. III, p. 282.
Craie, t. I, p. 78, t. III, p. 9, 167, 264.
— phosphatée, t. II, p. 381, 426, 542.
Crins, t. II, p. 220.
Criquets, t. II, p. 209.
Cristalloïdes, t. I, p. 56.
Crottes du diable, t. II, p. 401.
Crottins (voir déjections solides).
Cuirs désagrégés, t. II, p. 215, 263.
Cuivre (sels de), t. I, p. 402.
Curures d'étangs, t. I, p. 547.
— de fossés, t. I, p. 547.
— de mares, t. I, p. 547.

D

Débris d'anchois, t. II, p. 237.
— d'insectes, t. II, p. 209.
— de morues, t. II, p. 234.
— de sardines, t. II, p. 233.
— de végétaux, t. I, p. 489.
Déchets animaux, t. II, p. 194.
— de boyaux, t. II, p. 222.
— de coton, t. I, p. 533.
— de crin, t. II, p. 221.
— de cuir, t. II, p. 215.
— des industries lainières, t. II, p. 216.
— industriels d'origine végétale, t. I, p. 507.
Déchets de soie, t. II, p. 221.
— de tannerie, t. I, p. 534; t. III, p. 308.
— de thons, t. II, p. 238.
Dégras, t. II, p. 222.
Déjections des bœufs et vaches, t. I, p. 192.
— des canards, t. II, p. 259.
— des chevaux, t. I, p. 195.
— humaines, t. I, p. 366.
— des moutons, t. I, p. 197.
— des oies, t. II, p. 259.
— des pigeons, t. II, p. 258.
— des porcs, t. I, 198.

Déjections des poules, t. II, p. 259.
— des vers à soie, t. II, p. 260.
Dénitrification, t. II, p. 132.
Dépositaires d'engrais, t. III, p. 476.
Dépotoirs, t. I, p. 411.
Dépôts d'engrais. t, III, p. 560.
Diorite, t. I, p. 66; t. III, p. 165.
Distributeurs d'engrais liquides, t, III, p. 432.
Distributeurs de fumier de ferme, t, III, p. 433.
Dolomie, t. I, p. 79; t. III, p. 166, 329.
Domite, t. III, p. 8, 165.
Drèches de brasserie, t. I, p. 524.
— de distillerie, t. I, p. 528.
— de féculerie, t. I, p. 531.

E.

Eaux ammoniacales, t. II, p. 146, 150, 166.
— de drainage, t. II, p. 24, 136, 184, 308, 345; t. III, p. 30, 120, 172, 193, 312, 334.
— d'égout, t. I, p. 443.
— d'élution, t. III, p. 104.
— de féculerie, t. I, p. 531.
— de mer, t. III, p. 54.
— mères des marais salants, t. III, p. 55.
— d'osmose, t. I, p. 529; t. III, p. 63.
— pluviales, t. I. p. 20, 26; t. II, p. 25, 127, 129, 180, 183, 245, 307.
— résiduaires, t. III, p. 103.
— de rouissage, t. I, p. 542.
— de suint, t. III, p. 66.
— de trempage de l'orge, t. I, p. 525.
— vannes des dépotoirs, t. I, p. 412; t. II, p. 144.
Échantillonnage des engrais, t. III, p. 512, 528.
Échaudage des céréales, t. II, p. 52.
Écrevisses, t. II, p. 234.
Écumes de défécation, t. I, p. 528; t. III, p. 306.
Engrais alcalin brut, t. III, p. 92.
— animal ou animalisé, t. III, p. 396.
— animal dissous de Fray Bentos, t. II, p. 208.
— azotés, t. II, p. 15, 17, 20.
— calcaires, t. II, p. 16; t. III, p. 159.
Engrais commerciaux, t. II, p. 15.
— composés, t. III, p. 391.
— — du commerce, t. III, p. 395.
— — à la ferme, t. III, p. 408.
— divers, t. II, p. 16; t. III, p. 345.
— flamand, t. I, p. 405.
— magnésiens, t. III, p. 327, 337.
— naturels complexes, t. III, p. 392.
— organiques, t. II, p. 261, 283.
— phosphatés, t. II, p. 15, 331.
— phospho-azoté, t. III, p. 396.
— — potassique, t. III, p. 396.
— de poissons, t. II, p. 231.
— potassiques, t. II, p. 15; t. III, p. 1.
— simples, t. III, p. 392.
— verts, t. I, p. 470; t. II, p. 265; t. III, p. 238.
— verts cultivés, t. I, p. 471.
— — étrangers, t. I, p. 492.
— de villes, t. I, p. 351.
Épicéa, t. I, p. 183.
Épuration des eaux d'égoûts, t. I, p. 450.
Essai des engrais, t. III, p. 570.
Esparcette (voir sainfoin).
Étables, t. I, p. 227, 255, 266, 281.
— belges, t. I, p. 283.
— à claire-voie, t. I, p. 284.
— sans litière, t. I, p. 218.
— suisse, t. I, p. 284.

Expériences scientifiques, t. III, p. 596.
Exportation par la production animale, t. I, p. 331.
Exportation par la production végétale, t. I, p. 336.
Extrait fécal, t. I, p. 424.
— de viande, t. II, p. 207.

F

Faluns, t. III, p. 282.
Fanes, t. I, p. 203, 487.
Farouche (voir trèfle).
Feldsphath, t. I, p. 65; t. III, p. 66.
Fer. t. I, p. 37, 97; t. III, p. 375.
— (oxyde de), t. III, p. 379.
— (sulfate de), t. I, p. 103, 274, 280, 400; t. III, p. 380.
— (sulfure de), t. I, p. 103; t. III, p, 382.
Feuilles laissées par les récoltes, t. I, p. 487, 490.
Feuilles mortes, t. I, p. 206.
Féveroles, t. I, p. 45, 134, 337, 471; t. II, p. 38, 347, 563; t. III, p. 32, 197, 335.
Fèves, t. I, p. 45; t. II, p. 63, 72, 296.
Fibrilles, t. I, p. 41.
Filasse, t. I, p. 543.
Finesse des phosphates, t. II, p. 525, 572.
— des phosphates précipités, t. II. p. 552.
— des superphosphates, t. II, p. 552.
Flore des prairies, t. II, p. 86.
Fluor, t. I, p. 33; t. III, p. 156, 175.
Foin, t. I, p. 155, 340 (voir Herbes de prairies).
Foisonnement de la chaux, t. III, p. 212.
— des marnes, t. III, p. 258.
Formules d'engrais, t. III, p. 417.
Fosses d'aisance, t. I, p. 379.
— fixes, t. I. p. 383.
— mobiles, t. I, p. 385.
— à purin (voir Purin).
Fougères, t. I, p. 205, 493.
Fours à chaux, t. III, p. 206.
Fraude des engrais, t. III, p. 403, 474.
Frisures de cornes, t. II, p. 211.
Froment (voir blé).
Fucus, t. I, p. 501, 504.
— (voir Varechs).
Fumerons, t. I, p. 296.
Fumier de ferme, t. I, p. 187; t. II, p. 5, 330.
— de chevaux, t. I, p. 242, 353.
— mixtes, t. I, p. 243.
— de moutons, t. I, p. 242.
— de vaches, t. I, p. 241.
Fumière de Boussingault, t. I, p. 289.
— de M. Dargent, t. I, p. 290.
— de Grignon, t. I, p. 291.
— de Mathieu de Dombasles, t. I, p. 287.
— de Schatenmann, t. I, p. 288.
— de Schwertz, t. I, p. 287.

G

Gadoues, t. I, p. 405, 429.
— de Bruxelles, t. I, p. 438.
— de Bordeaux, t. I, p, 439.
— noires de Paris, t. I, p. 434.
Gadoues vertes, t. I, p. 431.
Genêts, t. I, p. 205, 494.
Gesses, t. I, p. 165.
Gneiss, t. I, p. 65, t. III, p. 6, 163, 328.

Goëmons, t. I, p. 500.
Granites, t. I, p. 65; t. III, p. 6, 163, 328.
Grès, t. I, p. 75; t. II, p. 337; t. III, p. 8, 166, 388.
Griffes, t. II, p. 210.
Grignons d'olive, t. I, p. 522.
Grugite ou Krugite, t. III, p. 75, 106.
Guanaës, t. II, p. 239.
Guanos, t. II, p. 239, 278, 544.
— d'Afrique, t. II, p. 250.
— de baleine, t. II, p. 237.
— de chauve-souris, t. II, p. 251.
— de Colombie, t. II, p. 390.
— dissous, t. II, p. 257.
Guanos d'Égypte, t. II, p. 251.
— fécal, t. I, p. 424.
— de Fray-Bentos, t. II, p. 208.
— de harengs, t. II, p. 237.
— d'hirondelles, t. II, p. 252.
— des îles de l'océan Pacifique, t. II, p. 388.
— de Mejillones, t. II, p. 387.
— de morue, t. II, p. 237.
— natif, t. I, p. 452.
— du Pérou, t. II, p. 246, 248.
— phosphaté, t. II, p. 386.
— de poissons, t. II, p. 232.
— en roche, t. II, p. 389.

H

Hannetons, t. II, p. 210.
Haricots, t. I, p. 133, 337; t. II, p. 38, 347; t. III, p. 32, 196, 335, 365, 376.
Herbes de prairies, t. I, p. 45, 48, 52, 463, 485; t. II, 39, 83, 348, 353, 511, 554; t. III, p. 21, 33, 49, 123, 198, 335, 365, 370, 376, 383.
Hêtre, t. I, p. 182; t. III, p. 97, 389.
Houblon, t. I, p. 142, 339; t. II, p. 38, 80.
Houille, t. II, p. 146.
Humates, t. II, p. 261; t. III, p. 175.
Humus, t. I, p. 84.
Hydrogène, t. I, p. 15.

I J

Incuits, t. III, p. 218.
Insecticides à base de potasse, t. III, p. 90.
Iode, t. I, p. 33; t. III, p. 156.
Jaillage, t. I, p, 395.
Joncs, t. I, p. 205, 494.

K

Kaolin, t. I, p. 72.
Kaynite, t. I, p. 276; t. III, p. 74.
— brut, t. III, p. 106.
— préparé, t. III, p. 78, 107.
Kiésérite, t. III, p. 71.
Krugite ou Grugite, t. III, p. 75, 106.

L

Laine, t. I, p. 335,
Land-phosphate, t. II, p. 385.
Laves, t. I. p. 73; t. III, p. 8, 165, 328.

Législation des engrais, t. III, p. 483.
Légumineuses (voir trèfle, luzerne, etc.).
Lentilles, t. I, p. 134, 337; t. II, p. 38; t. III, p. 197, 335.
Levures usées, t. I, p. 526.
— de vin, t. III, p. 104.
Lies de vin, t. I, p. 539; t. III, p. 64.
Limon, t. I, p. 552.
Lin, t. I, p. 44, 140, 338; t. II, p. 38, 79, 347; t. III, p. 32, 45, 198, 336.
Lithium, t. I, p. 33.
Litières, t. I, p. 201, 211, 266, 342, 354, 399.
— de vers à soie, t. II, p. 260.
Livraisons des engrais, t. III, p. 472, 482, 560.
Lizier, t. I, p. 219, 251.
Loi sur les engrais du 27 mars 1851, t. III, p. 484.
— 23 juin 1857, t. III, p. 485.
— 27 Juillet 1867, t. III, p. 486.
— de 1884 (Projet de), t. III, p. 489.
— du 4 février 1888, t. III, p. 504.
— sur les syndicats du 21 mars 1884, t. III, p. 542.
Lupin, t. I, p. 45, 471; t. II, 63; t. III, p. 48.
Luzerne, t. I, p. 44, 48, 53, 164, 484; t. II, p. 39, 63, 348; t. III, p. 20, 33, 123, 198, 336.

M

Magnésie, t. I, p. 37, 96, 103; t. II, p. 164; t. III, p. 327, 339.
— (carbonate de), t. III, p. 338.
— (sulfate de), t. III, p. 339.
Magnésium (chlorure de), t. III, p. 341.
Maïs, t. I, p. 45, 127, 160, 337; t. II, p. 38, 39, 55, 82, 289, 347, 575; t. III, p. 31, 33, 197, 336, 389.
Manganèse, t. I, p. 37.
— (chlorure de), t. I, p. 425; t. III, p. 388.
Mangold, t. III, p. 16.
Marbre, t. I, p. 77.
Marcs, t. I, p. 537, 539; t. II, p. 519.
— de café, t. I, p. 542.
— de colle, t. II, p. 221; t. III, p. 308.
— de houblon, t. I, p. 526.
— d'olives, t. I, p. 522.
— de pommes, t. I, p. 539.
— de raisins, t. I, p. 171, 537; t. III, p. 64, 104.
Marnage, t. III, p. 256, 318, 589.
Marnes, t. III, p. 257.
— argileuses, t. III, p. 261.
Marnes calcaires, t. III, p. 261.
— gypseuses, t. III, p. 262.
— humeuses, t. III, p. 262.
— magnésiennes, t. III, p. 262.
— siliceuses, t. III, p. 261.
Matières absorbantes, t. I, p. 397.
— animales diverses, t. II, p. 148.
— cornées, t. II, p. 210.
— désinfectantes, t. I, p. 400.
— fertilisantes du sol, t. I, p. 87.
— organiques, t. I, p. 9, 103, 314; t. II, p. 493, 514; t. III, p. 220.
— de vidange, t. I, p. 386.
Mélasses, t. I, p. 527, 530; t. III, p. 62, 104.
Merl, t. III, p. 295, 300.
Mica, t. I, p. 63.
Micaschistes, t. I, p. 65; t. III, p. 6, 163, 328.
Minette, t. I, p. 44.
Molasse, t. I, p. 76.
Moutarde, t. I, p. 472.
Mûrier, t. I, p. 180.

N

Navets, t. I, p. 45, 147, 488; t. II, p. 38, 577; t. III, p. 198, 336.
Navette, t. I, p. 471.
Nitrates, t. II, p. 90.
Nitrate de potasse, t. II, p. 106.
— de soude, t. II, p. 113.
— et superph., t. II, p. 140; t. III, p. 399.
Nitrées (Terres), t. II, p. 100.
Nitrières artificielles, t. II, p. 93.
Nitrification, t. I, p. 110, 319; t. II, p. 91, 173, 266; t. III, p. 222.
Nodules (voir Phosphates).
Noir animal, t. II, p. 447.
— fin, t. II, p. 448.
— en grain, t. II, p. 448.
— vierge, t. II, p. 448.
— animalisé, t. I, p. 395.
— de raffinerie, t. II, p. 449.
— de sucrerie, t. II, p. 448.

O

Œillette (voir Pavot).
Oligoclase, t. I, p. 66; t. III, 165.
Olivier, t. I, p. 177; t. III, p. 33.
Ongles, t. II, p. 210.
Orge, t. I, p. 45, 48, 52, 125, 337; t. II, p. 38, 53, 61, 71, 298, 347, 353, 564, 575; t. III, p. 31, 136, 335, 389, 409.
Os, t. II, p. 440, 544.
— bruts, t. II, p. 440.
— dégélatinés, t. II, p. 444.
— dégraissés, t. II, p. 441.
— verts, t. II, p. 440.
Oxygène, t. I, p. 16.

P

Paddock, t. I, p. 285.
Paille, t. I, p. 202, 340, 354.
Pain de creton, t. II, p. 222.
Paniculum, t. I, p. 45.
Parcage, t. I, p. 309.
Pavot, t. I, p. 45, 48, 53, 138, 338, 490; t. II, p. 38, 79, 347; t. III, p. 32, 198, 336.
Phosphatage du fumier, t. II, 515.
Phosphates de l'Ain, t. II, p. 408.
— de l'Algérie, t. II, p. 437.
— de l'Allemagne, t. II, p. 370.
— de l'albien, t. II, p. 399.
— d'Alta Vela, t. II, p. 390.
— de l'Amérique du Nord, t. II, p. 384.
— — du Sud, t. II, p. 386.
— ammoniaco magnésien, t. II, p. 163, 487, 565.
Phosphates d'ammoniaque, t. II, p. 162, 487.
— de l'Angleterre, t. II, p. 379.
— des Antilles, t. II, p. 386, 389.
— de l'Ardèche, t. II, p. 408.
— des Ardennes, t. II, p. 401.
— arénacés, t. II, p. 420, 541.
— de l'Aveyron, t. II, p. 437.
— de Belgique, t. II, p. 381.
— bicalcique, t. II, p. 460, 549, 562.
— de la Caroline du Sud, t. II, p. 385.
— du cénomanien, p. 396, 405.
— du Cher, t. II, p. 406.
— de Ciply, t. II, p. 382.

Phosphates de la Côte-d'Or, t. II, p. 429.
— du crétacé, t. II, p. 393, 397.
— de Curaçao, t. II, p. 390.
— de la Drôme, t. II, p. 408.
— d'Espagne, t. II, p. 372.
— de l'Estramadure, t. II, p. 372.
— de fer et d'alumine, t. II, p. 467, 549.
— de la France, t. II, p. 390.
— du Gard, t. II, p. 416.
— de la Haute-Saône, t. II, p. 433.
— du Lias, t. II, p. 429.
— du Lot, t. II, p. 435.
— de magnésie, t. II, p. 486.
— de la Marne, t. II, p. 405.
— métallurgique (voir Scories).
— de Mesvin Ciply, t. II, p. 382.
— de la Meuse, t. II, p. 398.
— minéraux, t. II, p. 362, 540.
— monocalcique, t. II, p. 547, 562.
— de Murcie, t. II, p. 375.
— naturels, t. II, p. 362, 490.
— du néocomien, t. II, p. 393, 416.
— de Norvège, t. II, p. 376.
— de l'oolithe, t. II, p. 392, 434.
— d'os, t. II, p. 439.
— du Pas-de-Calais, t. II, p. 403.
— précipité, t. II, p. 481, 554, 561.
— de Podolie, t. II, p. 377.
— Redonda, t. II, de p. 390.
— de la Russie, t. II, p. 377.
— du Sénonien, t. II, p. 397, 419.
— de Sombrero, t. II, p. 390.
— de la Somme, t. II. p. 419
— du Tarn, t. II, p. 437.
— du Tarn-et-Garonne. t. II, p. 437.
Phosphates Thomas (voir Scories).
— de Tunisie, t. II, p. 439
— du turonien, t. II, p. 396.
— de Vaucluse, t. II, p. 410.
— des Vosges, t. II, p. 430.
— de l'Yonne, t. II, p. 407.
Phosphorique (acide), t. I, p. 33, 92 : t. II, p. 279, 336, 346, 471, 475, 566 ; t. III, p. 254, 447, 513.
Phosphorites du Quercy, t. II, p. 541.
Pins, t. I, p. 183.
Plantes des forêts et des landes, t. I, p. 492.
— marines, t. I, p. 500 ; t. III, p. 57.
Plâtrage, t. III, p. 358, 591.
Plâtras, t. III, p. 356.
Plâtre, t. I, p. 271, 280, 400 ; t. II, p. 560 ; t. III, p. 347.
— cru, t. III, p. 353.
— cuit, t. III, p. 352.
— phosphaté, t. III, p. 357.
— résiduaire, t. III, p. 355.
— des salines, t. III, p. 355.
Plumes, t. II, p. 220.
Poils, t. II, p. 220.
Pois, t. I, p. 133, 337 ; t. II, p. 38, 63, 347, 564 ; t. III, p. 32, 197, 335.
Polyhalite, t. III, p. 71, 73.
Pommes de terre, t. I, p. 24, 45, 149, 339 488 ; t. II, p. 58, 77, 304, 348, 357, 564 ; t. III, p. 32, 38, 41, 123, 198, 336, 383.
Pommier, t. I, p. 175, 340 ; t. II, p. 39, 349 ; t. III, p. 33, 41.
Porphyre, t. I, p. 65 ; t. III, p. 6, 163, 328.
Potasse, t. I, p. 36, 93, 103 ; t. II, p. 106 ; t. III, p. 6, 31, 54, 58, 65, 66, 100, 226, 447, 514.
— brute, t. III, p. 100.
— (carbonate de), t. I, p. 272 ; t. III, p. 88, 126, 132.
— épurée, t. III, p. 89.
— granulée, t. III, p. 64.
— (nitrate de), t. II, p. 87, 106 ; t. III, p. 128, 133.
— perlasse, t. III, p. 61.
— (silicate de), t. III, p. 129.
— (sulfate de), t. III, p. 78, 83, 106, 127, 134.
— (sulfocarbonate de), t. III, p. 91, 129, 142.

Potassium (chlorure de), t. III, p. 75, 79, 128, 134.
— (sulfure de), t. III, p. 90.
Poudingues, t. I, p. 76; t. II, p. 383.
Poudres de cornes, t. II, p. 213.
— d'os (voir Os).
— d'os de poissons, t. II, p. 237.
Poudrettes, t. I, p. 411, 423; t. II. p. 263.
Poulaite ou pouline, t. II, p. 259.
Poussier de charbon, t. I, p. 399.
Poussière de laine, t. II, p. 217.
Poussière de moulins, t. I, p. 533.
— de tourbe, t. p. 395.
Prairies (voir Herbes de prairies).
Prêles, t. I. p. 205.
Produits animaux divers, t. II, p. 221.
— cornés, t. II, p. 210.
Pulpes de distillerie, t. I, p. 528.
— féculerie, t. I, p. 531.
— recense, t. I, p. 523.
— de sucrerie, t. I, p. 340.
Purins, t. I, p. 235, 248, 279, 306, 347.

Q R

Quartz, t. I, p. 63.
Racines, t. I, p. 40, 52, 484.
Raclures de sabots, t. II, p. 211.
Radicelles, t. I, p. 41, 48, 53, 486.
Rafle de raisins, t. III, p. 104.
Rapures de corne, t. II, p. 211.
Raves, t. I, p. 147.
Recoupage des composts, t. I, p. 554.
Résidus d'amidonnerie, t. I, p. 530.
— de baleines, t. II, p. 235.
— de brasserie, t. I, p. 524.
— de distillerie, t. I, p. 526.
— d'ébourrissage des peaux, t. I, p. 535.
— de la fabrication de l'huile, t. I, p. 507.
— des fabriques de soude, t. II, p. 309, 356.
— de féculerie, t. I, p. 530.
— de filasse, t. I, p. 542.
— de filature, t. I, p. 399.
— d'industrie, t. I, p. 533.
— de papeterie, t. I, p. 534; t. III, p. 309.
Résidus de raffinage des huiles, t. I, p. 524.
— des récoltes, t. I, p. 483.
— de saunerie, t. III, p. 309.
— de savonnerie, t. III, p. 309
— de sucrerie, t. I, p. 528.
— de viande, t. II, p. 208.
Rétrogradation, t. II, p. 465.
Rhodanammonium, t. II, p. 155.
River-phosphat, t. II, p. 385.
Riz, t. III, p. 389.
Roches, t. I, p. 62; t. II, p. 336; t. III, p. 6, 66, 163, 328.
— calcaires, t. I, p. 76; t. II, p. 338; t. III, p. 9, 166.
— primitives, t. I, p. 65; t. II, p. 336; t. III, p. 6, 163.
— volcaniques, t. I, p. 73; t. II, p. 337; t. III, p. 8, 165.
Roseaux, t. I, p. 205, 494.
Rubidium, t. I, p. 33; t. III, p. 157.
Rutabagas, t. I, p. 147; t. II, 38, 73, 348; t. III, p. 32, 198, 336.

S

Sable, t. I, p. 70, 79.
Sablon, t. III, p. 293.
Sabots, t. II, p. 210.
Sainfoin, t. I, p. 44, 164; t. II, p. 39, 63, 348; t. III, p. 33, 122, 198, 336.
Salins, t. III, p. 92.
Salitrales, t. II, p. 114.
Salpêtres, t. II, p. 104, 110, 119.
Sang desséché, t. II, p. 201.
— frais, t. II, p. 199.
Sapin, t. III, p. 389.
Sarments de vigne, t. I, p. 171.

Sarrasin, t. I, p. 45, 129, 337, 471; t. II, p. 38, 55, 347, 502, 505; t. III, p. 13, 31, 197, 335.
Sauterelles, t. II, p. 209.
Schlot, t. III, p. 355.
Schistes, t. I, p. 65; t. II, p. 148; t. III, p. 6, 163, 328.
Sciûres, t. I, p. 210, 362, 399.
Scories de déphosphoration, t. II, p. 454, 543.
— fer, t. III, p. 307, 449.
Scourtins, t. II, p. 220.
Seigle, t. I, p. 45, 126, 159, 337, 471; t. II, p. 38, 39, 347, 502; t. III, 31, 33, 40, 197, 335.
Sels de déblai, t. III, p. 75.
— d'été Balard, t. III, p. 92.
— marin, t. I, p. 103; t. III, p. 151.
— d'osmose, t, III, p. 102.
— de pêcherie, t. III, p. 155.
— potassiques complexes, t. III, p. 92.
— de Stassfurt, t. III, p. 68, 105.
Semoirs à engrais, t. III, p. 424.
Serradelle, t. III. p. 49.
Sidération, t. I, p. 481.
Silice, t. I, p. 35, 65; t. III, p. 389.
Siliques, t. I, p. 203.
Sol (voir Terres).
Soude, t. I, p. 36, 97; t. II, p. 229; t. III, p. 146.
Sous-sol, t. I, p. 102.
Spergule, t. I. p. 472.
Spongioles, t. I, p. 41.
Suies de cheminées, t. I, p. 401; t. III, p. 99.
Suint, t. III, p. 65.
Suintate, t. III, p. 65.
Sulfurique (acide), t. I, p. 34, 96; t. II, p. 224, 226, 462.
Sumac épuisé, t. I, p. 535.
Superphosphates, t. II, p. 461, 471, 476, 554, t. III, 450.
Sylvine, t. III, p. 74.
Syndicats agricoles, t. III, p. 540.
Système Berlier, t. I, p. 391.
— à canalisation tubulaire, t. I, p. 390.
— différentiel de Liernur, t. I, p. 391.
— diviseur, t. I, p. 389.
— Goux, t. I, p. 393.
— Moule, t. I, p. 391.
— Rochedalle, t. I, p. 392.

T

Tabac, t. I. p. 143, 339; t. II, p. 80, 347; t. III, p. 32, 44, 137, 198, 336, 389.
Taffo, t. I, p. 403.
Talcschiste, t. I, p. 69.
Tangues, t. III, p. 287.
Tannée, t. I. p. 212, 397, 534.
Tarifs des Cies de chemins de fer, t. III, p. 451.
Terres, t. I, p. 27, 46, 62, 80, 104, 216, 268, 300, 314, 453; t. II, p. 23, 29, 92, 100, 126, 135, 168, 182, 261, 271, 305, 319, 335, 490, 500, 521, 546, 571, 579; t. III, p. 7, 16, 25, 109, 115, 126, 131, 147, 152, 164, 178, 181, 185, 220, 225, 228, 248, 251, 268, 273, 318, 330, 359, 365, 377, 381, 388, 567, 574, 592.
— acides, t. I, p. 302; t. II, p. 187, 497, 551.
Terres argileuses, t. I, p. 300; t. II, p. 186, 499, 551.
— calcaires, t. I, p. 301, 320; t. II, p. 172, 185, 274, 319, 499, 551; t. III, p. 117, 185.
— non calcaires, t. I, p. 320; t. II, p. 271, 320; t. III, p. 119, 189.
— de défrichement, t. II, p. 500.
— fortes, t. II, p. 273, 320; t. III, p. 116, 229, 248, 320 (voir argileuses).
— franches, t. II, p. 182, 272, 320, 513; t. III, p. 115, 187.
— légères, t. I, p. 300; t. II, p. 186, 271, 319, 500, 550; t. III, p. 231, 248, 321.
— magnésiennes, t. III, p. 332.

Terres sableuses, t. II, p. 500; t. III, p. 117 (voir légères).
— tourbeuses, t. III, p. 118, 192, 231, 249 (voir acides).
Tiges laissées par les récoltes, t. I, p. 487.
Tinettes filtres, t. I, p. 390.
— mobiles, t. I, p. 391.
Tombes, t. II, p. 561; t. I, p. 234.
Tontisses de drap, t. II, p. 217.
Topinambours, t. I, p. 24, 149, 488; t. II, p. 38, 348; t. III, p. 32, 198, 336.
Torfmull, t. I, p. 395.
Touraillons, t. I, p. 525.
Tourbe, t. I, 207, 267, 362, 395, 496; t. II, p. 148, 519; t. III, p. 313.
Tourteaux, t. I, p. 341, 508.
Trachytes, t. I, p. 73; t. III, p. 8, 165, 328.
Transport des engrais, t. III, p. 451, 473.
Trèfle, t. I, p. 44, 48, 53, 163, 471, 484; t. II, p. 39, 62, 348; t. III, p. 33, 46, 122, 198, 336, 367.
Trez, t. III, p. 293, 300.
Triangles, t. I, p. 495.
Turneps t. I, p. 147; t. II, p. 69, 348, 354, 576; t. III, p. 32.

U V

Urines, t. I, p. 372.
Varechs, t. I, p. 205, 500.
Vases des cours d'eau, t. I, p. 548.
— d'étangs, t. I, p. 550.
— de ports de mer, t. III, p. 293.
Végétations spontanées, t. I, p. 82; t. III, p. 179.
Vente à l'analyse commerciale, t. III, p. 480.
— à la matière organique, t. III, p. 479.
— à la mesure, t. III, p. 476.
— à la mesure et au titre sec, t. III, p. 478.
— au titre sec, t. III, p. 477.
Verse des céréales, t. II, p. 49.
— des graminées fourragères, t. II, p. 83.
Vesce, t. I, p. 45, 165, 471; t. II, p. 39, 348; t. III, p. 33, 149, 198, 336.
Vidanges, t. I, p. 421.
Vigne, t. I, p. 169, 340, 489; t. II, p. 39, 87, 348, 360; t. III, p. 21, 33, 50, 124, 198, 336, 389.
Vin, t. I, p. 170, 340.
Vinasses, t. I, p. 527.
— de betteraves, t. III, p. 61.
— de pommes de terre, t. III, p. 104.
— de mélasses, t. III, p. 104.
— de seigle, t. III, p. 104.
— de vin, t. I, p. 537; t. III, p. 64, 104.
Vitriol (voir sulfate de fer et acide sulfurique).

www.ingramcontent.com/pod-product-compliance
Ingram Content Group UK Ltd.
Pitfield, Milton Keynes, MK11 3LW, UK
UKHW020611230726
13926UKWH00005B/2324

9 782013 610001